新文京開發出版股份有限公司

新世紀・新視野・新文京 ― 精選教科書・考試用書・專業參考書

New Wun Ching Developmental Publishing Co., Ltd.

New Age · New Choice · The Best Selected Educational Publications — NEW WCDP

第**6**版

例說89S51
C語言

新 **Andriod** 跨平台控制
增 **Windows** 跨平台控制

張義和‧王敏男‧許宏昌‧余春長◎編著

CD-ROM
Included
最新版

例說 滿是感謝

首先感謝許多老師的愛戴，以及**新文京開發出版股份有限公司**的支持與包容，使得本書快速再版，而本次修訂幅度相當高，特別加強跨平台控制部分，以及 RGB LED 控制，絕對會讓大家耳目一新！本書在開發之初，即抱持著嚴謹的態度，要讓這本書成為這類書籍的標竿。***事實證明，我們做到了！***

例說 循序漸進的堅持

本書概分為基本開發環境、8x51 架構與應用、週邊系統應用等三部分，簡述如下：

- 前兩章屬於**基本開發環境**的介紹，其中包括 8x51 基本認識、開發系統(μVision 3)與程式語言(Keil C)。

- 第三章到第八章為 **8x51 架構與應用**，包括輸出入埠、中斷、計時計數器、串列埠、透過藍牙模組與 USB 進行 PC/NB 及手機/平板之跨平台控制、看門狗計時器、省電模式等，分別以實例導引。在此著重於 8x51 本身的操控，讓大家更了解這顆單晶片微處理器。

- 第九章到第十四章則是**週邊系統應用**，包括音樂程式的開發、步進馬控制、AD/DA 介面晶片的應用(含串列式 AD/DA 與手機遙測溫度等)、LED 點矩陣的驅動(含 RGB LED)、LCD 模組的驅動、直流馬達控制等。在此著重於 8x51 與其它週邊裝置的連結，當然，也針對常用週邊裝置詳細介紹，並探討其應用方法。

除了整體架構採循序漸進的方式，對於每個單元的鋪陳，也是循序漸進的，電路與電路之間，或程式與程式之間，都保持著關聯性，在前一個電路(或程式)的基礎之下，僅些微的改變，即可發展出另一個電路(或程式)，讓讀者沒有壓力！關於這點，的確讓筆者費盡心思！在每個實例演練之後，更提出「思考一下」的單元，讓大家能即學即用，動腦思考，讓所學更堅實！另外，為了減少頁數，原本的附錄移入隨書光碟，以降低負擔。

例說 完全支援的單晶片教本

「精美的圖、精緻的編排」早就是「例說」系列的基本招牌,從第二版起,我們再推出「完全支援」的特色!何謂「完全支援」?簡單講,所有實例演練,不管是軟體還是硬體,都可正確地做出來!基本上,本書擁有下列支援:

▶ 基本開發工具

在隨書光碟裡,提供 Keil C 試用版,足以應付本書中所有程式的開發之用。而在新版的「89S51 線上燒錄實驗板」裡,除提供 89S51/52 之燒錄功能外,也提供 **LED**、**蜂鳴器**及**指撥開關**等,很多實驗都可在這塊實驗板上實現。再配合同系列的「KDM 實驗組」與必要選配,即可完成所有實驗。若教學老師有需要進一步資料或支援,可洽筆者,或書商之業務代表。

▶ 多元的教學輔助

對於硬體相關的教本而言,教學投影片、PDF 檔與相關 data sheet 是不可或缺的!本書在這方面也著墨甚深,配合動態示範,與實體電路板接線,讓教學更輕鬆愉快。

例說 再次感謝

本書第五版所要感謝的人很多,筆者將盡可能一一親自面謝,而最期待的是先進前輩們不吝指正,讓本書更臻完美。

張義和敬上

yiher.chang@msa.hinet.net

目 錄

89S51 Examples ...using C

6 版序
目錄
光碟內容

1 輕鬆看 MCS-51 　　　　　　　89S51 Examples...using C

2 認識 μVision 與 Keil C
89S51 Examples...using C

3 輸出埠之應用
89S51 Examples...using C

4　輸入埠之應用
89S51 Examples...using C

5　輸出入埠之進階應用
89S51 Examples...using C

6 中斷之應用

89S51 Examples...using C

7 計時計數器之應用

89S51 Examples...using C

8　串列埠之應用

89S51 Examples...using C

12　ADC與DAC之應用
89S51 Examples...using C

13　LED陣列之應用
89S51 Examples...using C

14　LCD模組之應用
89S51 Examples...using C

以下資料僅放置在隨書光碟裡。

A　發展工具簡介
89S51 Examples...using C

B　中英文名詞對照表
89S51 Examples...using C

在隨書光碟片裡包括六個資料夾，簡要說明如下：

➤ **教助**：本資料夾內含全書之 PowerPoint 教學投影片檔，每個檔案即一個單元，老師指定所要使用的章節，透過教學廣播系統或投影機進行教學；若沒教學廣播系統，則可列印為投影片，以輔助教學。

➤ **PDF 檔**：本資料夾內含全書之 PDF 檔，為各章節的可攜式文件檔案，使用者可藉 Arcobat Reader 來閱讀。而 Arcobat Reader 程式可直接到 Adobe 公司網站下載(www.adobe.com/products/acrobat/readstep2.html)。

➤ **習作程式參考**：本資料夾內含各章**即時練習**之參考程式。

➤ **新華電腦**：本資料夾內含新華電腦公司所提供的 WINICE-51/52E 驅動軟體，以及相關使用說明文件。

➤ **長高科技**：本資料夾內含長高科技公司所提供的 PICE-52 驅動軟體，以及相關使用說明文件。

➤ **驅動程式與參考資料**：本資料夾內含 89S51 線上燒錄實驗板之驅動程式 s51_pgm、µVision 試用版，以及本書相關零件之 data sheet。

心得筆記

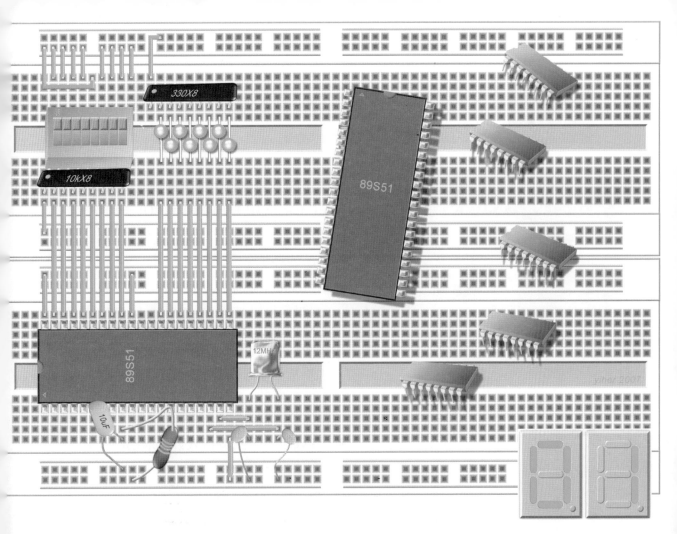

 輕鬆看 MCS-51

本章內容豐富，主要包括三部分：

8x51 部分：

8x51 的基本認識，包括規格、接腳、包裝、MCS-51 系列與基本電路等。

8x51 的結構，包括記憶體配置、時序分析等。

開發工具部分：

8x51 軟硬體的開發流程，包括原始程式的撰寫、編譯、連結，以及軟硬體模擬等。

程式與實作部分：

高低四位元交互閃爍燈的程式設計，包括建構韌體、軟體模擬、線上燒錄與硬體實驗。

1-1 微電腦系統與單晶片

輕鬆看 MCS-51

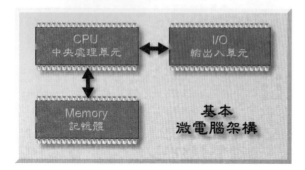

基本微電腦架構

微電腦系統包括中央處理單元(CPU)、記憶體(Memory)及輸出入單元(I/O)三大部分。

- **CPU** 就像是人的大腦一樣，主宰整個系統的運作。

- **Memory** 是存放系統運作所需的程式及資料，包括**唯讀記憶體**(Read Only Memory, **ROM**)，及**隨機存取記憶體**(Randon Access Memory, **RAM**)。ROM 用來儲存程式或永久性的資料，稱為程式記憶體，RAM 則是用來儲存程式執行時的暫存資料，稱為資料記憶體。

- **I/O** 是微電腦系統與外部溝通的管道，包括輸入埠與輸出埠。

這三部分分別由不同的零件(IC)組成，再把它們組裝在電路板上，形成一個微電腦系統。

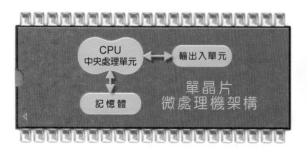

單晶片微處理機架構

單晶片微處理器就是把中央處理單元、記憶體、輸出入單元等，全部放置在一個晶片(die)裡，只要再配置幾個小零件，如電阻器、電容器、石英晶體、連接器等，即為完整的微電腦系統。因此整個系統的體積小、成本低、可靠度高，成為目前微電腦控制系統的主流。

單晶片微處理器主要是用來做控制，不太在乎其記憶體大小、位元數，只**強調其輸出入功能**。

1-2　MCS-51 基本認識
輕鬆看 MCS-51

　　『**AT89S51**』源自 Intel 公司 MCS-51 系列，而目前所採用的 8x51，並不限於 Intel 公司所生產的，反倒是以其它廠商所發行的相容晶片為主，如 Atmel 公司的 AT89C51/AT89S51 系列，其價格便宜(低於 NT$50 元)、品質穩定、發展工具齊全，早為學校或訓練機構所歡迎。

　　在此先介紹 8x51 的基本架構，包括**基本規格、接腳、基本電路**及 **51 族系**等，其中很多資料最好要「記」在腦裡，筆者也要提供許多快速背記的技巧，讓讀者能在極短的時間裡，記住 40 支接腳、基本電路等，其內部結構如圖 1 所示：

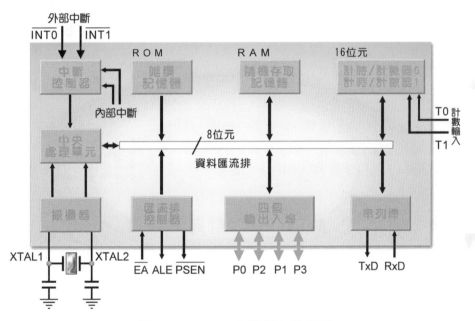

圖1　　MCS-51 內部基本結構圖

1-2-1　8x51 之規格

　　8x51 單晶片發展至今，雖然有許多廠商各自開發不同的相容晶片，但其基本規格並沒有多大的變動，如下所示為 51 工業標準的規格：

> ▷ 8x51 為 8 位元微處理器 [1]。
>
> ▷ 程式記憶體 ROM：內建 4k bytes、外部最多可擴充至 64k bytes。
>
> ▷ 資料記憶體 RAM：內建 128 bytes、外部最多可擴充至 64k bytes。
>
> ▷ 四組**可位元定址** [2] 的 8 位元輸出入埠，即 P0、P1、P2 及 P3。
>
> ▷ 一個全雙工串列埠，即 UART；兩個 16 位元計時/計數器。
>
> ▷ 五個中斷源，即 INT0、INT1、T0、T1、TXD/RXD。
>
> ▷ 111 個指令碼。

上述規格裡，最好能把藍色字的部分「記憶」下來。

[1] 8 位元指的是微處理器內部資料匯流排或暫存器一次處理資料的寬度。相對於目前個人電腦(PC)所用的 CPU：早期的 CPU 從 8088/8086 到 80286 都為 16 位元 CPU；而從 80386 到 Pentium 3 都屬於 32 位元的 CPU。儘管如此，目前所採用的單晶片微處理器，仍是以 8 位元為主，只有在特殊場合，才會採用 16 位元的單晶片，如 8096 等。

[2] 通常記憶體的操作是以位元組(byte)為單位，「**可位元定址**」是存取記憶體、暫存器或輸出入埠時，可指定其中任一個位元，例如要操作 P0 輸出入埠中的 bit 1，則指定為 P0.1 即可，如右圖所示：

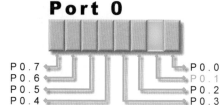

1-2-2　AT89S51 之封裝與接腳

AT89C51/AT89S51 的零件封裝方式，如下說明：

🔍 QFP封裝

PQFP 或 **TQFP**(**T**hin **P**lastic **G**ull **W**ing **Q**uad **F**latpack)包裝為四邊接腳的扁平表面黏著式封裝，這種封裝的體積小、成本較低，適合於機器黏貼，為目前商品的主流。AT89C51/AT89S51 採 QFP44 封裝，其中有 44 支接腳，如圖 2 之左圖所示，在頂視圖裡左上方記號處為第 1 腳，再依逆時鐘繞分別為 2、3...44 腳，相鄰兩支腳的間距為 0.8mm(採公制)、零件厚度(高度)為 1.2mm(很薄)。這種封裝的零件，若要以手工銲接，有點難度。

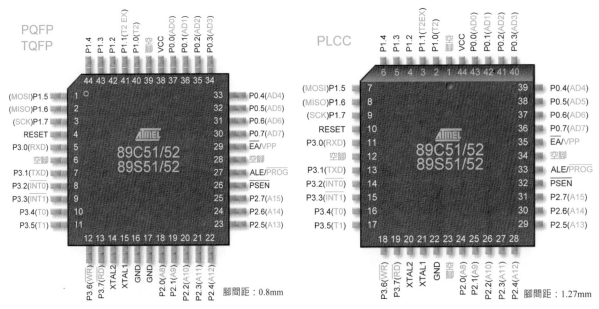

圖2　　左圖為 PQFP(TQFP)封裝、右圖為 PLCC 封裝

PLCC封裝

PLCC(**Plastic J-Leaded Chip Carrier**)封裝方式也是四邊接腳，表面上，其外表、接腳編號，與 QFP 封裝有點類似，如圖 2 之右圖所示，而實際上差異很大！在頂視圖上方中間記號處為第 1 腳，再逆時針繞分別為 2、3...44 腳，相鄰兩腳間距為 0.05 英吋(即 1.270mm)、零件高度(含接腳)為 4.572mm。比 QFP 封裝大且厚。AT89C51/AT89S51 採用 PLCC 44，也就是 44 支接腳的封裝。

基本上，這是一種表面黏著式的零件，採用 J 型接腳(如圖 3 所示)，可直接黏著於電路板上，而不必鑽孔。在研發、實驗或教學時，又可使用 IC 腳座，如此可縮短開發與生產之差距。

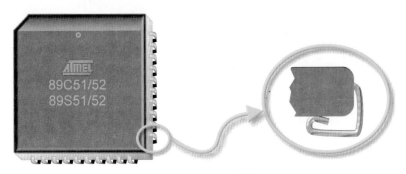

圖3　　PLCC 接腳

PDIP40封裝

針腳式封裝為傳統的 IC 封裝方式，
AT89C51/AT89S51 也有採用 40 支腳雙
併排的 PDIP40 封裝(Plasic Dual In-line
Package)，如圖 4 之所示，左上方三角形
記號處為第 1 腳，再逆時針繞分別為 2、
3…40 腳。相鄰兩支腳的間距為 0.1 英吋
(即 2.54mm)、零件長度為 52.578mm，
而兩排接腳之間距為 0.6 英吋(即
15.875mm)，而零件厚度為 4.826mm(不
含接腳)，屬於英制尺寸，適用於麵包
板。因此，廣受學校、訓練機構歡迎。
不過，由於針腳式封裝體積較大、電路
板製作成本較高，已很少用在商品裡。

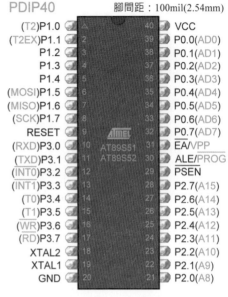

圖4　　PDIP40 針腳式封裝

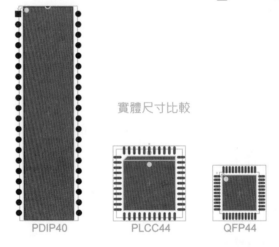

實體尺寸比較

PDIP40　　　　PLCC44　　　QFP44

本書將採 PDIP40 包裝的 AT89S51/AT89S52，當然，要學習
8x51，筆者強烈建議先將其接腳「背」起來，而要背 40 支腳又
有點傷感情，所幸，在此提供獨門的技巧，讓大家輕鬆記住這 40
支腳，如下：

電源接腳

幾乎所有 IC 都需要接用電源，而 89S51 的電源接腳與大部分數位 IC 的電源
接腳類似，右上角接 VCC、左下角接 GND。AT89S51 的 40 腳就是 VCC 接
腳，連接 5V±10%；20 腳為 GND 接腳，必須接地。

輸出入埠

有了電源之後，再來看看 **AT89S51 的主角**，也就是輸出入埠。緊接於剛才所介紹的 VCC 接腳下面，也就是第 39 腳，為 Port 0 的開始接腳，即 39 腳到 32 腳等 8 支接腳為 Port 0；Port 0 的對面就是 Port 1，也就是第 1 腳到第 8 腳。Port 1 從第 1 腳開始，所以 Port 2 從其斜對角第 21 腳開始，也就是在右下方，21 腳到 28 腳就是 Port 2。同樣地，Port 2 斜對面中間為 Port 3，第 10 腳到第 17 腳就是 Port 3。**39、1、21、10 就是這四個 Port 的開始接腳**，我們可透過圖 5 輔助記憶這四個輸出入埠。

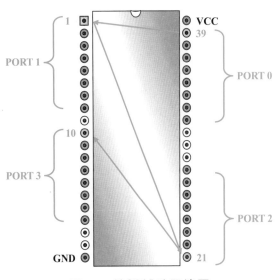

圖 5　　接腳輔助記憶圖

重置電路

幾乎所有微處理器都需要**重置(Reset)**的動作！重置就是初始化，讓微處理器處於預設狀態。對於 AT89S51 而言，當重置接腳為高準位，且超過 2 個機械週期(使用 12MHz 石英晶體，約 2 微秒)，即進入重置狀態。而 AT89S51 的重置接腳在 Port 1 與 Port 3 之間(第 9 腳)，輔助記憶的方法是「**系統久久不動，就按一下 Reset 鈕，重置系統**」，這久久就是第 9 腳的諧音。

時脈接腳

微處理器都需要時鐘脈波接腳，而在接地接腳的上方兩支接腳，即 **19、18** 腳，就是時鐘脈波接腳，分別是 **XTAL1、XTAL2**。

記憶體接腳

AT89S51 內建記憶體，外部也可接記憶體，至於使用內部記憶體或外部記憶體，則視 31 腳(Port 0 下面)而定！31 腳就是 $\overline{EA}$ 接腳，即**存取外部記憶體致能**(**E**xternal **A**ccess Enable)接腳。當 $\overline{EA}$=1 時，系統使用內部記憶體；當 $\overline{EA}$=0 時，系統使用外部記憶體。對於新課程而言，上課時間較少，又有升學的壓力，所寫的程式應該不會太複雜，大多只使用內部記憶體，直接把 31 腳接到 VCC 即可。若使用無內建記憶體的 8031/8032(稍後在 1-2-4 節再詳細介紹)，則 31 腳接到 GND。

外部記憶體控制接腳

現在只剩下 $\overline{EA}$ 接腳下方的兩支接腳，而這兩支接腳與 $\overline{EA}$ 接腳有點類似，都是針對記憶體的控制，如下說明：

- 30 腳為**位址栓鎖致能** ALE(**A**ddress **L**atch **E**nable)，其功能是存取外部記憶體時，送出閃控(strobe)信號，將原本在 Port 0 的位址(A0-A7)位址鎖在外部栓鎖器 IC(如 74373)，讓 Port 0 空出來，以傳輸資料。簡單講，當外接記憶體電路時，若 ALE=1，P0 被當成位址匯流排；若 ALE=0，P0 被當成資料匯流排。

- 29 腳為**程式儲存致能** $\overline{PSEN}$ (**P**rogram **S**tore **EN**able)，其功能也是存取外部記憶體。通常此接腳連接到外部記憶體(ROM)的 $\overline{OE}$ 接腳，當 AT89S51 要讀取外部記憶體的資料時，此接腳就會輸出一個低態信號。

相對於前面的 38 支接腳，29、30 腳比較難以說明，所幸，只要不動用到外部記憶體，就可當它們不存在！留待外部記憶體的單元，再行說明。

> **根據上述要訣，連續三天，睡覺前回憶一下、起床後再想一想；如此一來，*想忘掉，難！不想記住，更難！***

或許有人會質疑，有這麼簡單嗎？當然沒這麼容易！在 AT89S51 的 40 支腳裡，有些是多工接腳，簡單講就是多用途的接腳，以 39-32 腳為例，平時為 Port 0；若連接外部記憶體時，則是 AD0-AD7 接腳，而 AD0-AD7 就是位址接腳與資料接腳混合的多工接腳，好像有點複雜！如果不接外部記憶體時，就當它不存在。

在此，我們先記好圖 4(1-5 頁)裡各接腳的黑色文字名稱即可，而藍色字的名稱，在後續單元裡，如有被應用到，即可輕鬆地與整個 AT89S51/AT89S52 連結起來，如此一下，將可減輕讀者的負擔。

1-2-3　AT89S51 之基本電路

所謂「基本電路」是指要 AT89S51/AT89S52 電路正常工作，而不可或缺的基本線路連接，這是一定要的啦！當然，在此我們也有熟記基本電路的方法，基本電路包括四部分，如下說明：

先接電源

沒有電路不須要電源的，89S51 電路亦是如此！首先將 40 腳接 VCC，也就是 +5V、20 腳接地 GND。

再接時鐘脈波

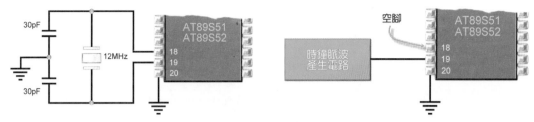

圖6　左圖使用內部振盪電路、右圖使用外部時鐘脈波產生電路

AT89S51 內建振盪電路，只要在 19、18 腳(GND 接腳上方)連接石英振盪晶體 (Crystal)，再各接一個 20pF~40pF 的陶瓷電容到地。AT89S51 的時鐘脈波頻率範圍為 0～24MHz，而 華邦電子(Winbond)更有 40MHz 的版本，未來必然還會有更高的頻率！儘管如此，目前還是採用 11.0952MHz 或 12MHz 時鐘脈波。當然，大都不使用額外的外部振盪電路(麻煩)，直接按圖 6 之左圖連接即可。若要使用外部振盪電路，則可按圖 6 之右圖連接。

重置電路

AT89S51 的重置接腳(Reset)是第 9 腳，當此接腳連接高準位超過 2 個機械週期(1 個機械週期包含 12 個時鐘脈波，稍後說明)，即可產生重置的動作。以 12MHz 的時鐘脈波為例，每個時鐘脈波為 1/12μs，2 個機械週期為 2μs。

如圖 7 之左圖所示，當接上電源瞬間，電容器 C 上沒有電荷，相當於短路，所以第 9 腳直接連接到 VCC，即 AT89S51 執行重置動作。隨著時間的增加，電容器上的電壓逐漸增加、第 9 腳上的電壓逐漸下降，當第 9 腳上的電壓降至低態時，AT89S51 即恢復正常狀態，稱之為 Power On Reset(即 POR)。本書所使用的 **AT89S51 線上燒錄實驗板**裡，使用的電容器為 0.1μF (體積較小、電流也較小)、電阻器為 100 kΩ，時間常數(10ms)遠大於 2μs，可正常執行開機重置動作。

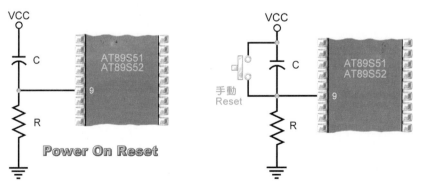

圖7　左圖為 Power On Reset 電路、右圖為含手動之 Reset 電路

通常，我們還會在電容器兩端並接一個按鈕開關，如圖 7 的右圖所示，此按鈕開關為手動的 Reset 開關(強制 Reset)。

記憶體設定電路

基本電路的最後一個部分是記憶體的設定，若將 31 腳($\overline{EA}$)接地，則採外部記憶體；若將 31 腳($\overline{EA}$)接 VCC，則採內部記憶體。在本書裡大多採用內部記憶體，所以把 31 腳與 40 腳及 VCC 相連接。整個基本電路如圖 8 所示，其中的零件如表 1 所示：

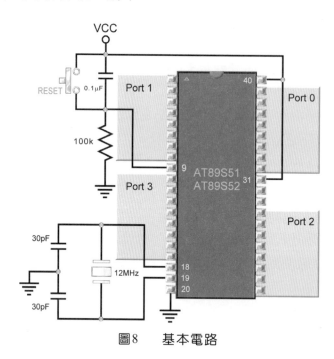

圖8　基本電路

表 1　基本電路之零件表

項次	名　稱	規　格	數　量	備　註
1	AT89S51		1 個	AT89S52 亦可
2	石英振盪晶體	12MHz	1 個	11.0592MHz 亦可
3	電容器	0.1μF	1 個	
4	陶瓷電容器	30pF	2 個	20pF~40pF 皆可
5	電阻器	100kΩ	1 個	
6	按鈕開關	a 接點	1 個	Tact Switch

1-2-4　MCS-51 系列

MCS-51 系列(Micro Controller System, MCS)可分為 51 與 52 兩大族系，52 族系可說是 51 族系的加值型，其最大的特色就是內建記憶體加倍、增加一個計時計數器，價格相差不到 NT$10 元！

依晶片內的 ROM 來區分，可分為無 ROM 型(8031/8032)、Mask ROM 型(8051/8052)、EPROM 型(8751/8752)，及 EEPROM 型(89C51/89C52、89S51/89S52)，如表 2 所示。以下將簡介這幾款 8x51：

表 2　8x51 與 8x52 之比較

型號	51 族系				52 族系			
	8031	8051	8751	89C51 89S51	8032	8052	8752	89C52 89S52
型式	無 ROM	Mask ROM	EP ROM	EEP ROM	無 ROM	Mask ROM	EP ROM	EEP ROM
ROM	內建 0k 外接 64k	內建 4k bytes 外接最大 64k bytes			內建 0k 外接 64k	內建 8k bytes 外接最大 64k bytes		
RAM	內建 128 bytes 外接最大 64k bytes				內建 256 bytes 外接最大 64k bytes			
計時/ 計數器	2 個 16 位元計時計數器				3 個 16 位元計時計數器			
中斷源	5(89S51 有 6 個)				6(89S52 有 8 個)			
I/O	4 個 8 位元輸出入埠				4 個 8 位元輸出入埠			

🔍 無ROM型

8031/8032 為無 ROM 型單晶片，所以必須外接程式記憶體。由於其封裝成本與含 ROM 型的單晶片很接近，且須外接程式記憶體，反而使電路成本大增；目前除了程式太大，無法完全放入單晶片外，不會採用此型單晶片。

圖9　不可寫入型

Mask ROM型

8051/8052 為 Mask ROM 型單晶片，這種單晶片直接將程式放入晶片中的程式記憶體，不必要「**燒錄**」程式(也不能燒錄)，單價低廉。但由於這種晶片必須要製作其獨有的光罩(Mask)，必須要量大的場合才能生產。例如鍵盤裡所用的單晶片(8048 是 8051 的前一代)，就是 Mask ROM 型單晶片。

EP ROM型

8751/8752 為 EPROM 型單晶片，這種單晶片採用電氣方式將程式寫入晶片中的程式記憶體，而以紫外線清除程式記憶體裡的資料，所以可重複使用不同的程式。在 IC 上面有個玻璃窗口，可看到內部的晶片與連接線，通常在燒錄完畢後，在窗口上貼黑色膠布，以防止資料消失。如要清除 ROM 裡的資料，則使用紫外線照射窗口，15 到 30 分鐘即可。由於這種包裝成本較高，再加上其清除動作麻煩且費時，早已停產了。

圖10　可重複寫入型

EEP ROM型

AT89C51/52、AT89S51/52 為使用 Flash 技術的 EEPROM 型單晶片，這種單晶片可將程式「下載」到晶片內的程式記憶體，所不同的是，AT89C51/52 是以 5V 及 12V 電壓燒錄與清除程式記憶體資料，而 AT89S51/52 只要 5V 電壓，即可燒錄與清除，早已蔚為主流。在廠商的技術資料宣稱，這種晶片可重複寫入與清除，可達 1000 次以上。而依筆者的經驗，如非操作上的錯誤或接腳折斷，*就算是很用力的給它燒，都還很難給它燒死掉！*

1-2-5　關於 Atmel 之 51 系列

表 3　AT89C5x 與 AT89S5x 之比較

型　號	AT89C51/52	AT89S51/52
位元數	8 位元	8 位元
工作頻率	0～24MHz	0～24MHz、**0～33MHz** 兩款
ROM	4k bytes/8k bytes	4k bytes/8k bytes
RAM	128 bytes/256 bytes	128 bytes/256 bytes
I/O	4 個 8 位元輸出入埠	4 個 8 位元輸出入埠
計時/計數器	2/3 個 16 位元計時/計數器	2/3 個 16 位元計時/計數器
Watchdog Timer	-	**14 位元看門狗計時器**
中斷源	5/6 個	**6/8 個**
串列埠	一組全雙工萬用串列埠 UART	一組全雙工萬用串列埠 UART
省電模式	Idle 模式及 Power-down 模式	Idle 模式及 Power-down 模式
資料指標暫存器	一組 16 位元資料指標暫存器	**兩組 16 位元資料指標暫存器**
線上燒錄功能	無	有

在 AT89C51 系列停產之後，取而代之的是更實用的 AT89S51，這兩顆單晶片微處理器的規格比較如表 3 所示，只要 AT89C51/52 有的，AT89S51/52 都有！而其中比較特別的是 AT89S51/52 新增一組 14 位元**看門狗計數器(Watchdog Timer,WDT)**。雖然，AT89S51/52 多出工作頻率為 0～33MHz 的晶片。就像 0～24MHz 的 AT89C51/52 一樣，習慣上，還是會使用 12MHz 或 11.0592MHz 的工作頻率，如此才能直接延用原有的程式設計；另外，設計程式時比較容易計算，耗用的資源也比較少，且比較省電。

雖然 AT89C51 停產了，但其核心仍存在於 AT89S51 及許多 AT89C51 的進階版本，例如：

● AT89C51RC 單晶片微處理器具有 32k bytes ROM、512 bytes RAM、Watchdog Timer 等，除記憶體比較多外，皆與 AT89S51 相同。

● AT89C51CC001、AT89C51CC002、AT89C51CC003 等單晶片微處理器以 AT89C51 為核心，並擴增週邊裝置，除配置更多的記憶體外，更加 10 位元的 ADC[1]、CAN[2] 控制器等，而其重複資料燒錄/清除的次數，更可達到 100k 次(即 10 萬次)。

[1]　ADC 為 Analog to Digital Converter 之簡稱，也就是將類比信號轉換成數位信號的轉換器。

[2]　CAN 為 Controller Area Network 之簡稱，這是一種微處理器與 CAN 匯

流排之介面，而 CAN 控制器應用 BOSCH CAN 2.0B Data Link Layer Protocal 通信協定。

1-3 認識 MCS-51 的記憶體結構

除了無 ROM 型的 8031、8032 外，MCS-51 之記憶體包括程式記憶體(ROM)與資料記憶體(RAM)，基本上這兩部分是獨立的個體。標準的 8x51 系列具有 4k 程式記憶體、128 bytes 資料記憶體，而標準的 8x52 系列具有 8k bytes **ROM**、256 bytes **RAM**，剛好是 8x51 系列的兩倍。較少見的 8x53 系列具有 12k bytes **ROM**、384 bytes **RAM**，由此可知，8x5**n** 系列之 **ROM** 為 n×4k bytes。不管是哪款 8x51，其外部擴充的程式記憶體或資料記憶體，最多為 64k bytes。

MCS-51 的相容單晶片都擴增其內部程式記憶體與資料記憶體，例如 Atmel 半導體公司的 TS83C51RB2，其內部 16k bytes 程式記憶體、256 bytes 資料記憶體；TS83C51RC2，其內部 32k bytes 程式記憶體、256 bytes 資料記憶體；TS83C51RD2，其內部 64k bytes 程式記憶體、768 bytes 資料記憶體，稱之為變種 8051。儘管如此，在此仍以 MCS-51 單晶片微處理器的標準記憶體架構為主。

1-3-1 程式記憶體

顧名思義，程式記憶體(ROM)是存放程式的位置，而 CPU 將自動從程式記憶體讀取所要執行的指令碼。而 MCS-51 可選擇使用內部程式記憶體或外部程式記憶體，如下說明：

▷ 若使用 8031 或 8032，由於內部沒有程式記憶體，一定要使用外部程式記憶體，所以其 $\overline{EA}$ 接腳必須接地。

▷ 當 $\overline{EA}$ 接腳接高準位時，CPU 將使用內部程式記憶體，若程式超過 4k bytes(8x51)或 8k bytes(8x52)時，則 CPU 會自動從外部程式記憶體裡，讀取超過部分的程式碼。

▷ 當 $\overline{EA}$ 接腳接地時，CPU 將自外部程式記憶體讀取所要執行的指令碼，而 CPU 內部的程式記憶體形同虛設。

PS:1. 4k bytes 的程式記憶體，對於初學者而言，已是綽綽有餘。

2. 壞掉的 8x51/8x52，很可能是其中的程式記憶體壞掉，則可將其 $\overline{EA}$ 接腳接地，改外接程式記憶體，即可當作 8031/8032 使用。不過，反而更耗成本。

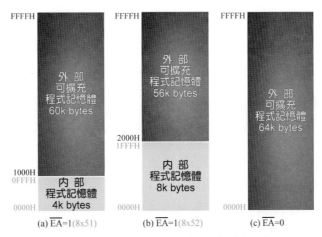

圖11　MCS-51 之程式記憶體結構

　　當 CPU 重置後，程式將從程式記憶體 0000H 位置開始執行，如沒有遇到跳躍指令，則按程式記憶體順序執行。當然，程式記憶體前面幾個位置還有一些玄機，留待**中斷**的單元再詳細說明。

1-3-2　資料記憶體

　　MCS-51 的程式記憶體與資料記憶體是分開的獨立區塊，存取資料記憶體時，所使用的位址並不會與程式記憶體衝突。不過，相對於程式記憶體，資料記憶體就*比較不單純*，如圖 12 所示。

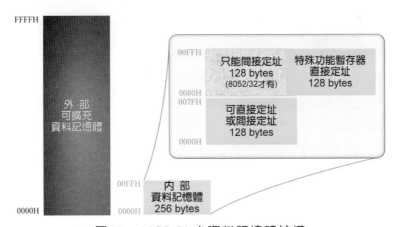

圖12　MCS-51 之資料記憶體結構

　　在 8x51 裡的資料記憶體，除內部資料記憶體外，還可擴充外部資料記憶體，這兩部分的資料記憶體可以並存。不過，存取資料記憶體時，所採用的指令並不一樣，例如存取內部資料記憶體時，可用 MOV 指令，但存取外部資料記憶體時，則使用 MOVX 指令。而內部資料記憶體，如下說明：

從 0000H(H 代表 16 進位制)到 007FH 之間的 128Bytes 為可直接定址或間接定址的記憶體。而「直接定址」與「間接定址」在撰寫 C 語言程式時,以**資料型式**來區別。在這一區裡的資料記憶體又可分成三部分,如下:

● **暫存器庫區**

0000H 到 001FH 的 32 個位址為暫存器庫(**Register Bank, RB**)區,如下說明:

1. 0000H 到 0007H 為暫存器庫 0(即 **RB0**)、0008H 到 000FH 為暫存器庫 1(即 **RB1**)、0010H 到 0017H 為暫存器庫 2(即 **RB2**)、0018H 到 001FH 為暫存器庫 3(即 **RB3**)。

2. 每組暫存器庫都包含 R0、R1...R7 等 8 個暫存器,而任何一個時間,只能使用其中一組暫存器庫。

3. 暫存器庫的切換,可以程式狀態字組(**Program Status Word, PSW**)中的 **RS1** 與 **RS0** 來決定,如表 4 所示:

表 4　暫存器庫之選擇

RS1	RS0	暫存器庫	位　　址
0	0	RB0	0000H～0007H
0	1	RB1	0008H～000FH
1	0	RB2	0010H～0017H
1	1	RB3	0018H～001FH

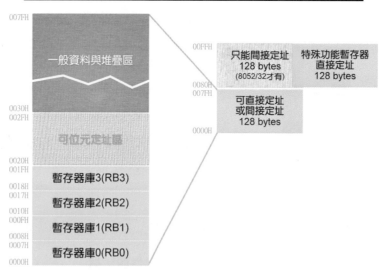

圖13　內部資料記憶體

4. 當 CPU 重置時,系統的堆疊指標(SP)指向 07H 位址,所以資料存入堆疊時,將從 08H 開始,也就是 RB1 裡的 R0 位址。為避免衝突或不必要的錯誤,通常會把堆疊指標移到 30H 以後的位址。

● 可位元定址區

0020H 到 002FH 的 16 個位元組記憶體區為可位元定址區。通常存取記憶體是以位元組(byte)為單位，「可位元定址」則是指定存取 1 個位元(bit)。在 8051 的組合語言裡，可使用**布林運算指令**，進行位元操作，例如要把 20H 記憶體位址的 bit 5 設定為 1，則可使用下列指令：

SETB　20H.5

另外，從 0020H 到 002FH 的 16 個位元組，總共 128 個位元(16×8)，也可以直接指定為 0 到 127，以剛才的 20H 記憶體位址的 bit 5 而言，也可將「20H.5」指定為「05」，如下：

SETB　05

同理，若要將 25H 記憶體位址的 bit 2 清除為 0，則可使用下列指令：

CLR　25H.2

或($5 \times 8 + 2 = 42$)

CLR　42

● 一般資料與堆疊區

0030H 到 007FH 的 80 個位元組位址為一般資料存取及堆疊區。由於 CPU 重置後，堆疊指標指向 07H 位置，為了確保資料的安全與程式執行的正確，如果在程式之中，有使用 PUSH、POP 命令，最好能把堆疊指標改至本區，例如要將堆疊指標移至 0030H 位址，則在程式開始處即使用如下命令：

MOV　SP, #30H

▷ 從 0080H 到 00FFH 之間的 128 bytes 為**特殊功能暫存器**，或可直接定址的記憶體，關於特殊功能暫存器稍後詳細說明。

▷ 在 8052/8032 裡，0080H 到 00FFH 之間的 128 bytes，除了是特殊功能暫存器或可直接定址的記憶體外，另外也可以**間接定址**的方式，存取與這特殊功能暫存器位置重疊、但為獨立的記憶體。

1-3-3　特殊功能暫存器

MCS-51 的暫存器只是 CPU 裡特定位址的資料記憶體，其中 0080H 到 00FFH 之間的 128 bytes，正是特殊功能暫存器(Special Function Register, **SFR**)所在位

置,而什麼是「特殊功能暫存器」呢?特殊功能暫存器就是 8x51/52 內部的裝置,若以組合語言撰寫程式時,我們必須確切的掌控這些暫存器。若以 C 語言撰寫程式,就不是那麼重要,其位置的宣告放置在 Keil C 所提供的「reg51.h」標頭檔(詳見 2-14 頁)裡,我們只要把它包含到程式裡即可,而不必記憶這些位置。以下簡單介紹這些暫存器,以僅供參考,若教學時間不夠,可直接跳過。

表 5　特殊功能暫存器

	8	9	A	B	C	D	E	F	
F8									FF
F0	B								F7
E8									EF
E0	ACC								E7
D8									DF
D0	PSW								D7
C8	T2CON		RCAP2L	RCAP2H	TL2	TH2			CF
C0									C7
B8	IP								BF
B0	P3								B7
A8	IE								AF
A0	P2		AUXR1				WDTRST		A7
98	SCON	SBUF							9F
90	P1								97
88	TCON	TMOD	TL0	TL1	TH0	TH1	AUXR		8F
80	P0	SP	DP0L	DP0H	DP1L	DP1H		PCON	87
	0	1	2	3	4	5	6	7	

[1] 藍色字部分為 8052/8032 才有的暫存器,藍色網底的部分為可位元定址的暫存器,較深灰底的部分為 AT89S51/52 才有的。

[2] 8051/52、AT89C51/52 只有一組資料指標暫存器,所以其中的 DP0L 應改為 DPL、DP0H 應改為 DPH。

● P0、P1、P2、P3

P0～P3 為 MCS-51 的 4 個輸出入埠,位址分別為 80H、90H、0A0H 及 0B0H,待第三章再詳細介紹這 4 個輸出入埠。

● SP

SP 為堆疊指標暫存器(Stack Pointer register),位址為 81H。堆疊是一種特殊的資料儲存方式,其資料的操作順序是先進後出(First In Last Out,簡稱為 FILO),當資料以 PUSH 命令送入堆疊時,SP 自動減 1;若以 POP 命令從堆疊取出資料時,SP 自動加 1。當然,使用 C 語言撰寫程式時,幾乎可不必管這個暫存器。

DPL、DPH

AT89C51 只有一組 16 位元的**資料指標暫存器**(**D**ata **P**ointer register, **DPTR**)，而這組資料指標暫存器是由 DPL 與 DPH 兩個 8 位元的資料指標暫存器，位址分別為 82H、83H。若以 DPL 為低 8 位元、DPH 為高 8 位元，所組成的 16 位元資料指標暫存器，將可定址到 64k bytes 的資料位址。AT89S51 有兩組 16 位元資料指標暫存器，分別是 DP0L、DP0H、DP1L 及 DP1H，其位址分別為 82H、83H、84H、85H。若以組合語言撰寫程式時，DPTR 是查表法的必要暫存器！不過，使用 C 語言撰寫程式時，就不太需要由我們直接管控這個暫存器。

PCON

PCON 為**電源控制暫存器**(**P**ower **Con**trol register)，位址為 87H，其功能是設定 CPU 的電源模式，待後續 7-3-3 節，再行說明。

TCON

TCON 為**計時/計數器控制暫存器**(**T**imer/Counter **Con**trol register)，位址為 88H，其功能是設定計時/計數器的啟動、記錄計時/計數溢位及外部中斷的型式等(第 6 章)，待後續關於計時/計數器部分(第 7 章)，再行說明。

TMOD

TMOD 為**計時/計數模式控制暫存器**(**T**imer/Counter **Mode** Control register)，位址為 089H，其功能是設定計時/計數的模式，待後續關於計時計數器部分(第 7 章)，再行說明。

TL0、TL1、TH0、TH1

TL0、TH0 為第一組計時/計數器(Timer0)的**計量暫存器**，位址為 8AH、8CH，將 TH0 與 TL0 組合即可進行 16 位元的計時/計數。TL1、TH1 為第二組計時/計數器(Timer1)的計量暫存器，其位址為 8BH、8DH，將 TH1 與 TL1 組合即可進行 16 位元的計時/計數，待後續關於計時計數器部分(第 7 章)，再行說明。

SCON

SCON 為**串列埠控制暫存器**(**S**erial port **Con**trol register)，位址為 98H，其功能是設定串列埠工作模式與旗標，待後續關於串列埠部分(第 8 章)說明。

SBUF

SBUF 為**串列埠緩衝器**(**S**erial **BUF**fer)，位址為 99H，這是使用相同位址的兩個暫存器，其中一個暫存器做為傳出資料用的緩衝器，另一個暫存器做為接收資料用的緩衝器。至於如何分辨同一個位址的兩個暫存器，則視指令而定，若是資料傳出的指令，則自動定位到傳出資料用的緩衝器；若是接收資料的指令，則自動定

位到接收資料用的緩衝器，待後續關於串列埠部分(第 8 章)，再行說明。

IE

IE 為**中斷致能暫存器**(Interrupt Enable register)，位址為 0A8H，其功能是啟用中斷功能，待後續關於中斷部分(第 6 章)，再行說明。

IP

IP 為**中斷優先等級暫存器**(Interrupt Priority register)，位址為 0B8H，其功能是設定中斷的優先等級，待後續關於中斷部分(第 6 章)，再行說明。

T2CON

T2CON 為 Timer 2 的**計時/計數器控制暫存器**，位址為 0C8H，其功能是設定 Timer 2 的啟動、記錄計時/計數溢位，以及外部中斷的型式等，而 Timer 2 只有在 8052/8032 才有。

RCAP2L、RCAP2H

RCAP2L、RCAP2H 為**捕捉暫存器**(Capture register)，位址為 0CAH、0CBH。當 Timer 2 在捕捉模式時，若 T2EX(P1.1)接腳上的輸入信號由高態轉為低態，TL2 與 TH2 的計數量將載入 RCAP2L 與 RCAP2H 裡，就像是把 Timer 2 的計數量捉進 RCAP 暫存器一樣，而 Timer 2 在 8052/8032 才有。

TL2、TH2

TL2、TH2 為第三組計時/計數器(Timer2)的**計量暫存器**，其位址為 0CCH、0CDH，將 TH2 與 TL2 組合即可進行 16 位元的計時/計數，而 Timer 2 只有在 8052/8032 才有。

PSW

PSW 為 CPU 的**程式狀態字組暫存器**(Program Status Word register)，位址為 0D0H，其內容如下說明：

	7	6	5	4	3	2	1	0
PSW	CY	AC	F0	RS1	RS0	OV		P

- **PSW.7**：本位元為進位旗標(**CY**)，進行加法(減法)運算時，若最左邊位元(MSB，即 bit 7)產生進位(借位)時，則本位元將自動設定為 1，即 CY=1；否則 CY=0。

- **PSW.6**：本位元為輔助進位旗標(**AC**)，進行加法(減法)運算時，若 bit 3 產生進位(借位)時，則本位元將自動設定為 1，即 AC=1；否則 AC=0。

- **PSW.5**：本位元為使用者旗標(**F0**)，可由使用者自行設定的位元。

- **PSW.4** 與 **PSW.3**：這兩個位元為暫存器庫選擇位元(**RS1**、**RS0**)，其

功能如表 4 所示(1-17 頁)。

- **PSW.2**：本位元為溢位旗標(**OV**)，當進行算術運算時，若發生溢位，則 OV=1；否則 OV=0。

- **PSW.1**：本位元為保留位元，沒有提供服務。

- **PSW.0**：本位元為同位旗標(**P**)，8051 採偶同位，若 ACC 裡有奇數個 1，則 P=1；若 ACC 裡有偶數個 1，則 P=0。

ACC

ACC **累積器**(Accumulator)又稱為 A 暫存器，位址為 0E0H，這個暫存器提供 CPU 主要運作的位置，可說是最常用的暫存器。

B

B 暫存器的位址為 0F0H，主要功能是搭配 A 暫存器進行乘法或除法運算，進行乘法運算時，被乘數放在 A 暫存器，乘數放在 B 暫存器，而運算的結果，低八位元放在 a 暫存器，高八位元放在 B 暫存器；進行除法運算時，被除數放在 A 暫存器，除數放在 B 暫存器，而運算的結果，商數放在 A 暫存器，餘數放在 B 暫存器。若不進行乘/除法運算，B 暫存器也可當成一般暫存器使用。

AUXR

AUXR 暫存器為 89S51 新增的**輔助暫存器**(**AUX**iliary **R**egister)，位址為 8EH，其內容如下說明：

7	6	5	4	3	2	1	0
			WDIDLE	DISRTO			DISALE

AUXR

- **WDIDLE**：本位元設定在**閒置模式**(Idle Mode)下，是否啟用看門狗。若本位元設定為 1，則在 Idle 模式下將可啟用看門狗。若本位元設定為 0，則在 Idle 模式下將停用看門狗。

- **DISRTO**：本位元設定是否輸出重置信號，若本位元設定為 1，則 Reset 接腳(第 9 腳)只有輸入功能。若本位元設定為 0，則在 WDT 計數完畢後，Reset 接腳輸出重置信號(即高態脈波)。

- **DISALE**：本位元設定 ALE 信號的啟用，若本位元設定為 1，ALE 接腳(第 30 腳)不輸出脈波。若本位元設定為 0，則固定每 6 個系統時脈就輸出 1 個高態脈波，稍後說明。

其它位元為保留位元。

AUXR1

AUXR1 暫存器為 AT89S51 新增的第二個**輔助暫存器**，位址為 0A2H，其

內容如下說明：

	7	6	5	4	3	2	1	0
AUXR1								DPS

- **DPS**：本位元的功能是選擇資料指標暫存器。若本位元設定為 1，則使用 DP1L 及 DP1H。若本位元設定為 0，則使用 DP0L 及 DP0H。

其它位元為保留位元。

WDTRST

WDTRST 暫存器為 AT89S51 新增的**看門狗計時器重置暫存器**(**W**atch**d**og **T**imer **Reset** register)，其位址為 0A6H。當我們要啟用看門狗計時器 WDT 時，則依序將 01EH、0E1H 放入 WDTRST 暫存器，當 14 位元計數器溢位(達到 16383，即 3FFFH)，即由 RESET 接腳送出一個高態脈波以重置裝置。此脈波的寬度為 $98 \times T_{osc}$，其中 $T_{osc}=1/F_{osc}$，以 12MHz 的時鐘脈波為例，脈波的寬度為 $Width = 98 \times \dfrac{1}{12M} \cong 8.167 \mu s$，關於看門狗與省電模式，待後續相關單元(第 7 章)，再行說明。

1-4　MCS-51 的時序分析與重置

輕鬆看 MCS-51

在本單元裡將介紹 8x51 的重置(RESET)與時序分析。

1-4-1　時序分析

時鐘脈波是單晶片系統的基本信號，在 1-2 節裡(1-8 頁)，我們曾經簡單地介紹 8x51 的時鐘脈波。不管是採用內部的振盪電路，亦或由外部的時鐘脈波產生電路提供時鐘脈波，此時鐘脈波將成為整個系統運作的依據。AT89C51 的額定時鐘脈波為 0 到 24MHz，表示只要不超過 24MHz 都是 ok 的！當我們在設計電路時，是不是要使用其最高的頻率呢？*嘿嘿*，這可不是一般的個人電腦，不必要太快(超頻)！<u>時鐘脈波的頻率越高，越耗電能</u>。

通常我們會挑選一個常用、容易買到(且便宜)的石英振盪晶體，而且程式不必刻意修改就能相容。既然如此，那就挑選最常用的 12MHz，若要使用串列埠，最好使用 11.0592MHz！

如圖 14 所示為 12MHz 時鐘脈波的時序圖，一個機械週期(machine cycle)

是由六個狀態週期(S1 到 S6)所構成,而每個狀態週期包括兩個時鐘脈波(即 P1、P2)。對於 12MHz 的時鐘脈波而言,一個脈波的週期為 1/12 微秒,一個機械週期包含 12 個時鐘脈波,也就是 1 微秒。

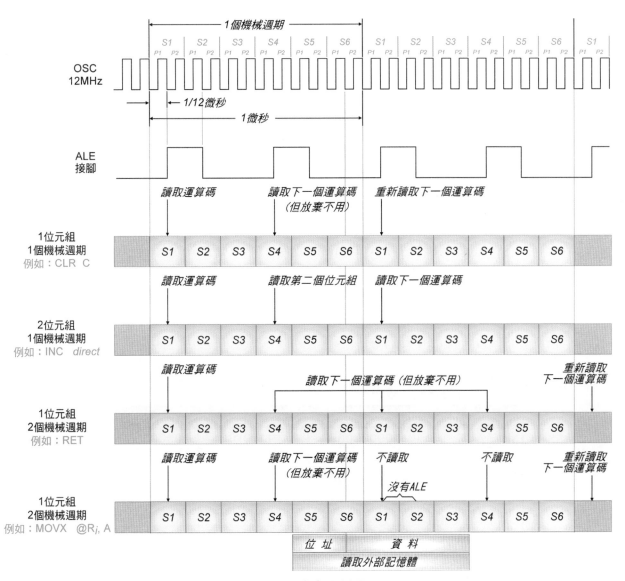

圖14 時序分析圖

在 8x51 的 111 個指令(組合語言)裡,除了執行乘法與除法指令須要 4 個機械週期外,其餘指令都能在 1 個或 2 個機械週期執行完畢。儘管如此,有些指令的長度為 1 byte、有些為 2 bytes,還有少數指令為 3 bytes。對於不同的指令,CPU 如何讀取(fatch)、解碼(decode)與執行(execution)呢?在此將配合在圖 14 簡要說明。首先是位址栓鎖致能接腳 ALE,每個機械週期送出兩個脈波(分別是在 S1 及 S4 時),以栓鎖 P0 輸出之位址(A0-A7),CPU 將進行讀

取記憶體的動作。而不同的指令類型，其動作分別說明於下：

1. 1 個機械週期、1byte 的指令，如 CLR　C 指令，在 S1 時讀取指令、S6 執行完畢；而在 S4 時讀取下個指令，但並不使用它，直到下個機械週期的 S1 時，再重新讀取下個指令。

2. 1 個機械週期、2bytes 的指令，如 INC　*direct* 指令，在 S1 時讀取指令、S4 時讀取第二個 byte、S6 執行完畢。下個機械週期的 S1 時讀取下個指令...，以此類推。

3. 2 個機械週期、1byte 的指令，如 RET 指令，在 S1 時讀取指令，而在 S4、下個機械週期的 S1、S4 時分別讀取下個指令，由於指令尚未執行完畢，所以這三個階段的指令讀取，都會被放棄。直到第二個機械週期的 S6，指令執行完畢後，CPU 才會在第三個機械週期的 S1，重新讀取下個指令，才是有效的讀取。

4. 另外一種 2 個機械週期、1byte 的指令為存取外部記憶體資料的指令，即 MOVX 指令。同樣在第一個機械週期的 S1 時讀取指令，而在 S4 讀取的下個指令，當然也會被放棄。S5 時 P0 送出的 A0 到 A7 位址將被放入栓鎖器，而 S6 到下個機械週期的 S3 之間，即由 P0 進行外部記憶體的資料存取。由於進行外部記憶體的存取，第二個機械週期的 S1 與 S4 不並進行讀取指令的動作。直到第三個機械週期的 S1，才會重新讀取下個指令。

表 6　重置後之狀態表

暫存器	狀　態	暫存器	狀　態
ACC	00000000B	TMOD	00000000B
B	00000000B	TCON	00000000B
PSW	00000000B	T2CON	00000000B
SP	00000111B	TH0	00000000B
DPTR：		TL0	00000000B
DPH	00000000B	TH1	00000000B
DPL	00000000B	TL1	00000000B
P0	11111111B	TH2	00000000B
P1	11111111B	TL2	00000000B
P2	11111111B	RCAP2H	00000000B
P3	11111111B	RCAP2L	00000000B
IP：		SCON	00000000B
8x51	XXX00000B	SBUF	未定
8x52	XX000000B	PCON：	
IE：		NMOS 製程	0XXXXXXXB
8x51	0XX00000B	CHMOS 製程	0XXX0000B
8x52	0X000000B	PC	0000H

1-4-2　　　　　　　　重　置

對於單晶片系統而言，重置 RESET 是很重要的初始化動作。而 8x51 的 RESET 是將高準位加到 RESET 接腳(第 9 腳)上，經過兩個機械週期以上(即 2 微秒)。不管你的手有多快，按 8x51 系統裡的 RESET 按鈕開關，都會超過 2 微秒。換言之，只要按 RESET 按鈕，就一定會使系統重置！當系統重置時，CPU 內部暫存器將回歸初始狀態(如表 6 所示)，而程式將從 0000H 處開始執行。

1-5　MCS-51 的開發流程與工具
輕鬆看 MCS-51

單晶片系統(**Microcontroller Unit, MCU**)的開發都是軟/硬體同時進行，軟體與硬體息息相關，如圖 15 所示。

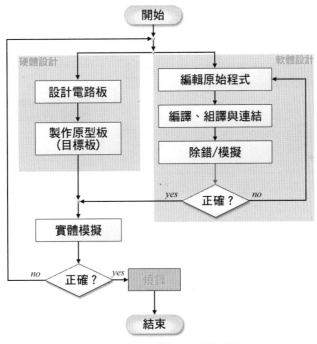

圖15　8x51 系統的開發流程

- 在硬體開發方面，主要是設計原型電路板(prototype)，也就是目標板(target board)。
- 在軟體開發方面，則是編寫原始程式(使用 C 語言或組合語言)，經過編譯、組譯產生可執行碼，然後進行除錯/模擬。
- 當完成軟體設計後，即可應用實體模擬器(**In-Circuit Emulator,**

ICE)，載入該可執行碼，然後在目標板上進行實體模擬。若軟、硬體設計無誤，則可利用 IC 燒錄器，將可執行碼燒錄到 8x51 晶片，最後將該 8x51 晶片插入目標板，即完成設計。

1-5-1　Keil μVision 整合開發環境

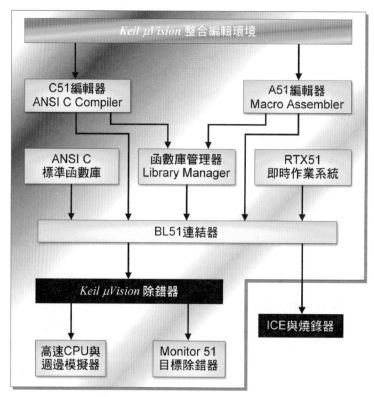

圖16　Keil μVision 開發流程

　　8x51 的開發工具非常多，而 Keil 公司的μVision 整合式開發環境(Integrated Development Environment, IDE)儼然成為目前 8x51/ARM 開發工具的主流。在整合式開發環境裡，包括專案管理器(Project Manager)、原始程式編輯器(Editor)、組譯器(Assembler)、編譯器(Compiler)、連結器(Linker/Locator)、除錯器(Debugger)等，我們可從建立設計專案(Project)開始，然後編輯原始程式(C 語言或組合語言)、編譯、組譯、連結，再進行除錯，而除錯就是一種程式功能模擬，如圖 16 所示為其開發流程。

　　Keil 公司也慷慨地提供免費的評估版(evaluation version)，讓使用者滿意再購買。當然，評估版也有其限制，就是無法產生超過 2k bytes 的可執行程式，儘管如此，想要撰寫超過 2k bytes 的可執行程式也不是件簡單的事！在本書中的範例，編譯後產生的檔案，皆小於 2k bytes，大家可放心試用這套可愛又迷人的開發環境。為了節省大家下載評估版的功夫，在本書光碟中，也放置了這個程式。

若需要更新版本,可直接到 Keil 公司網站下載。
(*http://www.keil.com/demo/eval/c51.htm*)

1-5-2 AT89S51 之線上燒錄功能

究竟是什麼原因能讓 AT89S51 取代 AT89C51 成為下一代 MCS-51 的新主流?最有說服力的,莫過於其所提供的線上燒錄功能(In-System Programmable, ISP),從此我們幾乎可以跟 IC 燒錄器說 *bye-bye* 了!

老早以前,Atmel 公司就提供的 ISP 電路與程式,可讓使用者透過個人電腦的並列埠或串列埠(RS232C),直接將可執行檔下載到 AT89C51/AT89S51。而本書所使用的是採用 USB 介面的 KT89S51 線上燒錄實驗板(V3.3 版、V4.2A版,或更新版本),除了燒錄功能外,還提供不少週邊裝置與範例程式,如 LED、蜂鳴器、指撥開關等,本書大部分實驗都可在接這塊實驗板上進行。

1-6 實例演練

輕鬆看 MCS-51

單晶片系統的設計,軟體與硬體息息相關,不同的電路設計,程式可能就不太一樣。因此,在撰寫程式之前,必須確定電路的連接狀態,例如要利用 AT89S51 的 Port 2 來控制 8 個 LED,讓這 8 個 LED 分成兩組(高四位元與低四位元),交互閃爍,其設計步驟如下:

1-6-1 專案管理與程式開發

 Step 1 首先按圖 17 把電路連接妥當。當 Port 2 的接腳輸出低電壓(0)時,其所連接的 LED 呈現順向偏壓而發亮;若將接腳輸出高電壓(1),則 LED 不亮。若在程式裡讓 Port 2 輸出為「00001111」,使左邊四個 LED 亮、右邊四個 LED 不亮。而「00001111」可以 16 進位數字表示為「0f」,在 Keil C 的程式裡 16 進位數字是以「0x」為前置字。所以,在程式裡應表示為「0x0f」。隔一段時間後,再將輸出反相(可利用「~」指令),即左邊四個 LED 不亮、右邊四個 LED 亮,如此週而復始。

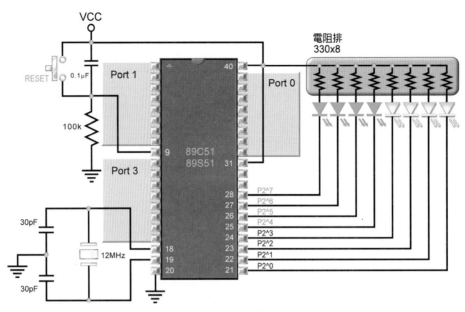

圖17　交互閃爍電路

Step 2 有了電路、又有了概念，隨即將概念畫成流程圖，如圖 18 所示，其中的延遲函數只是一個「0～x-1」的計數程式而已。

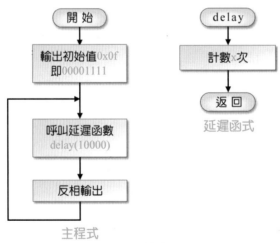

圖18　流程圖

Step 3 除非是很簡單的程式，最好還是要根據流程圖來編寫程式，才是一個容易又保險的方法！整個程式如下：

ch01.c

```
/* ch01.c - LED 高低位元交互閃爍程式  */
//==宣告區===============================================
#include <reg51.h>        // 定義 8051 暫存器之標頭檔,P2-17~19
#define  LED    P2        // 定義 LED 接至 Port 2
void delay(int x);        // 宣告延遲函數
```

```
//==主程式=============================================
main()                  // 主程式開始
{ LED=0x0f;             // 初值=0000 1111,狀態為左 4 個亮,右 4 個滅(共陽極)
  while(1)              // 無窮迴圈,程式一直跑
  {     delay(10000);   // 呼叫延遲函數(計數 10,000 次)
        LED=~LED;       // LED 反相輸出
  }                     // while 迴圈結束
}                       // 主程式結束
//==延遲函數============================================
void delay(int x)       // 延遲函數開始,x=延遲次數
{ int i;                // 宣告整數變數 i
  for (i=0;i<x;i++);    // 計數 x 次
}                       // 延遲函數結束
```

若使用 KT89S51 線上燒錄實驗板,請將程式中的「**#define LED P2**」改為「**#define LED P1**」。

Step 4　緊接著,按視窗左下方的 鈕(Windows 7),在隨即拉出之選單裡,選取所有程式/**Keil uVision4** 選項,即可開啟 Keil C 視窗,如圖 19 所示。

若桌面上有 圖示,則指向這個圖示,快按滑鼠左鍵兩下,一樣可以進入 Keil μVision 環境。

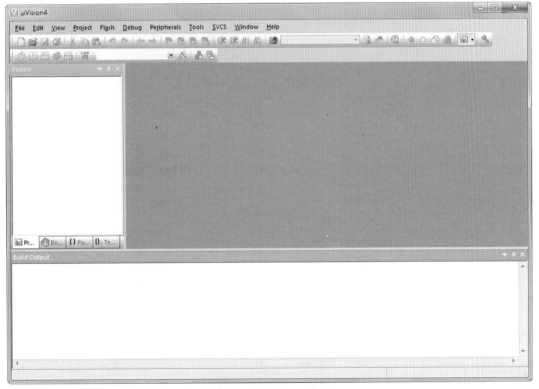

圖19　μVision 視窗

Step 5 首先新建專案，啟動 **Project** 功能表下的 **New u<u>V</u>ision Project...**命令，螢幕出現如圖 20 所示之對話盒：

圖20　新增專案

 Step 6 在檔案名稱欄位中指定所要新增的專案名稱(如 ch01)，再按 存檔(S) 鈕，螢幕出現如圖 21 所示之對話盒：

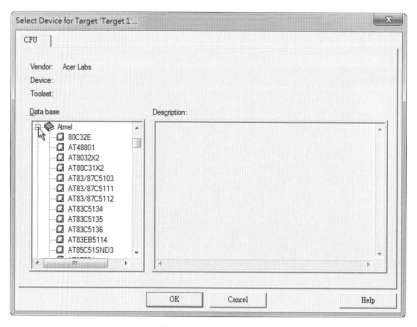

圖21　指定晶片

 Step 7 緊接著在 **<u>D</u>ata base** 區塊中，選取所要使用的 **CPU** 晶片，例如 Atmel 半導體公司的 AT89S51，再按 OK 鈕關閉對話盒。

Step 8 在隨即出現的**詢問**對話盒裡，此按 否(N) 鈕關閉此對話話盒，則左邊 Project Workspace 區塊中，將產生「Target 1」專案。

Step 9 按 鈕或按 Alt + F7 鍵，開啟**專案選項**對話盒，然後在 Target 頁裡的 **Xtal** 欄位裡，指定為 12；在 **Output** 頁裡選取 **Create HEX File** 選項，在本單元裡，此選項並非絕對必要，主要是為了養成習慣！如圖 22 所示。再按 OK 鈕關閉對話盒，完成設定。

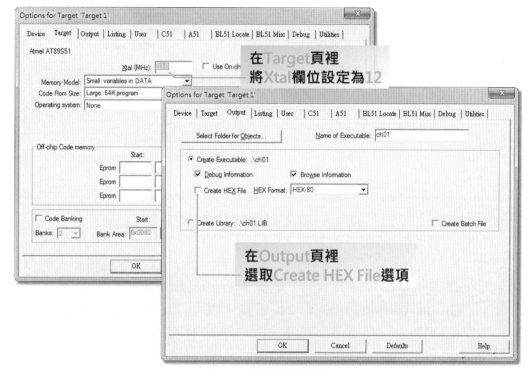

圖22　專案選項設定

Step 10 按左上方的 鈕或按 Ctrl + N 鍵，編輯區裡將開啟一個全新的編輯視窗，再按 鈕或按 Ctrl + S 鍵，然後在隨即出現的對話盒裡的 檔案名稱 欄位中，輸入指定所要儲存的檔案名稱(ch01.c)，其中的延伸檔名「**.c**」是**一定要的**！再按 存檔(S) 鈕關閉對話盒。

Step 11 在編輯視窗中輸入 **ch01.c** 程式(1-28 頁)，其中的縮排是按 Tab 鍵所產生的，可不要按一堆 鍵喔！程式編輯完成後，再指向 Target 1 下面的 Sourc Group 1 項，按滑鼠右鍵拉下選單，選取 Add Files to Group Source Group 1 選項，在隨即出現的對話盒裡指定剛才編輯的 **ch01.c** 檔案，再按 Add 鈕；最後，按 Close 鈕關閉對話盒，即可將 **ch01.c** 檔案加入 **Source Group 1**，如圖 23 所示：

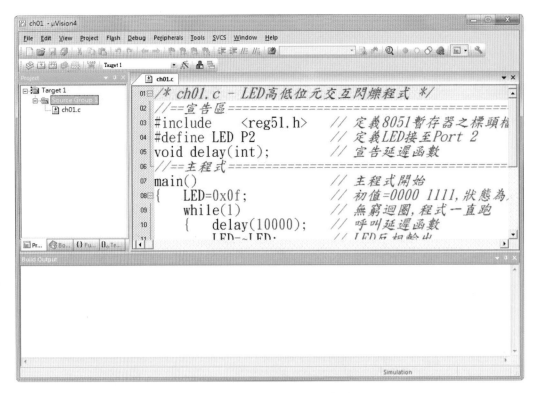

圖23　將程式檔案加入專案

Step 12 緊接著進行編譯與連結，按左上方的▦鈕或按 **F7** 鍵即可進行編譯與連結(即建構韌體)，而其過程將記錄在下方的建構輸出視窗 (**Build Output**)，如圖 24 所示，其中「**creating hex file from "ch01"...**」表示已產生可執行檔(*.hex)、「**0 Error(s), 0 Warnning(s).**」表示沒有錯誤訊息，也沒有警告訊息。

```
Build Output
Build target 'Target 1'
compiling ch01.c...
linking...
Program Size: data=9.0 xdata=0 code=54
creating hex file from "ch01"...
"ch01" - 0 Error(s), 0 Warning(s).
```

圖24　建構過程記錄

除錯與軟體模擬

Step 1　按 🔍 鈕或按 **Ctrl** + **F5** 鍵開啟除錯工具列，在隨即出現的確認對話盒裡，按 **確定** 鈕即進入**除錯模式**，如圖 25 所示：

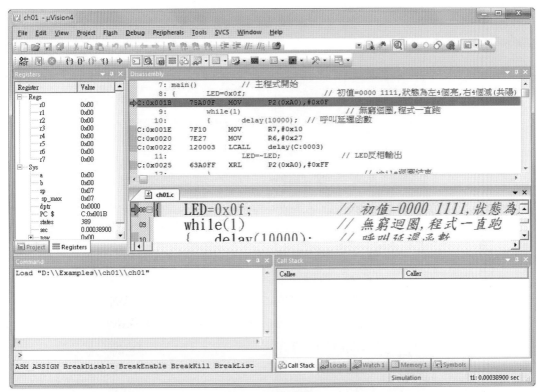

圖25　除錯模式

Step 2　啟動 **Peripherals** 功能表中的 **I/O-Ports** 命令，再選取 **Port 2** 選項，即可開啟 **Port 2** 視窗，如圖 26 所示：

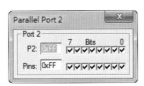

圖26　Port 2 視窗

Step 3　其中包括 **P2** 與 **Pins** 兩列，**P2** 為 Port 2 的**輸出接腳狀態**，**Pins** 為 Port 2 的**輸入接腳狀態**(可直接切換)，打勾代表 1、沒有打勾代表 0。按 🔲 鈕或按 **F5** 鍵，即全速執行程式，**Port 2** 視窗中的值，也在 0x0F 與 0xF0 之間交互變化。表示連接在 P2 的 LED 將分為高四位元與低四位元，交互閃爍。若要停止程式的進行，可按 ⊗ 鈕。

Step 4 若要從頭開始，則按❌鈕停止程式，按📴鈕重置 CPU，再按🔃鈕。若要關閉此專案，則先按🔍鈕離開除錯狀態，再啟動 **Project** 功能表下的 **Close Project** 命令。最後，啟動 **File** 功能表下的 **Exit** 命令，即可關閉 Keil C 程式。

1-6-3 線上燒錄與硬體實驗

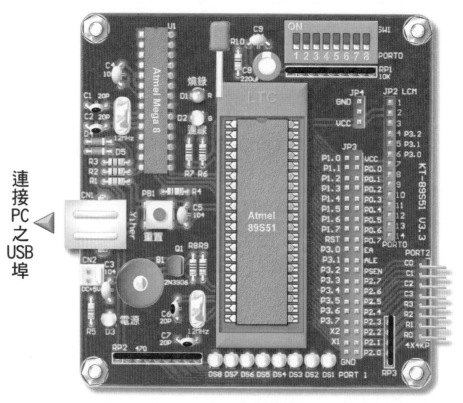

圖27　KT89S51 線上燒錄實驗板(V3.3 版)

在此將應用 **KT89S51** 線上燒錄實驗板，如圖 27 所示，進行韌體燒錄與硬體實驗。不過，**KT89S51** 線上燒錄實驗板的 LED 已連接在 **Port 1**，而在前述程式裡，將 LED 指定連接 Port 2。所以在燒錄之前，必須修改程式，使之連接到 Port 1，重新建構韌體之後，再進行燒錄。在已安裝 **KT89S51** 線上燒錄實驗板驅動程式的狀態下，按下列步驟操作：

Step 1 接續 1-6-2 節，在 μVision 的編輯區裡將「**#define LED P2**」改為「**#define LED P1**」，再按左上方的🖬鈕或 **F7** 鍵即可建構韌體。

Step 2 使用 USB 線連接 **KT89S51** 線上燒錄實驗板到 PC，再啟動 **s51_pgm** 程式，開啟其視窗，如圖 28 所示：

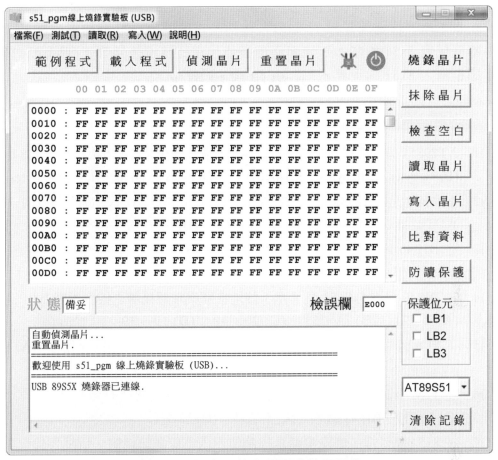

圖28 s51_pgm 線上燒錄實驗板視窗

Step 3 在視窗下方的訊息區裡，顯示「USB 89S5X 燒錄器已連線.」表示可以進行燒錄與實驗。

Step 4 按 載入程式 鈕或按 Ctrl + O 鍵，然後在隨即出現的對話盒裡，指定剛才產生的韌體(ch01.hex)，再按 開啟舊檔(O) 鈕載入該檔案。

Step 5 按 燒錄晶片 鈕或按 F9 鍵，即進行燒錄。很快的就可燒錄完成，若 **KT89S51** 線上燒錄實驗板上的 LED，呈現高四位元/低四位元交互閃爍，表示我們的設計成功。

1-7 即時練習

輕鬆看 MCS-51

　　在本章裡，快速地介紹了 8x51，包括基本的硬體，以及簡單發展工具，這些都是學習 8x51 的基本知識與必備技能。在此請試著回答下列問題，以確認可順利進入 8x51 的世界。

選擇題

(　)1. AT89S51 的內部程式記憶體與資料記憶體各多少？　(A) 64k bytes、128 bytes　(B) 4k bytes、64k bytes　(C) 4k bytes、128 bytes　(D) 8k bytes、256 bytes 。

(　)2. 下列何者是 AT89S51 比 AT89C51 多出的功能？(A) 記憶體加倍　(B) 具有 WDT 功能　(C) 多一個 8 位元輸出入埠　(D) 多一個串列埠 。

(　)3. 在 DIP40 包裝的 8x51 晶片裡，重置 RESET 接腳之接腳編號為何？(A) 9　(B) 19　(C) 29　(D) 39 。

(　)4. 在 DIP40 包裝的 8x51 晶片裡，接地接腳與電源接腳之接腳編號為何？(A) 1、21　(B) 11、31　(C) 20、40　(D) 19、39 。

(　)5. 下列哪個軟體同時提供 8x51 的組合語言及 C 語言之編譯器？　(A) Keil μVision 3　(B) Java C++　(C) Dephi　(D) Visual C++ 。

(　)6. 在 12MHz 時鐘脈波的 8051 系統裡，一個機械週期有多長？(A) 1 微秒　(B) 12 微秒　(C) 1 毫秒　(D) 12 毫秒 。

(　)7. 在 8x51 晶片裡，哪支接腳是控制使用內部程式記憶體，還是外部程式記憶體？　(A) XTAL1　(B) $\overline{\text{EA}}$　(C) $\overline{\text{PSEN}}$　(D) ALE 。

(　)8. 下列何者不是 8x51 所提供的定址模式？　(A) 暫存器定址　(B) 間接定址　(C) 直接定址　(D) 獨立定址。

(　)9. 下列哪個暫存器是 8x51 內的 16 位元暫存器？(A) ACC　(B) C　(C) PC　(D) R7 。

(　)10.發展微電腦系統所使用的實體模擬器，簡稱為何？(A) ISP　(B) USP　(C) ICE　(D) SPI 。

問答題

1. 試簡述微電腦系統的基本架構？
2. 試述在微電腦系統裡所使用的記憶體可分為哪兩大類？其用途為何？
3. 試簡述 8x51 之基本規格，以及 AT89S51 與 AT89C51 之不同？
4. 試簡述 8x51 之「位元定址」？

5. 試說明針腳式 8x51 各接腳的名稱與功能？

6. 試設計一個能讓 8x51 正常工作之基本電路？

7. 試說明哪些編號的 MCS-51 單晶片內部不具備 ROM？哪些具備 EEPROM？

8. 在 8x51 電路裡，若要使用外部程式記憶體，應如何連接？而存取外部資料記憶體，必須使用哪個指令？

9. 試述 8x51 內部有多少個暫存器庫？如何切換？

10. 試簡述 PSW 為何？並說明其中各位元的功能？

11. 在 12MHz 的 8x51 系統裡，一個機械週期包括多少個狀態週期？而一個狀態週期是由幾個時鐘脈波所組成？

12. 試簡介 MCS-51 程式的開發流程與工具？

心得筆記

本章提及之 **Keil C** 快速鍵：

- 開啟專案選項對話盒： Alt 、 F7
- 開啟新檔案： Ctrl + N
- 儲存檔案： Ctrl + S
- 縮排： Tab
- 建構： F7
- 進入除錯模式： Ctrl + F5
- 在除錯模式裡，全速執行程式： F5

本章提及之 **s51_pgm** 快速鍵：

- 開啟檔案： Ctrl + O
- 燒錄晶片： F9

組合語言與C語言

1.位元定址

在組合語言裡，以 . 為指定位元的符號，如 P1.2表示指定P1的bit 2。

在C語言裡，以 ^ 為指定位元的符號，如 P3^7表示指定P3的bit 7。

2.十六進位數字

在組合語言裡，在數字右邊標示H(或h)代表十六進位數字，如 01A2H、36h等。

在C語言裡，在數字左邊標示0X(或0x)代表十六進位數字，如 0X5D70、0x45等。

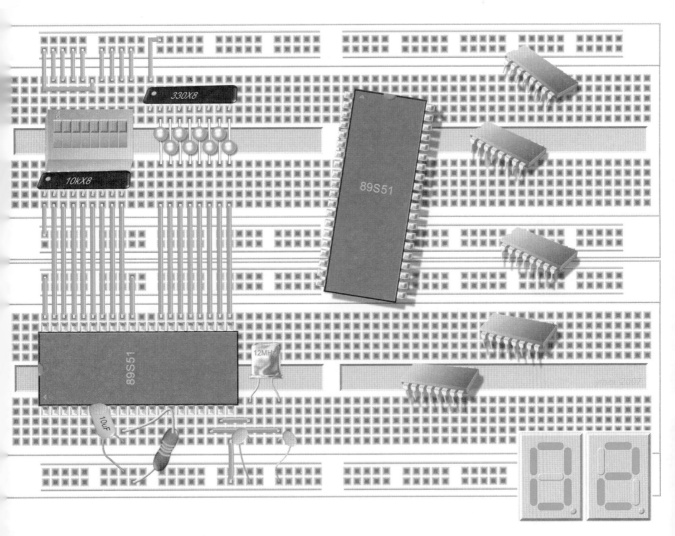

 認識μVision 與 Keil C

本章內容豐富,主要包括兩部分:

μVision 部分:

快速穿越μVision 整合設計環境。

Keil C 語言部分:

認識 Keil C 語言之基本架構。

認識 Keil C 之變數、常數與資料型態。

認識記憶體形式與工作模式。

認識 Keil C 之運算子、控制流程、函數與中斷副程式。

認識 Keil C 之陣列與指標。

認識 Keil C 之前置命令。

μVision 環境簡介
認識 μVision 與 Keil C

Keil μVision 提供順暢的 C 語言或組合語言發展環境，還可隨時上網 (*http://www.keil.com/demo/eval/c51.htm*)下載較新的版本，而本書光碟中也提供安裝 Keil μVision 試用版(c51v901.exe)。

2-1-1　認識 μVision 環境

圖1　Keil μVision 視窗

Keil μVision 提供 C 語言與組合語言的編輯、編譯、連結、除錯與模擬，並產生實體模擬或燒錄到晶片所需之 HEX 等，如圖 1 所示為空白的 Keil μVision 視窗，隨著螢幕解析度的不同與視窗的縮放，其中的工具列會隨之改變位置，其中各項如下說明：

① 功能表列：Keil μVision 提供 11 個功能表，如下說明：

● **File** 功能表提供個別檔案的操作，如**開新檔案**(**New...**命令)、**開啟檔案**(**Open...**命令)、**關閉檔案**(**Close** 命令)、**儲存檔案**(**Save** 命令)、**另存檔案**(**Save As...**命令)、列印功能等，這些檔案操作命令，大多可在**檔案工具列**裡找到相同功能的按鈕，而最後一個命令(**Exit** 命令)可用來關閉程式。

● **Edit** 功能表提供編輯命令，就像大部分視窗軟體一樣，編輯命令包括剪貼

功能(Copy、Cut、Paste 命令)、復原/取消復原功能(Undo、Redo 命令)，還有文書處理程式的縮排/取消縮排功能(Indent Selected Text、Unindent Selected Text 命令)、書籤功能(Toggle Bookmark、Goto Next Bookmark、Goto Previous Bookmark、Clear All Bookmarks 命令)、找尋與取代功能(Find...、Replace...、Find in Files...、Incremental Find 命令)等。

● View 功能表提供視窗組件的顯示開關，例如 Status Bar 命令用以切換是否顯示**狀態列**、File Toolbar 命令用以切換是否顯示**檔案工具列**、Build Toolbar 命令用以切換是否顯示**建構工具列**、Debug Toolbar 命令用以切換是否顯示**除錯/模擬工具列**、Project Window 命令用以切換是否顯示**專案視窗**、Output Window 命令用以切換是否顯示**輸出視窗**、Source Browser 命令用以切換是否顯示**原始檔案瀏覽器**等。

● Project 功能表提供專案管理功能，若要開新專案，可使用 New μVision Project...命令；若要開啟專案，可使用 Open Project...命令；若要關閉專案，可使用 Close Project 命令等。

● Debug 功能表提供除錯/模擬的操作命令，執行除錯/模擬時，大多直接操作**除錯/模擬工具列**上的按鈕，很少使用本功能表內的命令。

● Flash 功能表提供晶片的下載與清除的功能，將可執行碼燒錄到晶片，也可將晶片中的資料清除，不過必須使用 Keil 所認證的燒錄器。

● Peripherals 功能表提供切換顯示 CPU 內部裝置的顯示視窗，如輸出入埠等。當然，本命令須在**除錯/模擬**模式下，才有作用。

● Tools 功能表提供 PC-Lint 程式語法檢查工具。

● SVCS 功能表提供版本管理功能。

● Window 功能表提供**工作區**內的視窗排列功能。

● Help 功能表提供輔助說明功能，其中包括多項透過 Internet 的輔助說明服務。

② 檔案工具列：Keil μVision 將常用的功能放置在本工具列裡，包括檔案操作、剪貼功能、復原與取消復原等與其它視窗軟體類似的功能，而這些功能的按鈕圖案也與其它視窗軟體類似，一看就懂！若不是很清楚，只要指向該按鈕，稍微停駐一下，即可出示**小提示**，如圖 2 所示：

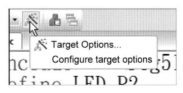

圖2　小提示

在此工具列裡還提供搜尋字串的按鈕(🔍)、列印的按鈕(🖨)、開關**除錯/模**

擬工具列的按鈕(🔍)、開關**專案視窗**的按鈕(🗔)、開關**輸出視窗**的按鈕(🖼) 等，可說是主要的操作介面。

③ 建構工具列：在 Keil μVision 裡，8x51 程式的開發分為兩個階段，第一個 階段是**程式編輯**與**建構**(build)，所謂**建構**是指程式的編譯/連結，及產生可 執行檔。第二個階段是**除錯/模擬**，以確認程式的正確性。在第一階段時， 將開啟本工具列，可利用其中的 🔧 鈕進行選項設定，按 🔨 鈕即可進行建 構，按 🔨 鈕則是重新建構。若本工具列消失，可啟動 **View** 功能表下的 **Build Toolbar** 命令，即可重新開啟之。

④ 專案視窗：在左邊長條型的**專案視窗**下方有五個標籤，可將該視窗切換到 不同的頁面，如圖 3 所示，其中各項如下說明：

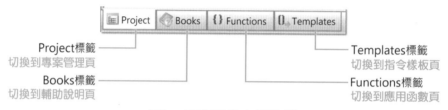

圖3　專案視窗之標籤列

- 指向 **Project** 標籤按滑鼠左鍵，即可切換到**專案管理頁**，其中將列出 專案裡的所有檔案。

- 指向 **Books** 標籤按滑鼠左鍵，即可切換到**輔助說明頁**，其中將列出所 有說明項目。

- 指向 **Functions** 標籤按滑鼠左鍵，即可切換到**應用函數頁**，其中將列 出設計之中所用到的函數。

- 指向 **Templates** 標籤按滑鼠左鍵，即可切換到**指令樣板頁**，其中將列 出所有樣板。

我們可按 🗔 ▾ 鈕或啟動 **View** 功能表下的 **Project Window** 命令，以切換 是否顯示**專案視窗**。

⑤ 輸出視窗：μVision 視窗下方為**建構輸出視窗**，以記錄建構的過程與狀況。若按 🗔 ▾ 鈕或啟動 **View** 功能表下的 **Build Output Window** 命令，可開關**輸出視窗**。

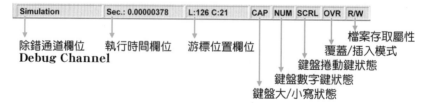

圖4　狀態列

⑥ 狀態列：在**狀態列**裡包括七個欄位，如圖 4 所示，其中各項如下說明：

● 除錯通道(Debug Channel)欄位顯示動作的除錯工具，若使用內建的 μVision 模擬器時，還會顯示進階圖形介面驅動程式(Advanced GDI Driver)或模擬(Simulation)。

● 執行時間欄位顯示執行模擬的時間，指向此欄位按滑鼠右鍵，即可設定時序分析的標記。

● 游標位置欄位顯示游標位置，其中 L 代表第幾列、C 代表第幾個字。

下列欄位為編輯器與鍵盤狀態：

● **CAP** 指示目前鍵盤是鎖住為大寫狀態(caps lock)。
● **NUM** 指示目前鍵盤是鎖住為數字鍵狀態(num lock)。
● **SCRL** 指示目前鍵盤是鎖住為捲動狀態(scroll lock)。
● **OVR** 指示目前鍵盤輸入模式為覆蓋模式，若不顯示則為插入模式。
● **R/W** 或 **R/O** 指示目前所編輯的檔案之屬性，「**R/W**」代表該檔案可讀取與寫入、「**R/O**」代表該檔案為唯讀檔案。

若啟動 View 功能表下的 Status Bar 命令，可切換是否顯示**狀態列**。

⑦ 工作區：在 Keil μVision 視窗中間一大片灰色地帶為**工作區**，我們所開啟/編輯的檔案，將以視窗的形式出現在此區之中。若同時開啟多個檔案，則可利用 **Window** 功能表裡的命令，以進行視窗的排列。

2-1-2　專案管理與選項

大部分的設計都是採**專案**(Project)管理，在 Keil μVision 裡，也是採專案管理，所有設計的開始，都源自於專案的建立或打開既有的專案。若要新建專案，可啟動 **Project** 功能表下的 **New μVision Project...**命令；若要開啟指定的專案，可啟動 **Project** 功能表下的 **Open Project...**命令。以新建專案而言，則除**專案視窗**裡多出一個 **Target 1** 項外，**工作區**裡仍然是空的。我們還要再做幾件事情，如下說明：

🔍 加入原始程式檔

若要將原始程式檔加入目前的專案，可在**專案視窗**裡，指向 Target 1 下面的 **Source Group 1** 項，按滑鼠右鍵拉出選單，再選取 **Add Files to Group 'Source Group 1'**選項，即可在隨即出現的對話盒裡，指定所要加入該專案的原始程式檔案(C 檔案或組合語言檔案)，再按 Add 鈕即可。我們可繼續指定所要加入的檔案，而一個專案裡，可包含多個檔案。最後，按 Close 鈕關閉對話盒。

專案選項設定

專案選項的設定是一件重要的工作，按 ![] 鈕或按 [Alt] + [F7] 鍵即可開啟**專案選項對話盒**，如圖 5 所示為 Target 頁，其中包括系統時脈與記憶體的設定其中的系統時脈頻率的設定(即 **Xtal (MHz)**欄位)，在此設定的頻率，並不會影響程式設計的結果。其預設值為該晶片的最高系統時脈頻率，但實際的電路裡，並不一定使用最高頻率，而是有助於**程式設計、節能考量**與**電路控制**的頻率，通常是 12MHz(在此輸入 **12** 即可)。

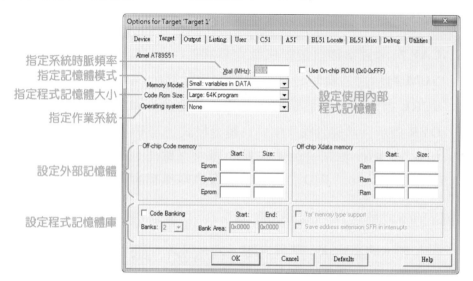

圖5　專案選項對話盒之 Target 頁

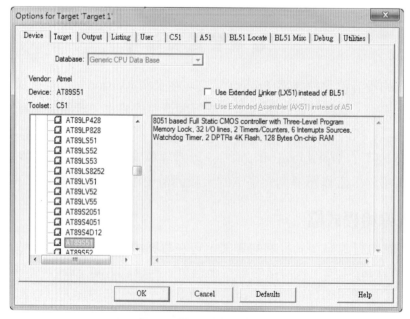

圖6　專案選項對話盒之 Device 頁

若要改用其它晶片，可指向上方 Device 標籤，按滑鼠左鍵，切換到 Device 頁，如圖 6 所示，即可在左邊欄位中，指定所要採用的晶片，其中排列方式是按半導體廠商分類，每個半導體廠商之中，將列出其所提供的晶片。選擇所採用的晶片後，該晶片的簡介，將出現在右邊區塊之中。

指向上方 Output 標籤，按滑鼠左鍵，即可切換到 Output 頁面，如圖 7 所示，若要產生燒錄或實體模擬所須之 HEX 檔，則在 Output 頁面裡，選取 Create Executable 選項，再選取 Create HEX File 選項即可。

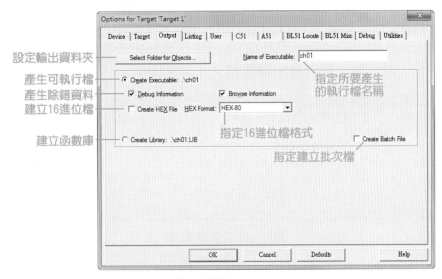

圖7　選項對話盒之 Output 頁

其它各頁的選項，只要採用程式預設值即可，並不須另行設定，其功能簡述如下：

● **Listing** 頁裡可進行條列檔的相關設定。

● **User** 頁裡可由使用者自行設定建構前後的動作。

● **C51** 頁裡可設定 C51 編譯器的選項。

● **A51** 頁裡可設定 A51 組譯器的選項。

● **BL51 Locate** 頁裡可設定 BL51 連結器的定位選項。

● **BL51 Misc** 頁裡可設定 BL51 連結器的其它選項。

● **Debug** 頁裡可設定除錯器的相關選項。

● **Utilities** 頁裡可設定公用工具的相關選項。

　　當上述工作設定完成後，且原始程式編輯完成後，即可按 🔳 鈕進行建構。而程式的編寫難免有錯，若有錯誤，則在建構的過程中，就會反應在下方的**建構輸出視窗**中，如圖 8 所示：

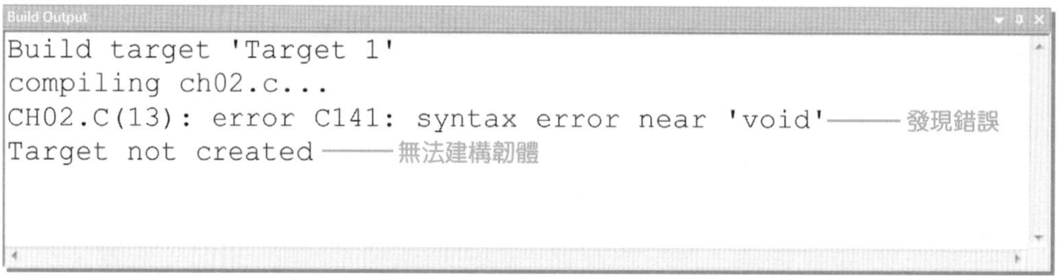

Build Output
Build target 'Target 1'
compiling ch02.c...
CH02.C(13): error C141: syntax error near 'void'
發現錯誤
Target not created
無法建構韌體

圖8　建構過程中有錯誤

其中「**CH02.C(13): error C141: syntax error near 'void'**」表示程式的第 13 列有問題，指向這一列快按滑鼠左鍵兩下，即可跳到編輯區出差錯的位置，以查看並修改之，然後按鈕重新建構。若程式語法正確，則可通過建構過程，將反應在**建構輸出視窗**裡，如圖 9 所示：

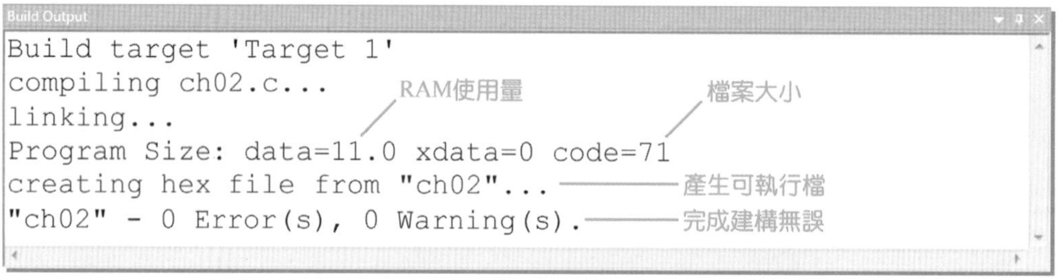

Build Output
Build target 'Target 1'
compiling ch02.c...
RAM使用量
檔案大小
linking...
Program Size: data=11.0 xdata=0 code=71
creating hex file from "ch02"...
產生可執行檔
"ch02" - 0 Error(s), 0 Warning(s).
完成建構無誤

圖9　成功完成建構

2-1-3　認識除錯/模擬環境

完成建構後，可按鈕或按 Ctrl + F5 鍵進入**除錯/模擬模式**，若使用試用版，螢幕將出現如圖 10 所示之訊息對話盒：

µVision
EVALUATION MODE
Running with Code Size Limit: 2K
確定

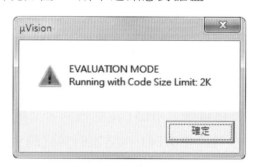

圖10　訊息對話盒

在對話盒裡說明目前使用的是試用版，具有 2k 的限制。對於大部分的使用者而言，2k bytes 夠大了！若要開發超過 2k 的商用程式，那就請購買/使用商用版。按 確定 鈕關閉對話盒，而視窗裡的**建構工具列**不見了，取而代之的是**除錯/模擬工具列**，如圖 11 所示，其中很多按鈕並不適用於 8x51 的除錯：

圖11　除錯/模擬工具列

⊙← RST	本按鈕的功能是重置(RESET)CPU，同時讓程式從頭開始執行。
	本按鈕的功能是全速執行程式。
	本按鈕的功能是停止程式之執行。
{}	本按鈕的功能是單步執行，每按一下執行一個指令，若遇到函數(副程式)，則跳入該函數，同樣一步一步執行函數裡的指令。
	本按鈕的功能是單步執行，每按一下執行一個指令，若遇到函數，則直接執行完成該函數。
{}	本按鈕的功能是完成當時所執行的函數，跳出該函數，返回主程式。
{}	本按鈕的功能是執行到文字插入點(文字游標，即 I 形游標)所在的那一列指令，所以，在按本按鈕之前，先將文字插入點移至指定的那一列。
⇨	本按鈕的功能是顯示目前程式計數器(Program Counter)所指位置的指令列上。
	本按鈕的功能是開啟/關閉命令視窗(Command Window)。
	本按鈕的功能是開啟/關閉反組譯視窗(Disassembly Window)。
	本按鈕的功能是開啟/關閉符號視窗(Symbols Window)。
	本按鈕的功能是開啟/關閉暫存器頁(Register Window)。
	本按鈕的功能是開啟/關閉呼叫堆疊頁(Call Stack Window)。
▼	本按鈕的功能開啟/關閉監視視窗(Watch windows)。
▼	本按鈕的功能是啟用/關閉記憶體視窗(Memory Windows)。
▼	本按鈕的功能是啟用/關閉串列埠視窗(Disassembly Windows)。
▼	本按鈕的功能是開啟/關閉分析視窗(Analysis Windows)。
▼	本按鈕的功能是開啟/關閉追蹤視窗(Trace Windows)。
▼	本按鈕的功能是開啟/關閉系統視窗(System Viewer Windows)。
▼	本按鈕的功能是開啟/關閉工具箱(Toolbox)。
▼	本按鈕的功能是開啟/關閉除錯檢視(Debug Restore Viewer)。

2-1-4　週邊操作

　　在除錯/模擬模式下，Peripherals 功能表的內容較豐富，而且對於除錯工作助益不少！其中包括下列命令：

🔍 Interrupt命令

　　本命令的功能是開關中斷系統對話盒(Interrupt System)，如圖 12 所示：

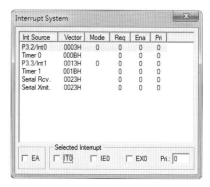

圖12 中斷系統對話盒

其中列出該晶片中的所有中斷源，直接選取所要操作的中斷源，則該中斷源的所有相關選項將呈現於對話盒下方，以 P3.2/Int0 選項為例，對話盒下方出現下列選項：

● EA 選項指示程式是否設定開啟中斷源的總開關，若有勾選此選項，表示程式中設定開啟中斷源的總開關。

● IT0 選項指示程式所設定的中斷觸發方式，若有勾選此選項(即IT0=1)，表示該中斷採用邊緣觸發方式；若沒有勾選此選項(即 IT0=0)，表示該中斷採用低準位觸發方式。

● IE0 選項為觸發該中斷的信號，若要觸發該中斷，可指向本選項，按滑鼠左鍵，則此選項將閃一下，即進入執行其中斷副程式。

● EX0 選項指示程式是處於該中斷源的中斷狀態中，若有勾選此選項(即EX0=1)，表示程式已處於該中斷之中。

● Pri 欄位指示程式對該中斷所設定的優先等級。

I/O-Ports命令

本命令可開關**輸出入埠對話盒**(Parallel Port)，而選取本命令後，將拉下輸出入埠選單，若選取 Port 0 選項，即可開啟如圖 13 所示之對話盒，其中分為 P0 與 Pins 兩列，P0 列顯示該輸出入埠的輸出狀況、Pins 列為輸入狀況，我們可在此列中輸入信號，其中打勾為 1、沒有打勾為 0：

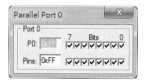

圖13 Port 0 對話盒

Serial命令

本命令可開關**串列埠對話盒**(Serial Channel)，如圖 14 所示：

圖14　Serial Channel 對話盒

其中各項如下說明：

- **Mode** 欄位為程式中所設定的串列埠模式。

- **SCON** 欄位為程式中所設定 **SCON** 暫存器的內容。

- **SBUF** 欄位為串列埠緩衝器(**SBUF**)的內容。

- **SM2** 選項為程式中所設定 **SM2** 位元的狀態，若勾選此選項代表 SM2=1、不勾選此選項代表 SM2=0。

- **REN** 選項為程式中所設定 **REN** 位元的狀態，若勾選此選項代表 REN=1、不勾選此選項代表 REN=0。

- **TB8** 選項為程式中所設定 **TB8** 位元的狀態，若勾選此選項代表 TB8=1、不勾選此選項代表 TB8=0。

- **RB8** 選項為程式中所設定 **RB8** 位元的狀態，若勾選此選項代表 RB8=1、不勾選此選項代表 RB8=0。

- **SMOD** 選項為程式中所設定 **SMOD** 位元的狀態，若勾選此選項代表 SMOD=1、不勾選此選項代表 SMOD=0。

- **Baudrate** 欄位為程式中所設定傳輸率。

- **TI** 選項為串列埠傳出中斷的觸發信號，程式進行時，指向此選項，按滑鼠左鍵，即可進入**串列埠傳出中斷狀態**。

- **RI** 選項為串列埠接收中斷的觸發信號，程式進行時，指向此選項，按滑鼠左鍵，即可進入**串列埠接收中斷狀態**。

Timer命令

本命令可開關**計時計數對話盒**(**Timer**)，而選取本命令後，將拉下計時計數器選單，其中包括 **Timer 0**、**Timer 1** 與 **Watchdog** 選項，以 **Timer 0** 選項為例，將開啟如圖 15 所示之對話盒，其中各項如下說明：

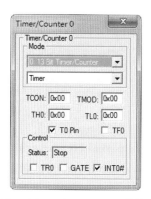

圖15　Timer/Counter 0 對話盒

- **Mode** 區塊裡包括兩個欄位,上面欄位為程式中所設定的計時計數器模式,下面欄位為程式中所設定的是內部計時(**Timer** 選項),還是外部計數(**Counter** 選項)。

- **TCON** 欄位為程式中所設定 **TCON** 暫存器的內容。

- **TMOD** 欄位為程式中所設定 **TMOD** 暫存器的內容。

- **TH0** 欄位為程式中所設定計量暫存器(**TH0**)的內容。

- **TL0** 欄位為程式中所設定計量暫存器(**TL0**)的內容。

- **T0 Pin** 選項為晶片 T0 接腳(P3.4)的狀態,若勾選此選項代表 T0 接腳為高準位;不勾選此選項代表 T0 接腳為低準位。

- **TF0** 選項為計時計數器中斷旗標,若此選項為勾選狀態,代表 TF0=1,目前為計時計數器中斷狀態;此選項沒有勾選,代表 TF0=0,目前沒有進入計時計數器中斷狀態。

- **Status** 欄位指示目前是否啟用計時計數功能。

- **TR0** 選項的功能是軟體啟動計時計數器,若此選項為勾選狀態,代表 TR0=1,即軟體啟動計時計數器;此選項沒有勾選,代表 TR0=0,即停用計時計數器。

- **Gate** 選項為程式所設定的控制開關狀態,若此選項為勾選狀態,代表 Gate=1,即由外部啟動計時計數器;此選項沒有勾選,代表 Gate=0,即由內部啟動計時計數器。

- **INT0#**選項為外部啟動計時計數器的接腳,當設定為外部啟動計時計數器的狀態下,指向此選項,按滑鼠左鍵,即可啟動計時計數器。而 INT0#代表 P3.2 接腳、INT1#代表 P3.3 接腳。

再以 **Watchdog** 選項為例,將開啟如圖 16 所示之對話盒,其中各項如下說明:

圖16　Watchdog 對話盒

- **WDTRST** 欄位指示目前 WDTRST 暫存器的內容。
- **Timer** 欄位指示目前看門狗計時器的狀態。

在介紹 C 語言之前,請注意下列事項:

- 在 C 語言程式裡,字母大小寫有區分,不可弄錯,例如 abc 與 Abc 不相同。
- 在 Keil C 語言程式裡,指令都為小寫。而常數、變數與函數的命名,第一個字一定要是字母,不可為數字或符號。

圖17　C 語言程式之基本架構

　　C 語言之程式可視同是一堆**函數**(function,或視為副程式)所構成,整個程式之中,只有(也一定有)一個名為 **main** 的函數,就是主程式,主程式沒有輸入引數與傳回引數,常被簡寫為「**main()**」。不管怎樣,每個函數可視為獨立的個體,就像是**模組**(module)一樣,所以,C 語言是一種非常**模組化**的程式語言。C 語言所設計的程式之基本架構,如圖 17 所示,其中各項如下說明:

專案選項設定

標頭檔(*.h)是將預先宣告的資料、函數等,再以**#include** 前置命令放入主
程式裡,可重複使用,具有模組化與可攜性。在 8x51 程式裡,必須定義
80x51 內部暫存器位址,而 Keil C 以幫我們準備各式單晶片的位址宣告標
頭檔,如下所示為常用的 reg51.h 檔:

表 1　**reg51.h**

```
/*---------------------------------------------------------------------
REG51.H
Header file for generic 80C51 and 80C31 microcontroller.
Copyright (c) 1988-2002 Keil Elektronik GmbH and Keil Software, Inc.
All rights reserved.
---------------------------------------------------------------------*/

#ifndef __REG51_H__
#define __REG51_H__

/*    BYTE Register    */
sfr P0    = 0x80;                    /* Port 0 */
sfr P1    = 0x90;                    /* Port 1 */
sfr P2    = 0xA0;                    /* Port 2 */
sfr P3    = 0xB0;                    /* Port 3 */
sfr PSW   = 0xD0;                    /*  程式狀態字組  */
sfr ACC   = 0xE0;                    /*  A 累積器  */
sfr B     = 0xF0;                    /* B 暫存器  */
sfr SP    = 0x81;                    /*  堆疊指標暫存器  */
sfr DPL   = 0x82;                    /*  資料指標暫存器之低 8 位元  */
sfr DPH   = 0x83;                    /*  資料指標暫存器之高 8 位元  */
sfr PCON  = 0x87;                    /*  PCON 暫存器  */
sfr TCON  = 0x88;                    /*  TCON 暫存器  */
sfr TMOD  = 0x89;                    /*  TMOD 暫存器  */
sfr TL0   = 0x8A;                    /*  Timer0 計量暫存器之低 8 位元  */
sfr TL1   = 0x8B;                    /*  Timer1 計量暫存器之低 8 位元  */
sfr TH0   = 0x8C;                    /*  Timer0 計量暫存器之高 8 位元  */
sfr TH1   = 0x8D;                    /*  Timer1 計量暫存器之高 8 位元  */
sfr IE    = 0xA8;                    /*  IE 暫存器  */
sfr IP    = 0xB8;                    /*  IP 暫存器  */
sfr SCON  = 0x98;                    /*  SCON 暫存器  */
sfr SBUF  = 0x99;                    /*  SBUF 暫存器  */

/*    BIT Register    */
/*    PSW    */
sbit CY   = 0xD7;                    /*  進位位元  */
sbit AC   = 0xD6;                    /*  輔助進位位元  */
sbit F0   = 0xD5;                    /*  使用者旗標  */
sbit RS1  = 0xD4;                    /*  暫存器庫選擇位元 1 */
sbit RS0  = 0xD3;                    /*  暫存器庫選擇位元 0 */
sbit OV   = 0xD2;                    /*  溢位位元  */
sbit P    = 0xD0;                    /*  同位位元  */

/*    TCON    */
sbit TF1  = 0x8F;                    /*  Timer 1 之溢位位元  */
sbit TR1  = 0x8E;                    /*  Timer 1 之啟動位元  */
```

```
sbit TF0   = 0x8D;                      /* Timer 0 之溢位位元 */
sbit TR0   = 0x8C;                      /* Timer 0 之啟動位元 */
sbit IE1   = 0x8B;                      /* INT1 之中斷旗標 */
sbit IT1   = 0x8A;                      /* INT1 之觸發信號種類位元 */
sbit IE0   = 0x89;                      /* INT0 之中斷旗標 */
sbit IT0   = 0x88;                      /* INT0 之觸發信號種類位元 */

/*    IE    */
sbit EA    = 0xAF;                      /*  中斷之總開關 */
sbit ES    = 0xAC;                      /*  串列埠中斷之啟用位元 */
sbit ET1   = 0xAB;                      /* Timer1 中斷之啟用位元 */
sbit EX1   = 0xAA;                      /* INT1 中斷之啟用位元 */
sbit ET0   = 0xA9;                      /* Timer0 中斷之啟用位元 */
sbit EX0   = 0xA8;                      /* INT0 中斷之啟用位元 */

/*    IP    */
sbit PS    = 0xBC;                      /*  串列埠中斷優先等級設定位元 */
sbit PT1   = 0xBB;                      /* Timer0 中斷優先等級設定位元 */
sbit PX1   = 0xBA;                      /* INT1 中斷優先等級設定位元 */
sbit PT0   = 0xB9;                      /* Timer1 中斷優先等級設定位元 */
sbit PX0   = 0xB8;                      /* INT0 中斷優先等級設定位元 */

/*    P3    */
sbit RD    = 0xB7;                      /* RD 接腳 */
sbit WR    = 0xB6;                      /* WR 接腳 */
sbit T1    = 0xB5;                      /* T1 接腳 */
sbit T0    = 0xB4;                      /* T0 接腳 */
sbit INT1  = 0xB3;                      /* INT1 接腳 */
sbit INT0  = 0xB2;                      /* INT0 接腳 */
sbit TXD   = 0xB1;                      /* TxD 接腳 */
sbit RXD   = 0xB0;                      /* RxD 接腳 */

/*    SCON    */
sbit SM0   = 0x9F;                      /*  串列埠模式設定位元 0 */
sbit SM1   = 0x9E;                      /*  串列埠模式設定位元 1 */
sbit SM2   = 0x9D;                      /*  串列埠模式設定位元 2 */
sbit REN   = 0x9C;                      /*  接收致能控制位元 */
sbit TB8   = 0x9B;                      /*  傳送之 bit 8 位元 */
sbit RB8   = 0x9A;                      /*  接收之 bit 8 位元 */
sbit TI    = 0x99;                      /*  傳送之中斷旗標 */
sbit RI    = 0x98;                      /*  接收之中斷旗標 */

#endif
```

指定標頭檔的方式有兩種，如下：

● 在**#include** 之後，以< >包含標頭檔檔名，如下所示。若採用這種方式，編譯程式將從 Keil µVision 的標頭檔資料夾找尋所指定的標頭檔。如果 Keil µVision 安裝在 C 碟的根目錄上，則編譯程式將從 C:\Keil\C51\INC 路徑中找尋之。

```
#include    <標頭檔檔名>
```

● 在#include 之後，以" "包含標頭檔檔名，如下所示。若採用這種方式，編譯程式將從專案資料夾裡找尋所指定的標頭檔。

> #include　"標頭檔檔名"

宣告區

在指定標頭檔之後，可宣告所要使用的常數、變數、函數等，其適用範圍為整個程式與所有函數。在此建議，若程式之中有使用到函數，則可在此先宣告所有使用到的函數，如此一來，函數放置的先後次序將不會有所影響。換言之，函數放置在引用該函數的程式之前或之後都可以。若沒有在此宣告函數，則在使用函數之前，一定得先定義該函數才行！

主程式

如圖 17 所示(2-13 頁)，主程式是以 main()為開頭，整個內容放置在一對大括號(即{})裡，其中分為**宣告區**與**程式區**，在**宣告區**裡所宣告的常數、變數等，僅適用於**主程式**之中，而不影響其它函數。若在**主程式**之中使用了某變數，但在之前的**宣告區**中沒有宣告，也可在**主程式**的**宣告區**中宣告。另外，**程式區**就是以指令所構成的程式內容。

函數定義

函數是一種獨立功能的程式，其架構與**主程式**類似。不過，函數可將所要處理的資料傳入該函數裡，稱為**傳入引數**(arguments)；也可將函數處理完成後的結果傳回呼叫它的程式，稱為**傳回引數**。而不管是傳入引數還是傳回引數，在定義函數的第一列裡交待清楚！其格式如下：

> 傳回引數之資料形式　函數名稱(傳入引數之資料形式)

例如要將一個無符號字元(unsigned char)傳入函數，而函數執行完成後，即傳回一個整數(int)，而此函數的名稱為 My_func，則其函數定義為：

> int　**My_func**(unsigned char　x)

若不要傳入函數，則可在小括號內指定為 void。同樣地，若不要傳回引數，則可在函數名稱左邊指定為 void，或根本不指定。另外，函數的起始符號、結束符號、**宣告區**及**程式區**，都與**主程式**一樣。而在一個 C 語言的程式裡，可使用多個函數，且函數中也可以呼叫函數。

註解

「**註解**」就是說明，編譯器不處理這部分。C 語言的註解有兩種，如下：

- 區塊註解：以「/*」區塊註解之開始、「*/」區塊註解之結束，其間文字皆視為註解。
- 列註解：以「//」以右的文字，皆為註解，但換行後就不是註解了。

在µVision 對於中文的處理並不是很好，若造成文字定位不準確等困擾，可設定 C 編輯器採用中文字型，即可改善。

2-3　常數、變數與資料型態

認識µVision 與 Keil C

在 C 語言裡，**常數**(constant)與**變數**(variables)都是為某個資料指定記憶體位置，其中**常數**是在指定記憶體位置裡，放置固定不變的資料，而**變數**是在指定記憶體位置裡的資料是可變的。宣告**常數**或**變數**的格式如下：

資料型態　常數/變數名稱[=預設值];

其中的[=*預設值*]並非必要項目，而分號(;)是結束符號，例如要宣告一個整數型態的 x 變數，其預設值(初值)為 50，如下：

```
int    x = 50;
```

若不要預設值，則為：

```
int    x;
```

若要同時宣告 x、y、z 三個整數型態的變數，則變數名稱之間，以「,」分隔，如下：

```
int    x,y=5,z;
```

2-3-1　資料型態

「宣告**常數**或**變數**」就是請編譯程式為該**常數**或**變數**保留記憶體位置，當然要交待清楚保留多大的位置？這就與**常數**或**變數**的資料型態有關。在宣告**常數**或**變數**的格式中，一開始就要指明資料型態，可見資料型態的重要性！在 Keil C 所提供的資料型態可分為下列幾類：

通用資料型態

通用資料型態可用於一般 C 語言之中，如 ANSI C 等，包括字元(char)、整數(int)、浮點數(float)與無(void)，其中字元與整數又分為有符號(signed)與無符號(unsigned)兩類(使用小寫)，如表 2 所示：

表 2　通用資料型態

型　態	名　稱	位元數	範　圍
char	字元	8	$-128 \sim +127$
unsigned char	無號數字元	8	$0 \sim 255$
enum	列舉	8/16	$-128 \sim +127 / -32768 \sim +32767$
short	短整數	16	$-32768 \sim +32767$
unsigned short	無號整數	16	$0 \sim 65535$
Int	整數	16	$-32768 \sim +32767$
unsigned int	無號整數	16	$0 \sim 65535$
long	長整數	32	$-2^{31} \sim +2^{31} -1$
unsigned long	無號長整數	32	$0 \sim 2^{32} -1$
float*	浮點數	32	$\pm 1.175494 \times 10^{-38} \sim 3.402823 \times 10^{38}$
double	雙倍精度浮點數	64	$\pm 1.7 \times 10^{308}$
void	無	0	無

*　Keil C 的浮點數是由 32 位元所組成，其格式為 $M \times 10^{E}$，其中的 M、E 如下：

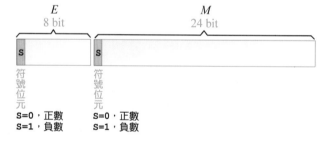

8x51專屬資料型態

針為 8x51 硬體裝置所設置的資料型態有 bit、sbit、sfr 及 sfr16 等四種(使用小寫)，如表 3 所示：

表 3　8x51 專屬資料型態

名　稱	位元數	範　圍
bit	1	0、1
sbit	1	0、1
sfr	8	$0 \sim 255$
sfr16	16	$0 \sim 65535$

以下將特別介紹這四種 8x51 專屬資料型態(使用小寫)：

▷ bit 資料型態定義 1 個位元的變數，將指定在 0x20～0x2f 間的記憶體位址。

▷ 通常 sbit 資料型態是用於存取可位元定址之特殊功能暫存器(SFR)，即 0x80 到 0xff 之間的記憶體。若要使用 sbit 資料形式，則其宣告方式有下列幾種：

● 先宣告一個 bdata 記憶體形式(記憶體形式稍後介紹)的變數，再宣告屬於該變數的 sbit 變數，如下：

```
char   bdata   scan;    // 宣告 scan 為 bdata 記憶體型態之字元
sbit   input_0=scan^0;  // 宣告 input_0 為 scan 變數之 bit0
```

當我們要指定(宣告)某個變數的第 n 位元，則可在該變數名稱右邊加上「^n」即可，例如 P0 的 bit 3 為 P0^3。

● 先宣告一個 sfr 變數(稍後介紹)，再宣告屬於該變數的 sbit 變數，如下：

```
sfr    P0=0x80;     // 宣告 P0 為 0x80 記憶體位置，即 Port 0
sbit   P0_0=P0^0;   // 宣告 P0_0 為 P0 變數之 bit0
```

這種用法最方便，因為 8x51 內部特殊功能暫存器的宣告，都在 **reg51.h** 裡(如 2-14 頁表 1 所示)，而程式的開頭都已將這個檔案掛進來了，所以我們只要宣告 sbit，如上之第二列即可。

● 直接指定記憶體位置，例如要宣告 P0 的 bit 0，則：

```
sbit   P0_0=0x80^0;     // 宣告 P0_0 為 0x80 位址之 bit0
```

不過，我們必須熟記每個位址才行。

▷ sfr 資料型態是用於 8x51 內部特殊功能暫存器(暫存器名稱使用大寫)，即 0x80 ～0xff 位址，與內部記憶體的位址相同。特殊功能暫存器與內部記憶體是兩個獨立的裝置，而以不同的存取方式來區分。特殊功能暫存器採**直接定址**方式存取，而內部記憶體採**間接定址**方式存取。在 Keil C 裡，所謂**直接定址**，就是直接指定其位址，以 Port 0 的宣告為例，如下：

```
sfr   P0=0x80; // 宣告 P0 為 0x80 記憶體位置，即 Port 0
```

所謂**間接定址**，就是宣告為 idata 記憶體形式(記憶體形式稍後介紹)的變數，如下：

> char　idata　BCD;// 宣告 BCD 變數為間接定址的記憶體位置

由於 **reg51.h** 裡(如表 1 所示)已宣告 8x51 內部特殊功能暫存器，而不必要由我們再來宣告。

▷ sfr16 資料型態是用於 8x51 內部 16 位元的特殊功能暫存器(暫存器名稱使用大寫)，如 Timer 2 的捕獲暫存器(RCAP2L、RCAP2H)，Timer 2 的計量暫存器(TL2、TH2)，資料指標暫存器(DPL、DPH)等，以資料指標暫存器為例，如下：

> sfr16　DPTR=0x82;　　// 宣告 DPTR 變數為資料指標暫存器

2-3-2　變數名稱與保留字

由上述宣告**常數**或**變數**的格式中可得知，在資料型態之後，就是變數名稱，而變數名稱之指定，除了容易判讀外，還要遵守下列規則：

- 可使用大/小寫字母、數字或底線(即_)。
- 第一個字元不可為數字。
- 不可使用**保留字**。

表 4　ANSI C 與傳統 C 之保留字

asm	auto	break	case	char	const
continue	default	do	double	else	entry
enum	extern	float	for	fortran	goto
int	long	register	return	short	signed
sizeof	static	struct	switch	typedef	union
unsigned	void	volatile	while		

所謂「**保留字**」是指編譯程式將該字串保留為其它特殊用途，ANSI C 的保留字，如表 4 所示。當然，Keil C 也有其特有的保留字，如表 5 所示：

表 5　Keil C 保留字

_at_	_priority_	_task_	alien	bdata	bit
code	compact	data	far	idata	interrupt
large	pdata	reentrant	sbit	sfr	sfr16
small	using	xdata			

2-3-3 變數的適用範圍

變數的適用範圍或有效範圍，與該變數在哪裡宣告有關，大致可分為兩種，如下說明：

整體變數

若在程式開頭的**宣告區**或者說是沒有大括號限制的**宣告區**，所宣告的變數，其適用範圍為整個程式，稱為**整體變數**(Global variables)或**全域變數**，如圖18所示，其中的 LED、SPEAKER 就是**整體變數**，這種變數將一直佔用記憶體，而不會釋放。

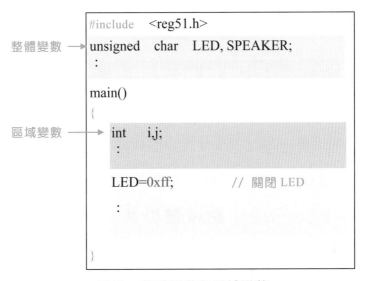

圖18 整體變數與區域變數

區域變數

若在大括號內的**宣告區**所宣告的變數，其適用範圍將受限於大括號，稱為**區域變數**(Local variables)，如圖 18 中的 i、j 就是區域變數。若在主程式與各函數之中，都有宣告相同名稱的變數，則脫離主程式或函數時，該變數將自動消失(釋放記憶體)，所以又稱為**自動變數**(Automatic variables)。如圖 19所示，在主程式與 delay1ms()函數中，各有宣告 i、j 變數，但主程式的 i、j，與 delay1ms()函數中的 i、j，為各自獨立(無關)的 i、j。

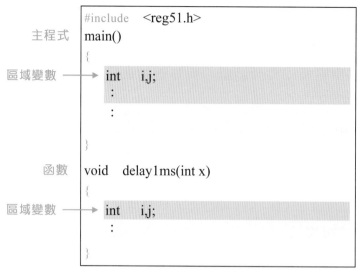

```
#include    <reg51.h>
主程式      main()
           {
區域變數  →    int    i,j;
                :

                :

           }
函數       void    delay1ms(int x)
           {
區域變數  →    int    i,j;
                :

           }
```

圖19　區域變數

2-4 記憶體形式與模式

認識 μVision 與 Keil C

　　8x51 的程式設計屬於硬體的驅動程式,所以與 8x51 內部架構息息相關,特別是記憶體,在此將探討 8x51 的記憶體形式與其工作模式。

2-4-1 記憶體形式

　　Keil C 對於記憶體的管理是將記憶體分成六種形式,如表 6 所示,其中各種形式如下說明(使用小寫):

表 6　記憶體形式

記憶體形式	說　明	適用範圍
code	程式記憶體	0x0000～0xffff(64k)
data	直接定址的內部資料記憶體	0x00～0x7f(128)
idata	間接定址的內部資料記憶體	0x80～0xff(128)
bdata	位元定址的內部資料記憶體	0x20～0x2f(16)
xdata	以 DPTR 定址的外部資料記憶體	64k bytes 之內
pdata	以 R0、R1 定址的外部資料記憶體	256 bytes 之內
far	擴充的 ROM 或 RAM 外部記憶體,僅適用於少數的晶片,如 Philips 80C51MX、Dallas 390 等。	最大可達 16M bytes

程式記憶體

code 記憶體形式為 8x51 的程式記憶體，在第一章中曾提及，標準的 8x51 內建 4k bytes 程式記憶體，可擴充至 64k bytes；8x52 內建 8k bytes 程式記憶體，可擴充至 64k bytes。而新版或相容性的 51 晶片，其內建程式記憶體有 16k bytes、32k bytes，甚至 64k bytes。顧名思義，程式記憶體就是用來存放程式碼的記憶體，只能讀取不能寫入的唯讀記憶體。除了用來存放程式碼外，也可存放固定的資料，例如七節顯示器的驅動信號、LED 陣列的顯示信號、音樂的驅動信號、LCM 的顯示字串等，如下所示就是以陣列的方式(稍後介紹)儲存表格：

```
char    code    SEG[10]={    0x03, 0x9f, 0x25, 0x0d, 0x99,
                             0x49, 0xc1, 0x1f, 0x01, 0x19    };
```

內建資料記憶體

標準的 8x51 內建 128 bytes 資料記憶體(RAM)，可擴充至 64k bytes；8x52 內建 256 bytes 資料記憶體，可擴充至 64k bytes。而新版或相容性的 51 晶片，其內建資料記憶體，有 512 bytes、768 bytes 等。由於 8x51 內部的特殊功能暫存器與資料記憶體之位址相同，必須以不同的定址方式，才能區分出是存取特殊功能暫存器，還是存取資料記憶體。當然，對於組合語言而言，可以不同的指令來區分**直接定址**與**間接定址**。C 語言並沒有直接定址與間接定址的指令，而是以記憶體形式來區分操作的對象，例如 **data**、**idata** 及 **bdata** 三種記憶體形式。其中 **data** 記憶體形式可直接存取 0x00～0x7f 資料記憶體，例如指定 x 為字元型態的變數：

```
char    data    x;
```

idata 記憶體形式可間接定址方式存取 0x80～0xff 資料記憶體，而其宣告方式如下：

```
char    idata    x;
```

bdata 記憶體形式可位元定址方式存取 0x20～0x2f 資料記憶體，而其宣告方式如下：

```
char    bdata    x;
```

外部資料記憶體

對於外部記憶體的存取方式，組合語言提供專用的指令(即 movx)，而 C 語言並沒有特別為存取外部記憶體提供指令，還是以記憶體形式來區分，若要宣告存取 64k bytes 範圍外部記憶體的字元變數，如下：

```
char   xdata   x;
```

而宣告存取 256 bytes 範圍外部記憶體的字元變數，如下：

```
char   pdata   x;
```

2-4-2　記憶體模式

Keil C 提供 **SMALL**、**COMPACT** 及 **LARGE** 等三種記憶體模式(memory models)，用以決定未標明記憶體形式的函數之**引數**(arguments)、變數及常數宣告等之預設記憶體形式。這三種記憶體模式，如下說明：

▷ 小型模式(**SMALL**)將所有變數預設為 8x51 的內部記憶體，其效果就像在宣告區裡明確地宣告 data 記憶體形式一樣。若指定為此種模式，變數的存取最有效率，對於我們而言，無異是最佳的選擇。

▷ 精簡模式(**COMPACT**)將所有變數預設為外部記憶體的一頁(page)，也就是 256 bytes。就像在宣告區裡明確地宣告 pdata 記憶體形式一樣。雖然這種模式的大小可達 256 bytes，但其存取效率不如 SMALL 模式，但比稍後要介紹的 LARGE 模式還好。

▷ 大型模式(**LARGE**)將所有變數預設為外部記憶體，其效果就像在宣告區裡明確地宣告 xdata 記憶體形式一樣。雖然這種模式的變數大小可達 64k bytes，但其存取效率比前面兩種還差。

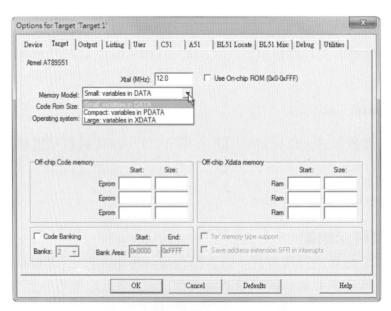

圖20　選項對話盒之 Target 頁

在 μVision 裡，若要設定記憶體模式，可按 鈕或按 Alt + F7 鍵開啟**專案選項**對話盒，如圖 20 所示。即可在 **Memory Model** 欄位中，選取所要採用的記憶體模式。預設狀態為小型模式，已經是最佳狀態了，不需要更改。

2-5　Keil C 之運算子

認識 μVision 與 Keil C

運算子(operator)就是程式敘述中的操作符號，如下說明：

🔍 算術運算子

算術運算子就是執行算術運算功能的操作符號，包括加、減、乘、除，其中的除運算則分為取商數與取餘數兩種，如表 7 所示：

表 7　算術運算子

符 號	功 能	範 例	說 明
+	加	A=x+y	將 x 與 y 變數的值相加，其和放入 A 變數
−	減	B=x-y	將 x 變數的值減去 y 變數的值，其差放入 B 變數
*	乘	C=x*y	將 x 與 y 變數的值相乘，其積放入 C 變數
/	除	D=x/y	將 x 變數的值除以 y 變數的值，其商數放入 D 變數
%	取餘數	E=x%y	將 x 變數的值除以 y 變數的值，其餘數放入 E 變數

▷程式範例：

```
main()
{  int   A, B, C, D, E, x, y;
   x=7;y=2;
   A=x+y;
   B=x-y;
   C=x*y;
   D=x/y;
   E=x%y;
} //模擬時，游標放在此，再按執行至游標鈕({})
```

▷程式結果：

A=0x0009、B=0x0005、C=0x00E、D=0x0003、E=0x0001

🔍 關係運算子

關係運算子就是處理兩變數間之大小比較關係，其結果為 1 或 0(1 個位元)，如表 8 所示：

表 8   關係運算子

符 號	功 能	範 例	說 明
==	相等	x==y	比較 x 與 y 變數的值是否相等，相等則其結果為 1、不相等則為 0
!=	不相等	x!=y	比較 x 與 y 變數的值是否相等，不相等則其結果為 1、相等則為 0
>	大於	x>y	若 x 變數的值大於 y 變數的值，其結果為 1、否則為 0
<	小於	x<y	若 x 變數的值小於 y 變數的值，其結果為 1、否則為 0
>=	大等於	x>=y	若 x 變數的值大於或等於 y 變數的值，其結果為 1、否則為 0
<=	小等於	x<=y	若 x 變數的值小於或等於 y 變數的值，其結果為 1、否則為 0

▷程式範例：

```
main()
{  unsigned char   A, B, C, D, E, F, x, y;
    x=7;y=2;
    A=(x==y);
    B=(x!=y);
    C=(x>y);
    D=(x<y);
    E=(x>=y);
    F=(x<=y);
} //模擬時，游標放在此，再按執行至游標鈕( 0 )
```

▷程式結果：

A=0x00、B=0x01、C=0x01、D=0x00、E=0x01、F=0x00

邏輯運算子

邏輯運算子為執行邏輯運算的操作符號，包括 AND(及)、OR(或)、NOT(反相)，而其結果為 1 或 0(1 個位元)，如表 9 所示：

表 9   邏輯運算子

符 號	功 能	範 例	說 明
&&	及運算	(x>y)&&(y>z)	若 x 變數的值大於 y 變數的值，且 y 變數的值也大於 z 變數的值，其結果為 1，否則為 0
||	或運算	(x>y)||(y>z)	若 x 變數的值大於 y 變數的值，或 y 變數的值也大於 z 變數的值，其結果為 1，否則為 0
!	反相運算	!(x>y)	若 x 變數的值大於 y 變數的值，則其結果為 0，否則為 1

▷程式範例：

```
main()
{  unsigned char   A, B, C, x, y, z;
   x=7;y=2;z=5;
   A=(x>y)&&(y<z);
   B=(x==y)||(y<=z);
   C=!(x>z);
} //模擬時，游標放在此，再按執行至游標鈕(◖◗)
```

▷程式結果：

A=0x01、B=0x01、C=0x00

布林位元運算子

布林位元運算子與邏輯運算子類似，其最大的差異在於布林位元運算子針對變數中的每一個位元，運算結果與操作對象寬度(位元數)一樣，邏輯運算子則是對整個變數操作，運算結果為 0 或 1(1 個位元)。如表 10 所示為布林位元運算子，而其運算示意圖，如圖 21 所示。

```
AND(及運算)
   x=0x26=00100110
   y=0xe2=11100010
   z=x&y=00100010=0x22
```

```
OR(或運算)
   x=0x26=00100110
   y=0xe2=11100010
   z=x|y=11100110=0xe6
```

```
XOR(互斥或運算)
   x=0x26=00100110
   y=0xe2=11100010
   z=x^y=11000100=0xc4
```

```
NOT(取 1's 補數運算)
   x=0x26=00100110
   z=~x=11011001=0xd9
```

```
<<(左移運算)
   x=0x26=00100110
   z=x<<2=10011000=0x98
```

```
>>(右移運算)
   x=0x26=00100110
   z=x>>1=00010011=0x13
```

圖21　布林運算示意圖

表 10　布林運算子

符 號	功 能	範 例	說 明
&	及運算	A=x&y	將 x 與 y 變數的每個位元，進行 AND 運算，其結果放入 A 變數
|	或運算	B=x|y	將 x 與 y 變數的每個位元，進行 OR 運算，其結果放入 B 變數
^	互斥或	C=x^y	將 x 與 y 變數的每個位元，進行 XOR 運算，其結果放入 C 變數
~	取 1's 補數	D=~x	將 x 變數的值，進行 NOT 運算，其結果放入 D 變數
<<	左移	E=x<<n	將 x 變數的值左移 n 位，其結果放入 E 變數
>>	右移	F=x>>n	將 x 變數的值右移 n 位，其結果放入 F 變數

▷程式範例：

```
main()
{  unsigned char   A, B, C, D, E, F, x, y;
   unsigned char   a1, a2, a3, a4, a5, a6;
   x=0x25;              // 即 00100101
   y=0x73;              // 即 01110011
   A=x&y;
   B=x|y;
   C=x^y;
   D=~x;
   E=x<<3;
   F=x>>4;
   a1=A;a2=B;a3=C;a4=D;a5=E;a6=F; //輔助觀察運算狀況
}  //模擬時，游標放在此，再按執行至游標鈕( 0 )
```

▷程式結果：

a1=0x21(即 00100001)、a2=0x77(即 01110111)、a3=0x56(即 01010110)
a4=0xda(即 11011010)、a5=0x28(即 00101000)、a6=0x02(即 00000010)

指定運算子

指定運算子是一種很有效率，而且特殊的操作符號，包括最直覺的「＝」，
還有將算術運算、邏輯運算變形的操作符號，如表 11 所示：

表 11　指定運算子

符 號	功 能	範 例	說 明
=	指定	A=x	將 x 變數的值，放入 A 變數
+=	加入	B+=x	將 B 變數的值與 x 變數的值相加，其和放入 B 變數，與 B=B+x 相同
-=	減去	C-=x	將 C 變數的值減去 x 變數的值，其差放入 C 變數，與 C=C-x 相同
*=	乘入	D*=x	將 D 變數的值與 x 變數的值相乘，其積放入 D 變數，與 D=D*x 相同
/=	除	E/=x	將 E 變數的值除以 x 變數的值，其商放入 E 變數，與 E=E/x 相同
%=	取餘數	F%=x	將 F 變數的值除以 x 變數的值，其餘數放入 F 變數，與 F=F%x 相同
&=	及運算	G&=x	將 G 變數的值與 x 變數的值進行 AND 運算，其結果放入 G 變數，與 G=G&x 相同
|=	或運算	H|=x	將 H 變數的值與 x 變數的值進行 OR 運算，其結果放入 H 變數，與 H=H|x 相同
^=	互斥或	I^=x	將 I 變數的值與 x 變數的值進行 XOR 運算，其結果放入 I 變數，與 I=I^x 相同

符 號	功 能	範 例	說 明
<<=	左移	J<<=n	將 J 變數的值左移 n 位，與 J=J<<n 相同
>>=	右移	K>>=n	將 K 變數的值右移 n 位，與 K=K>>n 相同

▶ 程式範例：

```
main()
{ unsigned   char   A=0x52, B=0x3a, C=0x01, D=0x01,
                     E=0xaa, F=0x11, G=0xf0, H=0x1f,
                     I=0x55, J=0x68, K=0x75, x=0x96;
    unsigned   char a1,a2,a3,a4,a5,a6,a7,a8,a9,a10,a11;
    A=x;      // A=x=0x96
    B+=x;     // B=B+x=0x3a+0x96=0xd0
    C-=x;     // C=C-x=0x01-0x96=0x6b
    D*=x;     // D=D*x=0x01*0x96=0x96
    E/=x;     // E=E/x=0xaa/0x96=0x01
    F%=x;     // F=F%x=0x11%0x96=0x11
    G&=x;     // G=G&x=0xf0&0x96=0x90
    H|=x;     // H=H|x=0x1f/0x96=0x9f
    I^=x;     // I=I^x=0x55^0x96=0xc3
    J<<=2;    // J=J<<2=0xa0
    K>>=3;    // K=K>>3=0x0e
    a1=A;a2=B;a3=C;a4=D;a5=E;a6=F;        //輔助觀察運算狀況
    a7=G;a8=H;a9=I;a10=J;a11=K;           //輔助觀察運算狀況
} //模擬時，游標放在此，再按執行至游標鈕( {} )
```

▶ 程式結果：

a1=0x96、a2=0xd0、a3=0x6b、a4=0x96、a5=0x01、a6=0x11
a7=0x90、a8=0x9f、a9=0xc3、a1=0xa0、a11=0x0e

遞增/減運算子

遞增/減運算子也是一種很有效率，其中包括遞增與遞減等兩個操作符號，如表 12 所示：

表 12　遞增/減運算子

符 號	功 能	範 例	說 明
++	加 1	x++	執行運算後，再將 x 變數的值加 1
--	減 1	x--	執行運算後，再將 x 變數的值減 1

▶ 程式範例：

```
main()
{ char   x=5,y=10;
    x++;                      // x=x+1
```

```
    y--;                          // y=y-1
} //模擬時，游標放在此，再按執行至游標鈕( {} )
```

▶程式結果：

```
    x=0x06、y=0x09
```

運算子的優先順序

在程式裡的敘述，可能使用不止一個運算子，而多個運算子放在一個敘述之中，必須要有個遊戲規則，才不會弄錯！就像日常生活裡的加減乘除一樣，我們很自然地遵守「**先乘除後加減**」的原則，所以「3×2+8÷2」應該是先進行「3×2」及「8÷2」，再把這兩項操作的結果相加，大概不會有人搞錯。基本上，橫式的操作都是「**由左而右**」的順序，除非遇到較高優先等級的運算子或操作符號，最常見的就是小括號，當然是小括號內的操作先進行。例如「3×(2+8)÷2」，就得先操作「2+8」，再把結果放回去排隊！由此可知，運算子或操作符號的優先等級很重要，如表 13 所示為 Keil C 運算子或操作符號的優先等級：

表 13　　運算子之優先順序

優先順序	運算子或操作符號	說　明
1	(、)	小括號
2	~ 、 !	補數、反相運算
3	++ 、 --	遞增、遞減
4	* 、 / 、 %	乘、除、取餘數
5	+ 、 -	加、減
6	<< 、 >>	左移、右移
7	< 、 > 、 <= 、 >= 、 == 、 !=	關係運算子
8	&	布林運算 － AND
9	^	布林運算 － XOR
10	|	布林運算 － OR
11	&&	邏輯運算 － AND
12	||	邏輯運算 － OR
13	= 、 *= 、 /= 、 %= 、 += 、 -= 、 <<= 、 >>= 、 &= 、 ^= 、 |=	指定運算子

2-6　Keil C 之流程控制

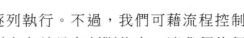

認識 μVision 與 Keil C

　　基本上，程式的結構是由上而下，逐列執行。不過，我們可藉流程控制的指令與敘述，以改變程式流程，以達到省力並具有判斷能力，讓我們的程

式更聰明。Keil C 所提供的流程控制指令與敘述可區分為三種，即**迴圈指令**、**選擇指令**及**跳躍指令**，如下說明：

2-6-1 迴圈指令

迴圈指令就是將程式流程，控制在指定的迴圈裡，直到符合指定的條件，才脫離迴圈，繼續往下執行。Keil C 所提供的迴圈指令有 **for** 敘述、**while** 敘述、**do-while** 敘述(使用小寫)，如下說明：

🔍 計數迴圈

for 敘述是一個很實用的**計數迴圈**，其格式如下：

```
for(運算式 1; 運算式 2; 運算式 3)
{
        指令;
        [break;]
        :
}
```

其中有三個運算式，如下說明：

● 運算式 1 為初始值，例如從 0 開始則寫成「i=0;」，其中的 i 必須事先宣告過，其中的「;」是分隔符號，不可缺！

● 運算式 2 為判斷條件，以此為執行迴圈的條件。例如「i<20;」，則只要 i<20 就繼續執行迴圈。若此運算式空白，只輸入「;」，例如「for(i=0; ;i++)」或「for(;;)」，則會無條件執行迴圈，不會跳出迴圈。

● 運算式 3 為條件運算方式，最常見的是遞增或遞減，例如「i++」或「i--」，當然也可以其它運算方式，例如每次增加 2，即「i+=2」。

▷ 使用範例 1：

for(i=0;i<8;i++)

說明：

迴圈執行 8 次

▷ 使用範例 2：

for(x=100;x>0;x--)

說明：

迴圈執行 100 次

▷使用範例 3：

```
for(;;)
```

說明：

無窮盡迴圈

▷使用範例 4：

```
for(num=0;num<99;num+=5)
```

說明：

迴圈執行 20 次

緊接於 for 敘述下面，可利用一對大括號，將所要執行的指令，逐列寫入。若迴圈之中，只要執行一列指令，可不使用大括號，例如要從 0 到 9，將 table 陣列中的資料依序輸出到 P2，如下：

```
for(i =0;i<10;i++)    P2=table[i];
```

另外，若迴圈未達到跳出的條件，因其它判斷因素成立，而要強制跳出迴圈，則可在迴圈內加入判斷條件與 break 指令，如下：

```
for(i =0;i<100;i++)
{        :
        if (sw1==0) break;
         :
}
```

前條件迴圈

while 敘述將判斷條件放在敘述之前，稱為**前條件迴圈**，其格式如下：

```
while(運算式)
{
    指令;
    [break;]
     :
}
```

當其中的運算式成立時，才開始執行其下大括號內的內容。例如 i 不等於 0 時，才執行迴圈，如下：

```
while(i !=0)
```

```
{       :
        指令;
        :
}
```

若 while 的運算式為 1，則形成無窮盡迴圈，如下：

```
while(1)
{       :
        指令;
        :
}
```

同樣地，若大括號內只有一列指令，則可省略大括號，如下：

```
while(i !=0)    i--;
```

另外，若迴圈未達到跳出的條件，因其它判斷因素成立，而要強制跳出迴圈，則可在迴圈內加入判斷條件與 break 指令，如下：

```
while(1)
{       :
        if (sw1==0) break;
        :
}
```

後條件迴圈

do-while 敘述提供先執行再判斷的功能，稱為**後條件迴圈**，其格式如下：

```
do      {
            指令;
            [break;]
            :
        } while(運算式);
```

在這個敘述裡，將先執行一次迴圈後，則判斷運算式是否成立？若不成立，則不會再執行該迴圈。例如 i 不等於 0 時，才執行迴圈，如下：

```
do      {
            指令;
            :
        } while(i !=0);
```

若 while 的運算式為 1，則形成無窮盡迴圈，如下：

```
do      {
            指令;
            :
        } while(1);
```

同樣地，若大括號內只有一列指令，則可省略大括號，如下：

```
do    i--;    while(i !=0);
```

另外，若迴圈未達到跳出的條件，因其它判斷因素成立，而要強制跳出迴圈，則可在迴圈內加入判斷條件與 break 指令，如下：

```
do      {
            if (sw1==0) break;
            :
        } while(1);
```

2-6-2　選擇指令

選擇指令是按條件，決定程式流程。Keil C 所提供的選擇指令有 **if-else** 敘述及 **switch-case** 敘述(使用小寫)，如下說明：

條件選擇

if-else 敘述提供條件判斷的敘述，稱為**條件選擇**，其格式如下：

```
if (運算式)
{
    指令區塊 1;
    :
}
else
{
    指令區塊 2;
    :
}
```

在這個敘述裡，將先判斷運算式是否成立？若成立，則執行**指令區塊 1**。若不成立，則執行**指令區塊 2**，如圖 22 所示：

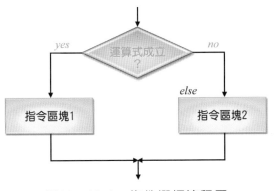

圖22　if-else 條件選擇流程圖

其中 **else** 部分也可省略，即

if (運算式)　｛ *指令區塊 1*; ｝
其它指令;

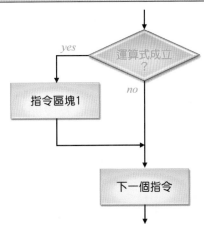

圖23　if 條件選擇流程圖

if-else 敘述也可利用 else if 指令串接為多重條件判斷，其格式如下：

if (運算式 1)
　　　｛ *指令區塊 1*; ｝
else if (運算式 2)
　　　｛ *指令區塊 2*; ｝
else if (運算式 3)
　　　｛ *指令區塊 3*; ｝
else　｛ *指令區塊 4*; ｝
　　　:

在這種流程下，從運算式 1 開始判斷，若運算式 1 成立，那運算式 2、運算式 3 都不沒有作用。同樣地，若運算式 1 不成立，而若算式 2 成立，則運算式 3 沒有作用。很明顯地，指令區塊 1 的優先等級最高，依序才是指令

區塊 2、指令區塊 3 或指令區塊 4。

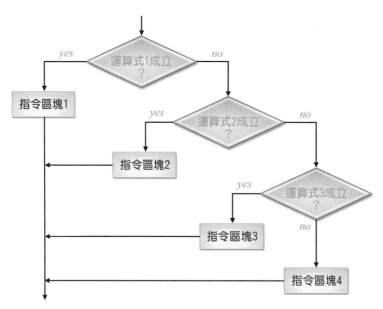

圖24　if-else if 條件選擇流程圖

開關式選擇

switch-case 敘述提供多重選擇，就像是波段開關一樣，稱為**開關式選擇**，這種選擇方式，不會有優先等級的問題，其格式如下：

```
switch (運算式)
{ case (常數 1):
        指令區塊 1;
        break;
  case (常數 2):
        指令區塊 2;
        break;
           :
  default:
        指令區塊 n;
        break;
}
```

在這種流程下，運算式的值決定流程，並沒有優先等級的問題。若沒有一個路徑的常數與運算式的值相同，程式將執行 default 路徑下的指令區塊。另外，每個路徑結束時，必須下一個「break」的指令，否則會繼續執行其下一個 case 的指令區塊。

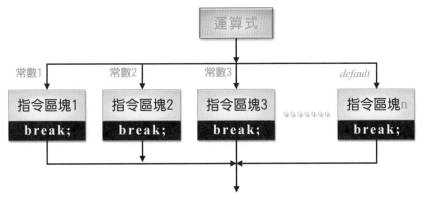

圖25　switch-case 多重選擇流程圖

2-6-3　跳躍指令

　　goto 是 Keil C 所提供的無條件跳躍指令，這個指令的功能是無條件地改變程式的流程，其格式如下：

goto 標籤;

　　這個指令與組合語言的 jmp 指令一樣，其右邊是一個**標籤**(label)，當執行到這個指令後，將跳躍有放置該的指令上，如下：

2-7　陣列與指標

　　陣列(array)是一種將同型態資料集合管理的資料結構，而**指標**(Pointer)是存放記憶體位址的變數。因此，**陣列**與**指標**可說是資料管理的好搭檔。

2-7-1　陣列

　　基本上，陣列也是一種變數，將一堆相同資料形態的變數，以一個相同的變數名稱來表示。既然是一種變數，使用之前就得宣告，其格式如下：

資料型態　**陣列名稱[陣列大小]**;

如下所示，宣告一個擁有 9 個字元的陣列，宣告時，中括號內的數字代表元素的總數：

char   LCM[9];

則這個陣列包括 LCM[0]～LCM[8]等 9 個字元，而字元的陣列，相當於「字串」，只是 Keil C 沒有「字串」這種資料型態，所以字元陣列來代替字串。

宣告變數是為該變數指定記憶體位置，不同的資料型態，預留的記憶體空間各不同，例如宣告字元變數，則預留 1 位元組的記憶體給該變數、宣告整數變數，則預留 2 位元組的記憶體給該變數，請參考 2-18 頁的表 2。以上述 LCM 陣列而言，程式將預留 9 位元組記憶體。而宣告陣列時，也可以給它初值，如下：

char   LCM[9]="Testing.";

代表 LCM[0]的預設內容為 **T**、LCM[1]的預設內容為 **e**，…LCM[7]的預設內容為 **.**，而程式會自動在字串的最後面加上「\0」做為結束，故須 9 個字元。若不知道陣列的大小，可交給程式處理就好了，如下：

char   string1[]="Welcome to Taiwan.";

若宣告的格式採用大括號，則為數值式的陣列，資料形式可為字元(char)、整數(int)或浮點數(float)等，也可指定其預設值，如下：

int   Num[6]={30, 21, 1, 45, 26, 37};

上面所介紹的是一維陣列，我們也可以宣告多維陣列，如下所示為宣告 n 維陣列的格式：

資料型態   陣列名稱[陣列大小 1] [陣列大小 2]...[陣列大小 n];

以一個二維 3×2 整數陣列為例，如下：

char   Num[3][2]={{10,11}, {12,13}, {14,15}};

代表 Num[0][0]的預設內容為 10、Num[0][1]的預設內容為 11、…Num[2][1]的預設內容為 15。完成宣告後，就可像一般變數一樣的操作，如下：

a=Num[0][1]+3;

執行過後，a 的內容為 14。

2-7-2　指　標

指標是用來存放記憶體位址的變數，既然是變數，使用前當然要宣告，其格式如下：

資料型態　*變數名稱;

若要宣告一個名為 ptr 的整數資料型態指標，如下：

int　*ptr;

我們也可把同型態的變數與指標放在一起宣告，如下：

char　*ptr1, *ptr2, a, b, c;

「&」運算子與指標息息相關，其功能是取得變數的位址，我們常利用此運算子，將指定的變數之位址放入指標變數，以便後續操作，如下：

ptr1=&a;

則 a 變數的位址就被放入 ptr1 指標變數，當然，這些操作主要是針對陣列而來，通常會先取得陣列中，第一個元素的位址，如下

ptr1=&Num[0][0];

若要取得第一個元素的位址，也可以省略中括號的部分，如下：

ptr1=&Num;

則 Num 陣列的第一個位址，將被放入 ptr1 指標變數。若要將 Num[0][0] 的內容輸出到 Port 2，以陣列方式如下：

P2=Num[0][0];

或以指標變數的方式，如下：

P2=*ptr1;

同理，若要將 Num[1][1]的內容輸出到 Port 2，如下：

P2=Num[1][1];

或以指標變數的方式，如下：

```
P2=*(ptr1+3);
```

2-8　函數與中斷副程式

認識 μVision 與 Keil C

　　基本上，**函數**(function)、**中斷副程式**都是屬於副程式，如果要稱函數為副程式、稱中斷副程式為中斷函數，似乎沒什麼不可以，習慣就好。

函數

　　函數的架構與主程式的架構類似，不過，函數還能傳入引數、傳出引數，如圖 27 所示為其架構。

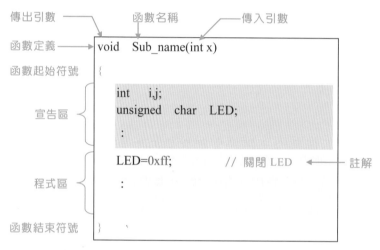

圖26　C 語言程式中之函數基本架構

　　函數是一種獨立功能的程式，可將所要處理的資料傳入該函數裡，稱為**傳入引數**，當然，可以傳入不止一個引數；另外，也可將函數處理完成後的結果傳回呼叫它的程式，稱為**傳回引數**(最多只能一個)。而不管是傳入引數還是傳回引數，在定義函數的第一列裡交待清楚！

中斷副程式

　　中斷副程式與函數的架構類似，不過，中斷副程式不能傳入引數、傳出引數。且使用中斷副程式之前，不需宣告，但要在主程式中，進行中斷的相關設定(待第六章再詳述)。

　　從中斷副程式的第一列，就可看出其與一般函數之不同，如下所示：

```
void   中斷副程式名稱(void)   interrupt 中斷編號   using   暫存器庫
```

其中各項如下說明：

- 由於中斷副程式並不傳入引數，也不傳回引數，所以在其左邊標示「void」，在中斷副程式名稱右邊的括號裡，也是「void」。
- 中斷副程式的命名，只要是合乎規定的字串即可。
- interrupt 右邊標示中斷編號，Keil C 提供 0 到 31 等 32 個中斷編號，不過，8x51 只使用 0 到 4、8x52 則使用 0 到 5，例如要宣告為 INT0 外部中斷，則標示為「interrupt 0」，若要宣告為 T0 計時計數器中斷，則標示為「interrupt 1」。
- using 右邊標示中斷副程式裡所要採用的暫存器庫，8x51 內部有四組暫存器庫，即 RB0 到 RB3。通常主程式使用 RB0，隨著需要，在副程式裡使用其它暫存器庫，以避免資料的衝突。若不想指定暫存器庫，也可省略本項目。

例如要定義一個 INT0 的中斷副程式，其名稱定義為「INT」，而在該中斷副程式使用 RB1 暫存器庫，則應宣告為

void　INT(void)　interrupt 0　using 1

然後在其下的大括號內，撰寫中斷副程式的內容。

Keil C 之前置命令

所謂「**前置命令**」是指先經過**前置處理器**(Pre-Processor)處理過後，才進行編譯的命令。通常，前置命令放置在整個程式的開頭，除非是**條件式編譯命令**。Keil C 提供下列三項前置命令：

定義命令

#define 命令用來指定常數、字串或巨集函數的代名詞，與組合語言的「equ」、「reg」命令一樣。#define 命令的格式如下：

#define　　代名詞　　常數(字串或巨集函數)

例如要從 Port 2 輸出，則可將 outputs 定義為 Port 2，如下：

#define　Out　P2

而在程式之中，如果要輸出到 P2 的指令，就以 Out 代替，如下：

Out = 0xff;　// 輸出 11111111

進行編譯時，前置處理器會將整個程式裡的所有「Out」替換為「P2」，所以這個指令將改為：

```
P2 = 0xff;   // 輸出 11111111
```

這樣有什麼好處呢？例如我們原先針對某個電路所設計的程式，該電路原本是由 P2 輸出，但因某些因素，電路改由 P0 輸出。或其它電路不是由 P2 輸出的電路，也想使用這個程式來驅動，怎麼辦？我們只要改這一列就好了，而不必在程式之中尋找所要改的地方，更不會有漏改的情況發生。當然，使用前置命令也有助於程式的閱讀與理解，使程式更具可讀性(Readable)與可攜性(Portable)。另外，還可針對需要使用多列#deifne 命令。

包含命令

#include 命令的功能是將指定的定義或宣告等檔案，放入程式之中。

條件編譯命令

C 語言是一種高度可攜式程式語言，原始程式可在不同版本之 C 語言編譯器下進行編譯，當然，不同的 C 語言編譯器提供不同的資源與指令語法，這時候，就可應用**條件式編譯命令**，以區分不同的編譯器。在 8x51 的程式設計裡，也可應用**條件式編譯命令**，以因應不同的週邊與控制方式。**條件式編譯命令**的格式如下：

```
#if      運算式
         程式 1
#else
         程式 2
#endif
```

若運算式成立，則編譯程式 1，否則編譯程式 2。

在本章裡，快速地介紹了μVision 環境及 Keil C，這些都是學習 8x51 的基本知識與必備技能。在此請試著回答下列問題，以確認可順利進入 8x51 的世界。

(　)1. 在 Keil μVision 裡開發 8051 程式的第一步為何？
　　　 (A) 開新專案 　(B) 除錯與模擬 (C) 建構程式 (D) 產生執行檔 　。

( )2. 在 Keil μVision 裡，若要開啟專案，如何操作？ (A) 啟動 File/New 命令 (B) 啟動 File/New μVision Project 命令 (C) 啟動 Project/New 命令 (D) 啟動 Project/New μVision Project…命令。

( )3. 在 Keil μVision 裡，若要將 C 原始檔案加入目前的專案應如何操作？ (A) 啟動 File/Add Source File 命令 (B) 指向專案視窗裡的 Source Group 1 項，按滑鼠右鍵，拉出選單，再選取其中的 Add Files to Group 'Source Group 1'選項 (C) 按 ▦ 鈕 (D) 按 🄰 鍵 。

( )4. 在 Keil μVision 裡，若要進行建構，應如何操作？ (A) 啟動 Tools/Build 命令 (B) 按 ▦ 鈕 (C) 按 ▩ 鈕 (D) 按 🄲 鍵。

( )5. 在 Keil μVision 裡，若要開啟除錯/模擬工具列，應如何操作？ (A) 按 ▨ 鈕 (B) 按 ▦ 鈕 (C) 按 ▩ 鈕 (D) 按 ▨ 鈕 。

( )6. 在 Keil μVision 裡，若要全速進行程式的除錯/模擬，應如何操作？ (A) 按 ▨ 鈕 (B) 按 ▩ 鈕 (C) 按 ▤ 鈕 (D) 按 ▨ 鈕 。

( )7. 同上題，若要單步執行程式的除錯/模擬，且要能跳過副程式，應如何操作？ (A) 按 {} 鈕 (B) 按 {} 鈕 (C) 按 {} 鈕 (D) 按 {} 鈕 。

( )8. 進行除錯/模擬時，若想要觀察輸出入埠的狀態，可如何處理？ (A) 啟動 Peripherals/I/O-Ports 命令 (B) 啟動 View/Ports 命令 (C) 啟動 Edit/Ports 命令 (D) 按 ▩ 鈕。

( )9. 下列何者不是 Keil C 的前置命令？ (A) #include (B) #define (C) #exit (D) #if 。

( )10.下列何者不是 Keil C 的資料型態？ (A) void (B) string (C) char (D) float 。

問答題

1. 試述 Keil C 試用版與商用版最明顯的差異為何？

2. 試述 Keil μVision 環境裡，所謂「建構」是進行哪些工作？

3. 若在程式裡，所要控制的信號是透過 Port 0 輸出，在 Keil μVision 環境裡進行除錯時，如何追蹤 Port 0 的狀態？

4. 若在程式裡引用 8x51 的中斷功能，在 Keil μVision 環境裡進行除錯時，如何進行中斷功能的模擬？

5. 在 Keil C 程式裡，主程式與函數的最明顯差異為何？

6. 在 Keil C 程式裡，若要將「my.h」標頭檔掛到程式，應如何處理？

7. 試述在說明 Keil C 程式裡如何標註？

8. 試述 Keil C 提供哪幾種記憶體形式？哪幾種記憶體模式？

9. 試說明在 Keil C 提供哪些基本的資料型態？哪些 8x51 專屬的資料型態？

10. 試說明在 Keil C 裡，「邏輯運算子」與「布林運算子」有何不同？

11. 試說明在 Keil C 的「while」與「do-while」敘述有何不同？

加油

心 得 筆 記

資料型態是撰寫 C 語言程式時，非常重要的一環，其中較常用的幾個資料型態務必記熟，如下：

● **unsigned int** 為無號整數，佔用 2 bytes，適用範圍 0~65536。

● **int** 為有號整數，佔用 2 bytes，適用範圍-32768~32767。

● **unsigned char** 為無號字元，佔用 1 bytes，適用範圍 0~255。

● **char** 為有號字元，佔用 1 bytes，適用範圍-128~127。

● **void** 為無，不佔用記憶體。

● **bit** 為位元，佔用 1 bit，適用範圍 0、1。

μVision模擬與C指令

1. μVision模擬

在螢幕上看模擬的動作，並不如在實際電路順暢，純屬正常。

debug模式裡，8051的相關週邊裝置，如Timer、INT等，待後續單元詳述。

2. C指令

在C語言裡，指令都是小寫的，而每個指令的結束都須要放置分號。

若在指令裡有應用到8051內的裝置，如P0、P1、INT0等，則必須大寫。

前置命令不是C語言的指令，並須以"#"開始，且不要使用分號結束。

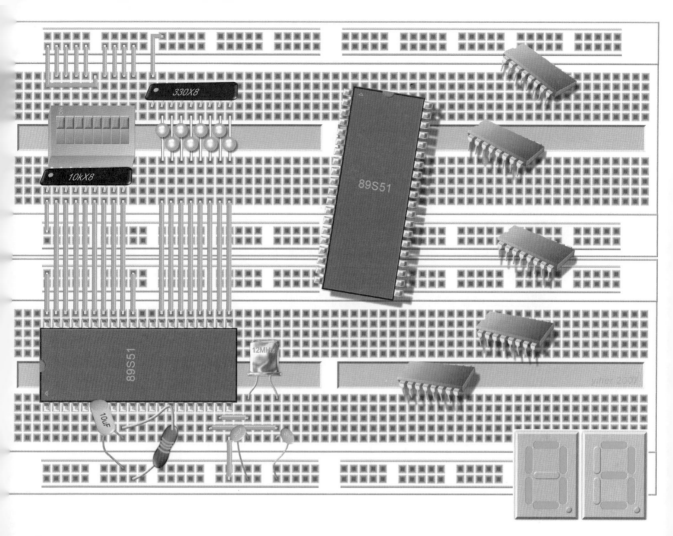

 輸出埠之應用

本章內容豐富，主要包括兩部分：

硬體部分：

認識 8x51 的輸出入埠。

熟悉 LED、蜂鳴器、繼電器、七節顯示器的設計技巧。

程式與實作部分：

驅動蜂鳴器實驗。

驅動繼電器實驗。

霹靂燈及七節顯示器之設計與應用。

3-1 認識 MCS-51 之輸出埠

輸出埠之應用

MCS-51 迷人的地方之一，就在其四個輸出入埠！這四個輸出入埠之結構，大致相同，但各有特別之處，如下說明：

🔍 Port 0

PORT 0 為 8 位元、可位元定址的輸出入埠，以針腳式包裝的 8x51 為例，P0^0 為 39 腳、P0^1 為 38 腳，以此類推，而 P0^7 為 32 腳，如圖 1 所示為其中任一個位元之內部結構，PORT 0 的特色說明如下：

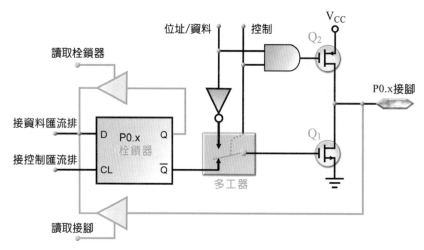

圖1　PORT 0 內部電路結構(1 個位元)

- PORT 0 的 8 位元皆為開洩極式輸出(**Open Drain**，簡稱 **OD**)，千萬不要誤解為圖騰柱輸出，而每支接腳可驅動 8 個 LS 型 TTL 負載。

- PORT 0 內部無提升電阻，執行輸出功能時，外部必須接提升電阻(10k歐姆即可)。

- 若要執行輸入功能，必須先輸出高準位(1)，以避免被 Q_1 干擾，方能正確讀取該埠所連接的外部資料。

- 若系統連接外部記憶體，則 PORT 0 可做為位址匯流排(A0～A7)及資料匯流排(D0～D7)之多工接腳，此時內部具有提升電阻，不用外接。

🔍 Port 1

PORT 1 為 8 位元、可位元定址的輸出入埠，以針腳式包裝的 8x51 為例，P1^0 為 1 腳、P1^1 為 2 腳，以此類推，而 P1^7 為 8 腳，如圖 2 所示為其中一個位元之內部結構，PORT 1 的特色說明如下：

- PORT 1 內建約 30kΩ提升電阻，執行輸出功能時，不須外接提升電阻。

- PORT 1 的 8 位元類似開洩極式輸出(OD)，但已內接提升電阻，每支接腳可驅動 4 個 LS 型 TTL 負載。

- 若要執行輸入功能，必須先輸出高準位(1)，以避免被 Q_1 干擾，方能正確讀取該埠所連接的外部資料。

- 若是 8052/8032，則 P1^0 兼具有 Timer 2 的外部脈波輸入功能(即 T2)、P1^1 兼具有 Timer 2 的捕捉/重新載入之觸發輸入功能(即 T2EX)。

- 若是 89S51/89S52，進行線上燒錄(ISP)時，其中的 P1^5 做為 MOSI 之用、P1^6 做為 MISO 之用、P1^7 做為 SCK 之用。

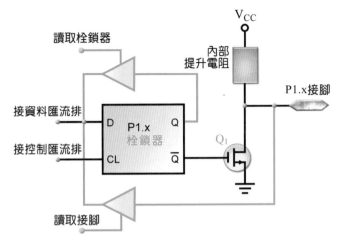

圖2 PORT 1 內部電路結構(1 個位元)

Port 2

PORT 2 為 8 位元、可位元定址的輸出入埠，以針腳式包裝的 8x51 為例，P2^0 為 21 腳、P2^1 為 22 腳，以此類推，而 P2^7 為 28 腳，如圖 3 所示為其中一個位元之內部結構，PORT 2 的特色說明如下：

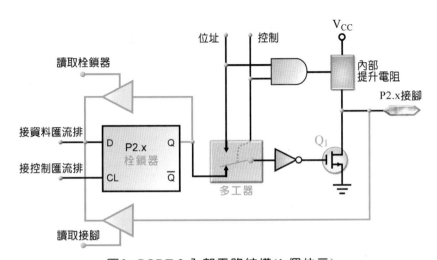

圖3 PORT 2 內部電路結構(1 個位元)

- PORT 2 內建約 30kΩ提升電阻，執行輸出功能時，不須外接提升電阻。

- PORT 2 的 8 位元類似開洩極式輸出(OD)，但已內接提升電阻，每支接腳可驅動 4 個 LS 型 TTL 負載。

- 若要執行輸入功能，必須先輸出高準位(1)，以避免被 Q_1 干擾，方能正確讀取該埠所連接的外部資料。

- 若系統連接外部記憶體，而外部記憶體的位址線超過 8 條時，則 PORT 2 可做為位址匯流排(A8～A15)接腳。

Port 3

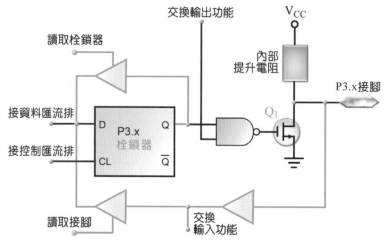

圖4　PORT 3 內部電路結構(1 個位元)

PORT 3 為 8 位元、可位元定址的輸出入埠，以針腳式包裝的 8x51 為例，P3^0 為 10 腳、P3^1 為 11 腳，以此類推，而 P3^7 為 17 腳，如圖 4 所示為其中一個位元之內部結構。PORT 3 的特色說明如下：

表 1　Port 3 之其它功能

PORT 3	其它功能	說　　　明
P3^0	RXD	串列埠的接收接腳
P3^1	TXD	串列埠的傳送接腳
P3^2	INT0	INT0 中斷輸入
P3^3	INT1	INT1 中斷輸入
P3^4	T0	Timer/Counter 0 輸入
P3^5	T1	Timer/Counter 1 輸入
P3^6	WR	寫入外部記憶體控制接腳
P3^7	RD	讀取外部記憶體控制接腳

- PORT 3 的 8 支接腳各有其它功能，如表 1 所示。

- PORT 3 內建約 30kΩ提升電阻，執行輸出功能時，不須外接提升電阻。

- PORT 3 的 8 位元類似開洩極式輸出(OD)，但已內接提升電阻，每支接腳可驅動 4 個 LS 型 TTL 負載。
- 若要執行輸入功能，必須先輸出高準位(1)，以避免被 Q_1 干擾，方能正確讀取該埠所連接的外部資料。

3-2　輸出電路設計

輸出埠之應用

AT89S51 的輸出埠可直接連接數位電路，也可用來驅動 **LED**、**蜂鳴器**、**繼電器**或**固態繼電器**等負載，以下就來探討如何與這些負載過招。

3-2-1　驅動 LED

發光二極體(**L**ight-**E**mitting **D**iode, **LED**)之體積小、低耗電，常被用在微電腦與數位電路指示裝置。近來 LED 技術突飛猛進，除紅色、綠色、黃色外，高亮度的藍色與白色 LED 成為新亮點，進而取代傳統鎢絲燈泡，成為照明、交通號誌(紅綠燈)的主流發光元件；而汽車的尾燈、頭燈，也流行採用 LED。

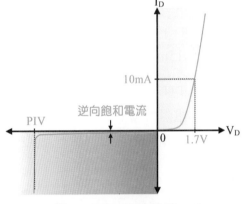

圖5　LED 特性曲線

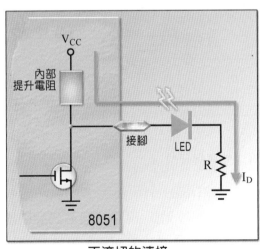

不適切的連接

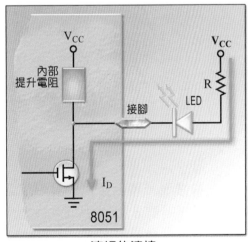

適切的連接

圖6　輸出 LED 之連接

基本上，LED 具有二極體的特色，逆向偏壓或電壓太低時，LED 將不發光；順向偏壓時，LED 將發光；以紅色 LED 為例，順向偏壓時 LED 兩端約有 1.7V 左右的壓降(比二極體大)，如圖 5 所示為其特性曲線。隨通過 LED 順向電流的增加，LED 將更亮，但其壽命將縮短，通常採 10m 到 15mA 為宜。89S51 的輸出入埠都類似開洩極式的輸出，其中的 P1、P2 與 P3 內建 30kΩ提升電阻，不可能從 P1、P2 或 P3 流出 10m 到 15mA！但 AT89S51 的 Port，可吸入大電流。

如圖 6 之右圖，當輸出低態時，輸出端的 FET 導通，輸出端電壓約 0V；而 LED 順向電壓 V_D 約 1.7V，所以限流電阻 R 兩端約 3.3V(即 5-1.7)。若要限制流過 LED 的電流 I_D 為 10mA，則此限流電阻 R 為：

$$R = \frac{5-1.7}{10m} = 330\,\Omega$$

若想要 LED 亮一點，可使 I_D 提高至 15mA，則限流電阻 R 改為：

$$R = \frac{5-1.7}{15m} = 220\,\Omega$$

對於 TTL 準位的數位電路或微電腦電路，LED 所串接的限流電阻，大多為 200～470Ω，電阻值越小，LED 越亮。若 LED 為非連續負載(例如 PWM、掃瞄電路或閃爍燈)，則電流還可大一點，甚至採用 50～100Ω之限流電阻即可。

3-2-2　驅動蜂鳴器

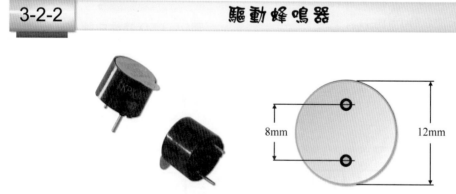

圖7　12mm 蜂鳴器之外觀與尺寸

在微處理電路上常用的發聲裝置稱為**蜂鳴器**(buzzer)，蜂鳴器類似小型喇叭。市售蜂鳴器分為自激式(或主動式)與外激式(或被動式)兩類，**自激式蜂鳴器**是一種送電就會輸出固定頻率的裝置；**被動式蜂鳴器**則必須加入脈波才會發出聲響，且其聲音的頻率，就是加入脈波的頻率，在此採用**外激式蜂鳴器**，如圖 7 所示為 12mm 被動式蜂鳴器(編號為 1205)之外觀與尺寸。

　　蜂鳴器所需驅動電流並不大，10mA 綽綽有餘。AT89S51 產生指定頻率的脈波後，再應用小型雙極性電晶體(**B**ipolar **J**unction **T**ransistor, **BJT**)放大電路，以飽和/截止的方式驅動蜂鳴器。而可分為高態驅動(active high)與低態驅動(active low)，如下說明：

高態驅動

　　所謂**高態驅動**是指輸入高態信號時，可輸出較大電流(飽和)，以驅動負載；輸入低態信號時，不會輸出電流(截止)。

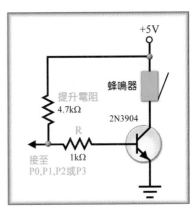

如圖 8 所示，應用 NPN 電晶體構成高態驅動電路，常用的 NPN 電晶體(如 2N3904、CS9013 等，β 約 200)，最大輸出電流(i_{cmax})可達 **200mA**，足以驅動大部分電路板上的負載。不過，為了讓電晶體能夠工作在飽和與截止，不管是 AT89S51 裡無內建提升電阻的 P0，或內建提升電阻的 P1~P3，其提供的電流都不足以讓 NPN 電晶體飽和，必須外接一個 10kΩ提供提升電阻，AT89S51 的 Port 輸出高態時，才能由此提升電阻提供接近 0.5mA 的較大基極電流(i_b)，即可輸出約 100mA 電流(i_c)。

圖8　　高態驅動電路

低態驅動

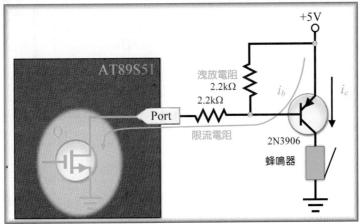

圖9　　低態驅動電路

　　所謂**低態驅動**是指輸入低態信號時，可輸出較大電流(飽和)，以驅動負載；輸入高態信號時，不會輸出電流(截止)。如圖 9 所示，應用 PNP 電晶體構成低態驅動電路，常用的 PNP 電晶體(如 2N3906、CS9012 等，β 約 200、i_{cmax} 約 **200mA**)，足以驅動大部分電路板上的負載。不過，為了讓電晶體能夠工作在

飽和與截止，不管是 AT89S51 裡的哪個 Port，當輸出低態時，都可吸入大電流(2~8mA)。這個電流足以讓 PNP 電晶體飽和，而為了讓電晶體能快速從飽和狀態，恢復為截止狀態，在此可使用一個 2.2kΩ 的洩放電阻，提供 CB 間少數載子的洩放路徑，以加速切換。

- 由上述可得知，低態驅動方式比高態驅動方式，更容易使電晶體進入飽和狀態，效率更高。

- 在此直接驅動蜂鳴器，負載並沒有串聯限流電阻。設計程式時，應讓不驅動蜂鳴器時，電晶體保持為截止狀態(高態驅動電路時，輸出最後低態；低態驅動電路時，輸出最後高態)，才不會浪費電，否則蜂鳴器會發熱。

3-2-3 驅動繼電器

圖10 繼電器之照片、接腳位置圖與尺寸

當 AT89S51 用來控制不同電壓或更大電流的負載時，可應用**繼電器**(Relay)。電子電路所使用的繼電器(架構在電路板上)，其體積都不大，如圖 10 所示為常用的繼電器，其上標示使用的電壓，如 DC12V、DC9V、DC6V、DC5V 等。其中 c-b 之間為常閉接點(**Normal Closed, NC** 接點)、c-a 之間為常開接點(**Normal Opened, NO** 接點)，而只有一組 a-b-c 稱為 1P，兩組則為 2P。這種繼電器很便宜，採公制尺寸，可直接應用在電路板上，但接腳位置並不適用於麵包板。

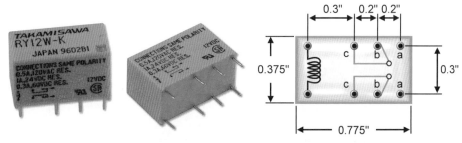

圖11　電路板上所使用之繼電器及其接腳圖

　　如圖 11 所示之長條形的繼電器，此為英制尺寸，其接腳配置可直接使用在麵包板上，屬於精細的電路板用繼電器。其上也會標示使用的電壓，如 DC12V、DC9V、DC6V、DC5V 等，也可能會繪製其接腳圖。

　　上述繼電器之激磁電流並不大，約在 10mA 到數十 mA，光靠 AT89S51 輸出埠的電流恐怕不夠，還需要驅動電路，如圖 12 所示，與驅動蜂鳴器一樣，有高態驅動與低態驅動之分。不過，驅動繼電器線圈的電感效應明顯，所以在繼電器線圈兩端，並接一個反相二極體，稱為**飛輪二極體**，以保護電晶體。

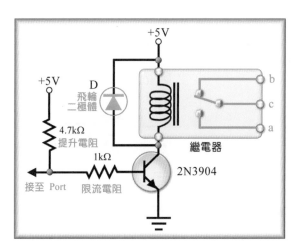
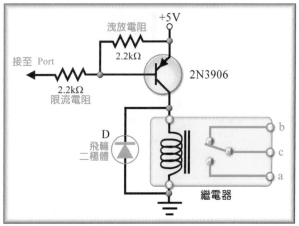

圖12　左為高態驅動電路，右為低態驅動電路

3-2-4　驅動固態繼電器

　　固態繼電器(Solid State Relay, SSR)與繼電器類似，可由小的信號來控制較大負載。而 **SSR** 沒有實體接點，切換接點時不會產生火花與機械式動作。基本上，**SSR** 是由光耦合裝置輸入控制信號，而另一端則是較大容量的驅動裝置，如 SCR、TRIAC 或 IGBT 等，如圖 13 所示為常見的 **SSR**，其輸出端為 AC250V/10A、採 TRIAC 輸出。

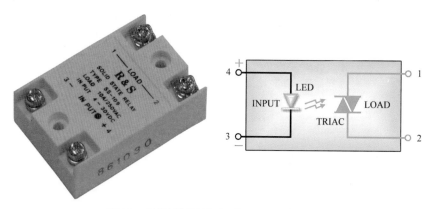

圖13 固態繼電器之照片與內部電路

SSR 的輸入端是 LED，所以其驅動 SSR 的方法，與驅動 LED 一樣。不過，需要較大的電壓和電流，才能讓使輸出端的 TRIAC 徹底導通。如圖 14 所示，分別為高態驅動 SSR 與低態驅動。

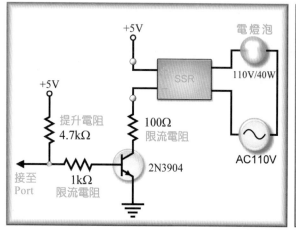
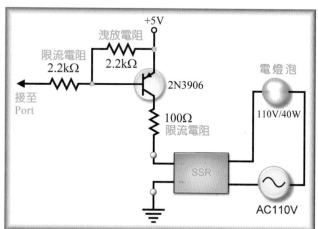

圖14 固態繼電器之驅動電路(左為高態驅動、右為低態驅動)

3-2-5 驅動七節顯示器

七節顯示器是利用七個 LED 組合而成的顯示裝置，用以顯示 0 到 9 等 10 個數字，如圖 15 所示：

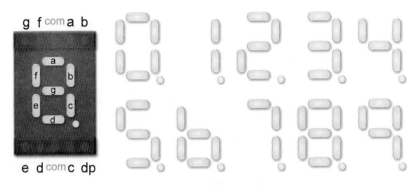

圖15 七節顯示器

七節顯示器可分為**共陽極**與**共陰極**兩種，共陽極就是把所有 LED 的陽極連接到共同接點 com，而每個 LED 的陰極分別為 a、b、c、d、e、f、g 及 dp(**d**ecimal **p**oint，小數點)；同樣地，共陰極就是把所有 LED 的陰極連接到共同接點 com，而每個 LED 的陽極分別為 a、b、c、d、e、f、g 及 dp，如圖 16 之左圖所示，而右圖分別為其外觀與尺寸。

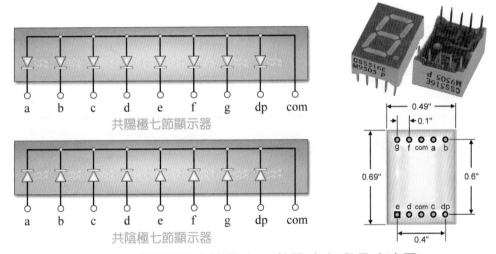

圖16 七節顯示器之結構(左)、外觀(右上)與尺寸(右下)

共陽極七節顯示器

當我們要使用共陽極(Common Anode, CA)七節顯示器時，首先把 com 腳接 +VCC，再將每支陰極接腳各接一個限流電阻，如圖 17 之左圖所示。在數位或微電腦電路裡，限流電阻可使用 200 到 330 歐姆，電阻值越大，亮度越弱、電阻值越小，電流越大。若 a 連接 8x51 輸出埠之最低位元(LSB)、dp 連接 8x51 輸出埠之最高位元(MSB)，驅動信號編碼如表 2 所示。

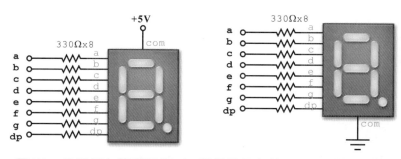

圖17　共陽極七節顯示器(左)與共陰極七節顯示器(右)之應用

表 2　七節顯示器驅動信號編碼

數字	(dp)gfedcba	16 進位	(dp)gfedcba	16 進位	顯示
	共陽極編碼		共陰極編碼		
0	11000000	0xc0	00111111	0x3f	0
1	11111001	0xf9	00000110	0x06	1
2	10100100	0xa4	01011011	0x5b	2
3	10110000	0xb0	01001111	0x4f	3
4	10011001	0x99	01100110	0x66	4
5	10010010	0x92	01101101	0x6d	5
6	10000011	0x83	00111100	0x3c	6
7	11111000	0xf8	00000111	0x07	7
8	10000000	0x80	01111111	0x7f	8
9	10011000	0x98	01100111	0x37	9

共陰極七節顯示器

當我們要使用共陰極(Common Cathode, **CC** 或 **CK**)七節顯示器時，先將 com
腳接地(GND)，再將每支陽極接腳各接一個限流電阻，如圖 17 之右圖所示，
驅動信號編碼如表 2 所示。很明顯地，共陽極七節顯示器的驅動信號與共
陰極七節顯示器的驅動信號相反，我們只要使用其中一組驅動信號編碼
即可，若所使用的編碼與七節顯示器的極性不符，只要在程式裡的輸出
指令中，加一個反相運算子即可。

3-3　　實例演練

輸出埠之應用

在本單元裡將應用前面所介紹的 LED、蜂鳴器、繼電器、七節顯示器等，並動手驗證這些裝置的驅動方法。

3-3-1　　驅動蜂鳴器實驗

　實驗要點

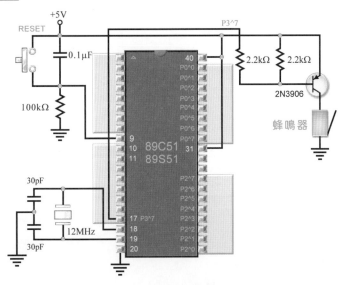

圖18　蜂鳴器實驗電路

1. 如圖 18 所示，由 P3^7 經電晶體驅動蜂鳴器(完全配合 **KT89S51** 線上燒錄實驗板之蜂鳴器位置)。

2. 聲音是由蜂鳴器的振動而產生，蜂鳴器就像是個電磁鐵，電流流過即可激磁，則蜂鳴器裡發聲的簧片將被吸住；電流消失時，簧片將被放開。若要產生 f 的頻率，則需於 T 時間內(其中 T=1/f)，進行吸、放各一次。換言之，激磁、斷磁的時間各為 T/2，稱為**半週期**。例如要產生 1kHz 的頻率，則半週期為 0.5ms，P3^7 所送出之信號，0.5ms 為高態、0.5ms 為低態。

3. 若 0.5ms 為高態與 0.5ms 為低態為一組信號，總共約 1ms，人類的耳朵無法反應 1ms 的聲音。因此，須重複送出 100 組(1ms×100=100ms)，以產生 1kHz 的聲音約 0.1 秒。緊接著，停止動作(靜音)約 0.1 秒後，再連續送出 100 組 0.5ms 為高態與 0.5ms 為低態信號，則可聽到「嗶、嗶」兩聲。

4. 若要 P3^7 輸出高態，可利用「P3^7=1;」指令；同理，若要 P3^7 輸出低態，

可利用「P3^7=0;」指令。另外，可利用 delay500us()函數產生 0.5ms 之延遲。

5. 使用 for(i=0;i<count;i++)的敘述，即可執行 count 組驅動信號。

6. 在此將產生 1kHz 信號持續 0.1 秒，停 0.5 秒，再產生 1kHz 信號持續 0.1 秒，停 0.5 秒。然後從頭開始執行，即可產生連續的嗶聲。

流程圖與程式設計

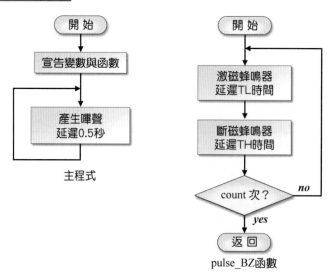

主程式

pulse_BZ函數

ch3-3-1.c

```
/* ch3-3-1.c - 蜂鳴器實驗程式   */
//==宣告區=====================================
#include   <reg51.h>                  // 包含 8051 暫存器之標頭檔
sbit buzzer = P3^7 ;                   // 宣告蜂鳴器的位置為 Port 3 之 bit 7
void delay500us(int x);                // 宣告解析度為 0.5ms 之延遲函數
void pulse_BZ(int count, int TH, int TL); // 宣告蜂鳴器發聲函數
//==主程式=====================================
main()                                 // 主程式開始
{ while(1)                             // 無窮迴圈,程式一直跑
   {    pulse_BZ(100,1,1);
        // 蜂鳴器發聲 100×(0.5m+0.5m)=0.1s
        delay500us(1000);              // 延遲 1000×0.5m=0.5 秒
   }                                   // while 迴圈結束
}                                      // 主程式結束
/* 延遲函數開始,延遲 x×0.5ms */
void delay500us(int x)                 // 延遲函數開始
{ int i,j;                             // 宣告整數變數 i,j
   for (i=0;i<x;i++)                   // 計數 x 次,延遲約 x×0.5ms
        for (j=0;j<60;j++);            // 計數 60 次，延遲約 0.5ms
}                                      // 延遲函數結束
/* 蜂鳴器發聲函數,count=計數次數,TH=高態時間,TL=低態時間 */
void pulse_BZ(int count,int TH,int TL) // 蜂鳴器發聲函數開始
{ int i;                               // 宣告整數變數 i
   for(i=0;i<count;i++)                // 計數 count 次
   {    buzzer=0;                      // 輸出低態(低態驅動)
```

```
    delay500us(TL);                    // 延遲 TL×0.5ms
    buzzer=1;                          // 輸出高態
    delay500us(TH);                    // 延遲 TH×0.5ms
  }                                    // for 迴圈結束
}                                      // 蜂鳴器發聲函數結束
```

 操作

1. 在 Keil C 裡撰寫程式，並進行建構(按 ▦ 鈕，或 **F7** 鍵)，以產生
   *.HEX 檔。若有下方的**建構輸出視窗**出現錯誤，則按其指示的位置檢
   視原始程式，並修正之，並將它記錄在實驗報告裡。

2. 在此使用 KT89S51 線上燒錄實驗板，先連接 KT89S51 線上燒錄實驗板與
   電腦之 USB 纜線，再啟動 s51_pgm 程式，按其中的 載入程式 鈕，指定載入
   本實驗所產生的 hex 程式檔，最後，按 燒錄 鈕(或 **F9** 鍵)即可快速燒
   錄。完成燒錄後，KT89S51 線上燒錄實驗板即產生連續的嗶聲。

3. 若非使用 KT89S51 線上燒錄實驗板，則先按圖 18 連接線路，並使用 8051
   的燒錄器，載入剛才產生的*.HEX，並燒錄到 AT89S51，再把該 AT89S51
   置入實體電路。最後，送電看看是否正常？

4. 撰寫實驗報告。

 **思考一下**

- 若希望產生 1kHz 聲音 0.2 秒、暫停 0.05 秒、500Hz 聲音 0.1
  秒、暫停 0.2 秒，應如何修改？

- 在此使用 delay500us 函數，其解析度為 0.5ms，可產生的生音
  頻率最高為 1kHz。delay500us 函數利用計數 0~59，而產生 0.5ms
  延遲，若改為計數 0~11，應可產生約 0.1ms 延遲。

- 中音 Do 的頻率為 523Hz、Re 的頻率為 587Hz、Mi 的頻率為
  659Hz，請設計一個程式能產生 Do、Re、Mi，每個音長 0.5 秒，
  產生三個音後，靜音 1 秒後，重新開始。

3-3-2　驅動繼電器實驗

 實驗要點

1. 如圖 19 所示，由 P3^7 經電晶體驅動蜂鳴器，而 P3^6 經電晶體驅動
   繼電器。

2. 基本上，繼電器的工作原理與蜂鳴器的工作原理(詳見 3-2 節)類似，若要繼
   電器激磁時，可利用「P3^6=1;」指令，使 P3^6 輸出高態即可；若要繼電
   器斷磁時，可利用「P3^6=0;」指令，使 P3^6 輸出低態即可。

3. 繼電器與蜂鳴器不同之處，在於蜂鳴器的操作頻率較高，而繼電器的操作頻率較低。另外，繼電器所操作的接點，可控制外接電路，例如外接 AC110V 的電燈泡等負載。當然，一定要看清楚繼電器上所標示的接點容量，以圖 11 的繼電器(3-8 頁)為例，其上面標示「 0.5A,120VAC RES. 」或「 1A, 24VDC RES. 」或「 0.3A 60VDC RES. 」，表示該接點可控制 0.5A/120VAC 電阻性負載，或 1A/24VDC 電阻性負載，或 0.3A/60VDC 電阻性負載。以 0.5A/120VAC 電阻性負載為例，即一般插座(AC110V)，而 0.5A 負載電流可驅動 55W 電阻性負載，所以這個小小的繼電器可用來控制 40W 或 50W 電燈泡沒問題！

4. 在本實驗的目的是讓 P3^6 所連接的繼電器，每 0.5 秒鐘開關一次，而開關 10 次後，蜂鳴器「嗶、嗶」兩聲；然後從頭開始執行。

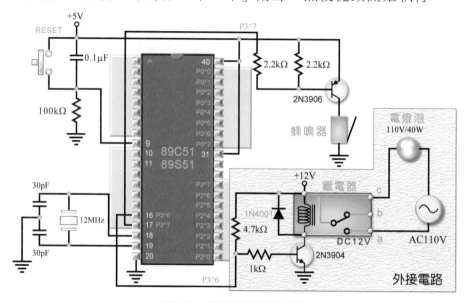

圖19　繼電器實驗電路

流程圖與程式設計

ch3-3-2.c

```
/* ch3-3-2.c - 繼電器實驗程式   */
//==宣告區===================================
#include  <reg51.h>            // 包含 8051 暫存器之標頭檔
sbit   buzzer = P3^7;          // 宣告蜂鳴器的位置
sbit   relay = P3^6;           // 宣告繼電器的位置
void delay500us(int x);        // 宣告延遲函數
void pulse_BZ(int count,int TH,int TL);    // 宣告蜂鳴器發聲函數
void pulse_RL(int count,int TH,int TL);    // 宣告繼電器控制函數
//==主程式====================================
main()                         // 主程式開始
```

```
{ while(1)                          // 無窮迴圈,程式一直跑
    {   pulse_RL(10,1000,1000);
        // 繼電器使燈亮滅各 10 次,各 1000×0.5m=0.5s
        pulse_BZ(100,1,1);
        // 蜂鳴器第 1 聲嗶,約 100*(0.5m+0.5m)=0.1s
        delay500us(200);            // 延遲 200×0.5ms=0.1s
        pulse_BZ(100,1,1);
        // 蜂鳴器第 2 聲嗶,約 100*(0.5m+0.5m)=0.1s
        delay500us(200);            // 延遲 200×0.5ms=0.1s
    }                               // while 迴圈結束
}                                   // 主程式結束
// 延遲函數, 延遲約 x*0.5ms
void delay500us(int x)              // 延遲函數開始
{ int i,j;                          // 宣告整數變數 i,j
  for (i=0;i<x;i++)                 // 計數 x 次,延遲約 x×0.5ms
        for (j=0;j<60;j++);         // 計數 60 次，延遲約 0.5ms
}                                   // 延遲函數結束
/* 蜂鳴器發聲函數,count=計數次數,TH=高態時間,TL=低態時間 */
void pulse_BZ(int count,int TH,int TL) // 蜂鳴器發聲函數
{ int i;                            // 宣告整數變數 i
  for(i=0;i<count;i++)              // 計數 count 次
    {   buzzer=0;                   // 輸出低態(低態驅動)
        delay500us(TL);             // 延遲 TL×0.5ms
        buzzer=1;                   // 輸出高態
        delay500us(TH);             // 延遲 TH×0.5ms
    }                               // for 迴圈結束
}                                   // 蜂鳴器發聲函數結束
/* 繼電器控制函數,count=計數次數,TH=激磁時間,TL=消磁時間 */
void pulse_RL(int count,int TH,int TL) // 繼電器控制函數開始
{ int i;                            // 宣告整數變數 i
  for(i=0;i<count;i++)              // 計數 count 次
    {   relay=1;                    // 輸出高態,繼電器激磁(燈亮)
        delay500us(TH);             // 延遲 TH×0.5ms
        relay=0;                    // 輸出低態,繼電器消磁(燈滅)
        delay500us(TL);             // 延遲 TL×0.5ms
    }                               // for 迴圈結束
}                                   // 繼電器控制函數結束
```

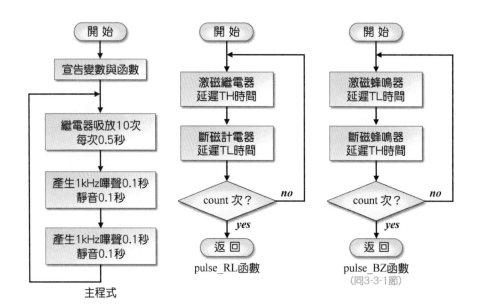

主程式　　　　　pulse_RL函數　　　　pulse_BZ函數
　　　　　　　　　　　　　　　　　　　(同3-3-1節)

 操作

1. 在 Keil C 裡撰寫程式，並進行建構(按 ▣ 鈕，或 `F7` 鍵)，以產生 *.HEX 檔。若有下方的**建構輸出視窗**出現錯誤，則按其指示的位置檢視原始程式，並修正之，並將它記錄在實驗報告裡。

2. 在此使用 KT89S51 線上燒錄實驗板，先連接 KT89S51 線上燒錄實驗板與電腦之 USB 纜線，並在麵包板上按圖 19 連接一個電晶體驅動繼電器的電路。若不想外接電晶體驅動繼電器的電路。以 P1^6 的 LED 代替繼電器，只要將程式中的「sbit relay=P3^6;」，改為「sbit relay=P1^6;」，再按 `F7` 鍵重新建構。

3. 啟動 s51_pgm 程式，按其中的 載入程式 鈕，指定載入本實驗所產生的 hex 程式檔，最後，按 燒錄 鈕(或 `F9` 鍵)即可快速燒錄。完成燒錄後，KT89S51 線上燒錄實驗板上的 DS2 LED，將閃 10 下後，嗶兩聲，再重新開始。

4. 撰寫實驗報告。

 **思考一下**

- 在此使用兩層式計數迴圈的 delay1ms 函數，其解析度為 1ms，最多可產生 32,767ms(約 32 秒)延遲。若改為三層式計數迴圈，最內層仍為 1ms 延遲，中間層計數迴圈計數 0~999，則解析度變為 1s，最多可產生 32,767s(約 9 小時)延遲。

- 若要讓繼電器 10 秒後激磁，並嗶一聲；經 1 分鐘後斷磁，再嗶一聲，如此週而復始。

3-3-3 霹靂燈實例演練

💡 **實驗要點**

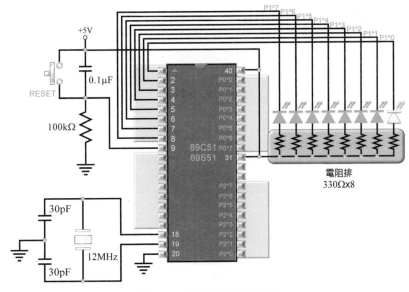

圖20 霹靂燈實驗電路

1. 如圖 20 所示,由 P1 驅動 8 個 LED,當輸出 0 時,LED 亮、輸出 1 時,LED 不亮。

2. 所謂「霹靂燈」是指在一排 LED 裡(在此使用 8 個),任何時間只有一個 LED 亮,而亮燈的順利為由左而右、再由右而左,感覺上就像一個 LED 由左跑到右、再由右跑到左,如圖 21 所示。

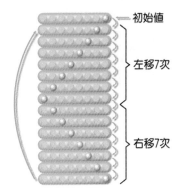

圖21 霹靂燈動作示意圖

3. 在程式設計上,有很多方法可以達到這個目的,例如採用計數迴圈方式,首先左移 7 次,再右移 7 次,如此循環不停。左移可採用「LED<<1;」指令,右移可採用「LED>>1;」指令。而計次迴圈方式,則以 for 敘述即可達到目的。

4. LED 之初始值為 11111110(1 不亮、0 亮),左移時,右邊將移入 0,變成 11111100,所以,必須將最右邊位元改為 1。所以,在左移後利用 OR 運算(即「LED=(LED<<1)|0x01;」指令),將 11111110 變成 11111101。同理,在進行右移時,可應用「LED=(LED>>1)|0x80;」指令。

5. 另外,也可以採用判斷的方式,依左移為例,原本為 LED 的內容為

「11111110」，左移 7 次後變成為「01111111」。因此，發現 LED
的內容為「01111111」時，表示要改變為右移。同樣地，右移 7 次
後又變成為「11111110」，這又是進行左移的判斷條件。如此循環
執行，即為霹靂燈。

流程圖與程式設計

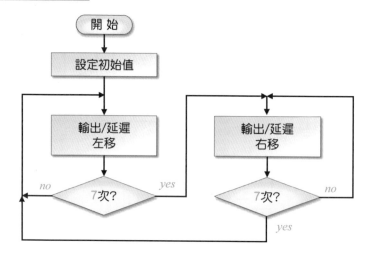

ch3-3-3.c

```
/* ch3-3-3.c - 霹靂燈實驗程式    */
//==宣告區========================================
#include    <reg51.h>               // 包含 8051 暫存器之標頭檔
#define    LED  P1                   // 定義 LED 接至 Port 1
void delay1ms(int x);               // 宣告延遲函數
//==主程式========================================
main()                               // 主程式開始
{  char i;                           // 宣告變數 i
   LED=0xfe;                         // 初值=1111 1110,只有最右 1 燈亮
   while(1)                          // 無窮迴圈,程式一直跑
   {    for(i=0;i<7;i++)             // 左移 7 次
        {   delay1ms(250);           // 延遲 250×1m=0.25s
            LED=(LED<<1)|0x01;       // 左移 1 位,並設定最低位元為 1
        }                            // 左移結束,只有最左 1 燈亮
        for(i=0;i<7;i++)             // 右移 7 次
        {   delay1ms(250);           // 延遲 250×1m=0.25s
            LED=(LED>>1)|0x80;       // 右移 1 位,並設定最高位元為 1
        }                            // 結束右移,只有最右 1 燈亮
   }                                 // while 迴圈結束
}                                    // 主程式結束
/*  延遲函數,延遲約 x×1ms */
void delay1ms(int x)                 // 延遲函數開始
{  int i,j;                          // 宣告整數變數 i,j
   for (i=0;i<x;i++)                 // 計數 x 次,延遲 x×1ms
       for (j=0;j<120;j++);          // 計數 120 次，延遲 1ms
}                                    // 延遲函數結束
```

操作

1. 在 Keil C 裡撰寫程式，並進行建構(按 ▣ 鈕，或 **F7** 鍵)，以產生 *.HEX 檔。若有下方的**建構輸出視窗**出現錯誤，則按其指示的位置檢視原始程式，並修正之，並將它記錄在實驗報告裡。

2. 在此使用 KT89S51 線上燒錄實驗板，先連接 KT89S51 線上燒錄實驗板與電腦之 USB 纜線即可。

3. 啟動 s51_pgm 程式，按其中的 載入程式 鈕，指定載入本實驗所產生的 hex 程式檔，最後，按 燒錄 鈕(或 **F9** 鍵)即可快速燒錄。完成燒錄後，KT89S51 線上燒錄實驗板上的 8 個 LED，將單燈左右跑。

4. 撰寫實驗報告。

 **思考一下**

● 請修改該程式，讓它變成雙燈的霹靂燈功能。

● 請以「判斷」的方式，重新撰寫單燈的霹靂燈程式，並驗證其功能。

● 請修改單燈的霹靂燈程式，讓左右移一趟後，嗶一聲，再重新開始。

3-3-4 驅動七節顯示器實驗

 實驗要點

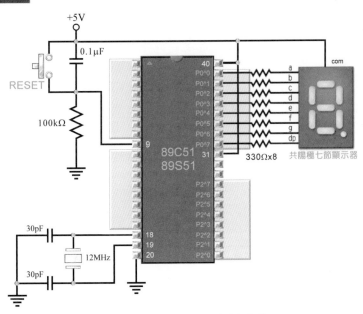

圖22 七節顯示器實驗電路

1. 如圖 22 所示，由 P0 驅動七節顯示器，其中使用 330 歐姆電阻器做為限流電阻。

2. 七節顯示器上所顯示的數字，從 0 開始，每隔 0.5 秒增加 1，直到 9 之後，再從 0 開始，如此循環不停。

3. 在本實驗的程式裡，將利用陣列方式儲存驅動信號的編碼，再逐一將陣列裡的資料輸出到 Port 2 即可。

💡 **流程圖與程式設計**

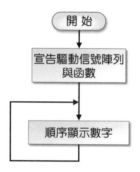

ch3-3-4.c

```
/* ch3-3-4.c - 七節顯示器實驗程式    */
//==宣告區==============================
#include    <reg51.h>                 // 包含 8051 暫存器之標頭檔
#define    SEG  P0                    // 定義七節顯示器接至 Port 0
/* 宣告七節顯示器驅動信號陣列(共陽) */
char code TAB[10]={     0xc0, 0xf9, 0xa4, 0xb0, 0x99,    // 數字 0-4 編碼
                       0x92, 0x83, 0xf8, 0x80, 0x98 };  // 數字 5-9 編碼
void delay1ms(int);                   // 宣告延遲函數
//==主程式==============================
main()                                // 主程式開始
{ char i;                             // 宣告字元變數 i
   while(1)                           // 無窮迴圈,程式一直跑
       for(i=0;i<10;i++)              // 顯示 0-9,共 10 次
       {   SEG=TAB[i];                // 顯示數字
           delay1ms(500);            // 延遲 500×1m=0.5 秒
       }                              // for 迴圈結束
}                                     // 主程式結束
/* 延遲函數,延遲約 x×1ms */
void delay1ms(int x)                  // 延遲函數開始
{ int i,j;                            // 宣告整數變數 i,j
   for (i=0;i<x;i++)                  // 計數 x 次,延遲 x×1ms
       for (j=0;j<120;j++);           // 計數 120 次，延遲 1ms
}                                     // 延遲函數結束
```

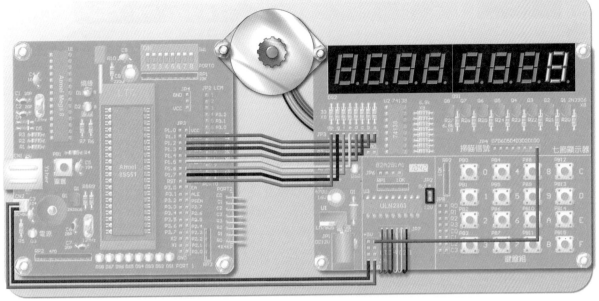

圖23　KDM 實驗組之接線(隨書光碟中的投影片有彩圖動態展示)

1. 在 Keil C 裡撰寫程式，並進行建構(按 █ 鈕，或 **F7** 鍵)，以產生 *.HEX 檔。若有下方的**建構輸出視窗**出現錯誤，則按其指示的位置檢視原始程式，並修正之，並將它記錄在實驗報告裡。

2. 在此使用 **KDM 實驗組**(**KT89S51** 線上燒錄實驗板與 **KDM** 板之組合)，請按圖 23 連接線路，再以 USB 纜線連接 **KT89S51** 線上燒錄實驗板與電腦即可。

3. 啟動 s51_pgm 程式，按其中的 載入程式 鈕，指定載入本實驗所產生的 hex 程式檔，最後，按 燒錄 鈕(或 **F9** 鍵)即可快速燒錄。完成燒錄後，**KDM** 板上的七節顯示器將循序有 0 到 9，週而復始地顯示。

4. 撰寫實驗報告。

思考一下

- 在此以「SEG=TAB[i];」指令，依序遞增 i，七節顯示器將可順序顯示 0 到 9。換言之，依序遞減 i，七節顯示器將可逆序顯示 0 到 9。

- 應用「for(i=0;i<10;i++)」計數迴圈，即可讓 i 由 0 順序遞增到 9；利用「for(i=9;i>=0;i--)」指令計數迴圈，即可讓 i 由 9 順序遞減到 0。

- 請修改本實驗裡的程式，讓七節顯示器從 0 開始顯示，遞增到 9；再從頭開始七節顯示器從 9 開始顯示，遞減到 0。

3-4 即時練習

即時練習

輸出埠之應用

在本章裡，介紹了 8x51 的輸出入埠、輸出電路的設計等硬體部分；在軟體方面，更進行四項週邊裝置的控制實驗。請試著回答下列問題，以驗證學習成效。

選 擇 題

(　)1. 在 8x51 的輸出入埠裡，哪個輸出入埠執行在輸出功能時沒有內建提升電阻？　(A) P0　(B) P1　(C) P2　(D) P3 。

(　)2. 在 Keil C 的程式裡，若要指定 Port 0 的 bit 3，如何撰寫？
(A) P0.3　(B) Port 0.3　(C) P0^3　(D) Port 0^3。

(　)3. 8x51 的 Port 0 採用哪種電路結構？　(A) 開集極式輸出　(B) 開洩極式輸出　(C) 開射極式輸出　(D) 圖騰柱輸出　。

(　)4. 在 8x51 裡，若要擴充外部記憶體時，資料匯流排連接哪個輸出入埠？
(A) P0　(B) P1　(C) P2　(D) P3 。

(　)5. 點亮一般的 LED，所耗用的電流約為多少？　(A) 1 至 5 微安
(B) 10 至 20 微安　(C) 1 至 5 毫安　(D) 10 至 20 毫安。

(　)6. 基本上，蜂鳴器屬於哪種負載？　(A) 電阻性負載　(B) 電感性負載
(C) 電容性負載　(D) 不導電負載 。

(　)7. 關於 SSR 的敘述，下列何者正確？　(A) 便宜　(B) 不會發熱　(C) 沒有噪音　(D) 壽命較短 。

(　)8. 在繼電器裡，所謂 NO 接點是一種什麼接點？　(A) 不使用的接點　(B) 不存在的接點　(C) 激磁後即開路的接點　(D) 常開接點 。

(　)9. 所謂 2P 的繼電器，代表什麼意思？　(A) 只有 2 個接點　(B) 兩相的負載
(C) 兩組電源　(D) 2 組 c 接點。

(　)10. 共陽極七節顯示器之驅動信號有何特色？
(A) 低態點亮　(B) 低態不亮　(C) 高態點亮　(D) 以上皆非 。

問 答 題

1. 試述 P0 與 P2 接腳的其它功能？
2. 試述 P3 接腳的其它功能？
3. 試問繼電器與 SSR 固態繼電器的差異？
4. 在電晶體驅動繼電器的電路裡，繼電器的線圈兩端並接一個逆向二極體，其功能為何？
5. 試撰寫一個約 1 分鐘的延遲函數？

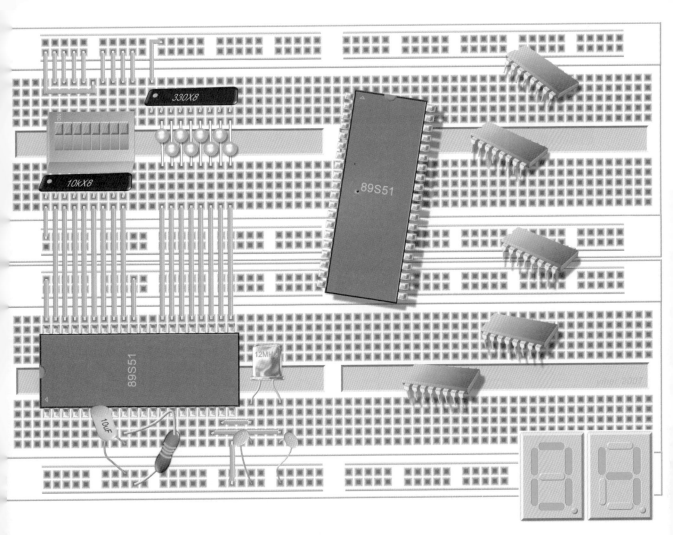

 輸入埠之應用

本章內容豐富,主要包括兩部分:

硬體部分:

認識 8x51 的輸入埠。

熟悉常用的按鈕開關、指撥開關、數字型指撥開關等之應用。

程式與實作部分:

指撥開關的應用。

按鈕開關的應用。

數字型指撥開關的應用。

4-1 認識 MCS-51 之輸入埠

　　在 3-1 節裡提供 8x51 四個輸出入埠的結構,雖然這四個輸出入埠的結構有些許的不同,但就輸入功能來看,這四個輸出入埠的結構完全一樣!基本上,輸入埠都是透過三態緩衝器連接到 CPU 的資料匯流排,以 Port 0 為例,如圖 1 所示。

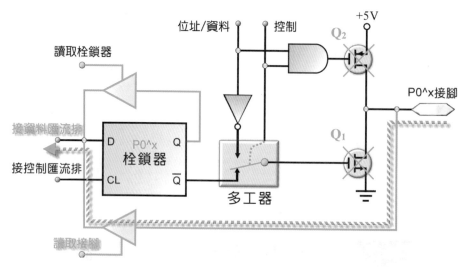

圖1　PORT 0 的輸入功能

　　在進行輸入功能時,輸出端的 Q_1、Q_2 兩個 FET 必須呈現開路狀態,才不會影響輸入狀態。而進行一般資料之輸出入時,Q_2 就是高阻抗狀態(視同開路)。若要 Q_1 也呈現高阻抗狀態,其閘極必須為低態,而其閘極連接多工器,再連接到栓鎖器的 $\overline{Q}$;若要讓栓鎖器的 $\overline{Q}$ 低態,則其輸入端 D 必須為高態。換言之,只要該位元輸出 1,則內部資料匯流排該位元為 1,栓鎖器的輸入端 D 為 1,其輸出 Q=1、$\overline{Q}$=0,並由 Q 回授至輸入端,使該栓鎖器保持該狀態;而 $\overline{Q}$=0 時,Q_1 將呈現高阻抗。因此,在輸入之前,必須送「1」到該輸出入埠,將該輸出入埠規劃成輸入功能的原因。若沒有事先將「1」到該輸出入埠,則 Q_1 可能不是高阻抗,可能會影響輸入的狀態。

　　當 8x51 進入重置狀態時,所有 Port 的初始狀態設定為「1」,並不會影響輸入功能;但有可能在程式執行之中,將 Port 變為「0」,而影響輸入功能。為確保不影響輸入埠功能,最好還是在執行輸入埠功能之前,先輸出「1」,只要一次就可以了。

　　當要輸入該位元接腳所連接的外部資料時,輸入指令將使內部「讀取接腳」線變為 1,外部資料才會通過緩衝器,送到內部資料匯流排。

4-2　輸入裝置與輸入電路設計

在此所要介紹的是與人們接觸較為頻繁的輸入裝置，包括電子電路常用的**按鈕開關**、**指撥開關**等。

4-2-1　輸入裝置

在數位電路裡，最基本的輸入裝置就是開關，而開關可分為下列幾類：

🔍 **按鈕開關**

按鈕開關(button)的特色就是具有自動復歸(彈回)的功能，也就是非殘存式開關。當我們按下按鈕，接點接通(或切斷)；放開按鈕後，接點恢復為切斷(或接通)。在電子電路方面，最典型的按鈕開關就是 Tact Switch，如圖 2 所示。另外，還有以導電橡皮所組成的按鈕，特別是用在多個按鈕的鍵盤組上。

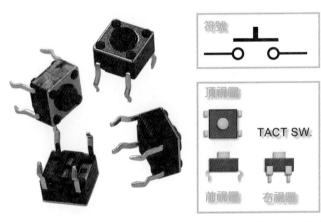
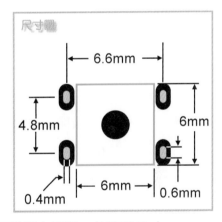

圖2　按鈕開關(Tact Switch)照片與 6mm 按鈕開關之符號、外觀與尺寸

依尺寸區分，電子電路或微電腦電腦所使用的 Tact Switch 可分為 6mm、8mm、10mm、12mm 等，雖然 Tact Switch 有 4 支接腳，其內部只有一對 a 接點。如圖 2 所示，在尺寸圖之中，上面兩個接腳是內部相連通的，而下面兩個接腳也是內部相連通的。上、下之間則為一對 a 接點。

🔍 **閘刀開關**

閘刀開關具有殘留功能，不會自動復歸(彈回)，也就是非殘存式開關。典型的閘刀開關如指撥開關(DIP switch)、搖頭開關、滑動開關等。當我們切換開關時，其中的接點接通(或切斷)；若要恢復接點狀態，則需再切換回來，如圖 3 所示。對於電路板的組態設定方面等不常切換開關的場合，常以跳線

(Jumper)來代替，在電路板上放置兩支接腳的排針，再以跳線環(短路環)，做為接通的組件。

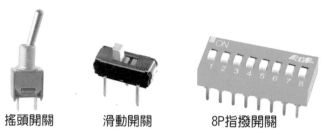

搖頭開關　　　滑動開關　　　8P指撥開關

圖3　搖頭開關、滑動開關、8P 指撥開關之外觀

依指撥開關的開關數量，可分為 2P、4P、8P 等，2P 指撥開關內部有獨立的兩個開關，4P 指撥開關內部有獨立的四個開關，8P 指撥開關內部有獨立的八個開關。通常會在 DIP Switch 上標示記號或「ON」，若將開關撥到記號或「ON」的一邊，則接點接通(on)、撥到另一邊則為不通(off)。

面板用數字型指撥開關

傳統的面板用數字型指撥開關，相當於附有數字輪盤的指撥開關，而裝置於控制面板上，如圖 4 所示。依其數字編碼方式，可分為兩種類型：

● BCD 指撥開關提供 0 到 9 的 BCD 編碼輸出，如表 1 所示為開關輸出狀況，而其數字輪盤只有 0 到 9 等 10 個。

● 16 進位指撥開關提供 0 到 F 的 16 進位編碼輸出，如表 1 所示為開關輸出狀況，而其數字輪盤有 0 到 F 等 16 個。

依其切換方式區分，可分為兩種類型，如下：

● 上下按鈕式切換，在數字上方有個按鈕，按此按鈕，數字將減 1；在數字下方也有個按鈕，按此按鈕，數字將加 1。

● 旁邊轉盤式切換，在數字旁邊有個輪盤，直接旋轉輪盤，即可操作顯示的數字。

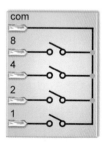

圖4　面板用數字型指撥開關之外觀(四位數)與內部結構(每一位數)

另外，面板用數字型指撥開關屬於位數獨立的裝置，需要幾位數，就購買幾片數字型指撥開關(每片不到 NT$100，一般電子材料行就有販售)，再把它們組合起來即可。例如要六位數，則購買六片，再把並排、對準卡榫，壓入即可。而直接拉開即可拆開，就像樂高玩具一樣。最後，左右兩旁各壓入一片卡榫(數字型指撥開關所附的)，即可將它嵌入機殼。基本上，數字型指撥開關是直接裝設在機殼上，讓使用者操作，再透過排線，將其接點連接到電路板上。但鍵盤組(Keypad)與七節顯示器的興起，面板用數字型指撥開關幾乎**不再被關愛**。

表 1　數字型指撥開關之開關狀況

類型		數字	8 輸出端	4 輸出端	2 輸出端	1 輸出端
16 進位	BCD	0	OFF	OFF	OFF	OFF
		1	OFF	OFF	OFF	ON
		2	OFF	OFF	ON	OFF
		3	OFF	OFF	ON	ON
		4	OFF	ON	OFF	OFF
		5	OFF	ON	OFF	ON
		6	OFF	ON	ON	OFF
		7	OFF	ON	ON	ON
		8	ON	OFF	OFF	OFF
		9	ON	OFF	OFF	ON
		A	ON	OFF	ON	OFF
		B	ON	OFF	ON	ON
		C	ON	ON	OFF	OFF
		D	ON	ON	OFF	ON
		E	ON	ON	ON	OFF
		F	ON	ON	ON	ON

電路板用數字型指撥開關

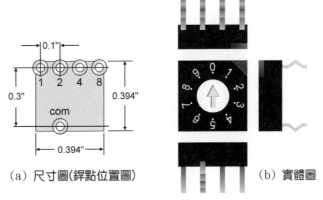

(a) 尺寸圖(銲點位置圖)　　　　(b) 實體圖

圖5　電路板用數字型指撥開關之尺寸與外觀(一位數)

電路板用數字型指撥開關是一種裝置在電路板上的指撥開關，如圖 5 所示。

除了尺寸較小、價格較低外，電路板用數字型指撥開關與面板用數字型指撥開關最大的不同是，一般電路板用數字型指撥開關只提供產品出廠前的調校或維修之用，而面板用數字型指撥開關是提供使用者直接操作。

4-2-2　輸入電路設計

設計數位電路或微處理電路之輸入電路時，一定要把握「不要有不確定狀態」的原則。所以，輸入端不可空接，輸入端空接除了會產生不確定狀態外，還可能感染雜訊，導致電路誤動作。

🔍 開關電路之設計

不管是按鈕開關或其它種類開關，若要將它做為數位電路或微處理電路之輸入時，通常會應用提升電阻或接地電阻，以固定其預設的準位，而不浮接(未確定狀態)。以按鈕開關為例，其輸入電路如圖 6 所示。

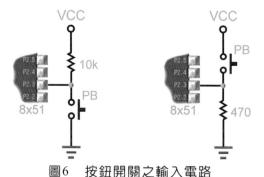

圖6　按鈕開關之輸入電路

- 圖 6 之右圖為低態動作之按鈕開關(PB)輸入電路，若按鈕開關未被按下，則為開路狀態，經由 10k 歐姆的電阻連接到 VCC，使輸入接腳上保持為高態。若按下按鈕開關，則經由開關接地，輸入接腳上將變為低態；放開開關時，輸入接腳上將恢復為高態信號，如此將可產生一個**負脈波**。

- 圖 6 之右圖為高態動作之按鈕開關輸入電路，若按鈕開關未被按下，則為開路狀態，經由 470 歐姆的電阻連接到 GND，使輸入接腳上保持為低態。若按下按鈕開關，則經由開關 VCC，輸入接腳上將變為高態信號；放開開關時，輸入接腳上將恢復為低態；放開開關時，輸入接腳上將恢復為低態信號，如此將可產生一個**正脈波**。

若把圖 6 中的按鈕開關換成指撥開關或其他種類的閘刀開關，如圖 7 所示，其工作原理與圖 6 電路的工作原理類似。但這種殘存式開關電路，

主要不是提供**脈波信號**的輸入，而是提供**準位信號**的輸入。

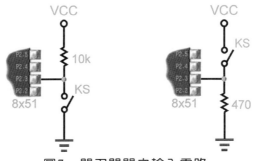

圖7　閘刀開關之輸入電路

數字型指撥開關電路之設計

每片數字型指撥開關都有五個接點，分別是 com、8、4、2、1，通常是把 com 連接 VCC，而其它端點分別透過一個 470 歐姆的電阻器接地。若要把數字型指撥開關與 89S51 連接，則圖 10 中之 8、4、2、1 端直接並接於輸入埠即可，其中 8 端是 MSB、1 端是 LSB，以連接 P2 為例，如圖 8 所示：

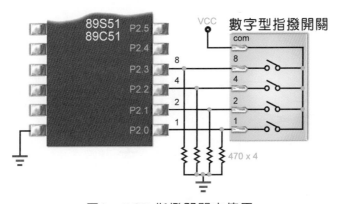

圖8　BCD 指撥開關之使用

數字型指撥開關之低態動作

在 **KT89S51** 線上燒錄實驗板上，Port 0 裝設一個 8P 指撥開關(插在 16 支接腳的 IC 座上)，此指撥開關採低態動作。若將此指撥開關拔下，改插入兩個電路板用數字型指撥開關。從 P0^7~P0^4 讀入第一組資料、P0^3~P0^0 讀入第二組資料，而讀入的資料<u>必須反相</u>後，才是數值。

4-2-3　彈跳與防彈跳

當操作開關時，並非理想的反應，而是會有很多不確定狀態，也就是雜訊。在此將介紹開關操作的實際狀況，以及防止不確定狀況的對策。

彈跳現象

如圖9中淺藍色線之波形為理想的開關反應，而細黑線所示之波形為實際狀況，也就是彈跳(bouncer)，而這種忽高忽低、忽而非高非低，可說是不折不扣的雜訊。

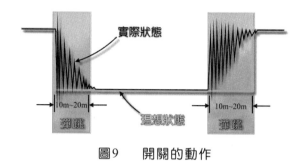

圖9　開關的動作

硬體防彈跳

若要避免這種現象，可使用一個切換開關(c 接點)及互鎖電路，組成**防彈跳電路**(debouncer)，如圖 10 之左圖所示。雖然這個電路可降低彈跳所產生的雜訊，但所須的零件較多、所佔的電路面積較大，徒增成本與電路的複雜度，已很少使用了。在此可利用簡單的 RC 電路，以壓制彈跳電壓，如圖 10 之右圖所示：

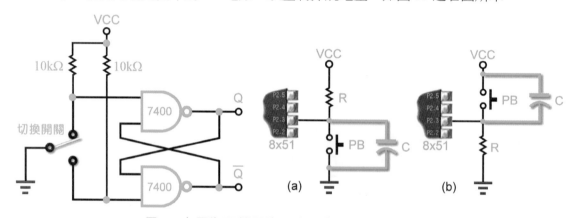

圖10　左圖為互鎖電路，右圖為 RC 防彈跳電路

以圖 10 之(a)圖為例，當按下按鈕開關時，開關第一次接觸時，即將電容器短路，使電容器快速放電(放電電阻為 0)，電容器兩端電壓迅速為 0；開關彈回(開路)時，整個電路形成 RC 充電電路，其時間常數為 RC，電容器兩端的電壓 V_C 為

$$V_C = VCC \times (1 - e^{-\frac{t}{RC}})$$

通常低態準位可定義為 $0.3 \times V_{CC}$ 以下，如果電容器兩端的電壓 V_C 低於 $0.3 \times V_{CC}$，即可視為低準位，而彈跳的效應自然消失，因此

$$V_C = VCC \times (1 - e^{-\frac{t}{RC}}) < 0.3 \times VCC$$

即 $1-e^{-\frac{t}{RC}} < 0.3$，兩邊減 1 可得 $-e^{-\frac{t}{RC}} < -0.7$，再把兩邊改號，小於變大於，即

$$e^{-\frac{t}{RC}} > 0.7$$

兩邊取對數

$$-\frac{t}{RC} > \ln 0.7 \cong -0.357$$

兩邊再改號，即

$$\frac{t}{RC} < 0.357$$

彈跳的時間約在 **10ms** 到 **20ms** 之間，以 10ms 為例，若 R=10k 歐姆，則

$$\frac{10m}{10k \times C} < 0.357 \, , \quad \frac{10m}{10k \times 0.357} < C$$

即　　$C > \frac{1\mu}{0.357} \cong 2.8\mu F$

若是 20ms，則 C>5.6μF，因此，C 的值可定於 2.8μF 到 5.6μF 之間，筆者的習慣是 R=10k 歐姆時，C 採用 3.3μF；若 R 為 100k 歐姆，則 C 採用 0.33μF。

當放開按鈕開關時，開關彈開時，即將電容器兩端開路，使電容器開始充電，當然電容器兩端電壓不會立即為高準位；而開關再彈回(短路)時，又將好不容易充電的電容器兩端短路。因此，電容器兩端電壓在彈跳期間，保持為低態，而不隨彈跳起舞。直到彈跳期間過後，電容器兩端的電壓才穩定上昇，絲毫不受彈跳影響。這種方式簡單又有效，而所增加成本與電路複雜度都不高，稱得上是實用的硬體防彈跳電路。

軟體防彈跳

不管怎樣，利用硬體來抑制彈跳的雜訊，或多或少會增加電路的複雜性與成本！而我們只要在軟體上下點功夫，避開產生彈跳的那 10 至 20 毫秒，即可達到防彈跳的效果。怎麼做呢？只要在讀入第一個轉態的輸入信號，即執行 10 至 20 毫秒的延遲函數(通常是 20 毫秒即可)。當按下按鈕開關瞬間，程式將執行 debouncer 函數，而這個函數就是一個延遲函數，如下：

debouncer 函數

```
void debouncer(void)                    // 防彈跳函數開始
{    int i;                             // 宣告變數
     for(i=0;i<2400;i++);   // 連數 2400 次

}                                        // 防彈跳函數結束
```

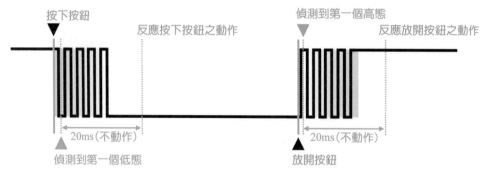

圖11　按鈕開關動作與防彈跳函數之波形分析

如圖 11 所示，以產生負脈波的按鈕開關為例，當按下按鈕，8x51 偵測到第一個低態信號時，隨即呼叫 debouncer 函數以延遲 20ms，這段時間程式不動作，以避開按鈕開關上的不穩定狀態。20ms 後，程式才反應使用者按下按鈕開關所應有的動作。同樣地，當放開按鈕，8x51 偵測到第一個高態信號時，隨即呼叫 debouncer 函數以延遲 20ms，這段時間程式不動作，以避開按鈕開關上的不穩定狀態。20ms 後，程式才反應使用者放開按鈕開關所應有的動作。

通常只反應按鈕開關的前緣，而不管後緣的變化。除非是要防止使用者按住按鈕不放，如果一定要等到按鈕放開，程式才進行下一個動作，其動作分析如下：

1. 按下按鈕，8x51 偵測到第一個低態信號時，隨即呼叫 debouncer 函數以延遲 20ms，這段時間程式不動作。

2. debouncer 函數結束後，繼續偵測開關是否為高態？若偵測到第一個高態，再呼叫 debouncer 函數以延遲 20ms，這段時間程式不動作。

3. debouncer 函數結束後，程式才反應該按鈕所要進行的動作。

並非每個場合都要防彈跳，若按鍵後所要執行的動作，執行時間超過彈跳時間，就不需要防彈跳。

4-3　實例演練

輸入埠之應用

在本單元裡將針對**按鈕開關、指撥開關、數字型指撥開關**，提供多個相關應用範例。

4-3-1　指撥開關控制實例演練

實驗要點

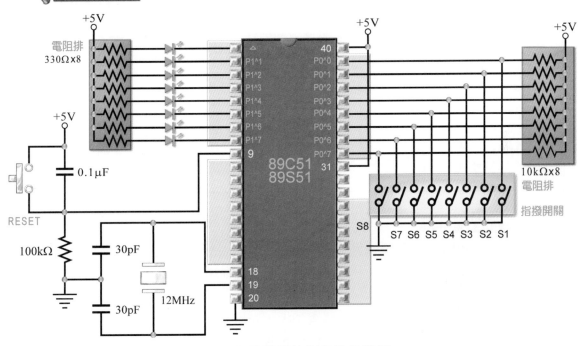

圖12　指撥開關控制實驗電路圖

就像家裡牆壁上的開關一樣，開關接通時，燈就會亮；切斷開關時，燈就會滅。在此利用一個 8P 的指撥開關，當成 8 個壁開關用來控制 8 個 LED，如圖 12 所示。指撥開關的狀態由 P2 輸入，而其狀態將反應到 P1 所連接的 LED 上。若 P2^0 所連接的開關 on，則 P1^0 所連接的 LED 將會亮、若 P2^0 所連接的開關 off，則 P1^0 所連接的 LED 將不亮，以此類推。

流程圖與程式設計

依功能需求與電路結構得知，當指撥開關 on 時，將可由其連接的輸入埠讀取到低準位(即 0)；若要連接在 P1 的 LED 亮，則由 P1 輸出低準位即可。因此，在程式裡，只要將 P2 讀取到的指撥開關直接輸出到 P1 即可。

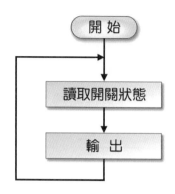

基本開關控制實驗(ch4-3-1.c)

```
/* ch4-3-1.c - 基本開關控制實驗   */
//==宣告區====================================
#include    <reg51.h>              // 包含 8051 暫存器之標頭檔
// KT89S51 線上燒錄實驗板 V1.*(印表機埠介面)之指撥開關在 P2。
// KT89S51 線上燒錄實驗板 V3.3 以後版本(USB 介面)之指撥開關在 P0。
#define    SW    P0                 // 定義開關接至 Port 0
#define    LED   P1                 // 定義 LED 接至 Port 1
//==主程式====================================
main()                             // 主程式開始
{ SW=0xff;                         // 規劃輸入埠
  while(1)                         // 無窮迴圈
      LED=SW;                      // 讀取開關(P0)狀態,輸出到 LED(P1)
}                                  // 主程式結束
```

 操作

1. 在 Keil C 裡撰寫程式，並進行建構(按 ▭ 鈕，或 **F7** 鍵)，以產生 *.HEX 檔。若有下方的**建構輸出視窗**出現錯誤，則按其指示的位置檢視原始程式，並修正之，並將它記錄在實驗報告裡。

2. 在此使用 KT89S51 線上燒錄實驗板，先以 USB 纜線連接 KT89S51 線上燒錄實驗板與電腦，再啟動 s51_pgm 程式，按其中的 載入程式 鈕，指定載入本實驗所產生的 hex 程式檔，最後按 燒錄 鈕(或 **F9** 鍵)即可快速燒錄。

3. 完成燒錄後，操作指撥開關，並觀察相對應的 LED，是否隨之亮滅？

4. 撰寫實驗報告。

 **思考一下**

● 在本實驗裡，有沒有彈跳的「困擾」？

● 若希望指撥開關中的 S1、S3、S5 三個開關都 on，則前四個 LED 亮；S2 或 S4 或 S6 開關 on，則後四個 LED 亮；S7 及 S8 開關 on，則所有 LED 全亮，程式應如何撰寫？

● 若將指撥開關換成一般家裡牆壁上的開關，而 LED 換成繼電器(RELAY)，是否可做為家裡的負載控制？

4-3-2　按鈕 ON-OFF 控制實例演練

💡 實驗要點

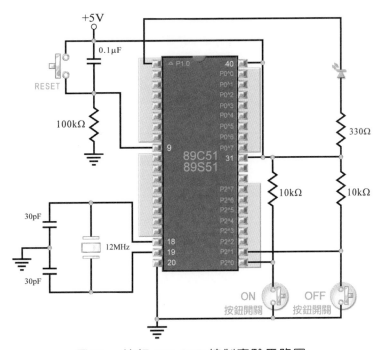

圖13　按鈕 ON-OFF 控制實驗電路圖

如圖 13 所示，若按一下 ON，則 P1^0 所連接的 LED 亮；若按一下 OFF，則關閉 P1^0 所連接的 LED(不亮)。

💡 流程圖與程式設計

依功能需求與電路結構得知，當按下按鈕開關時，將可由其連接的輸入埠讀取到低準位(即 0)；若要連接在 P1^0 的 LED 亮，只要由 P1^0 輸出低準位即可。因此，在程式裡先宣告 P2^0 為 ON、P2^1 為 OFF，緊接著關閉 LED。然後判斷 OFF 是否為 0，若 OFF=0，則關閉 LED；若 OFF 不為 0，再判斷 ON 是否為 0，若 ON=0，則點亮 LED，再從判斷 OFF 開始，如此週而復始。

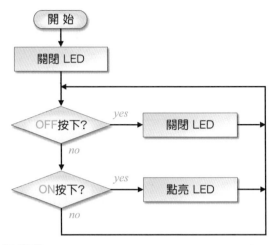

基本按鈕 ON-OFF 控制實驗(ch4-3-2.c)

```c
/* ch4-3-2.c -基本按鈕 ON-OFF 控制實驗    */
//==宣告區=====================================
#include    <reg51.h>             // 包含 8051 暫存器之標頭檔
sbit    ON=P2^0;                  // 宣告 ON 按鈕接至 P2^0
sbit    OFF=P2^1;                 // 宣告 OFF 按鈕接至 P2^1
sbit    LED=P1^0;                 // 宣告 LED 接至 P1^0
//==主程式=====================================
main()                           // 主程式開始
{ LED=1;                         // 關閉 LED
  ON=OFF=1;                      // 規劃輸入埠
  while(1)                       // 無窮迴圈.程式一直跑
  {    if (!OFF)    LED=1;       // 若按下 OFF，則關閉 LED
       else if (!ON)    LED=0;   // 若按下 ON，則點亮 LED
  }                              // while 迴圈結束
}                                // 結束程式
```

 操作

1. 在 Keil C 裡撰寫程式，並進行建構(按 ▦ 鈕，或 **F7** 鍵)，以產生 *.HEX 檔。若有下方的**建構輸出視窗**出現錯誤，則按其指示的位置檢視原始程式，並修正之，並將它記錄在實驗報告裡。

2. 在此使用 **KT89S51** 線上燒錄實驗板，先以 USB 纜線連接 **KT89S51** 線上燒錄實驗板與電腦，再啟動 s51_pgm 程式，按其中的 載入程式 鈕，指定載入本實驗所產生的 hex 程式檔，最後按 燒錄 鈕(或 **F9** 鍵)即可快速燒錄。

3. 完成燒錄後,使用單條杜邦線,一端接到 **KT89S51** 線上燒錄實驗板的 GND 端(JP3 的第 20 腳),另一端碰觸 P2^0,代表按 **ON** 按鈕、碰觸 P2^1,代表按 **OFF** 按鈕。若使用 **KT89S51** 線上燒錄實驗板 V4.2A 版或 V3.3B 版,則內部的 P3^2、P3^3、P2^0、P2^1 各接一個按鈕開關,分別標示為 PB1~PB4,可直接使用而免接線。操作 **ON**、**OFF** 按鈕,並觀察能否如預期控制 LED 的動作？

4. 撰寫實驗報告。

思考一下

- 在本實驗裡，有沒有彈跳的「困擾」？
- 若將按鈕開關當成啟動馬達的 ON-OFF 開關，而 LED 換成繼電器(RELAY)，是否可做為馬達控制？
- 若同時按下 ON 與 OFF 按鈕會怎樣？

4-3-3　按鈕切換式控制實例演練

實驗要點

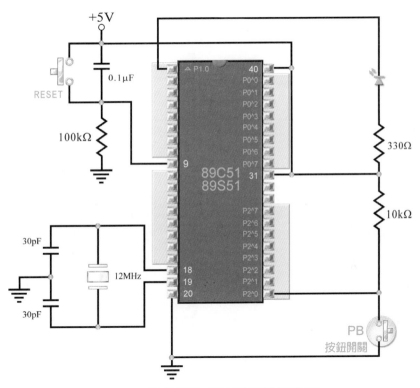

圖14　按鈕切換式控制實驗電路圖

如圖 14 所示，若原本 P1^0 所連接的 LED 不亮，按一下 PB，則 LED 亮；再按一下 PB，則 LED 不亮...以此類推；當按住不放時，不會改變狀態。

流程圖與程式設計

依功能需求與電路結構得知，當按下 PB 鈕開關時，即可改變 LED 的狀態，若原本 LED=1(不亮)，按下 PB 鈕開關即可使之變為 0(亮)；若原本 LED=0(亮)，按下 PB 鈕開關即可使之變為 1(不亮)。這種情況最怕彈跳，所以，一定要在偵測到 PB 被按下後，即進入防彈跳函數，也就是延遲函

數。同樣地，在程式的開頭，先宣告相關的函數與變數，如 LED、PB、debouncer 函數等，再關閉 LED。然後判斷 PB 是否為 0，若 PB=0，則呼叫 debouncer 函數，並切換 LED 狀態，直到放開 PB，即 PB=1 時，再次防彈跳。然後再從判斷 PB 開始，如此週而復始。

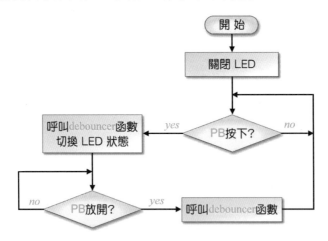

按鈕切換式控制實驗(ch4-3-3.c)

```
/* ch4-3-3.c - 按鈕切換式控制實驗 */
//==宣告區===================================
#include    <reg51.h>              // 包含 8051 暫存器之標頭檔
sbit   PB=P2^0;                    // 宣告 PB 接至 P2^0
sbit   LED=P1^0;                   // 宣告 LED 接至 P1^0
void   debouncer(void);           // 宣告防彈跳函數
//==主程式===================================
main()                            // 主程式開始
{ LED=1;                          // 關閉 LED
  PB=1;                           // 規劃 PB 為輸入埠
  while(1)                        // 無窮迴圈,程式一直跑
    {  if (!PB)                   // 若按下 PB
        {  debouncer();           // 呼叫防彈跳函數(按下時)
           LED=!LED;              // 切換 LED 為反相
           while(!PB);            // 若仍按住 PB，繼續等
           debouncer();           // 呼叫防彈跳函數(放開時)
        }                         // if 敘述結束
    }                             // while 迴圈結束
}                                 // 主程式結束
/* 防彈跳函數,延遲約 20ms */
void debouncer(void)              // 防彈跳函數開始
{ int i;                          // 宣告整數變數 i
  for(i=0;i<2400;i++);            // 計數 2400 次,延遲約 20ms
}                                 // 防彈跳函數結束
```

操作

1. 在 Keil C 裡撰寫程式，並進行建構(按 ▦ 鈕，或 **F7** 鍵)，以產生 *.HEX 檔。若有下方的**建構輸出視窗**出現錯誤，則按其指示的位置檢

視原始程式，並修正之，並將它記錄在實驗報告裡。

2. 在此沿用 4-3-2 節的實驗電路，而原本的 ON 鈕就是本實驗裡的 PB 鈕。操作 PB 按鈕，並觀察能否如預期控制 LED 的動作？

3. 撰寫實驗報告。

思考一下

● 在本實驗裡，改變 debouncer 函數的時間長短，看看什麼影響？

● 若按住 PB 不放會怎樣？

● 在第三章裡，曾經設計產生嗶聲的函數，嗶一聲約花 0.2 秒 (200ms)，比 debouncer 函數延遲的時間還長。試想，若以嗶聲代替 debouncer 函數，效果會不會更好？且比較有意思！

4-3-4　按鈕嗶聲實例演練

實驗要點

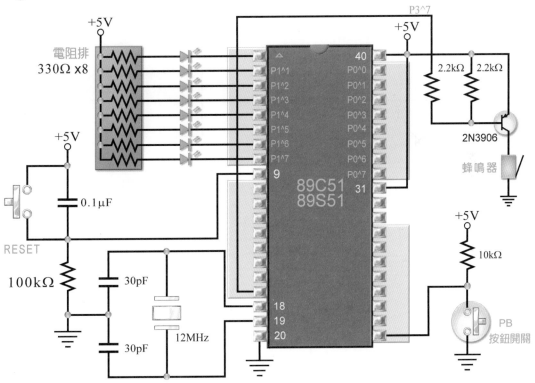

圖15　按鈕嗶聲實驗電路

在此所使用的 beep 嗶聲函數，比第三章的 pulse_BZ 發聲函數更簡單，如下：

```
/*  嗶聲函數(1kHz) */
void beep(char x)                          // 嗶聲函數開始
{ char i,j;                                // 宣告變數 i,j
  for(i=0;i<x;i++)                         // 產生 x 個嗶聲
  {    for(j=0;j<100;j++)                  // 重複吸放 100 次，(0.5ms+0.5ms)*100
       {    buzzer=0;delay500us(1);        // 蜂鳴器激磁 0.5ms
            buzzer=1;delay500us(1);        // 蜂鳴器斷磁 0.5ms
       }
       delay500us(200);                    // 靜音 0.1s
  }
}                                          // 防彈跳函數結束
```

在這個函數裡，所使用的 buzzer，必須事先宣告(sbit buzzer=P3^7;)。而產生 0.5ms
延遲的 delay500us 函數也要事先宣告，並定義其內容。

流程圖與程式設計

基本上，本實驗為切換式控制，剛開始時，8 個 LED 都不亮，按一下 PB，第 1
個 LED 亮；再按一下 PB，變為第 2 個 LED 亮；再按一下 PB，變為第 3 個 LED
亮，以此類推。按第 8 次 PB 時，LED 全不亮，如此週而復始。

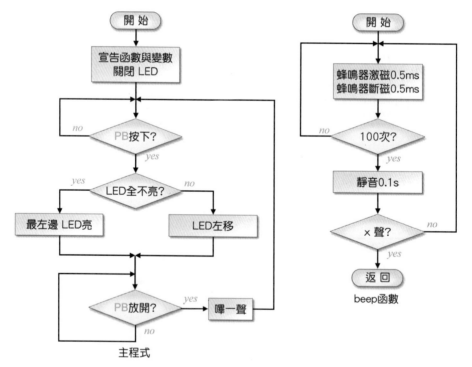

按鈕嗶聲實驗(ch4-3-4.c)

```
/* ch4-3-4.c - 按鈕嗶聲實驗 */
//==宣告區==========================================
#include    <reg51.h>                      // 包含 8051 暫存器之標頭檔
#define     LED   P1                        // 定義 LED 連接到 P1
sbit   PB=P2^0;                            // 宣告 PB 接至 P2^0
```

```
sbit    buzzer=P3^7;                        // 宣告蜂鳴器接至 P3^7
void    delay500us(int x);                  // 宣告 0.5ms 延遲函數
void    beep(char x);                       // 宣告 beep 嗶聲函數
//==主程式==========================================
main()                                      // 主程式開始
{ LED=0xFF;                                 // 關閉 8 個 LED
   PB=1;                                    // 規劃 PB 為輸入埠
   while(1)                                 // 無窮迴圈,程式一直跑
   {   if (!PB)                             // 若按下 PB
       {   if (LED==0xFF) LED = 0xFE;       // 若 LED 全不亮,則點亮第 1 個 LED
           else LED=(LED<<1)|1;             // 否則單燈左移
           while(!PB);                      // 若仍按住 PB,繼續等
           beep(1);                         // 嗶一聲
       }                                    // if 敘述結束
   }                                        // while 迴圈結束
}                                           // 主程式結束
/* 延遲函數(0.5ms) */
void delay500us(int x)                      // 延遲函數開始
{ int i,j;                                  // 宣告變數 i,j
   for(i=0;i<x;i++)                         // 外部計數迴圈(x*0.5ms)
       for(j=0;j<60;j++);                   // 內部計數迴圈(0.5ms)
}                                           // 延遲函數結束
/* 嗶聲函數(1kHz) */
void beep(char x)                           // 嗶聲函數開始
{ char i,j;                                 // 宣告變數 i,j
   for(i=0;i<x;i++)                         // 產生 x 個嗶聲
   {   for(j=0;j<100;j++)                   // 重複吸放 100 次,(0.5ms+0.5ms)*100
       {   buzzer=0;delay500us(1);          // 蜂鳴器激磁 0.5ms
           buzzer=1;delay500us(1);          // 蜂鳴器斷磁 0.5ms
       }
       delay500us(200);                     // 靜音 0.1s
   }
}                                           // 防彈跳函數結束
```

操作

1. 在 Keil C 裡撰寫程式,並進行建構(按 🖳 鈕,或 **F7** 鍵),以產生 *.HEX 檔。若有下方的**建構輸出視窗**出現錯誤,則按其指示的位置檢視原始程式,並修正之,並將它記錄在實驗報告裡。

2. 在此使用 KT89S51 線上燒錄實驗板,以 USB 纜線連接 KT89S51 線上燒錄實驗板與電腦,再啟動 s51_pgm 程式,按其中的 載入程式 鈕,指定載入本實驗所產生的 hex 程式檔,最後,按 燒錄 鈕(或 **F9** 鍵)即可快速燒錄。

3. 完成燒錄後,使用單條杜邦線,一端接到 KT89S51 線上燒錄實驗板的 GND 端(JP3 的第 20 腳),另一端碰觸 P2^0,代表按 PB 按鈕。操作 PB 按鈕,並觀察 LED 與蜂鳴器是否如預期的動作?

4. 撰寫實驗報告。

思考一下

● 在 if 指令裡若要判斷某個位元(例如 SW)是否為 1，可在 if 右邊的小括號裡輸入 SW==1，其中兩個等號之間不可有空格，也可直接在小括號裡輸入 SW 即可。同樣地，若要判斷某個位元(例如 PB)是否為 0，可在 if 右邊的小括號裡輸入 SW==0，或直接在小括號裡輸入!PB 即可。

● 在此的嗶聲採用 1kHz/0.1 秒、靜音/0.1 秒，時間有點長！可改為只有 1kHz/0.1 秒，而不要靜音/0.1 秒，按鈕比較靈敏。

4-3-5　按鈕開關應用實例演練

實驗要點

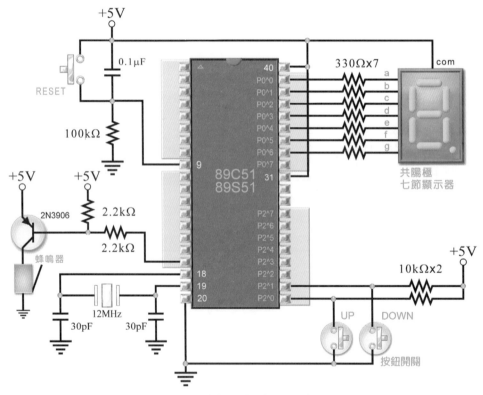

圖16　按鈕開關應用電路圖

如圖 16 所示，P0 經限流電阻器連接共陽極七節顯示器。而 P2^0 連接 UP、P2^1 連接 DOWN，其中 UP 具有增數的功能、DOWN 具有減數的功能。若程式剛開始時，七節顯示器顯示 0，按一下 UP，則七節顯示器顯示 1、再按一下 UP，則七節顯示器顯示 2，以此類推；若七節顯示器顯示 9，按一下 UP，則七節顯示器顯示 0。同樣地，若七節顯示器顯示 0，按一下 DOWN，則七

節顯示器顯示 9、再按一下 DOWN，則七節顯示器顯示 8，以此類推。當按鈕按著不放時，狀態不變。

流程圖與程式設計

依功能需求與電路結構得知，首先將共陽極七節顯示器的驅動信號存為編碼陣列，即

```
char code TAB[10]={    0xc0, 0xf9, 0xa4, 0xb0, 0x99,
                       0x92, 0x83, 0xf8, 0x80, 0x98 };
```

主程式剛開始時，共陽極七節顯示器顯示 0(編碼陣列中的第 0 筆資料)。然後判斷 UP 是否為 0，若 UP=0，則輸出下一筆資料，若超過 9 筆資料，則從第 0 筆資料開始。為了達到這個目的，在此應用二元判斷指令，如圖 17 所示。

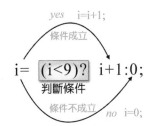

$$i = \underset{\text{判斷條件}}{(i<9)?}\ i+1:0;$$

圖17　二元判斷指令-1

緊接著，判斷 DOWN 是否為 0，若 DOWN=0，則輸出上 1 筆驅動信號，若原本是第 0 筆資料，則輸出第 9 筆資料。同樣地，應用二元判斷指令，即可達到這個目的，如圖 18 所示。

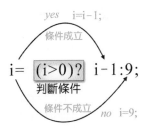

$$i = \underset{\text{判斷條件}}{(i>0)?}\ i-1:9;$$

圖18　二元判斷指令-2

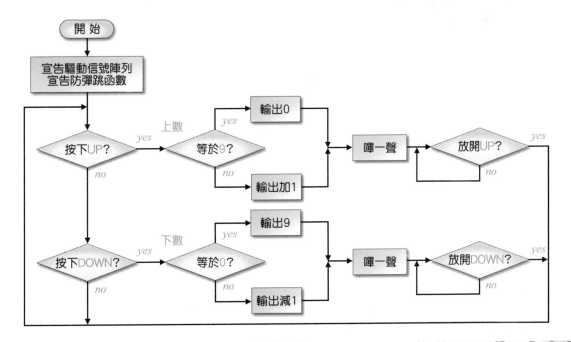

按鈕開關應用實驗(ch4-3-5.c)

```
/* ch4-3-5.c -按鈕開關應用(兩按鈕控制七節顯示器上/下數) */
//==宣告區=========================================
葭 include  <reg51.h>          // 包含 8051 暫存器之標頭檔
#define   SEG  P0              // 定義七節顯示器接至 Port 0
/* 宣告七節顯示器驅動信號陣列(共陽) */
char code TAB[10]={      0xc0, 0xf9, 0xa4, 0xb0, 0x99,    // 數字 0-4
                        0x92, 0x83, 0xf8, 0x80, 0x98 };  // 數字 5-9
sbit   UP=P2^0;               // 宣告 UP 按鈕接至 P2^0
sbit   DOWN=P2^1;             // 宣告 DOWN 按鈕接至 P2^l
sbit   buzzer=P3^7;           // 宣告蜂鳴器接至 P3^7
void   beep(char x);          // 宣告嗶聲函數
void   delay500us(int x);     // 宣告 0.5ms 延遲函數
//==主程式=========================================
main()                        // 主程式開始
{ char  i=0;                  // 宣告變數 i 初值=0
  UP=DOWN=1;                  // 規劃輸入埠
  SEG=TAB[i];                 // 輸出數字至七節顯示器
  while(1)                    // 無窮迴圈,程式一直跑
  {  if (!UP)                 // 判斷 UP 鈕是否按下
     {  i= (i<9)? i+1:0;      // 若 i<9 則 i=i+1，若 i>=9 清除為 0
        SEG=TAB[i];           // 輸出數字至七節顯示器
        beep(1);              // 嗶一聲
        while(!UP);           // 等待 UP 鈕放開？
     }                        // if 敘述結束
     else if (!DOWN)          // 判斷 DOWN 鈕是否按下
     {  i= (i>0)? i-1:9;      // 若 i>0 則 i=i-1，i<=0 重設為 9
        SEG=TAB[i];           // 輸出數字至七節顯示器
        beep(1);              // 嗶一聲
        while(!DOWN);         // 等待 DOWN 鈕放開？
     }                        // if 敘述結束
  }                           // while 迴圈結束
}                             // 主程式結束
/*  嗶聲函數*/
void beep(char x)             // 嗶聲函數開始
{ char i,j;                   // 宣告變數 i,j
  for(i=0;i<x;i++)            // 產生 x 聲
  {  for(j=0;j<100;j++)       // 重複吸放 100 次
     {  buzzer=0;delay500us(1); // 蜂鳴器激磁 0.5ms
        buzzer=1;delay500us(1); // 蜂鳴器斷磁 0.5ms
     }
     delay500us(200);         // 靜音 0.1 秒
  }
}                             // 嗶聲函數結束
/* 0.5ms 延遲函數*/
void delay500us(int x)        // 0.5ms 延遲函數開始
{ int i,j;                    // 宣告變數 i,j
  for(i=0;i<x;i++)            // 產生 x*0.5ms
```

```
    for(j=0;j<60;j++);              // 產生 0.5ms
}                                   // 0.5ms 延遲函數結束
```

 操作

1. 在 Keil C 裡撰寫程式,並進行建構(按 █ 鈕,或 **F7** 鍵),以產生 *.HEX 檔。若有下方的**建構輸出視窗**出現錯誤,則按其指示的位置檢視原始程式,並修正之,並將它記錄在實驗報告裡。

2. 按圖 19 連接線路(使用 **KDM 實驗組**),並使用 **s51_pgm** 程式將所產生的韌體(ch4-3-5.HEX)燒錄到 AT89S51,送電再操作 UP、DOWN 鈕,每按一下,是否會有嗶聲?同時觀察七節顯示器動作是否正常?

3. 撰寫實驗報告。

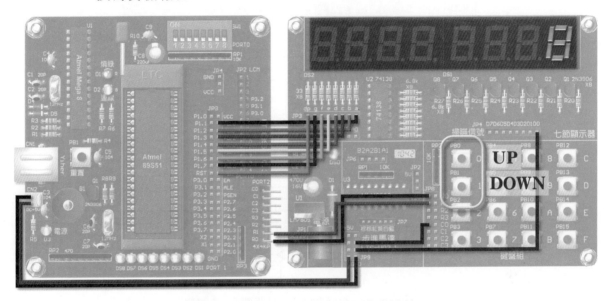

圖19　使用 KDM 實驗組之線路連接

 **思考一下**

● 在本實驗裡,若按鈕按住不放,會怎樣?

● 若要使用 **if-else** 指令來代替本實驗中的二元判斷,應如何修改?

● #define 是一個前置命令,在此的「#define　SEG　P0」,可將程式之中,以 P0 取代 SEG。前置命令左邊以#為前導,最後(右邊)沒有分號結尾,P0 與 SEG 之間為空白,而非等號。

● sbit 是一種資料型態,在此的「sbit　UP=P2^0;」,宣告 UP 為特殊功能暫存器(SFR)的一個位元,也就是 P2^0。此為 C 的指令,必須以分號結尾。另外,UP 與 P2^0 之間加一個等號。

4-3-6 BCD 數字型指撥開關實例演練

💡 實驗要點

如圖 20 所示，P0 經限流電阻連接共陽極七節顯示器，而 P2 的高、低四位元各接一個 BCD 數字型指撥開關，讓這兩個 BCD 數字型指撥開關上的數字，輪流顯示在七節顯示器裡。

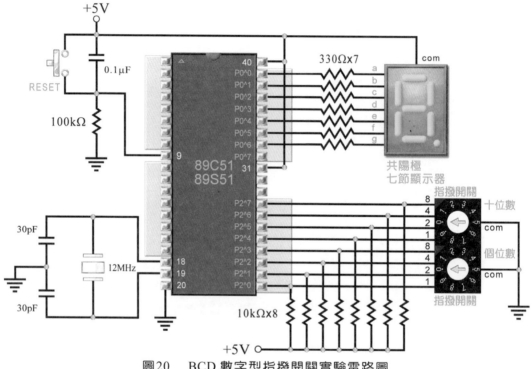

圖20　BCD 數字型指撥開關實驗電路圖

💡 流程圖與程式設計

依功能需求與電路結構得知，首先將共陽極七節顯示器的驅動信號存為字元陣列，然後讀入 BCD 數字型指撥開關的數字資料，再依其將對應的陣列資料，輸出 P1 所連接的七節顯示器即可。因此，本實驗的程式只是讀取 P0，再將它送到 P1 而已，與 4-3-5 節的實驗類似。而在此應用**#define**前置命令，定義讀取指撥開關的十位數與個位數的巨集指令，如下：

```
#define   SW_H()   ~SW>>4        // 讀取十位數數值
#define   SW_L()   ~SW&0x0f      // 讀取個位數數值
```

其中 SW_H()就是讀取十位數數值的巨集指令，程式在編譯之前，SW_H()會被變成「**~SW>>4**」。在 KT89S51 線上燒錄實驗板裡的指撥開關輸入

電路為**低態動作**，若十位數指撥開關切換為 5、個位數指撥開關切換為 6，從 SW 讀入的值為將為 10101001，所以

~SW=01010110(取補數)

~SW>>4=00000101(右移四位)=**5**

SW_L()就是讀取個位數數值的巨集指令，程式在編譯之前，SW_L()會被變成「**~SW&0x0f**」。同樣地，若十位數指撥開關切換為 5、個位數指撥開關切換為 6，從 SW 讀入的值為將為 10101001，所以

~SW=01010110(取補數)

~SW&0x0f=00000110(將高四位元變為 0)=**6**

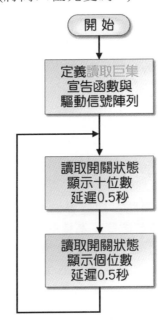

BCD 數字型指撥開關實驗(ch04-3-6.c)

```
/* ch4-3-6.c - BCD 數字型指撥開關實驗 */
//==宣告區==========================================
#include    <reg51.h>              // 包含 8051 暫存器之標頭檔
#define    SEG   P1                // 定義七節顯示器接至 Port 1
#define    SW    P0                // 定義開關接至 Port 0
#define    SW_H()  (~SW>>4)        // 讀取十位數值
#define    SW_L()  ~SW&0x0f        // 讀取個位數值
void delay1ms(int x);             // 宣告 1ms 延遲函數
/* 宣告七節顯示器驅動信號陣列(共陽) */
char code TAB[10]={     0xc0, 0xf9, 0xa4, 0xb0, 0x99,   // 數字 0-4
                        0x92, 0x83, 0xf8, 0x80, 0x98 }; // 數字 5-9
//==主程式==========================================
main()                            // 主程式開始
{  SW=0xff;                       // 規劃輸入埠
   while(1)                       // 無窮迴圈,程式一直跑
```

```
    {    SEG=TAB[SW_H()];delay1ms(500);      // 顯示十位數 0.5 秒
         SEG=TAB[SW_L()];delay1ms(500);      // 顯示個位數 0.5 秒
    }
}                                            // 主程式結束
/* 1ms 延遲函數 */
void delay1ms(int x)                         // 1ms 延遲函數開始
{  int i,j;                                  // 宣告變數 i,j
   for(i=0;i<x;i++)                          // 外層迴圈延遲 x*ms
        for(j=0;j<120;j++);                  // 內層迴圈延遲 1ms
}                                            // 1ms 延遲函數結束
```

操作

1. 在 Keil C 裡撰寫程式，並進行建構(按 ▦ 鈕，或 **F7** 鍵)，以產生 *.HEX 檔。若有下方的**建構輸出視窗**出現錯誤，則按其指示的位置檢視原始程式，並修正之，並將它記錄在實驗報告裡。

2. 在 **KT89S51** 線上燒錄實驗板裡，將原本的 8P 指撥開關拔起，改插入兩個數字型指撥開關，再用 **s51_pgm** 程式將所產生的韌體(ch4-3-6.HEX)燒錄到 AT89S51。

3. 操作兩個數字型指撥開關，再觀察是否反應到七節顯示器？

4. 撰寫實驗報告。

思考一下

● 巨集指令是將多個運算指令收集成為一個集合動作，再應用 #define 前置命令，為這些運算套上可讀性較高的名稱。而在程式之中，就以此名稱來執行把這些運算，讓程式更精簡、更具可讀性。

4-3-7　多重按鈕開關實例演練之一

實驗要點

在本單元裡，將開始設計**標頭檔**(Header File, *.h)，將主程式裡所用到的函數，集合在標頭檔裡，就像是函數庫(Library)一樣，讓主程式更精簡。如圖 21 所示，P1 經限流電阻連接八個 LED，而 P2 的低四位元各連接一個按鈕開關，當然，每個輸出入埠上都透過 10k 歐姆提升電阻器，讓它隨時保持 High。而本實驗的功能如下說明：

● 按一下 PB1 鈕，前 4 個 LED、後 4 個 LED 交互顯示三次(即前 4 個 LED 亮、後 4 個 LED 不亮，0.5 秒後，前 4 個 LED 不亮、後 4 個 LED 亮；如此重複三次)，再 8 個 LED 閃爍三次(每閃爍一次為全亮 0.5 秒、全暗 0.5 秒)。

- 按一下 PB2 鈕，單燈左移三圈，然後 8 個 LED 閃爍三次。
- 按一下 PB3 鈕，單燈右移三圈，然後 8 個 LED 閃爍三次。
- 按一下 PB4 鈕，霹靂燈(單燈左移後右移)三圈，然後 8 個 LED 閃爍三次。

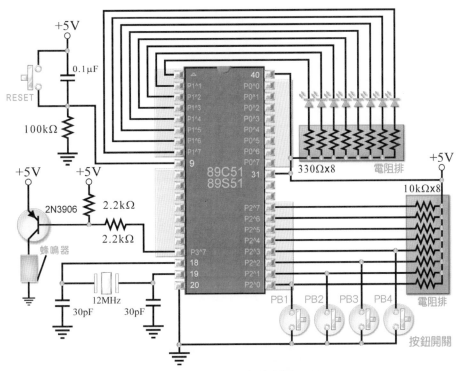

圖21　多重按鈕開關實驗電路圖

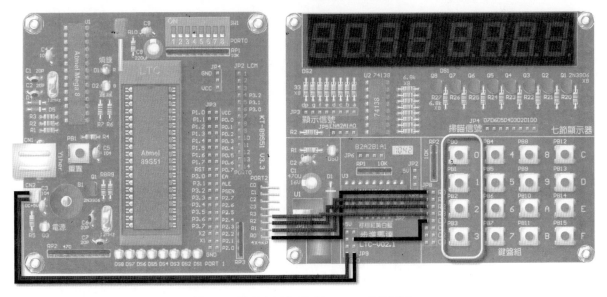

圖22　線路連接(使用 KDM 實驗組)

在本實驗裡有兩個目的，第一個目的是凸顯模組化的重要性，第二個目的是說明按鈕的優先等級。因此，本實驗將針對相同的電路、相同的功能，進行兩個程式的實驗。

流程圖

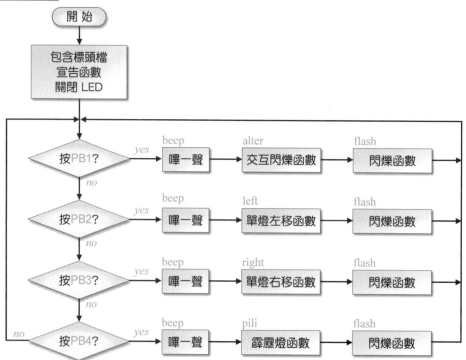

依功能需求與電路結構得知，首先將所要執行的功能區分不同的函數，如防彈跳函數、交互閃爍函數、單燈左移函數、單燈右移函數、霹靂燈函數、閃爍函數，還有延遲函數。再利用 if-else if 敘述來判斷 PB1、PB2、PB3、PB4 按鈕是否被按下，再依按鈕狀況，呼叫不同的函數，以執行其功能。至於這些函數，大都在前面的單元中已操作過，在此只將它包裝成函數之標頭檔 **myio.h**，以供後續使用時，能夠直接呼叫，使整個程式變成很清楚！

操作

1. 在 Keil C 裡開新專案，然後按 **Ctrl** + **N** 鍵開新檔案，再按 **Ctrl** + **S** 鍵，在隨即開啟的對話盒裡，指定存為「**myLib.h**」，再按 存檔(S) 鈕即可將它存檔。

2. 在編輯區裡撰寫函數，如下所示：

我的函數庫(myLib.h)

```
/* myLib.h - 我的函數庫 */
//==宣告區========================
#define    LED  P1                        // 定義 LED 接至 Port 1
sbit buzzer=P3^7;                         // 宣告蜂鳴器連接在 P3^7
void beep(char x);                        // 宣告嗶聲函數
void delay500us(int x);                   // 宣告 0.5ms 延遲函數
void flash(char x);                       // 宣告閃爍函數
void alter(char x);                       // 宣告交互閃爍函數
void left(char x);                        // 宣告單燈左移函數
void right(char x);                       // 宣告單燈右移函數
void pili(char x);                        // 宣告霹靂燈函數
//==函數內容========================
/* 延遲函數開始,延遲約 x×0.5ms */
void delay500us(int x)                    // 延遲函數開始
{ int i,j;                                // 宣告整數變數 i,j
  for (i=0;i<x;i++)                       // 計數 x 次,延遲約 x×0.5ms
      for (j=0;j<60;j++);                 // 計數 60 次，延遲約 0.5ms
}                                         // 延遲函數結束
/* 嗶聲函數開始, 1kHz，輸入引數指定產生多少聲 */
void beep(char x)                         // 嗶聲函數開始
{ char i,j;                               // 宣告整數變數 i,j
  for (i=0;i<x;i++)                       // 計數 x 次(產生 x 聲)
    {  for (j=0;j<100;j++)                // 計數 100 次，重複吸放 100 次
       {  buzzer=0;delay500us(1);         // 蜂鳴器激磁 0.5ms
          buzzer=1;delay500us(1);         // 蜂鳴器斷磁 0.5ms
       }
       delay500us(200);                   // 靜音 0.1 秒
    }
}                                         // 嗶聲函數結束
/* 高低位元交互閃爍函數,執行 x 次 */
void alter(char x)                        // 高低位元交互閃爍函數開始
{ char i;                                 // 宣告變數 i
  LED=0x0f;                               // 初值(高位元亮,低位元滅)
  for(i=0;i<2*x-1;i++)                    // i 變數 for 迴圈執行 2x-1 次*/
  {  delay500us(500);                     // 延遲 500*0.5m=0.25s
     LED=~LED;                            // LED 反相輸出
  }                                       // i 變數 for 迴圈結束
  delay500us(500);                        // 延遲 500×0.5m=0.25s
}                                         // 高低位元交互閃爍函數結束
/* 全燈閃爍函數,執行 x 次 */
void flash(char x)                        // 全燈閃爍函數開始
{ char i;                                 // 宣告變數 i
  LED=0x00;                               // 初始狀態(全亮)
  for(i=0;i<2*x-1;i++)                    // i 變數 for 迴圈執行 2x-1 次*/
  {  delay500us(500);                     // 延遲 500×0.5m=0.25s
     LED=~LED;                            // P0 反相輸出
  }                                       // i 變數 for 迴圈結束
  delay500us(500);                        // 延遲 500×0.5m=0.25s
}                                         // 全燈閃爍函數結束
/* 單燈左移函數,執行 x 圈 */
```

```
void left(char x)                       // 單燈左移函數開始
{ char i, j;                            // 宣告變數 i,j
  for(i=0;i<x;i++)                      // i 迴圈,執行 x 圈
  {    LED=0xfe;                        // 初始狀態=1111 1110
       for(j=0;j<7;j++)                 // j 迴圈,左移 7 次
       {   delay500us(500);             // 延遲 500×0.5m=0.25s
           LED=(LED<<1)|0x01;           // 左移 1 位後,LSB 設為 1
       }                                // j 迴圈結束
       delay500us(500);                 // 延遲 500×0.5m=0.25s
  }                                     // i 迴圈結束*/
}                                       // 單燈左移函數結束
/* 單燈右移函數,執行 x 圈 */
void right(char x)                      // 單燈右移函數開始
{  char i, j;                           // 宣告變數 i,j
  for(i=0;i<x;i++)                      // i 迴圈,執行 x 圈
  {    LED=0X7f;                        // 初始狀態=0111 1111
       for(j=0;j<7;j++)                 // j 迴圈,右移 7 次
       {   delay500us(500);             // 延遲 500×0.5m=0.25s
           LED=(LED>>1)|0x80;           // 左移 1 位後,MSB 設為 1
       }                                // j 迴圈結束
       delay500us(500);                 // 延遲 500×0.5m=0.25s
  }                                     // i 迴圈結束*/
}                                       // 單燈左移函數結束
/* 霹靂燈函數,執行 x 圈 */
void pili(char x)                       // 霹靂燈函數開始
{  char i;                              // 宣告變數 i
  for(i=0;i<x;i++)                      // i 迴圈,執行 x 圈
  {    left(1);                         // 單燈左移一圈
       right(1);                        // 單燈左移一圈
  }                                     // i 迴圈結束
}                                       // 霹靂燈函數結束
```

3. 按 `Ctrl` + `N` 鍵開新檔案,再按 `Ctrl` + `S` 鍵,在隨即開啟的對話盒裡,指定存為「**ch4-3-7.c**」,再按 `存檔(S)` 鈕即可將它存檔。

4. 指向左邊 **Project** 面板裡,專案(**Target 1**)下的 **Source Group 1** 按右鍵拉下選單,選取 **Add Files to Group 'Source Group 1'** 選項,在隨即開啟的對話盒裡,指定「**ch4-3-7.c**」檔,再按 `Add` 鈕即可將它加入專案。

5. 在編輯區裡撰寫程式,如下所示:

多重按鈕開關實驗之主程式(ch4-3-7.c)

```
/* ch4-3-7.c - 多重按鈕開關實驗之一 */
//==宣告區==============================
#include    <reg51.h>                   // 定義 8051 暫存器之標頭檔
#include    "myLib.h"                    // 我的 I/O 函數庫
sbit   PB1=P2^0;                        // 宣告 PB1 接在 P2^0
sbit   PB2=P2^1;                        // 宣告 PB2 接在 P2^1
```

```
sbit   PB3=P2^2;                    // 宣告 PB3 接在 P2^2
sbit   PB4=P2^3;                    // 宣告 PB4 接在 P2^3
//==主程式==============================
main()                             // 主程式開始
{  LED=0xff;                       // 初始狀態(LED 全滅)
   P2=0xff;                        // 規劃 P2 輸入埠
   while(1)                        // 無窮迴圈,程式一直跑
   {    if (!PB1)                  // 如果按下 PB1
        {   beep(1);               // 嗶一聲
            alter(3);              // 高低位元交互閃爍三次
            flash(3);}             // 全燈閃爍三次
        else if (!PB2)             // 如果按下 PB2
        {   beep(1);               // 嗶一聲
            left(3);               // 單燈左移三圈
            flash(3);}             // 全燈閃爍三次
        else if (!PB3)             // 如果按下 PB3
        {   beep(1);               // 嗶一聲
            right(3);              // 單燈右移三圈
            flash(3);}             // 全燈閃爍三次
        else if (!PB4)             // 如果按下 PB4
        {   beep(1);               // 嗶一聲
            pili(3);               // 霹靂燈三圈
            flash(3);}             // 全燈閃爍三次
   }                               // while 迴圈結束
}                                  // 主程式結束
```

6. 在 Keil C 裡撰寫程式,並進行建構(按 ▣ 鈕或 F7 鍵),以產生 *.HEX 檔。若有下方的**建構輸出視窗**出現錯誤,則按其指示的位置檢視原始程式,並修正之,並將它記錄在實驗報告裡。

7. 按圖 22 連接線路(使用 **KDM 實驗組**),並使用 **s51_pgm** 程式將所產生的韌體(ch4-3-7.HEX)燒錄到 AT89S51。

8. 分別操作 PB1~PB4,觀察其動作是否符合預期?

9. 撰寫實驗報告。

思考一下

- 在本實驗裡,若同時按下多個按鈕會如何?

- 在本實驗裡,若按住按鈕不放會如何?

- 在本實驗裡,alter 函數(高四位元與低四位元交互閃爍)的內容與 flash 函數(8 燈閃爍)的內容,只有初值不同,可否修改函數,增加一個輸入引數,以指定初值,使之變成一個多用途的函數?

4-3-8 多重按鈕開關實例演練之二

💡 **實驗要點**

在本實驗有兩個目的：

● 設計一個優先等級區分的多重按鍵開關程式。

● 標頭檔之應用練習。

在 4-3-7 節裡，撰寫一個 **myLib.h** 標頭檔，而在此將把這個標頭檔應用到新的程式裡，而不必重新輸入這個標頭檔。同樣地，在此只要沿用 4-3-7 節的電路，即可達到目的。

💡 **流程圖與程式設計**

在 4-3-7 節裡，各按鈕之間有優先等級，PB1 具有最高優先等級，其次是 PB2，以此類推。若以 **switch-case** 指令取代 **if-else if** 指令時，就沒有優先等級的問題。

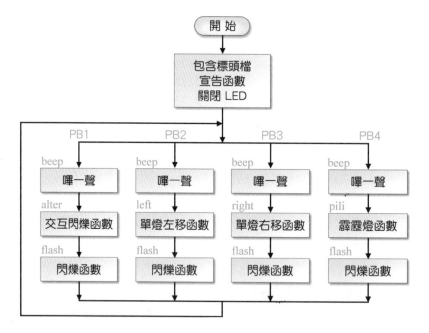

多重按鈕開關實驗之二(ch4-3-8.c)

```
/* ch4-3-8.c - 多重按鈕開關實驗之二 */
//==宣告區=============================================
#include    <reg51.h>              // 包含 8051 暫存器之標頭檔
#include    "myLib.h"              // 我的 I/O 函數庫
#define     PB   P2                // 定義按鈕開關接至 Port 2
//==主程式=============================================
main()                             // 主程式開始
{  LED=0xff;                       // 初始狀態(LED 全滅)
```

```
while(1)                    // 無窮迴圈,程式一直跑
{    PB=0xff;               // 規劃輸入埠
     switch(~PB&0x0F)       // switch 敘述開始
     {    case 0x01:        // 若按下 PB1
               beep(1);     // 嗶一聲
               alter(3);    // 交互閃爍三次
               flash(3);    // 全燈閃爍三次
               break;       // 退出 switch 敘述
          case 0x02:        // 若按下 PB2
               beep(1);     // 嗶一聲
               left(3);     // 單燈左移三圈
               flash(3);    // 全燈閃爍三次
               break;       // 退出 switch 敘述
          case 0x04:        // 若按下 PB3
               beep(1);     // 嗶一聲
               right(3);    // 單燈右移三圈
               flash(3);    // 全燈閃爍三次
               break;       // 退出 switch 敘述
          case 0x08:        // 若按下 PB4
               beep(1);     // 嗶一聲
               pili(3);     // 霹靂燈三圈
               flash(3);    // 全燈閃爍三次
               break;       // 退出 switch 敘述
     }                      // 結束 switch 敘述
}                           // while 結束
}                           // 主程式結束
```

操作

1. 在 Keil C 裡開新專案,然後按 `Ctrl` + `N` 鍵開新檔案,再按 `Ctrl` + `S` 鍵,在隨即開啟的對話盒裡,指定存為「**ch4-3-8**.c」,再按 `存檔(S)` 鈕即可將它存檔。

2. 指向左邊 **Project** 面板裡,專案(**Target 1**)下的 **Source Group 1** 按右鍵拉下選單,選取 **Add Files to Group 'Source Group 1'** 選項,在隨即開啟的對話盒裡,指定「**ch4-3-8**.c」檔,再按 `Add` 鈕即可將它加入專案。

3. 按上述流程圖與程式設計,重新設計程式。並將 4-3-7 節的 **myLib.h** 檔,複製到現在的專案資料夾裡。

4. 進行建構(按 ▦ 鈕或 `F7` 鍵),以產生*.HEX 檔。若有下方的**建構輸出視窗**出現錯誤,則按其指示的位置檢視原始程式,並修正之,並將它記錄在實驗報告裡。

5. 應用 **s51_pgm** 程式將所產生的韌體(ch4-3-8.HEX)燒錄到 AT89S51 後,操作按鍵,並觀察動作是否符合預期?

6. 撰寫實驗報告,並敘述這兩個程式之差異。

思考一下

● 在此應用兩次的#include 命令，分別將 reg51.h 與 myLib.h 包含到主程式。不過，標示的方法不一樣！為何 reg51.h 是以<與>包括起來，而 myLib.h 是以兩個"包括起來？

4-4　即時練習

輸入埠之應用

　　在本章裡探討 8x51 的輸入埠相關的主題，以及輸入裝置之介紹與應用。在程式設計上，更應用不同的敘述與指令，以達到類似的功能，並處理輸入時可能的狀況，可說是數位與微處理系統中，相當重要的一部分。在此請試著回答下列問題，以確認對於此部分的認識程度。

選擇題

(　)1. 在 8x51 的程式裡，若要將某個輸出入埠規劃成輸入功能，應如何處理？
(A) 先輸出高態到該輸出入埠　(B) 先輸出低態到該輸出入埠　(C) 先讀取該輸出入埠的狀態　(D) 先儲存該輸出入埠的狀態。

(　)2. 下列哪種開關具有自動復歸功能？　(A) 指撥開關　(B) 閘刀開關
(C) 搖頭開關　(D) 按鈕開關 。

(　)3. 下列哪種開關具有多輸出狀態？　(A) 搖頭開關　(B) TACT switch
(C) BCD 數字型指撥開關　(D) 以上皆非 。

(　)4. 若要產生邊緣觸發信號，通常會使用哪種開關？　(A) 指撥開關
(B) 閘刀開關　(C) 按鈕開關　(D) 數字型指撥開關。

(　)5. 通常電路板上的廠商設定/調整，可使用哪種開關？　(A) 指撥開關
(B) 閘刀開關　(C) 按鈕開關　(D) 數字型指撥開關。

(　)6. 根據實驗統計，當操作開關時，其不穩定狀態大約持續多久？　(A) 1ms～5ms
(B) 10ms～20ms　(C) 100ms～150ms　(D) 150µs～250µs。

(　)7. 在電路板上的跳線(Jumper)，常被哪種開關替代？　(A) 指撥開關
(B) 閘刀開關　(C) 按鈕開關　(D) 數字型指撥開關。

(　)8. 在 Keil C 裡，判讀開關狀態，使用 if-else if 指令與使用 switch-case 指令有何差異？　(A) if-else if 指令較快　(B) if-else if 指令有優先順序
(C) switch-case 指令可判讀較多開關狀態　(D) switch-case 指令有優先順序。

(　)9. 下列何者不是數字型指撥開關？ (A) 16 進位數字型指撥開關　(B) BCD 數字型指撥開關　(C) 12 進位數字型指撥開關　(D) 以上皆是 。

(　)10. 對於低態動作(低準位觸發)的開關而言，下列何者不是在輸入埠上連接一個提升電阻到 VCC 之目的？ (A) 提供足夠的驅動電流　(B) 防止不確定狀態 (C) 保持輸入高準位　(D) 防止感染雜訊 。

問 答 題

1. 在 8051 裡，若輸出入埠執行輸入功能之前，為何要先送「1」到該輸出入埠？

2. 試述如何使用 BCD 數字型指撥開關？其輸出信號為何？

3. 常用的開關可分為按鈕開關及單刀開關兩種，若要取得脈波信號，應使用哪一種開關？若要取得準位信號，應使用哪一種開關？而指撥開關屬於哪一種開關？

4. 若在 8051 裡使用了開關做為輸入裝置，試說明如何在開關裝置 RC 電路，即可防彈跳？

5. 何謂「彈跳」？請繪製一個低態動作的開關波形分析圖？

6. 若要在程式裡，如何以簡單的方式來防止輸入開關的彈跳現象？

7. 為了避免使用者按住按鈕不放，所造成錯誤或不確定狀態，請畫出解決這種狀況的流程或操作？

心得筆記

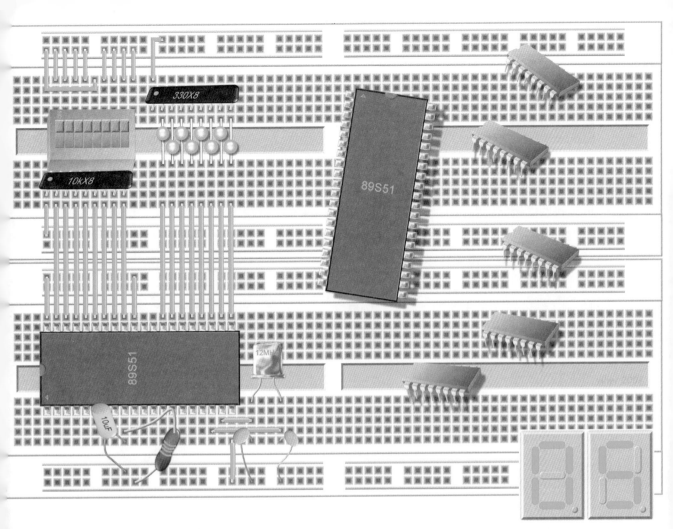

 輸出入埠之進階應用

本章內容豐富，主要包括兩部分：

硬體部分：

認識 4x4 鍵盤、七節顯示器模組、RGB LED、74138/74139 等。

程式與實作部分：

鍵盤掃瞄程式之應用。

七節顯示器掃瞄程式之應用。

RGB LED 之驅動

5-1 鍵盤掃瞄

輸出入埠之進階應用

在第四章裡使用四個位元的輸出入埠連接四個按鈕開關。那麼,若有 16 個按鍵,就得耗用 16 位元的輸出入埠,這種方式為**被動式按鍵**。在數位/微電腦電路裡,通常會將按鍵排列成陣列,例如 16 個按鍵排列成 4×4 陣列,就是一個**鍵盤組**(Keypad),如圖 1 所示,只要 8 位元輸出入埠,即可偵測/掃瞄每個按鍵,稱為**主動式按鍵**。

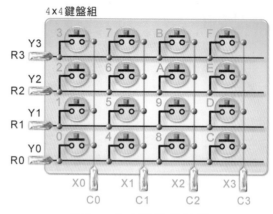

圖1　4×4 鍵盤組結構

4×4 陣列是指 4 行(Column)與 4 列(Row)所構成的按鍵陣列,例如由下而上列為 R0、R1、R2 及 R3,由左而右行為 C0、C1、C2 及 C3。每個按鍵依序編制為 0～9、A～F。由於列屬於 Y 軸,可將 R0～R3 改為 Y0～Y3、行屬於 X 軸,可將 C0～C3 改為 X0～X3。在電路設計上,常使用 Tact Switch,如圖 2 所示,其外表為四支接腳的正方形,內部兩對接腳內部連接,而兩對接腳之間為 a 接點。

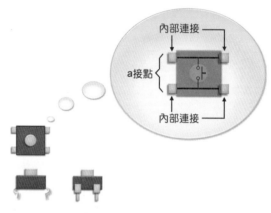

圖2　Tact Switch

基本上,按鈕或按鍵只需要兩支接腳,做為接通或斷開之用,而 Tact Switch 卻有 4 支接腳,主要是提供內部連接之用,如此將可在單面電路板(或麵包板)上輕鬆製作 4×4 鍵盤,如圖 3 所示。

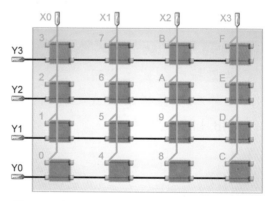

圖3　由 Tact Switch 所構成之 4×4 鍵盤

　　主動式按鍵的工作方法是 8x51 先將掃瞄信號送到鍵盤組,再從鍵盤組讀回鍵盤狀態,即可從所讀回的鍵盤狀態,判斷是哪個按鍵被按下,如圖 4 所示。

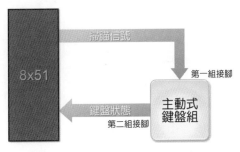

圖4　　主動式按鍵工作示意圖

　　在鍵盤組裡分為兩組接腳,第一組接腳為接受 8x51 送來的掃瞄信號、**第二組則是將鍵盤狀態送回 8x51 的接腳**。對於 8x51 而言,第二組接腳為輸入接腳。若第一組接腳是行接腳,則第二組接腳是列接腳;也可以第一組接腳為列接腳、第二組接腳是行接腳。在第四章裡曾提及,單晶片或數位電路的輸入端,不可為空接。因此,第二組接腳必須各接一個提升電阻到 V_{CC} 或接地電阻到 GND,以確定按鍵不動作時的準位。若不確定是列接腳要做為第二組接腳,還是行接腳要做為第二組接腳,也可將兩組接腳都各接一個提升電阻到 V_{CC} 或接地電阻到 GND,應用的彈性更大,如圖 5 所示。

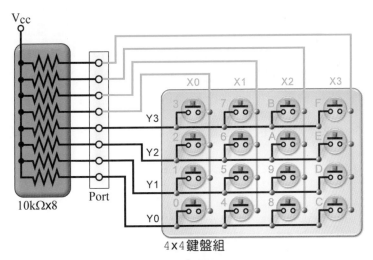

圖5　　連接提升電阻

　　另外,市售一體成型的 4×4 鍵盤(圖 6),相當便宜(低於 100 元),按鍵的編號不見得適用,但可調整,而其中不含提升電阻,必須外接提升電阻(使用電阻排)。

圖6　市售一體成型之 4x4 鍵盤

5-1-1　鍵盤掃瞄原理

　　依據前述，可將鍵盤組的接腳各連接一個電阻器到 V_{CC} 或 GND，至少必須把第二組接腳經電阻器連接到 V_{CC} 或 GND。若第二組接腳經電阻器連接到 V_{CC}，稱為**低態掃瞄**；若第二組接腳經電阻器連接到 GND，稱為**高態掃瞄**，在此以列接腳為第二組接腳，如下說明：

低態掃瞄

　　低態掃瞄是將第二組接腳經電阻器連接到 V_{CC}，沒有按任何按鍵被按下時，Y3、Y2、Y1、Y0 端點能保持為高態(即 1)。送入 X3、X2、X1、X0 的掃瞄信號之中，只有一個為低態(即 0)，其餘三個為高態。整個工作可分為四個階段，在第一個階段裡，主要目的是判斷 key3、key2、key1 及 key0 有沒有被按下。首先將 **1110** 信號送入 X3、X2、X1、X0，也就是只有 X0 為低態，其它各行皆為高態。緊接著讀取 Y3、Y2、Y1、Y0 的狀態：

- 若 Y3、Y2、Y1、Y0 為 1110，代表 key0 被按下，如圖 7 所示：

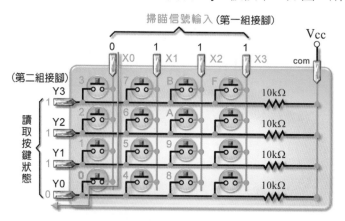

圖7　低態掃瞄－按下「0」鍵

- 若 Y3、Y2、Y1、Y0 為 1101，代表 key1 被按下。
- 若 Y3、Y2、Y1、Y0 為 1011，代表 key2 被按下。
- 若 Y3、Y2、Y1、Y0 為 0111，代表 key3 被按下。

若 Y3、Y2、Y1、Y0 為 1111，代表 key3、key2、key1 及 key0 都沒被按下，進入第二階段。第二階段～第四個階段的操作，與第一階段類似，在此將它歸納如表 1 所示：

表 1　低態動作鍵盤動作分析表

X3	X2	X1	X0	Y3	Y2	Y1	Y0	動作按鍵
1	1	1	0	1	1	1	0	Key 0
				1	1	0	1	Key 1
				1	0	1	1	Key 2
				0	1	1	1	Key 3
1	1	0	1	1	1	1	0	Key 4
				1	1	0	1	Key 5
				1	0	1	1	Key 6
				0	1	1	1	Key 7
1	0	1	1	1	1	1	0	Key 8
				1	1	0	1	Key 9
				1	0	1	1	Key A
				0	1	1	1	Key B
0	1	1	1	1	1	1	0	Key C
				1	1	0	1	Key D
				1	0	1	1	Key E
				0	1	1	1	Key F
x	x	x	x	1	1	1	1	無按鍵按下

高態掃瞄

高態掃瞄是將第二組接腳經電阻器接地(GND)，沒有按任何按鍵被按下時，Y3、Y2、Y1、Y0 端點能保持為低態(即 0)。送入 X3、X2、X1、X0 的掃瞄信號之中，只有一個為高態(即 1)，其餘三個為低態。整個工作可分為四個階段，在第一個階段裡，主要目的是判斷 key3、key2、key1 及 key0 有沒有被按下。首先將 0001 信號送入 X3、X2、X1、X0，也就是只有 X0 為高態，其它各行皆為低態。緊接著讀取 Y3、Y2、Y1、Y0 的狀態。

- 若 Y3、Y2、Y1、Y0 為 0001，代表 key0 被按下，如圖 8 所示。
- 若 Y3、Y2、Y1、Y0 為 0010，代表 key1 被按下。
- 若 Y3、Y2、Y1、Y0 為 0100，代表 key2 被按下。
- 若 Y3、Y2、Y1、Y0 為 1000，代表 key3 被按下。

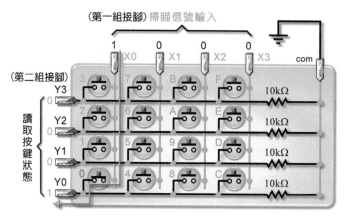

圖8　高態掃瞄－按下「0」鍵

若 Y3、Y2、Y1、Y0 為 1111，代表 key3、key2、key1 及 key0 都沒被按下，進入第二階段。第二階段～第四個階段的操作，與第一階段類似，在此將它歸納如表 2 所示。

表 2　高態動作鍵盤動作分析表

X3	X2	X1	X0	Y3	Y2	Y1	Y0	動作按鍵
0	0	0	1	0	0	0	1	Key 0
				0	0	1	0	Key 1
				0	1	0	0	Key 2
				1	0	0	0	Key 3
0	0	1	0	0	0	0	1	Key 4
				0	0	1	0	Key 5
				0	1	0	0	Key 6
				1	0	0	0	Key 7
0	1	0	0	0	0	0	1	Key 8
				0	0	1	0	Key 9
				0	1	0	0	Key A
				1	0	0	0	Key B
1	0	0	0	0	0	0	1	Key C
				0	0	1	0	Key D
				0	1	0	0	Key E
				1	0	0	0	Key F
x	x	x	x	0	0	0	0	無按鍵按下

若在第一階段掃瞄時，有人按 key0、key1、key2、key3 以外的按鍵，是不是就偵測不到了？由於人類手指的動作很慢，從按下到放開按鍵，至少也得 0.1 秒(即 100ms)，而 CPU 的動作是以微秒計算，從第一階段到第四階段跑一圈，不到 1 個毫秒(ms)。所以，手都還沒放開，程式就不知道掃過多少次了！另外，通常以低態掃瞄為多，在本章中也將以低態掃瞄為例，以探討其動作與程式分析。

5-1-2　4×4 鍵盤掃瞄程式解析

如圖 9 所示，當我們按下鍵盤裡的按鍵後，按鍵上的鍵值將顯示在 DS1 七節顯示器上。在介紹鍵盤掃瞄程式之前，必須先準備好 16 個七節顯示器的驅動信號編碼，除了第三章曾經使用過的 0～9 外，還要準備 a～f，如表 3 所示。其中的 6 與 6 的編碼一樣，所以將原本 6 的編碼，由 0x83 改為 0x82，即 6。另外，若應用 KT89S51 線上燒錄實驗板時，其 Port 0 已連接指撥開關，**必須將指撥開關切換到 OFF 位置，才不會影響七節顯示器的顯示。**

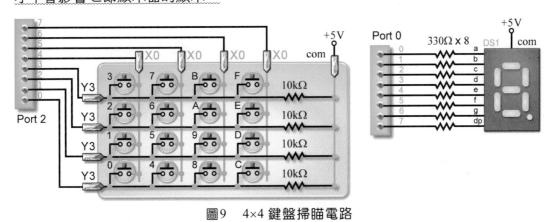

圖9　4×4 鍵盤掃瞄電路

表 3　a～f 編碼表

數字	(dp)gfedcba	16 進位	顯示
a	10100000	0xa0	8
b	10000011	0x83	6
c	10100111	0xa7	8
d	10100001	0xa1	8
e	10000100	0x84	8
f	10001110	0x8e	8

根據圖 9 與表 3，我們可在宣告區裡進行下列定義與宣告：

```
#define   KEYP    P2                                    // 定義按鍵連接到 Port 2
#define   SEGP    P0                                    // 定義七節顯示器連接到 Port 0
char code TAB[]={      0xc0, 0xf9, 0xa4, 0xb0, 0x99,    // 數字 0-4
                      0x92, 0x82, 0xf8, 0x80, 0x98,     // 數字 5-9
                      0xa0, 0x83, 0xa7, 0xa1, 0x84,     // 字母 a-e(10-14)
                      0x8e, 0xbf, 0x7f };// 字母 F(15),負號(-),小數點(.)
char scan[4]={ 0xef, 0xdf ,0xbf ,0x7f };  // 七節顯示器及鍵盤之掃瞄碼
```

另外，在宣告區裡，也要為顯示資料宣告一個顯示暫存器，如下：

```
char disp = 17 ;            // 宣告七節顯示器初值為小數點(TAB[17])
```

 鍵盤掃瞄函數

在此我們將撰寫一個鍵盤掃瞄函數(keyScan)，剛開始時顯示小數點；按下按鍵後，將嗶一聲並顯示鍵值，而嗶聲函數在此簡略，其餘如下：

```
// ======== 掃瞄 4*4 鍵盤及 4 個七節顯示器函數 =================
void keyScan(void)                  // 掃瞄函數開始
{    char col,row;                  // 宣告變數(col:行,row:列)
     char rowkey,kcode;             // 宣告變數(rowkey:列鍵值,kcode:按鍵碼)
     for(col=0;col<4;col++)         // for 迴圈,掃瞄第 col 行
     {    KEGP = 0xFF;              // 關閉七節顯示器(防殘影)
          KEYP = scan[col];         // 高 4 位輸出掃瞄信號,低 4 位元規劃為輸入埠
          SEGP = TAB[disp];         // 七節顯示器開啟顯示
          rowkey= ~KEYP & 0x0F;
          // 讀入 KEYP 低 4 位,反相再清除高 4 位求出列鍵值
          if(rowkey != 0)           // 若有按鍵
          {    if(rowkey == 0x01)       row=0;  // 若第 0 列被按下
               else if(rowkey == 0x02)  row=1;  // 若第 1 列被按下
               else if(rowkey == 0x04)  row=2;  // 若第 2 列被按下
               else if(rowkey == 0x08)  row=3;  // 若第 3 列被按下
               kcode = 4 * col + row;   // 計算鍵值
               disp=kcode;              // 鍵值存顯示暫存器
               beep(1);                 // 嗶一聲
               while(rowkey != 0)       // 若按鈕未放開
                   rowkey=~KEYP & 0x0F; // 重新讀取列鍵值
          }                             // if 敘述(有按鍵時)結束
          delay1ms(1);                  // 延遲 1ms
     }                                  // for 迴圈結束(行掃瞄)
}                                       // 掃瞄函數 keyScan 結束
```

- 整個函數包括四行的掃瞄程序，即「for(col=0;col<4;col++)」。在每行的掃瞄程序裡，首先送出行掃瞄信號及相對的七節顯示器之驅動信號。

- 緊接著讀取鍵盤狀態，即「rowkey= ~KEYP & 0x0f;」，將該行的鍵盤狀態進行反相運算後，在將高四位元變成 0，即「~KEYP & 0x0f;」。如此一來其結果使鍵盤狀態變為單純的數字，若該行第一列的按鍵被按下，則 rowkey 將為 0x01；該行第二列的按鍵被按下，則 rowkey 將為 0x02；該行第三列的按鍵被按下，則 rowkey 將為 0x04；該行第四列的按鍵被按下，則 rowkey 將為 0x08。

- 若有按鍵被按下，則 rowkey 將不為 0，所以可利用「if(rowkey != 0)」來判斷是否有按鍵被按下。若有，則根據 rowkey 的值，設定列值(row)。

- 當找出 row 值後，就可根據當時掃瞄的行值，計算出被按下按鍵的鍵值，即「kcode = 4 * col + row;」。在此鍵盤的鍵值編碼是第一行的四

個按鍵，其鍵值分別為 0 到 3、第二行的四個按鍵，其鍵值分別為 4 到 7、第三行的四個按鍵，其鍵值分別為 8 到 B、第四行的四個按鍵，其鍵值分別為 C 到 F，所以可歸納鍵值為 4 * col + row。

● 將 kcode 存入顯示暫存器(disp=kcode;)，以供後續 SEGP=TAB[disp] 對應輸出驅動信號。緊接著，呼叫 beep 函數嗶一聲。如此一來，每按一鍵，隨即嗶一聲，並將其鍵值顯示在七節顯示器上。

● 「while(rowkey !=0) rowkey=~KEYP & 0x0f;」指令是等待按鍵放開後，才能往下執行。若按鍵還沒有被放開，則重新讀取鍵盤(即 rowkey=~KEYP & 0x0f;)，以更新按鍵狀態，才能有效判斷。

● 在結束行掃瞄迴圈之後，必須呼叫延遲函數，即「delay1ms(1);」指令，降低執行速度。

5-2　七節顯示器掃瞄
輸出入埠之進階應用

在第三章已介紹過一位數七節顯示器及其應用，若要同時使用多位數七節顯示器時，當然不能與單個七節顯示器一樣採個別(獨立)驅動方式，而是利用人類的視覺暫態現象，採快速掃瞄的驅動方式，則只要使用一組驅動電路，即可達到顯示多個七節顯示器的目的。

5-2-1　認識七節顯示器模組

在此要介紹由數個一位數七節顯示器所組成的多位數七節顯示器，以及使用多位數七節顯示器模組的應用。

🔍 多個七節顯示器組合

若要使用多位數七節顯示器模組，則須採用掃瞄式顯示。在硬體電路方面，首先將每個七節顯示器的 a、b...g 都連接在一起，再使用電晶體分別驅動每個七節顯示器的共同接腳 com，以提供電流。以四位數共陽極七節顯示器為例，如圖 10 所示，其顯示步驟如下：

● 將個位數七節顯示器所要顯示的資料丟到 a、b...g 匯流排上，然後將 1110 掃瞄信號送到四個電晶體的基極，即可顯示個位數七節顯示器。

● 將十位數七節顯示器所要顯示的資料丟到 a、b...g 匯流排上，然後將 1101 掃瞄信號送到四個電晶體的基極，即可顯示十位數七節顯示器。

● 將百位數七節顯示器所要顯示的資料丟到 a、b...g 匯流排上，然後將 1011

掃瞄信號送到四個電晶體的基極，即可顯示百位數七節顯示器。

● 將千位數七節顯示器所要顯示的資料丟到 a、b...g 匯流排上，然後將 0111 掃瞄信號送到四個電晶體的基極，即可顯示千位數七節顯示器。

● 再從個位數開始掃瞄，如此循環不斷。

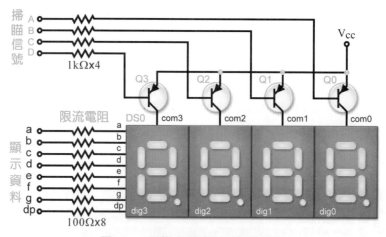

圖10　四個共陽極七節顯示器

雖然任何一個時間裡，只顯示一個七節顯示器，但只要從第一個到最後一個的掃瞄時間，不超過 16ms(即 60Hz 以上)，則因人類的視覺暫態現象，而同時看到這幾個位數。

由此可得知，以掃瞄方式驅動多個並接的七節顯示器時，驅動信號包括顯示資料與掃瞄信號，顯示資料是所要顯示的驅動信號編碼，與驅動單位數七節顯示器一樣；掃瞄信號就像是開關，用以決定提供哪一個位數驅動電流。而掃瞄信號也分成**高態掃瞄**與**低態掃瞄**兩種，與電路結構有關，以圖 10 為例，其掃瞄信號分別接入 Q0～Q3 之 PNP 電晶體的基極，其中低態者將使其所連接的電晶體導通，其所驅動的位數才可能會顯示，稱之為**低態掃瞄**。若把 Q0～Q3 改為 NPN 電晶體，且其 E、C 對調，則需高態信號才能使電晶體導通(不是很好的設計)，稱之為**高態掃瞄**，而採**低態掃瞄**較常見。

七節顯示器模組

七節顯示器模組是把多個一位數七節顯示器包在一起，其中每個位數的 a 都連接到 a 接腳、各位數的 b 都連接到 b 接腳，以此類推，而每個位數的共同接腳是獨立的。市面上常見的七節顯示器模組有兩位數、三位數、四位數、六位數等，以四位數七節顯示器模組為例，如圖 11 所示：

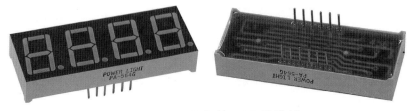

圖11　四位數七節顯示器模組

四位數七節顯示器模組便宜又好用(約四個單位數七節顯示器的一半價錢)，如圖 12 所示為其尺寸與內部結構圖：

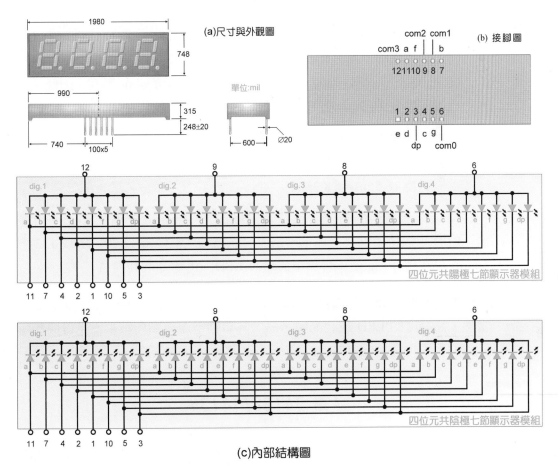

(c)內部結構圖

圖12　市售四位數七節顯示器模組

其中只有 a、b…g、dp，以及 com0～com3 等 12 支接腳，比使用四個一位數七節顯示器，四位數七節顯示器模組簡單多了！

掃瞄驅動電路設計

對於掃瞄方式驅動的 LED 或七節顯示器而言，其亮度與穩定度是個問題，若要亮一點，則電流要大一點；若要穩定，則掃瞄頻率要高一點(才不會閃爍)。在

此，建議把掃瞄頻率限制在 60Hz 以上，也就是在 16ms 之內完整掃瞄一週，才不會閃爍(頻率越高越好)。以四位數(或四組負載)的掃瞄而言，其每位數的工作週期為固定式負載的四分之一，其平均電流與亮度約為固定式負載的四分之一；若是八位數的掃瞄，工作週期為固定式負載的八分之一，其亮度更低！如何提升亮度呢？在此有兩個建議：

▷ **降低限流電阻值**：在第三章裡曾經介紹過，若要驅動單一個 LED，或單一位數的七節顯示器，除了驅動信號(5V)外，還必須串接限流電阻，而其電阻值在 200 到 330Ω之間，讓其順向電流限制在 10 到 20 mA。對於掃瞄方式驅動的 LED 或七節顯示器而言，需要再降低限流電阻的值：

- **四位數的掃瞄**：可使用 50 到 100Ω之限流電阻，其瞬間電流將限制在 66 到 33 mA。若整個掃瞄週期為 16ms，每位數約 4ms 點亮。因此，平均電流約為 16.5mA 到 8.3mA。

- **八位數的掃瞄**：可使用 25 到 50Ω之限流電阻，其瞬間電流將限制在 132 到 66 mA。若整個掃瞄週期為 16ms，每位數約 2ms 點亮。因此，平均電流約為 16.5mA 到 8.3mA。

上述降低限流電阻的方法，進行實體模擬也要小心！若程式停止或暫停時，LED 可能持續點亮。其平均電流可能為 66 到 33 mA (四位數)或 132 到 66 mA (八位數)，即使不會馬上破壞該 LED，也會降低其壽命。

▷ **選用高亮度七節顯示器模組**：LED 技術的精進，市面上不乏高亮度的產品。當然，高亮度的 LED 或七節顯示器，其驅動電流與順向電壓不見得與此所介紹的相同，必須參考其 data sheet，以做為設計的依據。

5-2-2　認識 74138/74139

不管是鍵盤掃瞄，還是多個七節顯示器的掃瞄，掃瞄信號是不可或缺的！在微處理器裡，可以軟體產生掃瞄信號。但直接由微處理器輸出掃瞄信號，使用較多的輸出埠。若利用「解碼 IC」，則可輕易產生 4 個位元或 8 個位元的掃瞄信號。74139 就是內含兩個「2 對 4」的解碼 IC，而 74138 則為「3 對 8」的解碼 IC，如右圖所示：

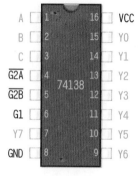
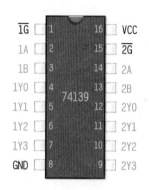

🔍 74138接腳

- C、B、A：二進位碼輸入接腳。
- Y7、Y6、Y5...Y0：掃瞄信號輸出接腳。
- $\overline{G2A}$、$\overline{G2B}$：低態致能接腳，若$\overline{G2A}$或$\overline{G2B}$為 1，則此解碼 IC 不工作，輸出接腳將全部輸出為 1。若$\overline{G2A}$與$\overline{G2B}$都為 0，則此解碼 IC 才正常工作。
- G1：高態致能接腳，若本接腳為 0，則此解碼 IC 不工作，輸出接腳將全部輸出為 1。若本接腳為 1，則此解碼 IC 才正常工作。

🔍 74139接腳

- 1B、1A：第一個解碼器的二進位碼輸入接腳。
- 1Y3、1Y2、1Y1、1Y0：第一個解碼器的掃瞄信號輸出接腳。
- $\overline{1G}$：第一個解碼器的低態致能接腳，若$\overline{1G}$為 1，則第一個解碼器不工作，輸出接腳將全部輸出為 1。若$\overline{1G}$為 0，則第一個解碼器將正常工作。
- 2B、2A：第二個解碼器的二進位碼輸入接腳。
- 2Y3、2Y2、2Y1、2Y0：第二個解碼器的掃瞄信號輸出接腳。
- $\overline{2G}$：第二個解碼器的低態致能接腳，若$\overline{2G}$為 1，則第二個解碼器不工作，輸出接腳將全部輸出為 1。若$\overline{2G}$為 0，則第二個解碼器將正常工作。

🔍 真值表

表 4　74138 真值表

輸　入						輸　出							
致　能			資　料										
G1	$\overline{G2A}$	$\overline{G2B}$	C	B	A	Y0	Y1	Y2	Y3	Y4	Y5	Y6	Y7
x	1	1	x	x	x	1	1	1	1	1	1	1	1
x	0	1	x	x	x	1	1	1	1	1	1	1	1
x	1	0	x	x	x	1	1	1	1	1	1	1	1
0	x	x	x	x	x	1	1	1	1	1	1	1	1
1	0	0	0	0	0	0	1	1	1	1	1	1	1
1	0	0	0	0	1	1	0	1	1	1	1	1	1
1	0	0	0	1	0	1	1	0	1	1	1	1	1
1	0	0	0	1	1	1	1	1	0	1	1	1	1
1	0	0	1	0	0	1	1	1	1	0	1	1	1
1	0	0	1	0	1	1	1	1	1	1	0	1	1
1	0	0	1	1	0	1	1	1	1	1	1	0	1
1	0	0	1	1	1	1	1	1	1	1	1	1	0

x：代表可為 0 或 1

表5　74139 真值表

輸	入		輸		出	
$\overline{1G}$	1B	1A	1Y0	1Y1	1Y2	1Y3
1	x	x	1	1	1	1
0	0	0	0	1	1	1
0	0	1	1	0	1	1
0	1	0	1	1	0	1
0	1	1	1	1	1	0

輸	入		輸		出	
$\overline{2G}$	2B	2A	2Y0	2Y1	2Y2	2Y3
1	x	x	1	1	1	1
0	0	0	0	1	1	1
0	0	1	1	0	1	1
0	1	0	1	1	0	1
0	1	1	1	1	1	0

x：代表可為 0 或 1

5-3　靜態顯示與動態顯示
輸出入埠之進階應用

　　在此將介紹七節顯示器模組的掃瞄與動態顯示，其中的動態顯示包括閃爍、交互顯示、一個字一個字飛入顯示器，以及常見的跑馬燈方式等。

5-3-1　靜態顯示

　　早期傳統數位電路裡，若要七節顯示器模組，可應用外部 IC，如 7447 系列七節顯示器解碼 IC，或 74138 系列掃瞄碼解碼 IC 等。當然，7447 系列已停產多年。而使用單晶片微處理器或 CPLD/FPGA 驅動七節顯示器模組時，此解碼 IC 只會讓電路更複雜，沒有任何助益。應用 74138 系列 IC 也一樣，但 74138 系列 IC 可簡化顯示位數的擴充，單個 74138 可提供 8 位數掃瞄信號，稍有價值。若需要驅動 16 位數，可使用兩個 74138 串接，或一個 74154。

🔍 掃瞄IC之應用

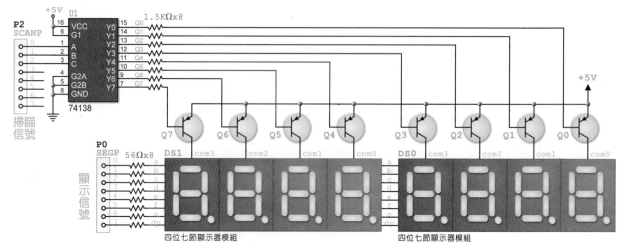

圖13　使用掃瞄解碼器

如圖 13 所示，Port 2 輸出 BCD 碼，經 74138 產生掃瞄信號，其中 G1 接腳連接 VCC、G2A 及 G2B 接腳接地。Port 0 輸出顯示驅動信號，直接驅動七節顯示器。當使用這種電路時，在程式設計時，不必處理掃瞄信號，程式內容如下：

```c
/*宣告驅動信號陣列*/
char code TAB[10]={   0xc0, 0xf9, 0xa4, 0xb0, 0x99,
                      0x92, 0x83, 0xf8, 0x80, 0x98 };
char disp[8]={ 2,0,1,6,0,1,2,3 };        // 宣告顯示資料
char i,j;                                // 宣告變數 i,j
//=============================================
main()
{    while(1)                            // while 迴圈開始
    {   for(i=0;i<8;i++)                 // for 敘述開始
        {   SCANP=0xFF;                  // 關閉掃瞄線 (防殘影)
            j=disp[7-i];                 // 取出顯示數字
            SEGP=TAB[j];                 // 轉換成驅動信號，並輸出到 SEGP
            SCANP=i;                     // 輸出掃瞄信號
            delay1ms(1);                 // 延遲 1ms
        }                                // 結束 for 敘述
    }                                    // 結束 while 敘述
}                                        // 主程式結束
```

直接掃瞄

如 14 圖所示，直接以 P2 輸出掃瞄信號、P0 輸出顯示驅動信號，不使用任何解碼 IC，使電路簡單化。而在程式設計上，也不麻煩，如下：

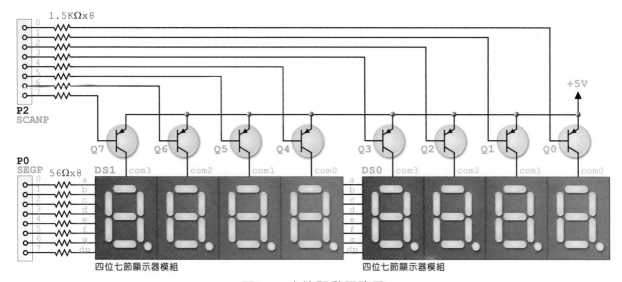

圖14　直接驅動電路圖

```c
/*宣告驅動信號陣列*/
char code TAB[10]={   0xc0, 0xf9, 0xa4, 0xb0, 0x99,
```

```
                       0x92, 0x83, 0xf8, 0x80, 0x98 };
char disp[8]={ 2,0,1,6,0,1,2,3 };         // 宣告顯示資料
//==================================================
main()
{    while(1)                             // while 迴圈開始
     {    char i,j;                        // 宣告變數 i,j
          for(i=0;i<8;i++)                 // for 敘述開始
          {    SCANP=0xFF;                 // 關閉掃瞄線（防殘影）
               j=disp[7-i];                // 取出顯示數字
               SEGP=TAB[j];                // 轉換成驅動信號，並輸出到 SEGP
               SCANP=~(1<<i);              // 輸出掃瞄信號
               delay1ms(1);                // 延遲 1ms
          }                                // 結束 for 敘述
     }                                     // 結束 while 敘述
}                                          // 主程式結束
```

由上面的程式可得知，只簡單的修改，即可省掉一些零件，當然，也降低成本了。所以，只要輸出入埠夠用，直接驅動是個好主意！

掃瞄函數

通常不會直接在主程式(main)裡撰寫掃瞄動作，而是撰寫一個獨立的掃瞄函數，不但可簡化程式，也可重複使用率。在此介紹一個八位數的掃瞄函數，而透過輸入引數 x，可指定重複掃瞄多少次？如下：

```
void scanner(char x)
{    char i,j;                             // 宣告變數 i,j
     for(i=0;i<x;i++)                      // 外迴圈，重複掃瞄 x 次
     {    for(j=0;j<8;j++)                 // 內迴圈，掃瞄 8 位數
          {    SCANP=0xFF;                 // 關閉掃瞄線（防殘影）
               SEGP=TAB[disp[7-j]];        // 輸出顯示信號
               SCANP=~(1<<j);              // 輸出掃瞄信號
               delay1ms(1);                // 延遲 1ms
          }                                // 結束 for 敘述
     }                                     // 結束 while 敘述
     SEGP=0xFF;                            // 關閉顯示信號(防殘影)
}                                          // 函數結束
```

若要將上述八位數掃瞄函數，改為四位數掃瞄函數，則將其中的 8 改為 4、7 改為 3 即可。

| 5-3-2 | 閃爍與交互閃爍 |

所謂「**閃爍**」就是時亮時不亮，而「**交互閃爍**」是多組不同數字，交替顯示。

閃爍

以直接驅動八位數七節顯示器模組為例，若要顯示「20160123」，掃瞄一次花 8ms。如果希望這四個數字顯示約 0.32 秒，然後不顯示 0.32 秒，如此交互循環，所呈現出來的就是這八個數字在「亮-暗」之間閃爍。0.32秒(即 320ms)可掃瞄 40 次，因此，我們只要持續執行「40 次的掃瞄工作，再關閉 0.32 秒」，即可達到閃爍的效果，如下：

```
/*宣告驅動信號陣列*/
char code TAB[10]={    0xc0, 0xf9, 0xa4, 0xb0, 0x99,
                       0x92, 0x83, 0xf8, 0x80, 0x98 };
void scanner(char x);              // 宣告掃瞄函數
char disp[8]={ 2,0,1,6,0,1,2,3 };  // 宣告顯示資料
char i,j;                          // 宣告變數 i,j
//========================================================
main()
{    while(1)                      // while 迴圈開始
     {    scanner(40);             // 呼叫掃瞄函數，掃瞄 40 次
          delay1ms(320);           // 呼叫掃瞄函數，延遲 320ms
     }                             // while 迴圈結束
}                                  // 主程式結束
```

交互閃爍

所謂「**交互顯示**」就是多組數字切換顯示，再以八位數為例，若要進行「20160123」、「12345678」、「27091630」三組數字交替顯示，每組數字的第一個數字在 disp 陣列裡的位置為 8 的倍數，即 disp[0*8]、disp[1*8]、disp[2*8]等。首先在 scanner 掃瞄函數裡，新增一個輸入引數 y，並更名為 **scanner8**，以指定掃瞄的起始位置，如下：

```
void scanner8(char x, char y)
{    char i,j;                     // 宣告變數 i,j
     for(i=0;i<x;i++)              // 外迴圈，重複掃瞄 x 次
     {    for(j=0;j<8;j++)         // 內迴圈，掃瞄 8 位數
          {    SCANP=0xFF;         // 關閉掃瞄線 (防殘影)
               SEGP=TAB[disp[7-j+y]];  // 輸出顯示信號
               SCANP=~(1<<j);      // 輸出掃瞄信號
```

```
        delay1ms(1);                    // 延遲 1ms
    }                                    // 結束 for 敘述
}                                        // 結束 while 敘述
SEGP=0xFF;                               // 關閉顯示信號(防殘影)
}                                        // 函數結束
```

若每組顯示 0.32 秒，主程式如下：

```
/*宣告驅動信號陣列*/
char code TAB[10]={    0xc0, 0xf9, 0xa4, 0xb0, 0x99,
                       0x92, 0x83, 0xf8, 0x80, 0x98 };
char disp[]={ 2, 0, 1, 6, 0, 1, 2, 3,    // 第一組數字 disp[0]=>2
              0, 1, 2, 3, 4, 5, 6, 7,    // 第二組數字 disp[8]=>0
              9, 8, 7, 6, 5, 4, 3, 2 };  // 第三組數字 disp[16]=>9
//================================================
main()
{    char i;                             // 宣告 i 變數
     while(1)                            // while 迴圈開始
         for(i=0;i<3;i++)                // 循序執行 3 次
             scanner8(40,i*8);           // 呼叫掃瞄函數
             // 輸入引數：重複掃瞄次數=40；掃瞄起始位置為 i*8
}                                        // 主程式結束
```

5-3-3   飛　入

「閃爍」、「交互顯示」與「飛入」都屬於動態顯示，但飛入的動作就比較複雜，例如要將「8051」四個字由右邊飛入七節顯示器模組，其動作可分為下列 10 組掃瞄動作：

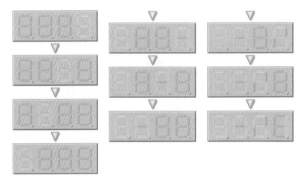

圖15　　由右邊「飛入」之分解動作

由於其中有空白部分(不亮)，其驅動信號編碼為 0xFF，在此將它放入 TAB[10]位置，如下：

```
/*宣告驅動信號陣列*/
char code TAB[11]={      0xc0, 0xf9, 0xa4, 0xb0, 0x99,
                        0x92, 0x83, 0xf8, 0x80, 0x98, 0xFF };
```

土法煉鋼

在此一樣使用前述的 scanner8 掃瞄函數，但將它改為只掃瞄四位數，並更名為 **scanner4**，以資區分，如下：

```
void scanner4(char x, char y)
{    char i,j;                          // 宣告變數 i,j
     for(i=0;i<x;i++)                   // 外迴圈，重複掃瞄 x 次
     {   for(j=0;j<4;j++)               // 內迴圈，掃瞄 4 位數
         {   SCANP=0xFF;                // 關閉掃瞄線 (防殘影)
             SEGP=TAB[disp[3-j+y]];     // 輸出顯示信號
             SCANP=~(1<<j);             // 輸出掃瞄信號
             delay1ms(1);               // 延遲 1ms
         }                              // 結束 for 敘述
     }                                  // 結束 while 敘述
     SEGP=0xFF;                         // 關閉顯示信號(防殘影)
}                                       // 函數結束
```

另外，我們還要根據圖 15，在宣告區裡宣告 10 組資料，如下：

```
char code disp[]={10,10,10,8,    10,10,8,10,    10,8,10,10,    8,10,10,10,
                  8,10,10,0,    8,10,0,10,  8,0,10,10,
                  8,0,10,5,    8,0,5,10,    8,0,5,1    };
```

而主程式如下：

```
main()                              // 主程式開始
{    char    i;                     // 宣告 i 變數
     while(1)                       // while 迴圈開始
         for(i=0;i<10;i++)          // for 迴圈開始
             scanner4(40, i*4);     // 呼叫掃瞄函數
}                                   // 主程式結束
```

程式方法

剛才的土法煉鋼很容易了解，若擴充成八位數或要更改顯示的內容，可就麻煩了！在此使用前述的 scanner8 掃瞄函數，再新增一個互換函數，如下：

```
void swap(char x)
{    char tmp;                      // 宣告變數 tmp
     tmp=disp[x];                   // 將 disp[x]的值存入 tmp 變數
```

```
        disp[x]=disp[x-1];              // 將 disp[x-1]值移入 x 變數
        disp[x-1]=tmp;                  // 將 tmp 值(原本的 disp[x]值)移入 disp[x-1]
}                                       // 函數結束
```

以「**8,0,5,1**」四位數來說明，所要顯示的內容放置在 disp0[]陣列裡，再準備一個 disp[]陣列，其內容為四個 0xFF，如下：

```
char code disp0[]={ 8,0,5,1 };          // 所要顯示的內容
char disp[]={ 10,10,10,10  };           // 編碼陣列裡的 TAB[10]為 0xFF
```

在程式裡，主要的操作分為兩步驟，第一步是依序將 disp0[]的元素放入 disp[] 的的最右邊，然後呼叫掃瞄函數，顯示之，即

```
for(i=0;i<4;i++)            // 循序載入顯示資料
{    disp[3]=disp0[i];      // 將顯示數字放在最右邊
     scanner4(40,0);        // 顯示
```

第二步是將 disp[3]與 disp[2]互換(使用 swap 函數)，再呼叫掃瞄函數，顯示之。這樣的動作執行 3-i 次，如下：

- 當 i=0 時，載入最右邊(disp[3])的是 disp0[0](即 **8**)，經過三次(3-0)互換與顯示後，這個元素將跑到最左邊，如圖 16 所示。

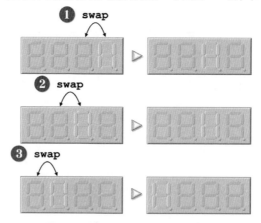

圖16　第一個字的飛入動作

- 當 i=1 時，載入最右邊(disp[3])的是 disp0[1](即 **0**)，經過兩次(3-1)互換與顯示後，這個元素將跑到最左邊第二個位置，如圖 17 所示。
- 當 i=2 時，載入最右邊(disp[3])的是 disp0[2](即 **5**)，經過一次(3-2)互換與顯示後，這個元素將跑到最左邊第三個位置，如圖 18 所示。
- 當 i=3 時，載入最右邊(disp[3])的是 disp0[3](即 **1**)，不會(3-3 次)互換，直接顯示。

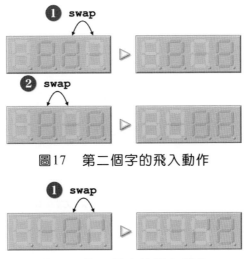

圖17　第二個字的飛入動作

圖18　第三個字的飛入動作

根據上述動作原理，八個字的飛入之主程式如下：

```
char code disp0[]={ 2,0,1,6,0,1,2,3 };    // 所要顯示的內容
char disp[]={ 10,10,10,10,10,10,10,10 };// 編碼陣列裡的 TAB[10]為 0xFF
//==========================================
main()                                    // 主程式開始
{    char    i,j;                         // 宣告 i,j 變數
     while(1)                             // while 迴圈開始
     {    for(i=0;i<8;i++)                // 外迴圈開始
          {    disp[7]=disp0[i];          // 將顯示數字放在最右邊
               scanner8(20, 0);           // 呼叫掃瞄函數(顯示)
               for(j=0;j<7-i;j++)         // 內迴圈開始
               {    swap(j);              // 互換
                    scanner8(20, 0);      // 呼叫掃瞄函數(顯示)
               }                          // 內迴圈結束
          }                               // 外迴圈結束
          for(i=0;i<8;i++)                // 恢復原狀(全部填入空白)
               disp[i]=10;                // 顯示暫存器填入 10(TAB[10]內容為空白)
          scanner8(20, 0);               // 呼叫掃瞄函數(顯示)
     }                                    // while 迴圈結束
}                                         // 主程式結束
```

5-3-4　跑馬燈

所謂「跑馬燈」就是字串旋轉，例如要將「8051」四個字(加上四個空白)由右邊進入七節顯示器模組，再由左邊走出七節顯示器模組，其動作可分為 8 組掃瞄動作，如圖 19 所示。

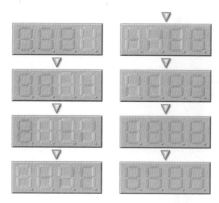

圖19　由右邊「跑入」之分解動作

土法煉鋼

在此應用前述的 scanner4 掃瞄函數，如下：

```
/*宣告驅動信號陣列*/
char code TAB[11]={    0xc0, 0xf9, 0xa4, 0xb0, 0x99,
                       0x92, 0x83, 0xf8, 0x80, 0x98, 0xFF };
/*宣告顯示資料陣列*/
char code disp[]={10,10,10,8, 10,10,8,0,   10,8,0,5,    8,0,5,1,
                  0,5,1,10,   5,1,10,10,   1,10,10,10,   10,10,10,10};
void scanner4(char x, char y);        // 宣告掃瞄函數
void delay1ms(int x);                 // 宣告延遲函數
//=================================================
main()                                // 主程式開始
{    char  i;                         // 宣告 i 變數
     while(1)                         // while 迴圈開始
     {    for(i=0;i<8;i++)            // for 迴圈開始
          scanner4(40,4*i);           // 掃瞄(顯示)
     }                                // while 迴圈結束
}                                     // 主程式結束
```

程式方法

在此將以指定起始位置的方式，設計一個 18 個字的跑馬燈，這 18 個字是「空白、9~2、空白、20160123」，而使用的八位數掃瞄函數，將新增返回功能，也就是若顯示的資料超出陣列範圍，則自動返回到陣列開始，如下：

```
void scanner8A(char x, char y)
{    char i,j,k;                      // 宣告變數 i,j,k
     for(i=0;i<x;i++)                 // 外迴圈，重複掃瞄 x 次
     {    for(j=0;j<8;j++)            // 內迴圈，掃瞄 8 位數
          {    SCANP=0xFF;            // 關閉掃瞄線 (防殘影)
```

```
            k=7-j+y;                    // 輸出顯示信號
            if (k>17)    k-=18;          // 調整位置指標
            SEGP=TAB[disp[k]];          // 輸出顯示信號
            SCANP=~(1<<j);              // 輸出掃瞄信號
            delay1ms(1);               // 延遲 1ms
         }                             // 結束 for 敘述
      }                                // 結束 while 敘述
      SEGP=0xFF;                       // 關閉顯示信號(防殘影)
   }                                   // 函數結束
```

在此程式裡，只是依序呼叫 scanner8A 函數而已，如下：

```
char code disp[]={    10,    9,8,7,6,5,4,3,2,    10,    2,0,1,6,0,1,2,3    };
void scanner8A(char x, char y);        // 宣告掃瞄函數
void delay1ms(int x);                  // 宣告延遲函數
//========================================================
main()                                 // 主程式開始
{    char    i;                        // 宣告 i 變數
     while(1)                          // while 迴圈開始
     {    for(i=0;i<18;i++)            // for 迴圈開始
              scanner8A(40,i);         // 掃瞄(顯示)
     }                                 // while 迴圈結束
}                                      // 主程式結束
```

5-4　認識 RGB LED 與兩津勘吉的眉毛

輸出入埠之進階應用

在本單元裡介紹 RGB LED 與其應用。

5-4-1　認識 RGB LED

RGB LED 是將紅色(**Red, R**)、綠色(**Green, G**)、藍色(**Blue, B**)等三個 LED 封裝在一起的 LED。依封裝方式的不同，可分為針腳式封裝與表面黏著式封裝，如下說明：

🔍 針腳式封裝

常用的針腳式封裝 RGB LED 有 4 支接腳，分別是 R、G、B 與 com 腳，如圖 20 所示，外型相同，接腳卻不一樣，最好還是用三用電表量測一下，以確認其接腳，而量測方法與量測一般 LED 一樣。

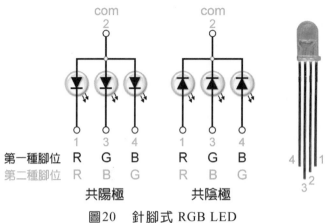

圖20　針腳式 RGB LED

在 **KT89S51** 線上燒錄實驗板 V4.2 的右上角就有個 RGB LED，這是一顆共陽極的 RGB LED，其陽極已內接+5V，而三支陰極接腳可透過其下方 JP6 連接器引接(低態驅動)。

表面黏著式封裝

常見的表面黏著式(surface-mount devices, smd)RGB LED 有四支接腳 (PLCC4 封裝)與六支接腳(PLCC6 封裝)兩類，四支接腳封裝與針腳式封裝類似，可分為共陽極與共陰極兩種，如圖 21 所示。

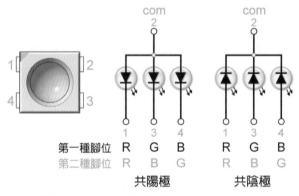

圖21　PLCC4 四腳式 smd RGB LED

六腳式 smd RGB LED 就是把三個 LED 包起來，5050 就是常見的六腳式 smd RGB LED。而引接出六支接腳，如圖 22 所示。

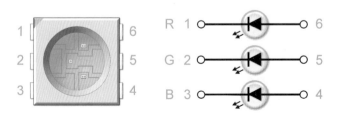

圖22　PLCC6 六腳式 smd RGB LED

不管是 PLCC4，還是 PLCC6，各廠商的接腳編號並不一致，沒有統一的標準。不過，其腳間距都還算大，以手工銲接應不成問題。

5-4-2 RGB LED 之驅動

基本上，RGB LED 就是一種 LED，其驅動電路的設計類似。但，在 RGB LED 裡，不同顏色的 LED，其電氣特性並不一樣，必須依據廠商資料(datasheet)，如表 6 所示為 LumiMicro 公司的 LMTP553BWX 之相關資料。

表 6　LMTP553BWX 之電氣特性(順向電流為 20mA 時)

特性	符號	顏色	最小值	典型值	最大值	單位
順向電壓	V_f	R	1.9		2.4	V
		G	2.8		3.6	
		B	2.8		3.6	
波長	DW	R	620		630	nm
		G	525		535	
		B	455		465	
照度	IV	R	400	600		mcd
		G	900	1100		
		B	150	180		

由表 6 可得知，紅色 LED 的順向電壓最小，而此表格是在順向電流 I_f 為 20mA 的情況下之值。實際上，I_f=10mA 甚至 8mA 就已經很亮了！以 I_f=10mA 而言，若電路電源為 5V，則 LED 的限流電阻為

$$R_R = \frac{5-1.9}{10m} = 310\Omega 、 R_G = \frac{5-2.8}{10m} = 220\Omega 、 R_B = \frac{5-2.8}{10m} = 220\Omega$$

而綠色 LED 的照度特別高、藍色 LED 的照度特別低，所以適度調低綠色 LED 的電流(限流電阻調大)，讓它不要那麼亮；適度調高藍色 LED 的電流(限流電阻調小)，讓它亮一點。R_R 採用 330Ω，R_G 改用 330Ω，R_B 採用 150Ω即可。

5-4-3 兩津勘吉的眉毛之驅動

單一個 RGB LED 的用法，與使用三個 LED 一樣。若同時使用多個 RGB LED，則須採用掃瞄方式。在本單元裡將使用一個「兩津勘吉的眉毛」造型 RGB LED 模組，如圖 23 所示。其中有 16 個 RGB LED(左右各 8 個)，每個 RGB LED 的 R 腳並接到 P2-R、G 腳並接到 P2-G、B 腳並接到 P2-B，左邊 8 個 RGB LED 的 com 腳分別接到 P3-1~P3-8，右邊 8 個 RGB LED 的 com 腳分別接到 P4-9~P4-16，再由 P1 連接 5V 電源即可。

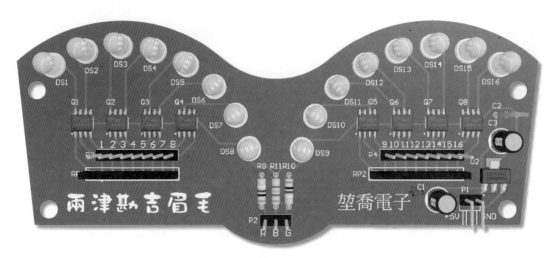

圖23　　兩津勘吉的眉毛

　　P3、P4 為掃瞄信號連接埠，P2 為顏色信號連接埠，在此不管是掃瞄信號，還是顏色信號，都是低態驅動。基本上，RGB LED 所能產生的顏色，如表 7 所示。當然，如果使用 8 位元的脈波寬度調變(Pulse Width Modulation, PWM) 驅動，則可產生 $2^8 \times 2^8 \times 2^8$ 種顏色。

表 7　基本配色

項目	R	G	B	顏色
1	OFF	OFF	OFF	黑
2	OFF	OFF	ON	藍
3	OFF	ON	OFF	綠
4	OFF	ON	ON	青
5	ON	OFF	OFF	紅
6	ON	OFF	ON	洋紅
7	ON	ON	OFF	黃
8	ON	ON	ON	白

5-5　實例演練
輸出入埠之進階應用

在本單元裡提供鍵盤掃瞄、七節顯示器掃瞄等的混合應用，如下所示：

5-5-1　直接驅動七節顯示器實例演練

實驗要點

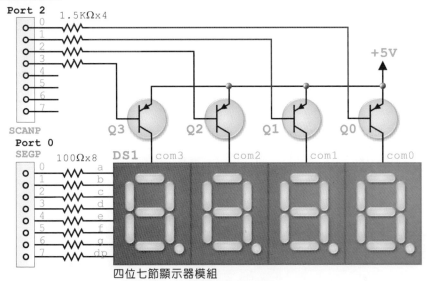

圖24　直接驅動電路圖

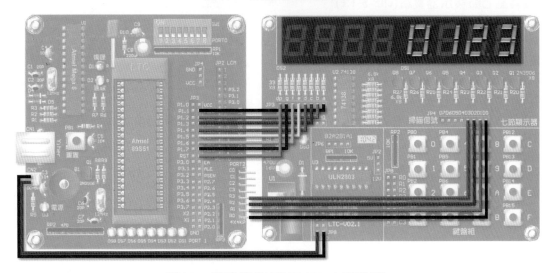

圖25　線路連接(使用 KDM 實驗組)

如圖 24 所示，由 P0 將所要顯示的七節顯示碼直接輸出到七節顯示器模組，再由 P2 的低四位元將掃瞄信號分送到七節顯示器模組的四個共同端，使七節顯

示器模組閃爍「2016」三次，再閃爍「0123」三次，如此循環不停。若要在 KDM 實驗組上進行實驗，可按圖 25 連接。另外，由於其中 Port 0 內部並接指撥開關，記得將指撥開關全部切到 **OFF** 的位置，才不會影響顯示。

流程圖與程式設計

本實驗的程式設計與流程，如下：

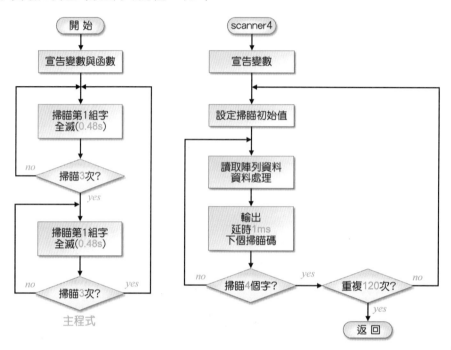

直接驅動七節顯示器實驗(ch5-5-1.c)

```
/* ch5-5-1.c - 直接驅動 4 位七節顯示器實驗, P2^0~3 為掃瞄信號 P0 接七節顯示器 */
//==宣告區========================================
#include        <reg51.h>    // 定義 8051 暫存器之標頭檔
#define SCANP P2             // 定義掃瞄碼由 Port 2 輸出
#define SEGP  P0             // 定義七節顯示碼由 Port 0 輸出
char code TAB[10]={  0xc0, 0xf9, 0xa4, 0xb0, 0x99,    //數字 0-4
                0x92, 0x83, 0xf8, 0x80, 0x98 };  //數字 5-9
char code disp[]={   2,0,1,6,   0,1,2,3 };// 顯示資料
void delay1ms(int x);                    // 宣告延遲函數
void scanner4(char x, char y);           // 掃瞄函數
//==主程式========================================
main()                                   // 主程式開始
{ char i,j;                              // 宣告變數 i,j
   while(1)                              // 無窮迴圈,程式一直跑
   {    for(i=0;i<2;i++)                 // 顯示第 0,1 列字組,for 迴圈(字組 i)開始
          for(j=0;j<3;j++)               // 閃爍三次
          {    scanner4(120, 4*i);       // 掃瞄第 i 列字組
```

```
            delay1ms(480);              // 延遲 480×1m=0.48s
        }
    }                                   // while 迴圈結束
}                                       // 主程式結束
/*  延遲函數,延遲約 x×1ms */
void delay1ms(int x)                    // 延遲函數開始
{  int i,j;                             // 宣告整數變數 i,j
   for (i=0;i<x;i++)                    // 計數 x 次,延遲 x×1ms
        for (j=0;j<120;j++);            // 計數 120 次，延遲 1ms
}                                       // 延遲函數結束
/* scanner4 掃瞄函數,掃瞄 x 次,顯示起始位置 y */
void scanner4(char x, char y)
{  char i,j;                            // 宣告變數 i,j
   for(i=0;i<x;i++)                     // 外迴圈，重複掃瞄 x 次
   {   for(j=0;j<4;j++)                 // 內迴圈，掃瞄 4 位數
       {   SCANP=0xFF;                  // 關閉掃瞄線 (防殘影)
           SEGP=TAB[disp[3-j+y]];       // 輸出顯示信號
           SCANP=~(1<<j);               // 輸出掃瞄信號
           delay1ms(1);                 // 延遲 1ms
       }                                // 結束 for 敘述
   }                                    // 結束 while 敘述
   SEGP=0xFF;                           // 關閉顯示信號(防殘影)
}                                       // 函數結束
```

操作

1. 在 Keil C 裡撰寫程式，並進行建構(按 ▥ 鈕，或 **F7** 鍵)，以產生 *.HEX 檔。若有下方的**建構輸出視窗**出現錯誤，則按其指示的位置檢視原始程式，並修正之，並將它記錄在實驗報告裡。

2. 按圖 24、25，直接在 **KDM 實驗組**上連接線路，並使用 **s51_pgm** 程式將所產生的韌體(ch5-5-1.HEX)燒錄到 AT89S51，再觀察動作是否正常？再次提醒，內部 **Port 0 已連接指撥開關，記得將指撥開關撥到 OFF 的位置，七節顯示器才會正常顯示**。

3. 撰寫實驗報告。

思考一下

- 在本實驗裡，若要讓閃爍速度快一點，應從哪裡著手修改？

- 在此所操作的是四位數、兩組字交互閃爍，若要變成八位數、三組字交互閃爍，軟體應從哪裡著手修改？電路接線應如何修改？

5-5-2 跑馬燈實例演練

實驗要點

電路圖同圖 14(5-15 頁)，在此將以跑馬燈的方式展示「.......0123456789」17 個字，如此循環不停，其中的「.」編碼為 0x7F。

流程圖與程式設計

本實驗的流程圖與程式設計如下：

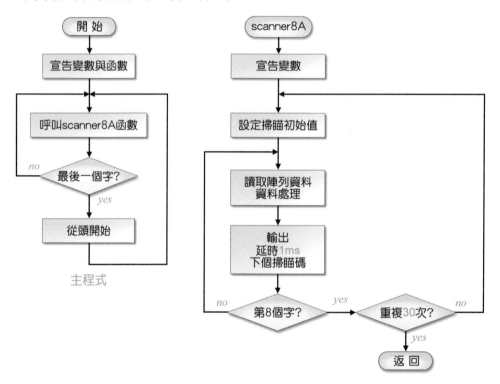

跑馬燈實驗程式(ch5-5-2.c)

```
/* ch5-5-2.c – 八個七節顯示器跑馬燈實驗,P2 為掃瞄信號 P0 接七節顯示器 */
//==宣告區=====================
#include    <reg51.h>                     // 定義 8051 暫存器之標頭檔
#define     SCANP   P2                     // 定義掃瞄碼由 Port 2 輸出
#define     SEGP    P0                     // 定義七節顯示碼由 Port 0 輸出
#define     counts  17                     // 定義字數
char code TAB[11]={    0xc0, 0xf9, 0xa4, 0xb0, 0x99,       // 數字 0-4
                      0x92, 0x83, 0xf8, 0x80, 0x98, 0x7f };  // 數字 5-9,.
char code disp[]={10,10,10,10,10,10,10,0,   1,2,3,4,5,6,7,8,9};  //.......0123456789
void delay1ms(int x);                      // 宣告延遲函數
void scanner8A(char x,char y);             // 掃瞄函數
//==主程式=====================
```

```
main()                              // 主程式開始
{ char i;                           // 宣告變數 i
  while(1)                          // 無窮迴圈,程式一直跑
      for(i=0;i<17;i++)             // 循環顯示 17 字
          scanner8A(30,i);          // 從第 1 個位置開始掃瞄,每組掃瞄 30 次
}                                   // 主程式結束

/* 延遲函數,延遲約 x*1ms */
void delay1ms(int x)                // 延遲函數開始
{ int i,j;                          // 宣告整數變數 i,j
  for (i=0;i<x;i++)                 // 計數 x 次,延遲 x*1ms
      for (j=0;j<120;j++);          // 計數 120 次,延遲 1ms
}                                   // 延遲函數結束

/* scanner8A 掃瞄函數,掃瞄 x 次,顯示起始位置 y */
void scanner8A(char x, char y)
{ char i,j,k;                       // 宣告變數 i,j,k
  for(i=0;i<x;i++)                  // 外迴圈,重複掃瞄 x 次
  {   for(j=0;j<8;j++)              // 內迴圈,掃瞄 8 位數
      {   SCANP=0xFF;               // 關閉掃瞄線 (防殘影)
          k=7-j+y;                  // 輸出顯示信號
          if (k>counts-1) k-=counts; // 調整位置指標
          SEGP=TAB[disp[k]];        // 輸出顯示信號
          SCANP=~(1<<j);            // 輸出掃瞄信號
          delay1ms(1);              // 延遲 1ms
      }                             // 結束 for 敘述
  }                                 // 結束 while 敘述
  SEGP=0xFF;                        // 關閉顯示信號(防殘影)
}                                   // 函數結束
```

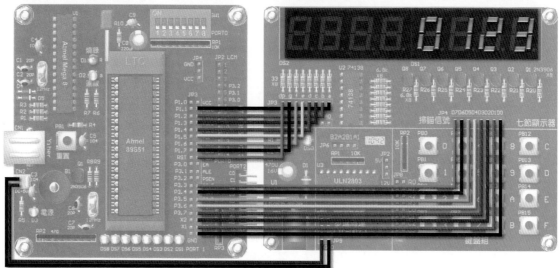

圖26　八位數接線圖

操作

1. 在 Keil C 裡撰寫程式,並進行建構(按鈕,或 **F7** 鍵),以產生
   *.HEX 檔。若有下方的**建構輸出視窗**出現錯誤,則按其指示的位置檢
   視原始程式,並修正之,並將它記錄在實驗報告裡。

2. 按圖 14(5-15 頁)、圖 26,直接在 **KDM 實驗組**上連接線路,並使用 **s51_pgm**
   程式將所產生的韌體(ch5-5-2.HEX)燒錄到 AT89S51,再觀察動作是否正
   常?再次提醒,**內部 Port 0 已連接指撥開關,記得將指撥開關撥到 OFF
   的位置,七節顯示器才會正常顯示。**

3. 撰寫實驗報告。

思考一下

● 在本實驗裡,若要讓跑速度快一點,應從哪裡著手修改?

● 在此的跑馬燈為由右到左,若要變為由左到右,應如何修改?

● 若要由右到左,跑完一趟後,改由左到右,跑完一趟後,從頭
  開始,如此循環執行,應如何修改?

5-5-3　4×4 鍵盤與七節顯示器實例演練

實驗要點

如圖 27 所示,P0(SEGP)連接到四位數七節顯示器模組的 a、b、c...g(KDM 板的
JP3)。而 P2(KEYP)連接按鍵掃瞄與七節顯示器掃瞄信號,先使用一條 8 Pin 的杜
邦線,由 P2 連接到 4x4 鍵盤(KDM 板的 **JP8**),如下:

● 　P2^7 連接到 4x4 鍵盤的 C3
● 　P2^6 連接到 4x4 鍵盤的 C2
● 　P2^5 連接到 4x4 鍵盤的 C1
● 　P2^4 連接到 4x4 鍵盤的 C0
● 　P2^3 連接到 4x4 鍵盤的 R3
● 　P2^2 連接到 4x4 鍵盤的 R2
● 　P2^1 連接到 4x4 鍵盤的 R1
● 　P2^0 連接到 4x4 鍵盤的 R0

在使用一條 4 Pin 的杜邦線,由 C0~C3(KDM 板的 **JP8**)連接到七節顯示器的掃瞄
信號(KDM 板的 **JP4**),如圖 28 所示。由於其中 Port 0 內部並接指撥開關,記得
將指撥開關全部切到 OFF 的位置,才不會影響顯示。

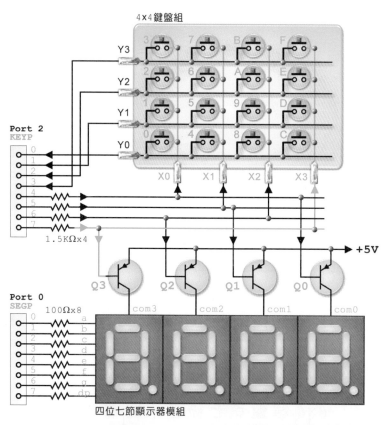

圖27　4×4 鍵盤與四位數七節顯示器模組實驗電路圖

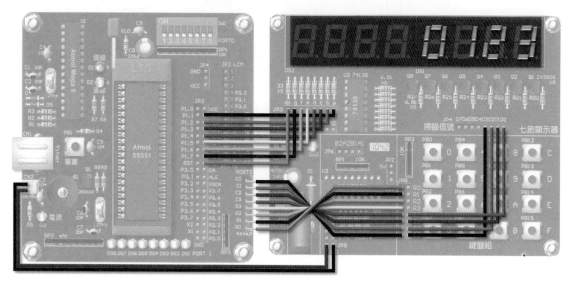

圖28　線路連接(使用 KDM 實驗組)

流程圖與程式設計

在主程式裡只有一個不斷執行掃瞄函數 keyScan() 的迴圈，整個重點放在掃瞄函數。在掃瞄函數裡，循序送出行掃瞄信號，而每組行掃瞄信號輸出後，

即讀取按鍵狀態，若有按下按鍵，則計算鍵值，然後進下列動作：

- 顯示移位：將七節顯示器的百位數(disp[1])左移到千位數([0])、十位數(disp[2])左移到百位數([1])、個位數(disp[3])左移到十位數([2])。
- 將鍵值對應的顯示信號放入個位數(disp[3])。
- 嗶一聲。
- 確定按鍵已放開。

整個程式之流程圖如下：

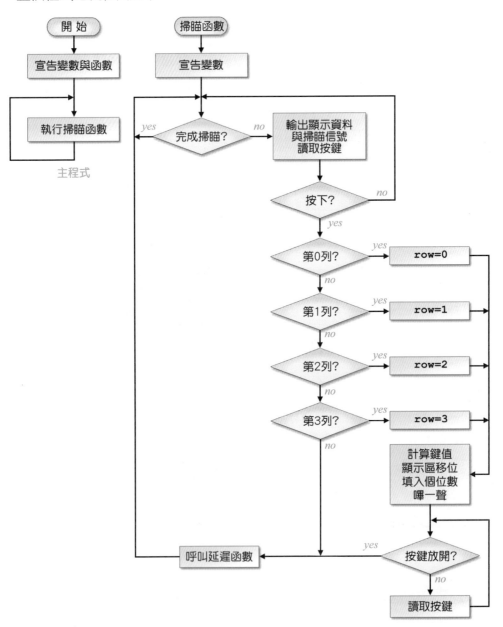

4×4 鍵盤與七節顯示器模組實驗(ch5-5-3.c)

```
/* ch5-5-3.c - 4x4 鍵盤與四位數七節顯示器實驗, P^4~7 為共用掃瞄信號 */
/* P2^0~3 為鍵盤輸入值,P0 為七節顯示器直接輸出 */
//==宣告區==========================================================
#include    <reg51.h>         // 定義 8051 暫存器之標頭檔
#define     KEYP    P2        // 掃瞄輸出埠(高位元)及鍵盤輸入埠(低位元)
#define     SEGP    P0        // 七節顯示器(g~a)輸出埠
char code TAB[17]=            // 共陽七節顯示器(g~a)編碼
{ 0xc0, 0xf9, 0xa4, 0xb0, 0x99,      // 數字 0-4
  0x92, 0x82, 0xf8, 0x80, 0x98,      // 數字 5-9
  0xa0, 0x83, 0xa7, 0xa1, 0x84,      // 字母 a-e(10-14)
  0x8e, 0xbf };                      // 字母 F(15),負號(-)
char disp[4]={ 16, 16, 16, 16 };     // 顯示陣列初值為負號(-)
char scan[4]={ 0xef, 0xdf ,0xbf ,0x7f };   // 七節顯示器及鍵盤之掃瞄碼
sbit   buzzer=P3^7;          // 宣告蜂鳴器連接到 P3^7
void   beep(char x);         // 宣告嗶聲函數
void   delay500us(int x);    // 宣告延遲函數
void   keyScan(void);        // 宣告掃瞄函數
//==主程式==========================================================
main()                       // 主程式開始
{ while(1)                   // 無窮迴圈,程式一直跑
     keyScan();              // 掃瞄鍵盤及顯示七節顯示器
}                            // 主程式結束
// === 延遲函數,延遲約 x*0.5ms ==================================
void delay500us(int x)       // 延遲函數開始
{ int i,j;                   // 宣告整數變數 i,j
  for(i=0;i<x;i++)           // 計數 x 次,延遲約 x*0.5ms
     for(j=0;j<60;j++);      // 計數 60 次,延遲約 0.5ms
}                            // 延遲函數結束
// === 嗶聲函數==================================================
void   beep(char x)          // 嗶聲函數開始
{ char i,j;                  // 宣告變數 i,j
  for(i=0;i<x;i++)           // 嗶 x 聲
   {  for(j=0;j<100;j++)     // 計數 100 次, 產生 0.1 秒嗶聲
      {  buzzer=0;delay500us(1);// 蜂鳴器吸住 0.5ms
         buzzer=1;delay500us(1);// 蜂鳴器放開 0.5ms
      }
      delay500us(200);       // 靜音 0.1 秒
   }
}                            // 延遲函數結束
// ======== 掃瞄 4*4 鍵盤及 4 個七節顯示器函數 ================
void keyScan(void)           // 掃瞄函數開始
{ char col,row;              // 宣告變數(col:行,row:列)
  char rowkey,kcode,dig;     // 宣告變數(rowkey:列鍵值,kcode:按鍵碼, dig:位數指標)
  for(col=0;col<4;col++)     // for 迴圈,行掃瞄
   {  SEGP = 0xFF;           // 關閉七節顯示器(防殘影)
      KEYP = scan[col];      // 高 4 位輸出掃瞄信號,低 4 位元規劃為輸入埠
      SEGP = TAB[disp[3-col]];// 七節顯示器開啟顯示
```

```
rowkey= ~KEYP & 0x0F;
// 讀入 KEYP 低 4 位，反相再清除高 4 位求出列鍵值
if(rowkey != 0)                            // 若有按鍵
{   if(rowkey == 0x01)        row=0;       // 若第 0 列被按下
    else if(rowkey == 0x02)   row=1;       // 若第 1 列被按下
    else if(rowkey == 0x04)   row=2;       // 若第 2 列被按下
    else if(rowkey == 0x08)   row=3;       // 若第 3 列被按下
    kcode = 4 * col + row;                 // 計算鍵值
    for(dig=0;dig<3;dig++)
        disp[dig]=disp[dig+1];             // 顯示暫存器移位
    disp[3]=kcode;                         // 鍵值放入個位數
    beep(1);                               // 嗶一聲
    while(rowkey != 0)                     // 若按鈕未放開
        rowkey=~KEYP & 0x0F;               // 重新讀取列鍵值
}                                          // if 敘述結束
delay500us(2);                             // 延遲 1ms
}                                          // for 迴圈結束(行掃瞄)
}                                          // 掃瞄函數 keyScan 結束
```

操作

1. 在 Keil C 裡撰寫程式，並進行建構(按 ▦ 鈕，或 **F7** 鍵)，以產生 *.HEX 檔。若有下方的**建構輸出視窗**出現錯誤，則按其指示的位置檢視原始程式，並修正之，並將它記錄在實驗報告裡。

2. 按圖 27、28，直接在 KDM 實驗組上連接線路，並使用 s51_pgm 程式將所產生的韌體(ch5-5-3.HEX)燒錄到 AT89S51，再操作鍵盤，觀察動作是否正常？再次提醒，**內部 Port 0 已連接指撥開關，記得將指撥開關撥到 OFF 的位置，七節顯示器才會正常顯示。**

3. 撰寫實驗報告。

**思考一下**

● 若按鍵的反應上下顛倒(按 0 鍵顯示 3、按 1 鍵顯示 2 等)，應如何修改程式，才會正常？

● 在本實驗裡，若按鍵的反應左右顛倒(按 0 鍵顯示 C、按 4 鍵顯示 8 等)，應如何修改程式，才會正常？

● 在本實驗裡，若按住按鍵，會怎樣？

5-5-4　**獨立掃瞄與鍵位重配置實例演練**

 實驗要點

在 5-5-3 節裡，4x4 鍵盤與七節顯示器模組共用掃瞄信號，好像蠻節省的！當然，不免綁手綁腳的！若要使用八位數七節顯示器，怎麼辦？在本單元裡將有些變化，如下：

- 4x4 鍵盤與七節顯示器分開掃瞄，並把七節顯示器擴增為 8 位數。
- 若按 F 鍵，將可切換是否按鍵嗶聲。
- 數字鍵(0~9)與功能鍵(A~F)分離，只有數字鍵會出現在顯示器上。
- 增列按鍵配置陣列 keyLocation，以做為鍵位重配置之用。

擴增位數

首先處理分開掃瞄，與擴增七節顯示器位數。原本連接 4x4 鍵盤的 P2(KEYP)，以及連接七節顯示器之顯示信號的 P0(SEGP)，保持不變。再新增一個連接七節顯示器之掃瞄信號的 P1(SCANP)，如下：

```
#define     SCANP    P1      // 七節顯示器之掃瞄埠
```

在 5-5-3 節的電路裡，原本由 C0~C3(KDM 板的 **JP8**)連接到七節顯示器掃瞄信號(KDM 板的 **JP4**)的 4 Pin 的杜邦線，改用 8 Pin 的杜邦線，連接七節顯示器掃瞄信號(KDM 板的 **JP4**)與 **KT89S51** 線上燒錄實驗板的 P1 即可，如圖 29 所示。

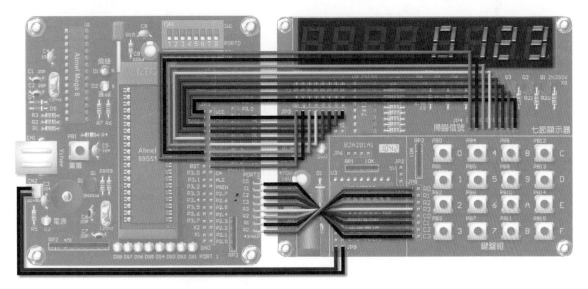

圖29　線路連接(使用 **KDM** 實驗組)

開關嗶聲

為了能夠切換按鍵嗶聲，先在宣告區裡，宣告一個 BF 旗標，如下：

```
bit      BF=0;              // 嗶聲旗標，預設按鍵不要嗶聲
```

BF=0 時，按鍵不要嗶聲；BF=1 時，按鍵嗶聲。而 F 鍵的鍵值為 0x0F(或 15)，若 kcode 為 0x0F，則切換 BF 值。再根據 BF 值，決定是否嗶聲，如下：

```
    if(kcode==0x0F)    BF=!BF;        // 若按 F 鍵，則切換嗶聲旗標
    if(BF)    beep(1);                // 若嗶聲旗標為 1，則嗶一聲
```

數字鍵與功能鍵分離

0~9 為數字鍵、A~F 為功能鍵，剛才以使用 F 鍵做為切換嗶聲的功能鍵，在此要將數字鍵與功能鍵分開，只有數字鍵才會存入顯示暫存器(disp)，並移位。為了達到這個功能，在算出 kcode 後，即進行下列的修改：

```
    kcode = 4 * col + row;           // 計算鍵值
    if(kcode >=0 && kcode <10)       // 過濾數字鍵
    {    for(dig=0;dig<7;dig++)
             disp[dig]=disp[dig+1];  // 暫存器移位
         disp[7]=kcode;              // 鍵值放入個位數
    }
    beep(1);                         // 嗶一聲
```

鍵位重配置

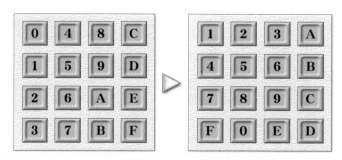

圖30　鍵位重配置

如圖 30 之左圖所示為原本(KDM 板)的按鍵位置，若要把它改變為右圖的配置，則可先宣告一個配置陣列 keyLocation，如下：

```
char code keyLocation[]={ 1, 4, 7, 0xF,      // 鍵盤配置陣列
                          2, 5, 8, 0,
                          3, 6, 9, 0xE,
                          0xA, 0xB, 0xC, 0xD };
char oldKcode;                               // 宣告變數
```

當計算出鍵值後，放入 oldKcode 變數裡，而新的鍵值是以 oldKcode 經 keyLocation 陣列轉碼而得，如下：

```
oldKcode = 4 * col + row;          // 計算鍵值
kcode = keyLocation[oldKcode];     // 轉換鍵值
```

程式設計

在此的程式設計，以 5-5-3 節的程式為基礎，增修而來，如下：

4×4 鍵盤與七節顯示器模組實驗(ch5-5-4.c)

```
// ch5-5-4.c – 4x4 鍵盤與四位數七節顯示器實驗
// P2^4~7 為共用掃瞄信號，P2^0~3 為鍵盤輸入值
// P1 為七節顯示器掃瞄信號
// P0 為七節顯示器顯示信號
//==宣告區=============================================
#include     <reg51.h>        // 定義 8051 暫存器之標頭檔
#define      KEYP    P2       // 掃瞄輸出埠(高位元)及鍵盤輸入埠(低位元)
#define      SCANP P1         // 七節顯示器掃瞄信號
#define      SEGP    P0       // 七節顯示器顯示信號
char code TAB[]=              // 共陽七節顯示器(g~a)編碼
{ 0xc0, 0xf9, 0xa4, 0xb0, 0x99,       // 數字 0-4
  0x92, 0x82, 0xf8, 0x80, 0x98,       // 數字 5-9
  0xa0, 0x83, 0xa7, 0xa1, 0x84,       // 字母 a-e(10-14)
  0x8e, 0xbf, 0xFF};                  // 字母 F(15),負號(-),空白(17)
char disp[]={ 17, 17, 17, 17, 17, 17,17, 0 };   // 顯示陣列初值為七個空白及一個 0
char scan[4]={ 0xef, 0xdf ,0xbf ,0x7f };        // 鍵盤之掃瞄碼
sbit   buzzer=P3^7;          // 宣告蜂鳴器連接到 P3^7
void   beep(char x);         // 宣告嗶聲函數
void   delay500us(int x);    // 宣告延遲函數
void   keyScan(void);        // 宣告鍵盤掃瞄函數
void   segScan(char x);      // 宣告七節顯示器掃瞄函數，輸入引數 x 為掃瞄次數
char code keyLocation[]={ 1, 4, 7, 0xF,    // 鍵盤配置陣列
                          2, 5, 8, 0,
                          3, 6, 9, 0xE,
                          0xA, 0xB, 0xC, 0xD };
char    oldKcode;            // 宣告變數
bit     BF=0;                // 嗶聲旗標，預設按鍵不要嗶聲
//==主程式=============================================
main()                       // 主程式開始
{ while(1)                   // 無窮迴圈,程式一直跑
      keyScan();             // 掃瞄鍵盤及顯示七節顯示器
}                            // 主程式結束
// === 延遲函數,延遲約 x*0.5ms =========================
void delay500us(int x)       // 延遲函數開始
{ int i,j;                   // 宣告整數變數 i,j
  for(i=0;i<x;i++)           // 計數 x 次,延遲約 x*0.5ms
```

```
        for(j=0;j<60;j++);          // 計數 60 次,延遲約 0.5ms
    }                               // 延遲函數結束
// === 嗶聲函數==============================================
void   beep(char x)                 // 嗶聲函數開始
{ char i,j;                         // 宣告變數 i,j
  for(i=0;i<x;i++)                  // 嗶 x 聲
    {   for(j=0;j<100;j++)          // 計數 100 次, 產生 0.1 秒嗶聲
        {   buzzer=0;delay500us(1);// 蜂鳴器吸住 0.5ms
            buzzer=1;delay500us(1);// 蜂鳴器放開 0.5ms
        }
        delay500us(200);           // 靜音 0.1 秒
    }
}                                   // 延遲函數結束
// ======== 4*4 鍵盤掃瞄函數 ===================
void keyScan(void)                  // 掃瞄函數開始
{ char col,row;                     // 宣告變數(col:行,row:列)
  char rowkey,kcode,dig;            // 宣告變數(rowkey:列鍵值,kcode:按鍵碼, dig:位數指標)
  for(col=0;col<4;col++)            // for 迴圈,行掃瞄
    {   KEYP = scan[col];           // 輸出掃瞄信號,掃瞄鍵盤
        segScan(1);                 // 掃瞄七節顯示器(顯示)
        rowkey= ~KEYP & 0x0F;
        // 讀入 KEYP 低 4 位,反相再清除高 4 位求出列鍵值
        if(rowkey != 0)             // 若有按鍵
        {   if(rowkey == 0x01)      row=0;  // 若第 0 列被按下
            else if(rowkey == 0x02)   row=1;  // 若第 1 列被按下
            else if(rowkey == 0x04)   row=2;  // 若第 2 列被按下
            else if(rowkey == 0x08)   row=3;  // 若第 3 列被按下
            oldKcode = 4 * col + row;    // 計算鍵值
            kcode = keyLocation[oldKcode];   // 轉換鍵值
            if(kcode >=0 && kcode <10)    // 過濾數字鍵
            {   for(dig=0;dig<7;dig++)
                    disp[dig]=disp[dig+1];   // 顯示暫存器移位
                disp[7]=kcode;           // 鍵值放入個位數
            }
// ======== 執行功能 ===================
            if(kcode==0x0F)   BF=!BF;    // 若按 F 鍵,則切換嗶聲旗標
            if(BF)   beep(1);            // 若嗶聲旗標為 1,則嗶一聲
            while(rowkey != 0)           // 若按鈕未放開
            {   rowkey=~KEYP & 0x0F;     // 重新讀取列鍵值
                segScan(1);              // 掃瞄七節顯示器(顯示)
            }
        }                                // if 敘述結束
        Delay500us(2);                   // 延遲 1ms
    }                                    // for 迴圈結束(行掃瞄)
}                                        // 掃瞄函數 keyScan 結束
// ======== 七節顯示器掃瞄函數 ===================
void   segScan(char x)               // 七節顯示器掃瞄函數開始
{ char i,j;                          // 宣告變數
```

```
for(i=0;i<x;i++)                          // 重複掃瞄 x 次
{    for(j=0;j<8;j++)                     // 掃瞄 8 位數
    {    SEGP=0xFF;                        // 關閉顯示信號(防殘影)
         SCANP=~(1<<j);                    // 輸出掃瞄信號
         SEGP=TAB[disp[7-j]];              // 輸出顯示信號
         Delay500us(2);                    // 延遲 1ms
    }                                      // 完成 8 位數掃瞄
}                                          // 完成 x 次掃瞄
SEGP=0xFF;                                 // 關閉顯示信號(防殘影)
}                                          // 七節顯示器掃瞄函數結束
```

 操作

1. 在 Keil C 裡撰寫程式，並進行建構(按 █ 鈕，或 **F7** 鍵)，以產生 *.HEX 檔。若有下方的**建構輸出視窗**出現錯誤，則按其指示的位置檢視原始程式，並修正之，並將它記錄在實驗報告裡。

2. 按圖 29，直接在 **KDM 實驗組**上連接線路，並使用 **s51_pgm** 程式將所產生的韌體(ch5-5-4.HEX)燒錄到 AT89S51，再操作鍵盤，觀察動作是否正常？再次提醒，<u>內部 **Port 0** 已連接指撥開關，記得將指撥開關撥到 **OFF** 的位置，七節顯示器才會正常顯示。</u>

3. 撰寫實驗報告。

 **思考一下**

● 當按鍵按住不放時，七節顯示器是否會正常？為什麼？

● 每次按鍵時，若有嗶聲，七節顯示器會閃一下，若沒有嗶聲，七節顯示器則正常，為什麼？

● 請在本實驗裡，新增按 E 鍵清除顯示器，而只有個位數顯示 0，其餘為空白。

5-5-5　兩津勘吉的眉毛實例演練

 實驗要點

兩津勘吉的眉毛蠻好玩的！這塊電路板提供 16 個 RGB LED，讓我們的程式設計生動活潑、多采多姿。在此將設計一個動靜皆宜的 LED 看板，包括下列三個功能：

● 功能一：16 個 LED 全亮，而所顯示的顏色，依序如表 7 所示(5-26 頁)。

● 功能二：左、右眉毛交互閃爍，而所顯示的顏色，依序為紅、藍、綠。

● 功能三：由中間往兩邊彩色眉毛靜態顯示。

● 功能四：由中間往兩邊彩色眉毛輪動顯示。

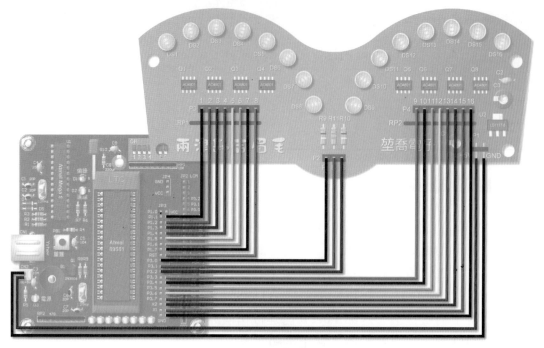

圖31　線路連接圖

首先連接電路，如圖 31 所示，其中包括下列接線：

● 使用一條 8 Pin 杜邦線由 KT89S51 線上燒錄實驗板的 P0 連接到兩津勘吉的 P3，其中 P0^0 連接 P3-1。

● 使用一條 8 Pin 杜邦線由 KT89S51 線上燒錄實驗板的 P2 連接到兩津勘吉的 P4，其中 P2^0 連接 P4-16。

● 使用一條 3 Pin 杜邦線由 KT89S51 線上燒錄實驗板的 P3^0~P3^2 連接到兩津勘吉的 P2，其中 P0^0 連接 P2-R、P2-G、P2-B。

● 使用一條 2 Pin 杜邦線由 KT89S51 線上燒錄實驗板的 CN2 連接到兩津勘吉的 P1，其中 CN2-GND 連接 P1-GND、CN2-+5V 連接 P1-+5V。

程式設計

在此的程式設計，包括四部分，第一部分(功能一)與第二部分(功能二)是傳統驅動，或全時間驅動；第三部分(功能三)與第四部分(功能四)是掃瞄式驅動，如下：

兩津勘吉的眉毛實驗(ch5-5-5.c)

```
// ch5-5-5.c – 16 個(8+8)RGB LED 實驗
// P0 為左眉毛(Left)，連接兩津勘吉的眉毛的 P3(1~8)
// P2 為右眉毛(Right)，連接兩津勘吉的眉毛的 P4(9~16)
```

```
// P3^0 紅色信號(Red)，連接兩津勘吉的眉毛的 P2-1(R)
// P3^1 綠色信號(Green)，連接兩津勘吉的眉毛的 P2-3(G)
// P3^2 藍色信號(Blue)，連接兩津勘吉的眉毛的 P2-2(B)
//==宣告區=====================================
#include    <reg51.h>        // 定義 8051 暫存器之標頭檔
#define     Left   P0        // 連接兩津勘吉的眉毛的 P3(1~8), P0^0=P3-1
#define     Right P2         // 連接兩津勘吉的眉毛的 P4(9~16), P2^0=P4-16
#define     Color P3         // 連接兩津勘吉的眉毛的 P2(1~3)
void   delay1ms(int x);      // 宣告延遲函數
//==主程式======================================
main()                        // 主程式開始
{ unsigned char i,j,k,l,m;    // 宣告變數
  Left=Right=0xFF;            // 關閉掃瞄線
  Color=0xFF;                 // 關閉顏色信號
  while(1)                    // 無窮迴圈
  {   // 功能一：各顏色輪流全亮
      Left=Right=0;           // 開啟左右眉毛
      for(i=0;i<8;i++)        // 各顏色輪流顯示
      {   Color=~i;           // 設定顏色
          delay1ms(400);      // 亮 0.4 秒
      }
      Left=Right=0xFF;        // 關閉左右眉毛
      // 功能二：眉毛左右閃
      for(i=0;i<3;i++)        // 各顏色輪流顯示
      {   Color=~(1<<i);      // 設定顏色(紅、綠、藍)
          for(j=0;j<3;j++)    // 交互閃 3 次
          {   Left=0xFF;Right=0;    // 開啟右眉毛
              delay1ms(250);       // 亮 0.25 秒
              Left=0;Right=0xFF;    // 開啟左眉毛
              delay1ms(250);       // 亮 0.25 秒
          }
      }
      Left=Right=0xFF;        // 關閉左右眉毛
      // 功能三：由中間往兩邊彩色眉毛
      for(j=0;j<250;j++)      // 重複掃瞄次數
          for(i=0;i<8;i++)    // 顯示 8 色
          {   Color=~i;       // 設定顏色
              Left=~(1<<j);   // 開啟左眉毛
              Right=~(1<<j);  // 開啟右眉毛
              delay1ms(1);    // 亮 1ms
          }
      Left=1;Right=1;         // 關閉左右眉毛
      // 功能四：由中間往兩邊顏色輪動
      k=0;                    // 移位指標歸零
      for(l=0;l<30;l++)       // 重複執行 30 次
      {   for(m=0;m<20;m++)   // 執行 20 次(160ms 移動一次)
              for(i=0;i<8;i++)   // 流動顯示 8 色(8ms)
              {   Color=~i;      // 設定顏色
```

```
            j=i+k;                  // 設定顏色
            if (j>7) j-=8;          // 調整位置
            Left=~(1<<(7-j));       // 開啟左眉毛
            Right=~(1<<(7-j));      // 開啟右眉毛
            delay1ms(1);            // 亮 1ms
        }
      if(++k==8) k=0;               // 調整移位指標
    }
    Left=1;Right=1;                 // 關閉左右眉毛
  }
}                                   // 主程式結束
// === 延遲函數,延遲約 x*1ms ===================================
void delay1ms(int x)        // 延遲函數開始
{ int i,j;                  // 宣告整數變數 i,j
  for(i=0;i<x;i++)          // 計數 x 次,延遲約 x*1ms
      for(j=0;j<120;j++);   // 計數 120 次,延遲約 1ms
}                           // 延遲函數結束
```

 操作

1. 在 Keil C 裡撰寫程式,並進行建構(按 ▦ 鈕,或 **F7** 鍵),以產生
    *.HEX 檔。若有下方的**建構輸出視窗**出現錯誤,則按其指示的位置檢
    視原始程式,並修正之,並將它記錄在實驗報告裡。

2. 按圖 31 連接線路,並使用 **s51_pgm** 程式將所產生的韌體(ch5-5-5.HEX)
    燒錄到 AT89S51,再觀察兩津勘吉的眉毛動作是否正常?

3. 撰寫實驗報告。

 **思考一下**

● 在功能四裡,顏色由中間往兩邊輪動,請改為由兩邊往中間輪
  動。

● 延伸功能四,請設計一個雨刷動作?

5-6 即時練習
輸出入埠之進階應用

在本章裡所探討的內容，以鍵盤掃瞄及七節顯示器掃瞄為主之基本人機介面，再加上具有消遣性質的兩津勘吉，隱含著濃濃的掃瞄技術。只要按部就班，即可成為掃瞄高手，更可成為七節顯示器專家。在此請試著回答下列問題，以確認對於此部分的認識程度。

選擇題

( )1. 當我們要設計多位數七節顯示器時，其掃瞄的時間間隔，大約多少比較適當？ (A) 0.45 秒 (B) 0.3 秒 (C) 0.15 秒 (D) 0.015 秒 。

( )2. 與多顆單位數七節顯示器比較，使用多位數之七節顯示器模組具有何優點？ (A) 數字顯示比較好看 (B) 成本比較低廉 (C) 比較高級 (D) 電路比較複雜。

( )3. 若要連接 4×4 鍵盤與微處理機，至少需要多少位元的輸出入埠？ (A) 16 位元 (B) 12 位元 (C) 9 位元 (D) 8 位元 。

( )4. 對於多個按鈕的輸入電路而言，應如何連接比較簡潔？ (A) 採陣列式連接 (B) 採串列式連接 (C) 採並列式連接 (D) 採跳線式連接 。

( )5. RGB LED 裡包括哪幾種顏色的 LED？ (A) 紅、黃、綠 (B) 紅、橙、黃 (C) 黃、綠、藍 (D) 紅、綠、藍。

( )6. 使用 74138 解碼時，應如何連接，才能正常解碼？ (A) G1、$\overline{G2A}$、$\overline{G2B}$ 接腳連接高準位 (B) G1、$\overline{G2A}$、$\overline{G2B}$ 接腳連接低準位 (C) G1 接腳連接高準位，$\overline{G2A}$、$\overline{G2B}$ 接腳連接低準位 (D) G1 接腳連接低準位，$\overline{G2A}$、$\overline{G2B}$ 接腳連接高準位。

( )7. 關於 RGB LED 的敘述，下列何者正確？ (A) 在相同順向電流的狀況下，藍色 LED 的順向電壓 V_F 最低 (B) 在相同順向電流的狀況下，紅色 LED 的順向電壓 V_F 最低 (C) 在相同順向電流的狀況下，藍色 LED 的亮度最高 (D) 在相同順向電流的狀況下，綠色 LED 的亮度最高。

( )8. TTL 的輸入接腳若空接，將會如何？ (A) 視為 High (B) 視為 Low (C) 高阻抗狀態 (D) 不允許 。

( )9. CMOS 的輸入接腳若空接，將會如何？ (A) 視為 High (B) 視為 Low (C) 高阻抗狀態 (D) 不允許 。

( )10. 若要使用解碼 IC 產生 16 位元的低態掃瞄信號，可使用哪個 IC？ (A) 使用一個 74139 (B) 使用兩個 74139 串接 (C) 使用兩個 74138 串接

(D) 使用三個 74138 。

問 答 題

1. 試說明何謂「高態掃瞄」？何謂「低態掃瞄」？

2. 試繪製以 16 個 Tact Switch 連接之 4×4 鍵盤？

3. 在四位數七節顯示器之掃瞄驅動電路裡，電源電壓為+5V，若要讓七節顯示器裡的 LED，工作在 I_D 平均電流為 8mA，則應使用多大的限流電阻？

4. 試說明 74138 及 74139 之不同？

5. 試簡述在表面黏著式 RGB LED 封裝裡，四腳式(PLCC4)與六腳式(PLCC6)之接腳配置。

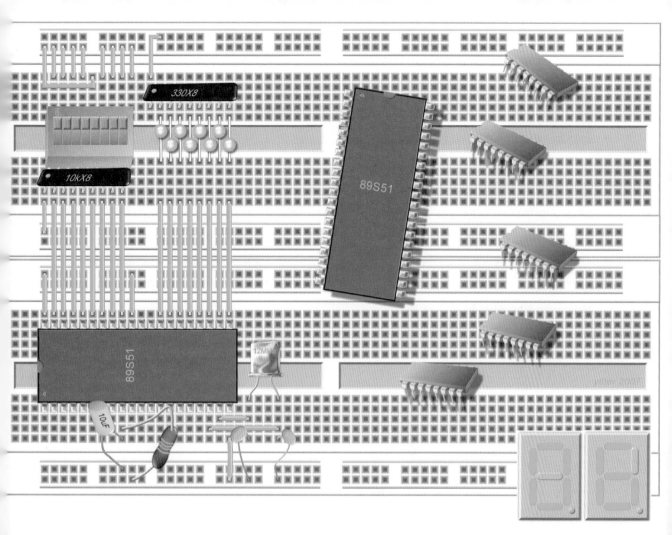

 中斷之應用

本章內容豐富，主要包括兩部分：

硬體部分：

認識 8x51 的中斷功能，並能在 C 語言的程式裡，啟用中斷功能，及撰寫中斷副程式。

程式與實作部分：

單一外部中斷的應用。

兩個外部中斷的應用。

6-1 認識 89S51 之中斷

中斷之應用

基本上,程式是一行接一行執行,如果還沒遇到讀取輸入信號的指令,就不知道我們的需求,也就不會為我們服務。如果我們*不想等*,任何時間,只要我們想要服務,單晶片微處理器就要立即為我們服務,那就得應用中斷(interrupt)功能。中斷是暫時放下目前所執行的程式,優先執行特定的副程式(即中斷副程式),待副程式執行完成後,再返回接續剛才放下的程式。譬如說,老師正在講課,而同學有疑問,隨時都可舉手發問,老師將立即暫停課程進度,先為同學解惑,再繼續剛才暫停的課程,這樣的動作就是「中斷」。

*好端端的幹嘛中斷?*就是為了提升效率!*中斷能提升效率?*試想若不立即提出問題、立即得到適切答覆,待老師授課完畢,這位同學早就忘光光了,同時也失去興趣了!當然,老師也不能整天待在教室不上課,大家大眼瞪小眼,等待同學提問題!所以,以「中斷」的方式,既能保持進度,又兼顧與滿足同學的需求,當然是比較有效率!

6-1-1 MCS-51 之中斷

8x51 提供五個中斷服務,即外部中斷 INT0、外部中斷 INT1、計時計數器中斷 T0、計時計數器中斷 T1 與串列埠中斷 UART(RI/TI),如圖 1 所示:

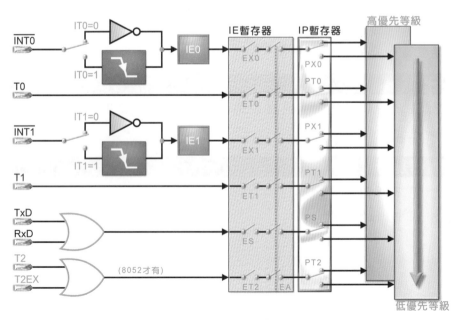

圖1 MCS-51 中斷控制系統

8x52 提供六個中斷服務，除了 8x51 的五個中斷外，還有第三個計時計數器(即 Timer 2)的中斷。中斷可概分為三類，如下說明：

外部中斷

8x51 有 INT0 與 INT1 兩個外部中斷，CPU 透過 $\overline{INT0}$ 接腳(即 12 腳，與 P3^2 共用接腳)及 $\overline{INT1}$ 接腳(即 13 腳，與 P3^3 共用接腳)，以接受外部中斷的請求。

外部中斷信號的採樣方式，可為準位觸發(低準位觸發)及邊緣觸發(負緣觸發)兩種。若要採用準位觸發，須將 TCON 暫存器(稍後介紹)中的 IT0(或 IT1)設定為 0，則只要 $\overline{INT0}$ 接腳($\overline{INT1}$ 接腳)為低態，即視為外部中斷需求。若要採用邊緣觸發，須將 TCON 暫存器中的 IT0(或 IT1)設定為 1，則只要 $\overline{INT0}$ 接腳($\overline{INT1}$ 接腳)的信號由高態轉為低態瞬間，將視為外部中斷需求。這些中斷需求將反應在 IE0(或 IE1)裡，若 IE 暫存器的 EX0(或 EX1)=1、且 EA=1，CPU 將進入該中斷的服務。至於，中斷優先等級暫存器(IP 暫存器)只是安排多個中斷發生時，中斷服務執行的順序而已，若只有一個中斷，將不會有所影響。

計時計數器中斷

計時計數器中斷有 T0 與 T1 兩個(8x52 還有 T2)，若是計時器，CPU 將計數內部的時鐘脈波，而提出內部中斷；若是計數器，CPU 將計數外部的脈波，而提出內部中斷。至於外部脈波的輸入，則是透過 T0 接腳(即 14 腳，與 P3^4 共用接腳)或 T1 接腳(即 15 腳，與 P3^5 共用接腳)。關於計時計數器，待第七章再詳細說明。

串列埠中斷

串列埠中斷(UART)有 RI 或 TI 兩個，CPU 透過 RXD 接腳(即 10 腳，與 P3^0 共用接腳)及 TXD 接腳(即 11 腳，與 P3^1 共用接腳)，分別要求接收(RI)中斷需求或傳送(TI)中斷需求。關於串列埠，待第八章再詳細說明。

當中斷發生時，CPU 將暫停當時所執行的程式，再按中斷的種類，執行其中斷向量(位址)，例如 $\overline{INT0}$ 中斷時，程式將跳到 0x03 位址($\overline{INT0}$ 的中斷向量)，而 0x03 位址可能只有一個命令，也就是跳到該中斷的服務程式的位址。當然，若以 C 語言撰寫程式，也難感受得到。當中斷副程式執行完畢後，即可返回主程式，繼續執行剛才中斷時的下一個指令，如圖 2 所示。

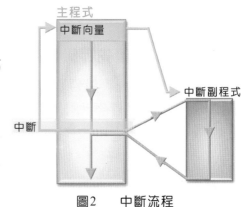

圖2　中斷流程

6-1-2 相關暫存器與中斷向量

在圖 1 裡，與中斷相關的暫存器包括中斷致能暫存器(Interrupt Enable register, **IE**)、中斷優先等級暫存器(Interrupt Piority register, **IP**)、計時計數器控制暫存器(Timer/Coounter **CON**trol register, **TCON**)等，如下說明：

🔍 中斷致能暫存器

中斷致能暫存器(以下簡稱為 **IE** 暫存器)提供啟用中斷功能的開關，屬於必要的中斷設定暫存器。基本上，這是一個 8 位元的可位元定址暫存器，如圖 3 所示：

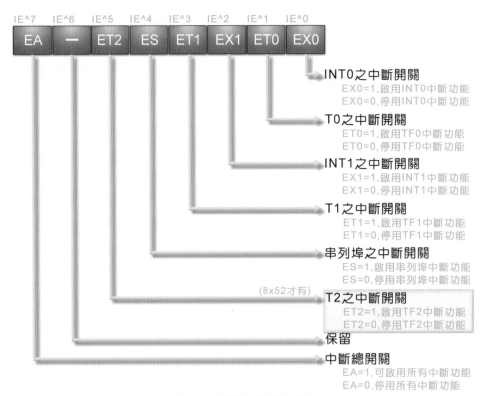

圖3　中斷致能暫存器

🔍 中斷優先等級暫存器

中斷優先等級暫存器(以下簡稱為 **IP** 暫存器)提供設定各中斷的優先等級，而 **IP** 暫存器也是可位元定址的 8 位元暫存器，其中各位元如圖 4 所示。其位置與 IE 暫存器類似，在此特將這兩個暫存器疊在一起，以資比對！所以，記住 IE 暫存器，也就記住 IP 暫存器了！

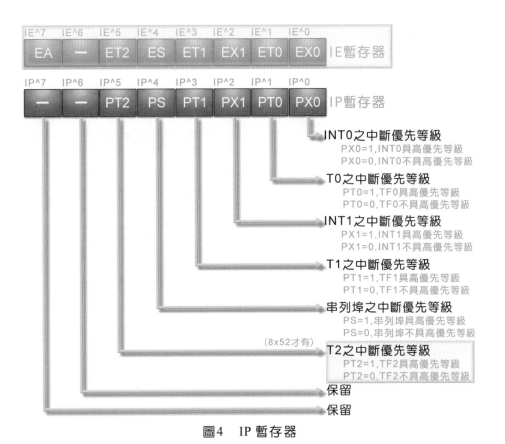

圖4　IP 暫存器

計時計數器控制暫存器

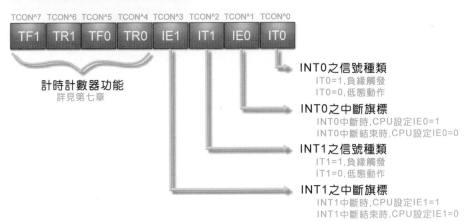

圖5　TCON 暫存器

計時計數器控制暫存器(以下簡稱為 TCON 暫存器)提供外部中斷與計時器中斷的相關設定，如圖 5 所示，TCON 暫存器為 8 位元的可位元定址暫存器。其中高四位元為計時器中斷的相關設定(第 7 章說明)，低四位元為外部中斷的相關設定，IT0 與 IT1 分別為 INT0 與 INT1 的取樣信號設定位元，若要採用負緣觸發信號，則可設定為 1；若要採用低態動作信號，則可設定為 0。至於 IE0 與 IE1

兩個位元，則是由 CPU 所操作的中斷旗標，當中斷發生時，將被設定為 1；結束中斷時，將恢復為 0。

中斷向量

表 1　8x51/8x52 中斷向量表

中斷編號	中斷源名稱	中斷向量位址
-	系統重置(Reset)	0x00
0	第一個外部中斷 INT0	0x03
1	第一個計時計數器中斷 T0	0x0B
2	第二個外部中斷 INT1	0x13
3	第二個計時計數器中斷 T1	0x1B
4	串列埠中斷 RI/TI	0x23
5	第三個計時計數器中斷(8x52)T2/EXF2	0x2B

8x51/8x52 的中斷向量，如表 1 所示。當發生中斷時，程式將跳至其中斷向量位址，執行該位置上的程式。在 C 語言程式裡，不需要知道中斷向量的位址，只須記住中斷編號，撰寫中斷副程式時，必須指明中斷編號，稍後說明。

6-1-3　中斷的應用

中斷的應用包括中斷向量的設定，及中斷副程式的撰寫，如下說明：

中斷設定

中斷的設定包括開啟中斷開關(即 **IE** 暫存器的設定)、中斷優先等級的設定(即 **IP** 暫存器的設定)、中斷信號的設定(即 **TCON** 暫存器的設定)等。我們可在程式裡直接設定 IE 暫存器、IP 暫存器及 TCON 暫存器，例如要開啟「總開關」、「INT0 開關」，則可以下列命令：

```
IE=0x81;              // 啟用 INT 0 中斷 IE=1000 0001
```

其中 0x81 就是 10000001，相當於把 IE 暫存器中的 EA 與 EX0 設定為 1，也可直接寫成

```
EA=EX0=1;             // 啟用 INT 0 中斷
```

如此可讀性較高，有不必記 IE 暫存器的內容與位置。同理，若要開啟「總開關」、「INT0 開關」與「INT1 開關」都打開，如下：

```
EA=EX0=EX1=1;         // 啟用 INT 0 與 INT 1 中斷
```

對於中斷優先等級的設定，也是以類似的命令，只是操作的對象為 IP 暫

存器,例如要提升 INT1 的優先等級,其命令為:

IP=0x04;   // 設定 INT 1 中斷具最高優先權 IP=0000 0100

而外部中斷信號的種類,可在 TCON 暫存器裡設定,例如 INT1 中斷要採負緣觸發方式,則:

IT1=1;   // 設定 INT 1 採負緣觸發

 中斷副程式

中斷副程式是一種特殊的副程式(函數),其第一列的格式為:

void 中斷副程式名稱(void) interrupt 中斷編號 using 暫存器庫

其中各項在第二章中已介紹過了,在此不贅述。例如要定義一個 INT1(其中斷編號為 2)的中斷副程式,其名稱定義為「my_INT」,而在該中斷副程式使用 RB1 暫存器庫,則中斷副程式的第一列應為

void my_INT(void) interrupt 2 using 1 // INT 1 之中斷副程式,使用 RB1

緊接著,在一對大括號裡,撰寫此中斷副程式的內容。與一般函數一樣類似,稍後介紹。

IT與PX再研究

關於中斷觸發信號的設定,以 INT 0 為例,如下探討:

- 若 IT0=0 時,則 P3^2 腳輸入低態信號時,將觸發 INT 0 中斷,並進入中斷副程式。在執行中斷副程式時,不管 P3^2 腳重複輸入多少次低態信號,都不會重複觸發 INT 0 中斷,直到中斷副程式結束後,P3^2 腳輸入的低態信號,才會再次觸發 INT 0 中斷。

- 若 IT0=1 時,則 P3^2 腳輸入負緣信號時,將觸發 INT 0 中斷,並進入中斷副程式。在執行中斷副程式時,每次 P3^2 腳出現負緣信號,會被記錄為觸發 INT 0 中斷,例如重複兩次負緣信號,則中斷副程式結束後,將立即進入中斷副程式兩次。

關於中斷優先等級的設定,以 INT 0 與 INT 1 為例,如下探討:

- 當 PX0=0、PX1=0(相當於 PX0 與 PX1 都不設定)時,則視中斷觸發方式的不同,而有不同的反應,如下:
  - 若 IT1=IT0=1(負緣觸發),則

◆ 先觸發 INT 0，進入 INT 0 中斷副程式。在 INT 0 中斷副程式還沒結束之前，再觸發 INT 1，則在 INT 0 中斷副程式結束後，將接續執行 INT 1 中斷副程式，待 INT 1 中斷副程式結束後，才會回到主程式，如圖 6 之左圖。

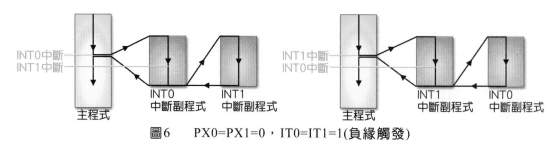

圖6　　PX0=PX1=0，IT0=IT1=1(**負緣觸發**)

◆ 先觸發 INT 1，進入 INT 1 中斷副程式。在 INT 1 中斷副程式還沒結束之前，再觸發 INT 0，則在 INT 1 中斷副程式結束後，將接續執行 INT 0 中斷副程式，待 INT 0 中斷副程式結束後，才會回到主程式，如圖 6 之右圖。

■ 若 IT1=IT0=0(低態動作)，則

◆ 先觸發 INT 0，進入 INT 0 中斷副程式。在 INT 0 中斷副程式還沒結束之前，再觸發 INT 1，則在 INT 0 中斷副程式結束後，不會執行 INT 1 中斷副程式，**直接回到主程式**。

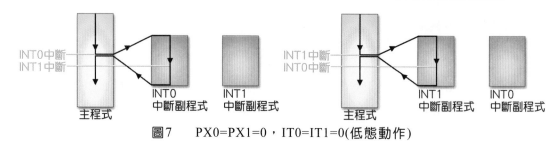

圖7　　PX0=PX1=0，IT0=IT1=0(**低態動作**)

◆ 先觸發 INT 1，進入 INT 1 中斷副程式。在 INT 1 中斷副程式還沒結束之前，再觸發 INT 0，則在 INT 1 中斷副程式結束後，不會執行 INT 0 中斷副程式，**直接回到主程式**。

● 當 PX0=1、PX1=0(PX0 為高優先等級)時，則視中斷觸發方式的不同，而有不同的反應，如下：

■ 若 IT1=IT0=1(負緣觸發)，則

◆ 先觸發 INT 0，進入 INT 0 中斷副程式。在 INT 0 中斷副程式還沒結束之前，再觸發 INT 1，則在 INT 0 中斷副程式結束後，將接續執行 INT 1 中斷副程式，待 INT 1 中斷副程式

結束後，才會回到主程式。

圖8　PX0=1，PX1=0，IT0=IT1=1(負緣觸發)

◆　先觸發 INT 1，進入 INT 1 中斷副程式。在 INT 1 中斷副程式還沒結束之前，再觸發 INT 0，則暫停 INT 1 中斷副程式，先執行 INT 0 中斷副程式，待 INT 0 中斷副程式結束後，接續執行剛才暫停 INT 1 中斷副程式，而 INT 1 中斷副程式結束後，才會回到主程式。

■　若 IT1=IT0=0(低態動作)，則

◆　先觸發 INT 0，進入 INT 0 中斷副程式。在 INT 0 中斷副程式還沒結束之前，再觸發 INT 1，則在 INT 0 中斷副程式結束後，直接回到主程式(不理會 INT 1)。

圖9　PX0=1，PX1=0，IT0=IT1=0(低態動作)

◆　先觸發 INT 1，進入 INT 1 中斷副程式。在 INT 1 中斷副程式還沒結束之前，再觸發 INT 0，則暫停 INT 1 中斷副程式，先執行 INT 0 中斷副程式，待 INT 0 中斷副程式結束後，接續執行剛才暫停 INT 1 中斷副程式，而 INT 1 中斷副程式結束後，才會回到主程式，與負緣觸發一樣。

●　當 PX0=0、PX1=1(PX1 為高優先等級)時，則視中斷觸發方式的不同，而有不同的反應，如下：

■　若 IT1=IT0=1(負緣觸發)，則

◆　先觸發 INT 0，進入 INT 0 中斷副程式。在 INT 0 中斷副程式還沒結束之前，再觸發 INT 1，則暫停 INT 0 中斷副程式，先執行 INT 1 中斷副程式，待 INT 1 中斷副程式結束後，接

續執行剛才暫停 INT 0 中斷副程式，而 INT 0 中斷副程式結束後，才會回到主程式。

圖10　PX0=0，PX1=1，IT0=IT1=1(負緣觸發)

◆　先觸發 INT 1，進入 INT 1 中斷副程式。在 INT 1 中斷副程式還沒結束之前，再觸發 INT 0，則在 INT 1 中斷副程式結束後，將接續執行 INT 0 中斷副程式，待 INT 0 中斷副程式結束後，才會回到主程式。

■　若 IT1=IT0=0(低態動作)，則

◆　先觸發 INT 0，進入 INT 0 中斷副程式。在 INT 0 中斷副程式還沒結束之前，再觸發 INT 1，則暫停 INT 0 中斷副程式，先執行 INT 1 中斷副程式，待 INT 1 中斷副程式結束後，接續執行剛才暫停 INT 0 中斷副程式，而 INT 0 中斷副程式結束後，才會回到主程式，與負緣觸發一樣。

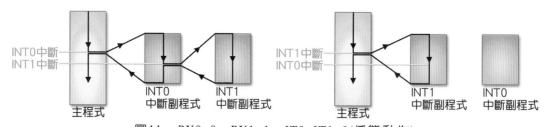

圖11　PX0=0，PX1=1，IT0=IT1=0(低態動作)

◆　先觸發 INT 1，進入 INT 1 中斷副程式。在 INT 1 中斷副程式還沒結束之前，再觸發 INT 0，則在 INT 1 中斷副程式結束後，直接回到主程式(不理會 INT 0)。

●　當 PX0=1、PX1=1 時，與 PX0=0、PX1=0(都沒有設定)時完全一樣。

6-2 中斷副程式的模擬

中斷之應用

　　在前幾章中，我們已在 Keil C 的整合環境裡進行過多次的模擬與除錯，但尚未做過「中斷」的模擬！當程式編輯完成，並順利通過編譯後(可利用 ch6-3-1.c 範例程式操作)，即可按下列步驟進行中斷模擬：

Step 1 按 🔍 鈕開啟除錯工具列，螢幕出現確認對話盒，如圖 12 所示：

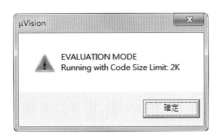

圖12 確認對話盒

Step 2 按 ┃ 確定 ┃ 鈕關閉對話盒，即進入**除錯/模擬狀態**。再啟動 **Peripherals** 功能表下的 **Interrupt** 命令，即可開啟**中斷系統**對話盒 (**Interrupt System**)，如圖 13 所示：

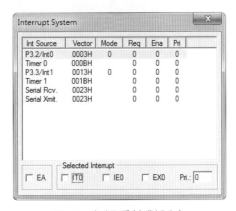

圖13 中斷系統對話盒

Step 3 再次啟動 **Peripherals** 功能表下的 **I/O-Ports** 命令，在拉出的選單裡，指定所要觀察/追蹤的輸出入埠(Port0 到 Port 3)，即可開啟該輸出入埠的對話盒。

Step 4 按 🔳 鈕程式即進行模擬，主程式執行的結果將展示在輸出入埠的對話盒，同時在 **Interrupt System** 對話盒下方，也將按程式的設定，

出現相對的選項，例如程式中有「IE=0x81」，則 EA 及 EX0 選項將
自動選取；若程式中有「TCON=0x01」，則 IT0 選項將自動選取。
若要讓程式進入中斷狀態，則指向 IE0 選項，按滑鼠左鍵，該選項
將閃一下，程式即進入中斷狀態，我們就可從輸出入埠對話盒中，
看到其動作。完成中斷程式後，將自動恢復主程式的執行。當然，
若要再次執行中斷，還是一樣，指向 IE0 選項，按滑鼠左鍵即可。

在本單元裡提供兩個範例，以展示 8x51 的外部中斷功能。

6-3-1 外部中斷實例演練

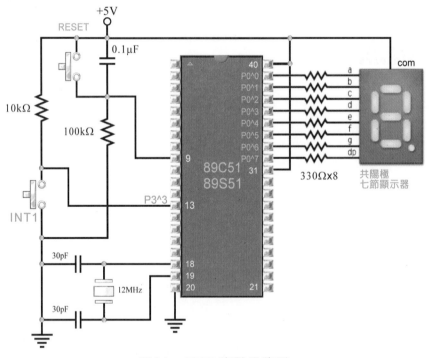

圖14　INT1 實驗電路圖

如圖 14 所示，由 P0 直接驅動共陽極七節顯示器；另外，第 13 腳(即 $\overline{\text{INT1}}$ 接腳)
連接 10k 歐姆提升電阻，讓該接腳保持為 High，再連接按鈕開關(INT1)。當主
程式正常執行時，七節顯示器將從 0 開始正數到 9(循環)，每 0.5 秒增加 1。若

按 INT1 按鈕開關，則進入中斷狀態，則七節顯示器將從 9 開始閃爍倒數到 0(一圈後結束中斷)，每 0.5 秒減少 1。若使用 KDM 實驗組，可按圖 15 連接。若使用 KDM 實驗組 4.2 版，則可直接使用左邊 KT89S51 線上燒錄實驗板下方標示 INT1 的 PB2 按鍵，做為觸發外部中斷的按鍵。

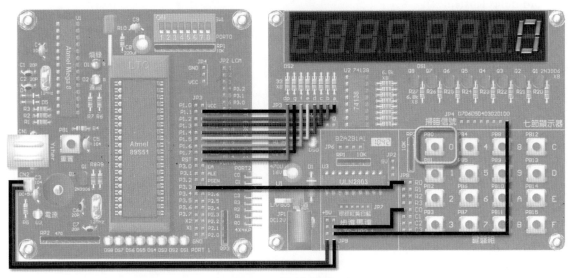

圖15　　連接線路

流程圖與程式設計

依功能需求與電路結構得知，首先宣告 delay1ms 函數及驅動共陽極七節顯示器的信號，我們可以把這些驅動信號存為字元陣列，即

```
char code TAB[10]={    0xc0, 0xf9, 0xa4, 0xb0, 0x99,
                       0x92, 0x83, 0xf8, 0x80, 0x98 };
```

在主程式裡，依序每隔 0.5 秒輸出字元陣列中的編碼，而在中斷副程式裡，反序每隔 0.5 秒輸出字元陣列中的編碼即可。

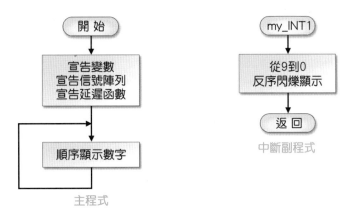

INT1 中斷實驗(ch6-3-1.c)

```
/* ch6-3-1.c - INT1 中斷實驗 */
//==宣告區==============================
#include    <reg51.h>              // 定義 8x51 暫存器之標頭檔
#define     SEG   P0               // 定義七節顯示器接至 Port 0
void delay1ms(int x);              // 宣告延遲函數
/*  宣告七節顯示器驅動信號陣列(共陽) */
char code TAB[]={  0xc0, 0xf9, 0xa4, 0xb0, 0x99, //數字 0-4
                   0x92, 0x83, 0xf8, 0x80, 0x98 }; //數字 5-9
//==主程式==============================
main()                             // 主程式開始
{ int i;                           // 宣告 i 變數(計數值)
  EA=EX1=1;                        // 啟用 INT 1 中斷
  while(1)                         // 無窮迴圈,程式一直跑
  {    for(i=0;i<10;i++)           // 顯示 0-9(上數)
       {    SEG=TAB[i];            // 顯示數字至七節顯示器
            delay1ms(500);         // 延遲 500*1m=0.5s
       }
  }                                // for 迴圈結束
}                                  // 主程式結束
/* INT 1 的中斷副程式 - 數字閃爍倒數 9-0 */
void my_int1(void) interrupt 2     // INT1  中斷副程式開始
{ int i;                           // 宣告 i 變數(計數值)
  for (i=9;i>=0;i--)               // for 迴圈顯示 9-0(下數)
  {    SEG=TAB[i];                 // 顯示數字至七節顯示器
       delay1ms(250);              // 延遲 250*1m=0.25s
       SEG=0xFF;                   // 關閉七節顯示器
       delay1ms(250);              // 延遲 250*1m=0.25s
  }                                // for 迴圈結束
}                                  // 結束中斷副程式
/* 延遲函數,延遲約 x*1ms */
void delay1ms(int x)               // 延遲函數開始
{ int i,j;                         // 宣告整數變數 i,j
  for (i=0;i<x;i++)                // 計數 x 次,延遲 x*1ms
      for (j=0;j<120;j++);         // 計數 120 次，延遲 1ms
}                                  // 延遲函數結束
```

操作

1. 依功能需求與電路結構撰寫程式，經編譯與連結產生*.HEX 檔。請特別注意，IE 與 TCON 的設定不能錯，因為設定錯誤照樣通過編譯與連結！功能卻不一定正常。在中斷副程式的第一列「void my_int1(void) interrupt 2」，請配合 IE 與 TCON 的設定，例如「EA=EX1=1;」代表 INT 1 中斷，其中斷編號為 2，所以要定義為「interrupt 2」，千萬不要搞錯！

2. 在 Keil C 裡進行軟體除錯/模擬時，啟動 **Peripheral/Interrupt System** 命令開啟 **Interrupt System** 對話盒，下方顯示「EA、IT0、IE0、EX0、Pri」五個項目，其中 EA 代表啟用中斷的總開關、IT0 代表 INT 0 的觸發信號種類、IE0 為觸動中斷的信號、EX0 代表啟用 INT 0 的開關、Pri 則為該中斷的優先等級。若要進行 INT 1 的中斷，選取 **Interrupt System** 對話盒裡的 **P3.3/INT1** 項，則對話盒下方的 IT 0 項變成 IT 1 項、IE 0 項變成 IE 1 項、EX 0 項變成 EX 1 項，即可進行 INT 1 的中斷，如圖 16 所示。此後，程式進行時，只要指向 IE 1 項，按滑鼠左鍵，即可進入中斷副程式。

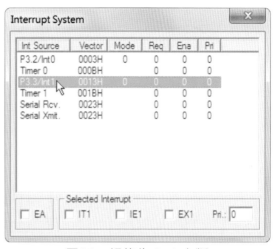

圖16　切換為 Int1 中斷

3. 在本實驗裡，若要從模擬中，看出其功能是否正確？並不容易！若將延遲函數裡的數字增加 20 倍或更多，讓輸出變化的速度慢一點，則可看清楚其輸出變化的順序，再與驅動信號比較，即可驗證是否符合功能？

4. 按圖 14、15，在 **KDM 實驗組**上連接線路，並使用 s51_pgm 程式將 ch06-3-2.hex 燒錄到 AT89S51 晶片。即可執行主程式，七節顯示器應依序正數，按 0 鍵(圖 15 中圈起來的按鍵)，即進入中斷七節顯示器應反序閃爍倒數。

5. 撰寫實驗報告。

思考一下

● 若在本實驗的電路裡，將原本的共陽極七節顯示器，改採用共陰極七節顯示器，則程式應如何更改？

6-3-2   兩個外部中斷實例演練

 實驗要點

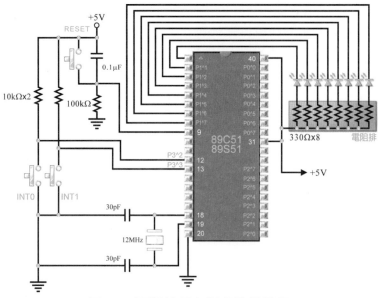

圖17   兩個外部中斷實驗電路圖

如圖 17 所示，P1 連接 8 個 LED、第 12 腳(即 $\overline{INT0}$ 接腳)連接 10kΩ提升電阻，讓該接腳保持為 High，再連接按鈕開關(INT0)、第 13 腳(即 $\overline{INT1}$ 接腳)連接 10kΩ提升電阻，讓該接腳保持為 High，再連接按鈕開關(INT1)。

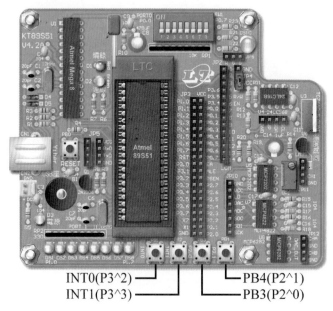

圖18   KT89S51 線上燒錄實驗板 V4.2 版上的按鍵

若使用 **KT89S51** 線上燒錄實驗板 V4.2 版或 V3.3B 版,如圖 18 所示,P3^2、P3^3、P2^0、P2^1 已連接按鈕開關,則不用接線。當主程式正常執行時,P1 所連接的八個 LED 將閃爍。若按 INT0 按鈕開關,則進入 INT0 中斷狀態,P1 所連接的八個 LED 將變成單燈左移,而左移 3 圈(從最左邊到最右邊為 1 圈) 後,恢復中斷前的狀態,程式將繼續執行八燈閃爍的功能。若按 INT1 按鈕開關,則進入 INT1 中斷狀態,P1 所連接的八個 LED 將變成單燈右移,而右移 3 圈(從最左邊到最右邊為 1 圈)後,恢復中斷前的狀態,程式將繼續執行八燈閃爍的功能。另外,在此要求單燈左移(INT0)中斷的優先等級較單燈右移(INT1) 中斷的優先等級高。

流程圖與程式設計

依功能需求與電路結構得知,首先宣告 delay1ms 函數,然後在主程式裡,依序每隔 0.25 秒改變輸出的亮/不亮狀況,而且是持續不斷。在 INT0 中斷副程式裡,進行每隔 0.5 秒 LED 左移的輸出,由右而左執行 3 圈後,返回主程式;在 INT1 中斷副程式裡,進行每隔 0.5 秒 LED 右移的輸出,由左而右執行 3 圈後,返回主程式。

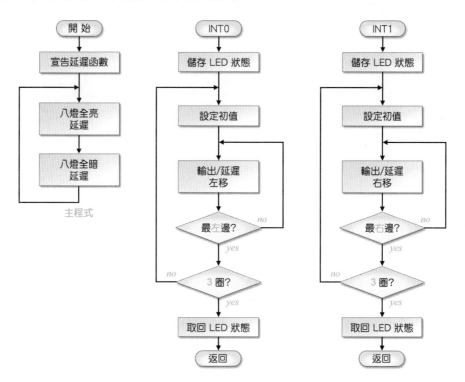

兩個外部中斷實驗(ch6-3-2.c)

```
/* ch6-3-2.c - 兩個外部中斷實驗 */
//==宣告區===============================================
#include    <reg51.h>                // 定義 8x51 暫存器之標頭檔
```

```
#define   LED   P1                          // 定義 LED 接至 Port 1
void delay1ms(int );                        // 宣告延遲函數
void left(int);                             // 宣告單燈左移函數
void right(int);                            // 單燈右移函數開始
//==主程式=================================
main()                                      // 主程式開始
{ EA=EX0=EX1=1;                             // 啟用 INT 0,INT 1 中斷
// IT0=IT1=1;                               // 設定負緣觸發
// PX0=1;                                   // 設定 INT 0 具有最高優先權
// PX1=1;                                   // 設定 INT 1 具有最高優先權
   LED=0;                                   // 初值=0000 0000,八燈全亮
   while(1)                                 // 無窮迴圈,程式一直跑
   {   delay1ms(250);                       // 延遲 250×1m=0.25s
       LED=~LED;                            // LED 反相
   }                                        // while 迴圈結束
}                                           // 主程式結束
/* INT 0 的中斷副程式 - 單燈左移 3 圈 */
void my_int0(void) interrupt 0              // INT0  中斷副程式開始
{ unsigned saveLED=LED;                     // 儲存中斷前 LED 狀態
   left(3);                                 // 單燈左移 3 圈
   LED=saveLED;                             // 寫回中斷前 LED 狀態
}                                           // 結束 INT0  中斷副程式
/* INT 1 的中斷副程式 - 單燈右移 3 圈 */
void my_int1(void) interrupt 2              // INT1  中斷副程式開始
{ unsigned saveLED=LED;                     // 儲存中斷前 LED 狀態
   right(3);                                // 單燈右移 3 圈
   LED=saveLED;                             // 寫回中斷前 LED 狀態
}                                           // 結束 INT1  中斷副程式
/* 延遲函數,延遲約 x*1ms */
void delay1ms(int x)                        // 延遲函數開始
{ int i,j;                                  // 宣告整數變數 i,j
   for (i=0;i<x;i++)                        // 計數 x 次,延遲 x*1ms
       for (j=0;j<120;j++);                 // 計數 120 次,延遲 1ms
}                                           // 延遲函數結束
/* 單燈左移函數,執行 x 圈 */
void left(int x)                            // 單燈左移函數開始
{ int i, j;                                 // 宣告變數 i,j
   for(i=0;i<x;i++)                         // i 迴圈,執行 x 圈
   {   LED=0xFE;                            // 初始狀態=1111 1110,最右燈亮
       for(j=0;j<7;j++)                     // j 迴圈,左移 7 次
       {   delay1ms(250);                   // 延遲 250×1m=0.25s
           LED=(LED<<1)|0x01;               // 左移 1 位後,LSB 設為 1
       }                                    // j 迴圈結束
       delay1ms(250);                       // 延遲 250*1m=0.25s
   }                                        // i 迴圈結束*/
}                                           // 單燈左移函數結束
/* 單燈右移函數,執行 x 圈 */
void right(int x)                           // 單燈右移函數開始
{ int i, j;                                 // 宣告變數 i,j
   for(i=0;i<x;i++)                         // i 迴圈,執行 x 圈
   {   LED=0x7F;                            // 初始狀態=0111 1111
       for(j=0;j<7;j++)                     // j 迴圈,右移 7 次
```

```
{     delay1ms(250);              // 延遲 250*1m=0.25s
      LED=(LED>>1)|0x80;          // 右移 1 位後,MSB 設為 1
}                                 // j 迴圈結束
      delay1ms(250);              // 延遲 250*1m=0.25s
}                                 // i 迴圈結束*/
}                                 // 單燈右移函數結束
```

 操作

1. 依功能需求與電路結構撰寫程式,然後將該程式編譯與連結,以產生 *.HEX 檔。其中 IE、IP 與 TCON 的設定千萬不要弄錯。另外,在每個中斷副程式的開頭,也一定要配合 IE 與 TCON 的設定。

2. 在 Keil C 裡進行軟體除錯/模擬時,開啟 **Interrupt System** 對話盒,然後在對話盒中點選 **P3.3/INT1** 項,下方顯示「EA、IT1、IE1、EX1、Pri」五個項目,即可模擬 INT1 的動作。同樣地,在對話盒中點選 **P3.2/INT0** 項,下方顯示「EA、IT0、IE0、EX0、Pri」五個項目,即可模擬 INT0 的動作。

3. 按圖 17 連接線路(使用 **KT89S51** 線上燒錄實驗板 V4.2 版或 V3.3B 版免接線),並使用 s51_pgm 程式將 ch6-3-3.hex 燒錄到 AT89S51 晶片。即可執行主程式(八燈閃爍),按 0 鍵(即 INT0),單燈左移三圈、按 1 鍵(即 INT1),單燈右移三圈。在主程式執行,先按 0 鍵,還沒返回主程式就再按 1 鍵,結果如何?同樣地,在主程式執行,先按 1 鍵,還沒返回主程式就再按 0 鍵,結果如何?並將它記錄在實驗報告裡。

4. 撰寫實驗報告。

 **思考一下**

● 在本實驗裡,將「IT0=IT1=1;」、「PX0=1;」與「PX1=1;」標示為註解,也就是不執行。緊接著,將按 6-7~6-10 頁的設定,進行同樣的實驗,以驗證其結果,並記錄在實習報告裡。

6-4　　　即時練習　　　@

中斷之應用

在本章裡探討 8x51 的中斷,包括中斷向量、與中斷相關的暫存器、中斷程式的撰寫等,可說是微電腦系統中不可或缺的部分。在此請試著回答下列問題,以確認對於此部分的認識程度。

選擇題

( )1. 中斷功能具有什麼好處？ (A) 讓程式更複雜 (B) 讓程式執行速度更快 (C) 讓程式更有效率 (D) 以上皆非 。

( )2. 8x51 提供幾個外部中斷？幾個計時計數器中斷？
(A) 2, 2 (B) 3, 6 (C) 2, 3 (D) 3, 7 。

( )3. 8x51 的 IP 暫存器之功能為何？ (A) 設定中斷優先等級 (B) 啟用中斷功能 (C) 設定中斷觸發信號 (D) 定義 CPU 的網址。

( )4. 若要讓$\overline{INT0}$採用低態觸發，則應如何設定？
(A) EX0=0 (B) EX0=1 (C) IT0=0 (D) IT0=1 。

( )5. 在 Keil μVision 裡進行除錯/模擬時，可在那裡操作，才能觸動程式中斷？ (A) 在 Interrrupt System 對話盒 (B) 在 Cotrol Box 對話盒裡 (C) 直接按 🔨 鈕即可 (D) 直接按 ▨ 0 ▨ 鍵 。

( )6. 8x51 所提供的中斷功能裡，下列哪個優先等級較高？
(A) T1 (B) RI/TI (C) T0 (D) INT0 。

( )7. 在 TCON 暫存器裡，IE1 的功能為何？ (A) 觸發 INT1 中斷 (B) 指示 INT1 中斷的旗標 (C) 提升 INT1 優先等級 (D) 取消 INT1 中斷 。

( )8. 在 Keil C 裡，中斷副程式與函數有何不同？ (A) 中斷副程式不必宣告 (B) 函數不必宣告 (C) 中斷副程式必須有引數傳入 (D) 中斷副程式一定會有引數傳出 。

( )9. 若要同時啟用 INT0 及 INT1 中斷功能，則應如何設定？
(A) TCON=0x81 (B) IE=0x85 (C) IP=0x83 (D) IE=0x03 。

( )10.若要提升 INT1 的優先等級，則可如何設定？
(A) IP=0x01 (B) IE=0x01 (C) IP=0x04 (D) IE=0x04 。

問答題

1. 試說明 IE 暫存器及 IP 暫存器中，各位元之功能？
2. 試說明 MCS-51 提供哪些中斷？中斷向量為何？
3. 試說明如何設定 IE 暫存器？
4. 具有中斷功能的程式，必須包含那些宣告或設定？
5. 如何設定外部中斷信號的種類？

加油

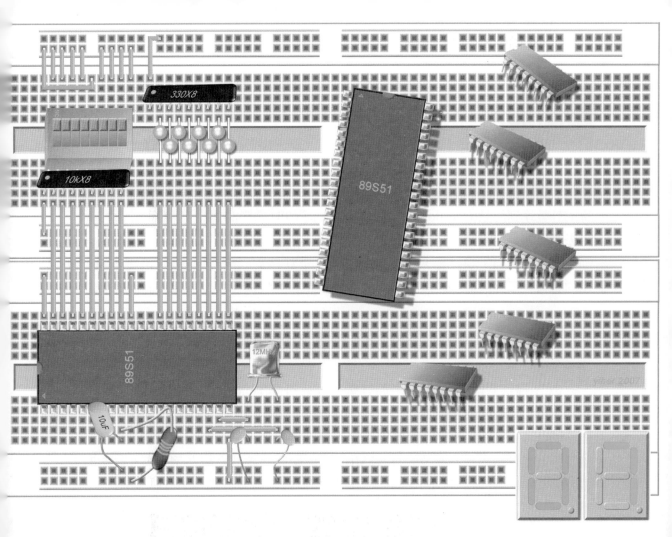

 計時計數器之應用

本章內容豐富,主要包括兩部分:

硬體部分:

認識 8x51 計時計數器的架構及其四種模式。

認識 8x51 的省電模式。

認識 89S51 的看門狗計時器。

程式與實作部分:

計時器之應用程式。

碼表之應用程式。

計頻器之應用程式。

鍵盤掃瞄之應用程式。

看門狗計時器之應用程式。

7-1 8x51 之計時計數器

計時計數器之應用

計時計數器(timer/counter)是一種計數裝置,若計數內部的時鐘脈波,可視為計時器;若計數外部的脈波,則為計數器。而計時計數器的應用,採中斷方式,當計時或計數達到終點(Overflow),即提出中斷,而 CPU 將暫時放下目前所執行的程式,先去執行特定的程式,待完成特定的程式後,再返回剛才放下的程式。譬如說,老師正在講課,而下課鐘響,即暫停課程進度,先下課,待下次上課,再繼續剛才暫停的課程。另外,也可以垂詢方式,不斷詢問計數狀況,以做為程式流程的判斷。

7-1-1 MCS-51 之計時計數器

8x51 提供兩個 16 位元的計時計數器,分別是 Timer 0 及 Timer 1(簡稱 **T0** 及 **T1**),而 8x52 則提供三個 16 位元的計時計數器,除了 8x51 的 T0 與 T1 外,還多一個 Timer 2。這三個計時計數器可做為內部計時器或外部計數器,若當成內部計時器時,則是計數內部的脈波,以 12MHz 的計數時鐘脈波系統為例,將此計數時鐘脈波除 12 後,送入計時器。因此,計時器所計數的脈波週期為 1 微秒。若採 16 位元的計時模式,則最多可計數 2^{16} 個脈波(65,536),約 65.5 毫秒。

若當成外部計數器時,則是計數由 T0 或 T1 接腳送入的脈波。若採 16 位元的計時模式,則最多可計數 2^{16} 個脈波,也就是 65,536 個計數量,相當可觀!

MCS-51 的計時計數器可規劃成四種工作模式,分別是 Mode 0、Mode 1、Mode 2 及 Mode 3,如表 1 所示:

表 1　計時計數模式

模　式	位元數	計數範圍	其它功能
Mode 0	13 位元	0～8191	
Mode 1	16 位元	0～65535	
Mode 2	8 位元	0～255	具有自動載入功能
Mode 3	8 位元	0～255	

應用計時計數器時,除了第六章所介紹的 IE 暫存器、IP 暫存器外,還會使用到計時計數模式暫存器(TMOD)、計時計數器控制暫存器(TCON)、計量暫存器(THx、TLx)等。

7-1-2　計時計數器相關暫存器

計時計數器相關的暫存器有**計時計數器模式暫存器(TMOD)**、**計時計數器控制暫存器(TCON)**、**計量暫存器**等，如下說明：

🔍 計時計數器模式暫存器(TMOD)

TMOD 的功能是設定計時計數器的**工作模式、計數信號來源及啟動計時計數器方式**等，如圖 1 所示：

bit 7	bit6	bit5	bit4	bit3	bit2	bit1	bit0
GATE	C/$\overline{T}$	M1	M0	GATE	C/$\overline{T}$	M1	M0
Timer 1				Timer 0			

GATE	閘控開關
	GATE=0,設定為內部啟動,只要TRx=1即可啟用Timerx
	GATE=1,設定為外部啟動,須要TRx=1,同時$\overline{INT}$x接腳為high 才可啟用Timerx

C/$\overline{T}$	計時/計數切換開關
	C/$\overline{T}$=0,設定為內部計時器,計數內部時鐘脈波除12的信號
	C/$\overline{T}$=1,設定為外部計數器,計數信號由T0/T1接腳輸入

M1	M0	計時/計數模式選擇開關
0	0	Mode 0:兩個13位元計時/計數器
0	1	Mode 1:兩個16位元計時/計數器
1	0	Mode 2:兩個8位元自動載入計時/計數器
1	1	Mode 3:一個8位元計時/計數器, 一個8位元計時器

圖1　TMOD 暫存器

TMOD 模式暫存器的高四位元(TMOD^7 至 TMOD^4)用以設定 Timer 1 的工作模式，而低四位元(TMOD^3 至 TMOD^0)用以設定 Timer 0 的工作模式，這兩部分的結構類似，唯控制對象不同而已。以低四位元為例，GATE 位元為 Timer 的閘控開關，用以決定其啟動方式。若 GATE=0，則只要 TR0 位元為 1，即可啟動 Timer 0，稱為內部啟動或軟體啟動。若 GATE=1，則須先將 TR0 位元設定為 1，再等待$\overline{INT0}$接腳為高態，方可啟動 Timer 0，稱為外部啟動或硬體啟動。C/$\overline{T}$位元為計時計數切換開關，若C/$\overline{T}$位元=0，則 Timer 0 為內部計時器，用以計數由 f_{osc}/12 的脈波。若C/$\overline{T}$位元=1，則 Timer 0 即為外部計數器，用以計數由 T0 接腳輸入的脈波。

M1 及 M0 兩個位元可規劃工作模式，這四種工作模式，如下說明：

▷ **MODE 0**

如圖 2 所示，Mode 0 工作模式提供兩個 13 位元的計時計數器(Timer 0 及 Timer 1)，其計數量分別放置在 THx 與 TLx 兩個 8 位元的計量暫存器裡，其中 THx 放置 8 位元、TLx 放置 5 位元，如圖 3 所示。

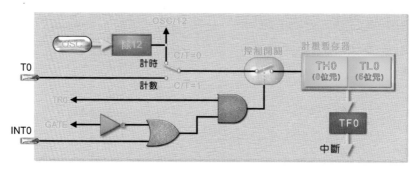

圖2　MODE 0 工作模式(Timer 0 為例)

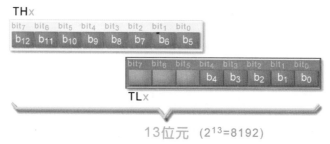

圖3　Mode 0 工作模式之計量

若要執行計時功能，則將 C/$\overline{\text{T}}$ 位元設定為 0，CPU 將計數被除 12 的系統時脈，每個時脈為 1 微秒(系統時脈為 12MHz)。若要執行計數功能，則將 C/$\overline{\text{T}}$ 位元設定為 1，CPU 將計數從 Tx 接腳輸入的脈波。

計時計數器受「控制開關」所控制，開啟這個開關的方法有兩個，第一種是外部啟動，也就是將 GATE 位元設定為 1，再將 TRx 位元設定為 1，然後等待 $\overline{\text{INT}x}$ 接腳的信號，當 $\overline{\text{INT}x}$ 接腳為高態時，即可啟動這個計時計數器。第二種是內部啟動，也就是將 GATE 位元設定為 0，接下來，只要將 TRx 位元設定為 1，即可啟動這個計時計數器。

▷ **MODE 1**

如圖 4 所示，Mode 1 工作模式提供兩個 16 位元的計時計數器(Timer 0 及 Timer 1)，其計數量分別放置在 THx 與 TLx 兩個 8 位元的計量暫存器裡，其中 THx 放置 8 位元、TLx 放置 8 位元，如圖 5 所示。

此工作模式的計時/計數功能切換方式與 Mode 0 一樣，啟動計時計數器方式與 Mode 0 一樣，計數量 Mode 1 又比 Mode 0 還大！所以 Mode

1 可以完全取代 Mode 0，很少人使用 Mode 0 了(難用又沒必要性)。

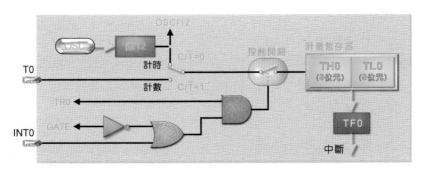

圖4　MODE 1 工作模式(Timer 0 為例)

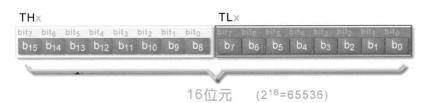

圖5　Mode 1 工作模式之計量

▷ **MODE 2**

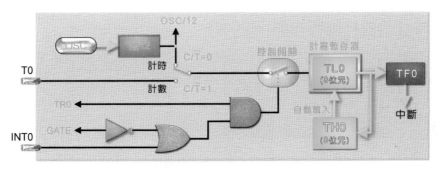

圖6　MODE 2 工作模式(Timer 0 為例)

如圖 6 所示，Mode 2 工作模式提供兩個 8 位元可自動載入的計時計數器(Timer 0 及 Timer 1)，其計數量放置在 TLx 計量暫存器裡，當該計時計數器中斷時，將會自動將 THx 計量暫存器裡的計數量，載入到 TLx 裡。由於只有 8 位元，因此，其計數範圍僅 0～255。

此工作模式的計時/計數功能切換方式，與 Mode 0 完全一樣；而啟動計時計數器的方式，也與 Mode 0 完全一樣。

▷ **MODE 3**

如圖 7 所示，Mode 3 工作模式是一種特殊的模式，提供一個 8 位元的計時計數器 Timer 0 及一個 8 位元的計時器 Timer 1，而其奇特的架構，已不太像真正的 Timer 0 或 Timer 1 了。其中的 Timer 0 計時計數

器是由 T0、$\overline{\text{INT0}}$接腳，TR0、GATE 位元，以及 TL0 計量暫存器所構成，除了不具有自動載入功能外，與 Mode 2 的 Timer 0 幾乎完全一樣。

Timer 1 計時器是由 TR1 位元及 TH0 計量暫存器所構成，除了不具有計數及自動載入功能外，幾乎可以 Mode 2 的 Timer 1 所取代。雖然看不出有任何 Mode 3 工作模式存在的理由，但這個模式的存在是事實。

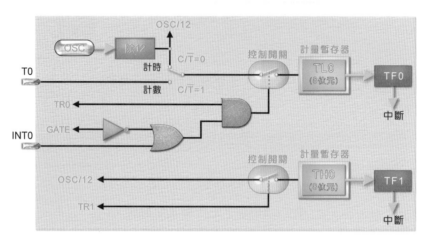

圖7　MODE 3 工作模式

🔍 計時計數器控制暫存器(TCON)

計時計數器控制暫存器 TCON 的高四位元提供計時計數器的**啟動開關**，以及**中斷時的旗標**，如圖 8 所示：

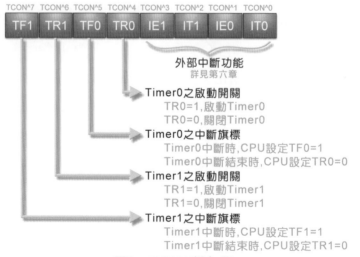

圖8　TCON 暫存器

🔍 計量暫存器

MCS-51 的計量暫存器是 THx 及 TLx 兩個八位元的暫存器，除了 Mode 3 外，TH0、TL0 是 Timer 0 所使用的計量暫存器，TH1、TL1 是 Timer 1 所使用的計量暫存器，

若是 8x52，則還有 Timer 2 所使用的 TH2、TL2 計量暫存器。

MCS-51 的計時計數器是一種正數的計數器，當計數到滿(溢位)時，即產生中斷。計量暫存器就像是一條跑道，而其終點位置是固定的，若要計數多少，就從終點往前推多少，以做為起點。例如要在 400 公尺的跑道上，舉行 100 公尺的跑步比賽，則從終點(400 公尺)處往前推 100 公尺，也就是 300 公尺處，做為起跑點。

不同模式的計時計數，其最大計量值各不同，如下：

> **Mode 0：8192**
> **Mode 1：65536**
> **Mode 2 及 Mode 3：256**

若要將一個數值 N 放入兩個暫存器，其中低位數暫存器為 X 位元的暫存器，則將 N 除以 2^X，餘數放入低位數暫存器、商數放入高位數暫存器。不同模式下，其低位數暫存器(TLx)的位元並不相同，所以填入計數量的方式也不同，如下說明：

▶ **MODE 0**

在 Mode 0 工作模式下，TLx 計量暫存器只使用 5 位元，而 2^5=32，將計數起點的值，除以 32，其餘數放入 TLx 計量暫存器、其商數放入 THx 計量暫存器。例如要使用 Timer 0 計數 6000，則填入計量暫存器的指令如下：

```
TL0=(8192-6000)%32;        // 取 5 位元的餘數
TH0=(8192-6000)/32;        // 取 5 位元的商數
```

▶ **MODE 1**

在 Mode 1 工作模式下，TLx、THx 計量暫存器各為 8 位元，而 2^8=256，將計數起點的值，除以 256，餘數放入 TLx 計量暫存器、其商數放入 THx 計量暫存器。例如要使用 Timer 0 計數 50000，則填入計量暫存器的指令如下：

```
TL0=(65536-50000)%256;     // 取 8 位元的餘數
TH0=(65536-50000)/256;     // 取 8 位元的商數
```

▶ **MODE 2**

在 Mode 2 工作模式下，只使用 TLx 計量暫存器，但 THx 計量暫存器做為自動載入的值，而其中都使用 8 位元(2^8=256)，所以只要把 256 減去計數起點的值，再分別放入 TLx 及 THx 計量暫存器即可。例如要使用 Timer 0 計數 100，則填入計量暫存器的指令如下：

TL0=256-100;	// 填入計數量
TH0=256-100;	// 填入自動載入值

▷ **MODE 3**

在 Mode 3 工作模式下，使用 TL0 計量暫存器做為第一個計時計數器的計數量，而 TH0 計量暫存器做為第二個計時器的計數量。有用到的計時計數器或計時器才須要填入，例如只要使用第一個計時計數器，則只須填入 TL0 計量暫存器；若只要使用第二個計時器，則只須填入 TH0 計量暫存器；若兩個都要使用，則分別將個別的值填入 TL0 及 TH0 計量暫存器。而填入 TL0 或 TH0 計量暫存器的方法，與 Mode 2 一樣。

7-1-3　計時計數器之應用

計時計數器有兩種應用方式，分別是**中斷方式**與**垂詢方式**。若採中斷方式，則須五項措施，即**計時計數器中斷的設定**、**計數量的設定**、**啟動計時計數器**，以及**中斷副程式的撰寫**；若採垂詢方式，則不需中斷設定，也不需中斷副程式，只要設定計數量及啟動計時計數器，再判斷計時計數器的旗標(TFx)是否動作，以決定程式流程。以中斷方式為例，其五項措施如下說明：

🔍 中斷設定

中斷的設定包括開啟中斷開關(設定 IE 暫存器)、中斷優先等級的設定(設定 IP 暫存器)、中斷信號的設定(設定 TCON 暫存器)等。以 IE 暫存器為例，若要開啟「總開關」、「T0 開關」，如下列指令：

EA=ET0=1;	// 開啟中斷總開關及 T0 開關

同理，IP 暫存器、TMOD 暫存器的設定，也可以類似的指令，例如要把 T1 中斷的優先等級提高，並設定為內部計時器、軟體啟動方式及 Mode 1，則：

IP=0x02;	// 提升 T0 中斷之優先等級
TMOD=0x01;	// 設定為內部計時器、軟體啟動、Mode 1

🔍 計數量設定

在啟動計時計數器之前，必須先設定計數量，詳見 7-7~7-8 頁，在此不贅述。

🔍 啟動計時計數器

啟動計時計數器的方法，若是採用軟體啟動，則只要在程式中，出現如下指令即可啟動：

TR*x*=1;	// 啟動 Timer *x*

其中的「*x*」是指計時計數器的代號,例如要啟動 Timer 0,則使用「TR0=1;」指令。若要停用 Timer 0,則使用「TR0=0;」指令。

中斷副程式

計時計數器的中斷副程式,與第六章所介紹的外部中斷之中斷副程式類似,中斷副程式第一列的格式為:

void　中斷副程式名稱(void)　interrupt 中斷編號　using　暫存器庫

其中計時計數器的中斷編號與外部中斷的中斷編號不一樣,Timer 0 的中斷編號為 1、Timer 1 的中斷編號為 3、Timer 2 的中斷編號為 5,可參考 6-6 頁表 1。例如要定義一個 Timer 1 的中斷副程式,其名稱定義為「my_T1」,而在該中斷副程式的第一列為:

void　my_T1 (void)　interrupt 3

緊接著,在一對大括號裡,撰寫此中斷副程式的內容。與一般函數類似,稍後介紹。

7-2　8x52 之 Timer 2
計時計數器之應用

　　本單元為選擇性教材,若教學時間不夠,或不使用 8x52,則可跳過本單元。Timer 2 為 8x52 才有的計時計數器,其架構與用法,和 Timer 0、Timer 1 有些不同,Timer 2 有三種工作模式,如下說明:

7-2-1　T2CON 暫存器

　　T2CON 暫存器是 Timer 2 的控制暫存器,其中各位元的功能,如下說明:

T2CON^7　T2CON^6　T2CON^5　T2CON^4　T2CON^3　T2CON^2　T2CON^1　T2CON^0

TF2	EXF2	RCLK	TCLK	EXEN2	TR2	C/T2	CP/RL2

圖9　T2CON 暫存器

- **TF2**:本位元為 Timer 2 溢位旗標,當 Timer 2 中斷時,CPU 會將 TF2 位元設定為 1;不過,結束 Timer 2 中斷時,CPU 並不會將 TF2 恢復,必

須在程式中，以「TF2=0;」指令將它恢復為 0。

● **EXF2**：本位元為 Timer 2 的外部旗標，當 T2EX 接腳(即 P1^0)輸入負緣信號，且 EXEN2 位元為 1，即進入「捕獲模式」或「自動載入模式」，此時 EXF2 位元將被設定為 1，並產生 Timer 2 中斷；結束 Timer 2 中斷時，CPU 並不會將 EXF2 恢復，必須在程式中，以「EXF2=0;」指令將它恢復為 0。

● **RCLK**：本位元為串列埠接收時脈選擇位元。當 RCLK 位元為 1 時，串列埠將以 Timer 2 溢位脈波做為在 Mode 1 或 Mode 3 模式時，接收的時脈信號。若 RCLK 位元為 0，則串列埠將以 Timer 1 溢位脈波做為接收的時脈信號。

● **TCLK**：本位元為串列埠傳輸時脈選擇位元。當 TCLK 位元為 1 時，串列埠將以 Timer 2 溢位脈波做為在 Mode 1 或 Mode 3 模式時，傳輸的時脈信號。若 TCLK 位元為 0，則串列埠將以 Timer 1 溢位脈波做為傳輸的時脈信號。

● **EXEN2**：本位元為 Timer 2 的外部致能控制位元，當本位元為 1 時，若 Timer 2 未被做為串列埠的時脈產生器時，且 T2EX 接腳輸入一個負緣觸發信號，即可使 Timer 2 進入捕獲模式或自動載入模式。若本位元為 0 時，則 Timer 2 將不理 T2EX 接腳的信號變化。

● **TR2**：本位元為 Timer 2 的啟動位元，當本位元為 1 時，即可啟動 Timer 2。若本位元為 0 時，則停用 Timer 2。

● **C/$\overline{\text{T2}}$**：本位元為 Timer 2 計時計數功能切換開關，當本位元為 1 時，Timer 2 將執行外部計數功能，以計數 T2 接腳所輸入的脈波信號。若本位元為 0 時，則 Timer 2 將執行內部計時功能，以計數系統的時鐘脈波。

● **CP/$\overline{\text{RL2}}$**：本位元為 Timer 2 的工作模式切換位元，當本位元為 1 時，若 EXEN2=1，且 T2EX 接腳輸入一個負緣觸發信號，Timer 2 將產生捕獲的動作，將 TH2 與 TL2 的資料存入 RCAP2H 與 RCAP2L。當本位元為 0 時，若有溢位發生，或 EXEN2=1，且 T2EX 接腳輸入一個負緣觸發信號，Timer 2 將產生自動載入的動作，將 RCAP2H 與 RCAP2L 的資料載入 TH2 與 TL2。

Timer 2 提供三種工作模式，其設定方式，可歸納如表 2 所示：

表 2　Timer 2 之模式

RCLK+TCLK	CP/$\overline{\text{RL2}}$	TR2	Mode
0	0	1	16 位元自動載入模式
0	1	1	16 位元捕獲模式
1	x	1	鮑率產生器模式
x	x	0	不使用

7-2-2　捕獲模式

捕獲模式(Capture Mode)是將 TH2 與 TL2 暫存器的資料(16 位元)，*抓*進 RCAP2H 及 RCAP2L 暫存器，其架構如圖 10 所示：

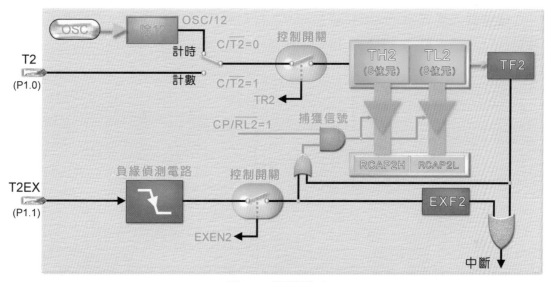

圖10　捕獲模式

若要使用捕獲模式，必須將 T2CON 暫存器裡的 CP/$\overline{RL2}$ 位元設定為 1。如同 Timer 0、Timer 1 一樣，捕獲模式可計數內部時鐘脈波(OSC/12)，也可以計數由 T2 接腳輸入的外部脈波，只要將 T2CON 暫存器裡的 C/$\overline{T2}$ 位元設定為 0，則為內部計時器；將 T2CON 暫存器裡的 C/$\overline{T2}$ 位元設定為 1，則為外部計數器。另外，T2CON 暫存器裡的 EXEN2 位元也要設定為 1，才能進行捕獲模式。而 Timer 2 的啟動開關為 TR2，若將 TR2 設定為 1，即可啟動 Timer 2；TR2=0，即可停用 Timer 2。

啟動 Timer 2 後，Timer 2 即進行計數工作，若偵測到 T2EX 接腳輸入信號中含有負緣信號，即啟動捕獲信號，將當時 TH2 暫存器的內容，將被複製到 RCAP2H 暫存器、TL2 暫存器的內容，將被複製到 RCAP2L 暫存器，同時 EXF2 位元設定為 1，並產生 Timer 2 中斷。不過，Timer 2 的中斷並不影響計數的動作，待 Timer 2 計數溢位時，則 TF2 位元設定為 1，並產生 Timer 2 中斷。

歸納上述，若要採捕獲模式工作，必須：

1. CP/$\overline{RL2}$ =1
2. EXEN2=1

再使 TR2=1，即可進入捕獲模式，Timer 2 即可計數。若 T2EX 接腳輸入

信號中含有負緣，即啟動捕獲信號，同時產生 Timer 2 中斷。當 Timer 2 計數溢位，又產生 Timer 2 中斷。

7-2-3　自動載入模式

自動載入模式(Auto-Reload Mode)是自動將 RCAP2H 及 RCAP2L 暫存器的資料(16 位元)，載入 TH2 與 TL2 暫存器，其架構如圖 11 所示：

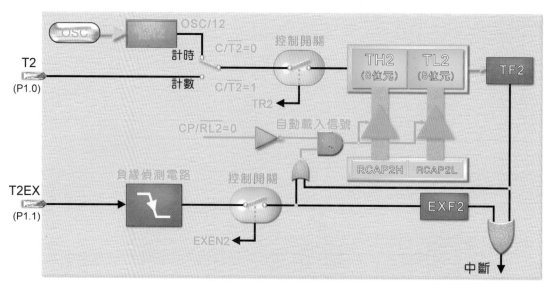

圖11　自動載入模式

若要使用自動載入模式，必須將 T2CON 暫存器裡的$\text{CP}/\overline{\text{RL2}}$ 位元設定為 0。Timer 2 的自動載入模式與 Timer 0、Timer 1 的 Mode2 類似，唯 Timer 0、Timer 1 的 Mode2 是 8 位元的自動載入功能，Timer 2 的自動載入模式則是 16 位元。同樣地，自動載入模式可計數內部時鐘脈波(f_{osc}/12)，也可以計數由 T2 接腳輸入的外部脈波，只要將 T2CON 暫存器裡的$\text{C}/\overline{\text{T2}}$ 位元設定為 0，則為內部計時器；將 T2CON 暫存器裡的$\text{C}/\overline{\text{T2}}$ 位元設定為 1，則為外部計數器。另外，T2CON 暫存器裡的 EXEN2 位元也要設定為 1，才能進行自動載入模式。而 Timer 2 的啟動開關為 TR2，若將 TR2 設定為 1，即可啟動 Timer 2；TR2=0，即可停用 Timer 2。

啟動 Timer 2 後，Timer 2 即進行計數工作，若偵測到 T2EX 接腳輸入信號中含有負緣，即啟動自動載入信號，將當時 RCAP2H 暫存器的內容，將被複製到 TH2 暫存器、RCAP2L 暫存器的內容，將被複製到 TL2 暫存器，同時 EXF2 位元設定為 1，並產生 Timer 2 中斷。不過，Timer 2 的中斷並不影響計數的動作，待 Timer 2 計數溢位時，則 TF2 位元設定為 1，並產生 Timer 2 中斷。

歸納上述，若要採自動載入模式工作，必須：

1. CP/$\overline{RL2}$ =0
2. EXEN2=1

　　再使 TR2=1，即可進入自動載入模式，Timer 2 即可計數。若 T2EX 接腳輸入信號中含有負緣，即啟動自動載入信號，同時產生 Timer 2 中斷。當 Timer 2 計數溢位，又產生 Timer 2 中斷。

7-2-4　鮑率產生器模式

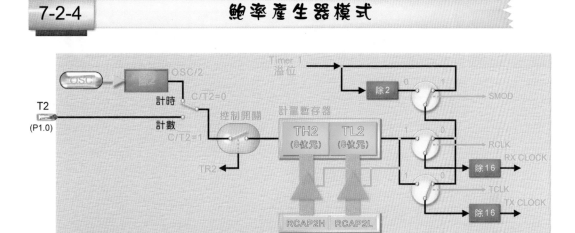

圖12　　鮑率產生器模式

　　MCS-51 的串列埠傳輸率(鮑率)可由 Timer 1 或 Timer 2 所產生的溢位脈波來控制，Timer 2 的**鮑率產生器模式**(Baud Rate Generator Mode)就是提供串列埠傳送與接收的時鐘脈波，其架構如圖 12 所示。在鮑率產生器模式下，Timer 2 可分為兩個獨立的部分，在下面的區塊裡，若 EXEN2 位元設定為 1，則只要偵測到 T2EX 接腳上有負緣信號，即可使 EXF2 旗標設定為 1，同時產生 Timer 2 中斷。

　　在其它部分則為鮑率產生器，若要使用 Timer 2 鮑率產生器所產生的時鐘脈波，則須 T2CON 暫存器裡的 RCLK 位元或 TCLK 位元設定為 1。當 RCLK=1，則 Timer 2 鮑率產生器將提供串列埠接收所須之時鐘脈波；TCLK=1，則 Timer 2 鮑率產生器將提供串列埠傳送所須之時鐘脈波。此外，T2CON 暫存器裡的 C/$\overline{T2}$ 位元設定為 1，Timer 2 將計數由 T2 接腳所輸入之外部脈波信號，以產生溢位脈波；若 C/$\overline{T2}$ 位元設定為 0，Timer 2 將計數由 OSC/2 之內部時鐘脈波信號，以產生溢位脈波，因此，其所產生的鮑率為：

$$\frac{OSC/2}{16\times[65536-(RCAP2H,RCAP2L)]}$$

當然，Timer 2 的啟動開關還是為 TR2，若將 TR2 設定為 1，即可啟動 Timer 2；
TR2=0，即可停用 Timer 2。若 RCLK 位元或 TCLK 位元都不為 1，則串列埠將採用
Timer 1 所產生的時鐘脈波。

7-3 8x51 之省電模式
計時計數器之應用 @

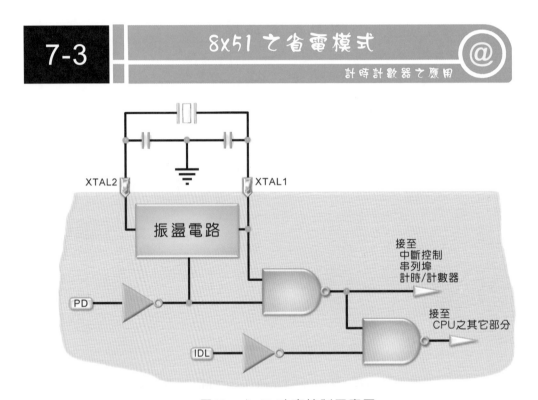

圖13　8x51 功率控制示意圖

對於 CMOS 電路而言，當狀態變動時，功率損耗較大，若無變動，幾乎不耗電！
在微處理電路裡，狀態變動大多是在系統時鐘脈波變動瞬間，所以系統時鐘脈波越
快，變動頻率越高，功率損耗越大。降低系統時鐘脈波的頻率，或乾脆關閉系統時
鐘脈波，將可有效降低功率損耗。顧名思義，「省電模式」就是要讓系統的耗電量
降低，同時又能保有系統中的資料，如此才能在使用電池的狀態下，長時間運作。
8x51 的 CHMOS 版本提供兩種省電模式，即閒置模式(**idle** mode, **IDL**)與功率下降
模式(**power-down** mode, **PD**)。如圖 13 所示為 8x51 內部的功率控制示意圖，其中
的 IDL 端點與 PD 端點連接到電源控制暫存器 PCON 的 IDL 及 PD 位元，而此部
分控制了整個 CPU 所需的時鐘脈波，如下說明：

🔍 閒置模式

如圖 14 所示，若 IDL 端點為 1，則進入閒置模式，除了中斷、串列埠、

計時/計數器等，仍正常提供時鐘脈波外，CPU 的其它部分均無時鐘脈波。因此，CPU 將停擺，而其中各暫存器、堆疊、記憶體、輸出入埠等的資料，並不會消失。這種狀態就是閒置模式。若要結束閒置模式，只要讓 IDL 端點為 0，即可正常提供各部門時鐘脈波，CPU 將恢復正常運作。若要讓 IDL 端點為 0，可以下列任一種方法達成：

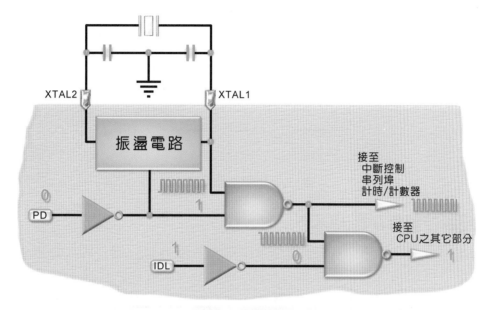

圖14　閒置模式

1. 啟動任一個中斷，再由其中斷副程式將 IDL 設定為 0。

2. 讓系統重置，也就是讓 RESET 接腳(第 9 腳)為高準位，持續 2 個機械週期(2 微秒)，則 CPU 內各暫存器恢復為初始狀態，PCON 暫存器裡的 IDL 位元將恢復為 0，也就是說 IDL 端點為 0。不過，系統重置後，各暫存器、輸出入埠等的資料將消失，但記憶體內的資料仍在，非不得已不會這樣做。

功率下降模式

若 PD 端點為 1，則進入功率下降模式，此時完全不提供時鐘脈波，功率損耗降至最低。外加電源也可由原本的+5V，降至+2V。當然，各暫存器、堆疊、記憶體、輸出入埠等的資料，並不會消失。如圖 15 所示為功率下降模式的狀態。若要結束功率下降模式，必須先將電源恢復+5V，然後讓系統重置，即讓 RESET 接腳(第 9 腳)為高準位，且需持續 10 毫秒以上。

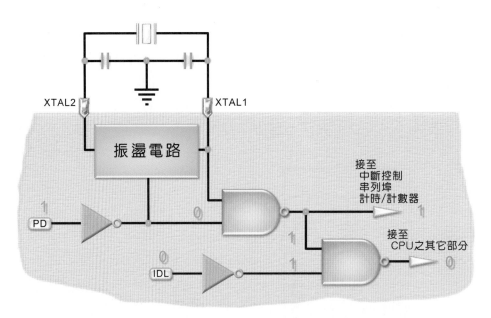

圖15　功率下降模式

電源控制暫存器(PCON)

由上述可得知，PCON 暫存器是主宰電源管理的暫存器，其位址為 0x87，這是不可位元定址的暫存器，如圖 16 所示，其中各位元如下說明：

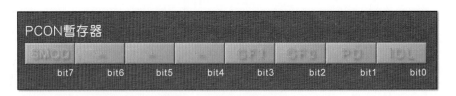

圖16　PCON 暫存器

● SMOD 位元為鮑率(baud rate)倍增位元。當串列埠工作於模式 1、模式 2、模式 3，且使用計時器 1 為其鮑率產生器時，若 SMOD 位元設定為 1，則鮑率加倍；若 SMOD 位元設定為 0，則鮑率正常。

● GF1 與 GF0 位元為一般用途旗標位元，使用者可自行設定或清除這兩個旗標。通常，我們是使用這兩個旗標做為由中斷喚醒閒置模式中的 8x51 系統。

● PD 位元為功率下降模式位元。當 PD=1，即可進入功率下降模式；PD=0，即可結束功率下降模式。

● IDL 位元為閒置模式位元。當 IDL=1，即可進入閒置模式；IDL=0，即可結束閒置模式。

當系統重置時，PCON 暫存器的初始狀態恢復為 0xxx0000B (CHMOS 版本的 8x51)，若是 HMOS 版本的 8x51，則為 0xxxxxxxB。

7-4　認識看門狗計時器

計時計數器之應用

看門狗計時器(Watchdog Timer, WDT)是一種微處理機防呆裝置，當系統超過某個時間沒有動作時，WDT 就自動重置(RESET)，讓系統重新啟動。大部分微處理機都內建 WDT，51 系列早就有內建 WDT 的特殊規格晶片，而到了 89S51 才正式列為基本配備。當然，*這隻狗還蠻陽春的！*

顧名思義，「看門狗」就是要來幫微處理機看家的小寵物。在第一章介紹 8x51 的接腳時，曾經提及「系統久久不動，就要按一下 RESET 鈕，以重置系統」，這「系統久久不動」就是俗稱的當機！哪有微處理機不當機的？不管是什麼因素引起的當機，當機後，微處理機必然不正常。看門狗計時器是個很有意思的東西，更是一個不甘寂寞的裝置，若系統太久沒有來重置看門狗計時器，看門狗計時器就會重置系統！因此，在執行程式時，必須在看門狗計時器還沒到重置系統之前，就先重置看門狗計時器，讓它沒有機會重置系統。萬一系統當掉或不正常，系統就無法即時重置看門狗計時器，看門狗計時器就會重置系統。

89S51 內建的看門狗計時器是**由一個 14 位元計時器及 WDTRST(即 Watchdog Timer Reset)暫存器所構成**，而 WDT 預置狀態是停用(disable)。若要啟用(enable)WDT 功能，則需依序將 0x1e、0xe1 依序放入 WDTRST 暫存器，此暫存器的位置是 0xa6。啟用 WDT 後，此計數器將隨時鐘脈波的機械週期而增加計數(一個機械週期，WDT 加 1)。當啟用 WDT 後，只有重置(不管是直接由 RESET 接腳重置，還是 WDT 溢位的重置)才會停用 WDT。雖然啟用 WDT 後，不可停用，但可以重置 WDT，讓它重新計時；而重置 WDT 的方法與啟用 WDT 一樣，只要依序將 0x1e、0xe1 放入 WDTRST 暫存器即可。換言之，程式必須在 WDT 溢位之前，將 0x1e、0xe1 放入 WDTRST 暫存器的動作，否則，CPU 將被重置，程式就不能順利執行。

當 14 位元計時器溢位(達到 16383，即 0x3fff)，即由 RESET 接腳送出一個高態脈波以重置裝置。每 16384(即 2^{14})個機械週期(溢位)，WDT 將產生一個高態的重置信號；換言之，以 12MHz 的時鐘脈波為例，每 16384 微秒(約 0.016 秒)即產生一個重置信號。而此重置信號的脈波寬度為 $98 \times T_{OSC}$，其中 $T_{OSC}=1/f_{OSC}$，脈波的寬度為

$$\text{Width} = 98 \times \frac{1}{12M} \cong 8.167 \mu s \text{ 。}$$

啟用WDT與重置WDT

若要在 C 語言裡啟用 WDT 或重置 WDT 功能，由於 reg51.h 之中並沒有宣告 WDTRST 暫存器，所以我們必須先宣告 WDTRST 暫存器如下：

```
sfr        WDTRST = 0xa6;
```

在主程式裡，即可以下列指令啟用 WDT 或重置 WDT 功能：

```
WDTRST = 0x1e;
WDTRST = 0xe1;
```

在功率下降模式下的WDT

在**功率下降模式**下，內部振盪器將停止，當然 WDT 也就停止運作。因此，不必進行 WDT 溢位之前重置 WDT 的動作。不過，在結束功率下降模式時，WDT 就可能會有影響。結束功率下降模式的方法有兩個，第一個方法是經由硬體重置，第二個方法是經由低態動作的外部中斷，在前一個單元中已說明過了。若以硬體重置方式結束功率下降模式，那就和平時一樣，硬體重置後，程式必須在 WDT 溢位之前重置 WDT，以防止 WDT 將 CPU 重置。

若以外部中斷的方式結束功率下降模式，情況就大不同！由於以外部中斷時，外部中斷接腳必須為低態，且持續一段時間，讓系統的振盪電路趨於穩定。所幸外部中斷接腳為低態時，WDT 並不啟動，直到外部中斷接腳為高態時，才會啟動。

不管使用哪種結束功率下降模式的方式，在此建議，進入功率下降模式之前，最好能重置 WDT，以確保在外部中斷的方式結束功率下降模式時，WDT 不會在系統恢復正常不久，即溢位而重置 CPU。

在閒置模式下的WDT

在 AUXR 暫存器中，WDIDLE 位元的功能是用來決定 WDT 在**閒置模式**下是否繼續計數。若 WDIDLE=0(預置狀態)，則在閒置模式下，WDT 仍然繼續計數。為了防止 WDT 在閒置模式模式時，重置 CPU，我們可週期性的結束閒置模式模式、重置 WDT，再重新進入閒置模式模式。

當啟用 WDIDLE 位元(即 WDIDLE=1)時，在閒置模式下 WDT 將停止計數，直到結束閒置模式後，WDT 才會恢復計數。

在 reg51.h 之中也沒有宣告 AUXR 暫存器及 WDIDLE 位元，所以我們必須先宣告之，如下：

```
sfr        AUXR= 0xa2;
```

在程式之中，即可以下列指令，讓 CPU 在閒置模式時，WDT 將停止計數：

```
AUXR = 0x10;
```

7-5 實例演練
計時計數器之應用

在本單元裡提供四個範例，如下所示：

7-5-1 閃爍燈－垂詢方式

實驗要點

本實驗的目的只是為了解 8x51 之 Timer 的應用，在此以簡單的電路與程式，讓大家知道如何以 C 語言設計 Timer 中斷程式。如圖 17 所示，由 P1 驅動的 8 個 LED，我們將設計一個程式，每 0.25 秒這 8 個 LED 交互閃爍一次。而 Timer 的應用可分為垂詢方式與中斷方式，在此將採垂詢方式。「垂詢方式」是主程式什麼也不做，只是不斷地查詢 Timer 是否中斷了，也不需準備中斷副程式。

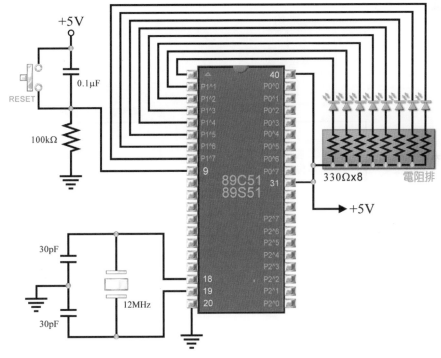

圖17　閃爍燈實驗電路圖

流程圖與程式設計

在此可使用 Timer 0 或 Timer 1 來計時，不管使用哪個 Timer，都可使用 mode 0、mode 1、mode 2 或 mode 3。而能以 mode 0 的場合，必然可以 mode 1 代替、可使用 mode 3 的場合，也必然可以 mode 2 代替。因此，只要會

應用 mode 1 與 mode 2 就夠了！12MHz 的系統而言，如下說明：

- 當在 Mode 0 模式工作時，每次最多可計數 8192，約 8 毫秒，若只計數 5000，則為 5 毫秒，必須重複 50 次才延遲 0.25 秒鐘(5m×50)。

- 當在 Mode 1 模式工作時，每次最多可計數 65536，約 65 毫秒，若只計數 50000，則為 50 毫秒，必須重複 5 次才延遲 0.25 秒鐘(50m×5)。

- 當在 Mode 2 或 Mode 3 模式工作時，每次最多可計數 256，約 0.25 毫秒，若只計數 250，則為 0.25 毫秒，必須重複 1000 次才延遲 0.25 秒鐘(0.25m×1000)。

在此以 Mode 1 為例，每次計數量為 50000，而重複 5 次後，即將切換 LED 的狀態。不過，垂詢的設定必須注意兩點：

1. 不必設定中斷致能暫存器，即不開啟中斷總開關與計時器開關。

2. 當計時器旗標變為 1 之後，還得使用「TF0=0;」將計時器旗標變為 0，該計時器才能重新啟用。

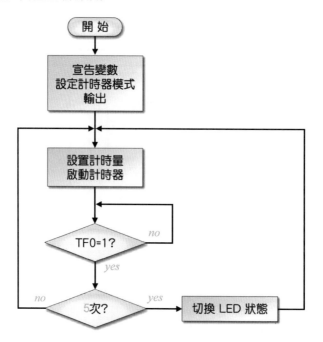

計時器實驗(ch7-5-1.c)

```
/* ch7-5-1.c - 計時器實驗 1-垂詢方式-高低 4 位元交互閃爍 */
//==宣告區==========================================
#include     <reg51.h>              // 定義 8x51 暫存器之標頭檔
#define LED  P1                     // 定義 LED 接至 Port 1
#define count 50000                 // T0(mode 1)之計量值.約 0.05 秒
#define      TH_M1 (65536-count)/256  // T0(mode 1)計量高 8 位元
#define      TL_M1 (65536-count)%256  // T0(mode 1)計量低 8 位元
```

```
//==主程式====================================
main()                              // 主程式開始
{ int    i;                         // 宣告 i 變數
  TMOD=1;                           // 設定 T0 為 mode 1
  LED=0xF0;                         // LED 初值=1111 0000,右 4 燈亮
  while(1)                          // 無窮迴圈,程式一直跑
  {     for (i=0;i<5;i++)           // for 迴圈,計時中斷 5 次
        {   TH0=TH_M1;              // 設置高 8 位元
            TL0=TL_M1;              // 設置低 8 位元
            TR0=1;                  // 啟動 T0
            while(!TF0);            // 等待溢位(TF0=1)
            TF0=0;                  // 溢位後,清除 TF0,關閉 T0
        }                           // for 迴圈計時結束
        LED=~LED;                   // 輸出反相
  }                                 // while 迴圈結束
}                                   // 主程式結束
```

 操作

1. 在 Keil C 裡撰寫程式,並進行建構(按 鈕,或 **F7** 鍵),以產生 *.HEX 檔。若有下方的**建構輸出視窗**出現錯誤,則按其指示的位置檢視原始程式,並修正之,再將它記錄在實驗報告裡。

2. 使用 KT89S51 線上燒錄實驗板,不必額外接線,直接使用 s51_pgm 程式將所產生的韌體(ch7-5-1.HEX)燒錄到 AT89S51,再觀察 LED 動作是否正常?

3. 撰寫實驗報告。

 **思考一下**

● 在本實驗裡,所採用的是 Timer 0,若要採用 Timer 1,應如何修改?

● 若要使用 mode 2 來完成本實驗的功能,程式應如何修改?

7-5-2 閃爍燈一中斷方式

 實驗要點

本實驗的目的與 7-5-1 節一樣,電路圖也相同,但改用中斷的方式進行。

流程圖與程式設計

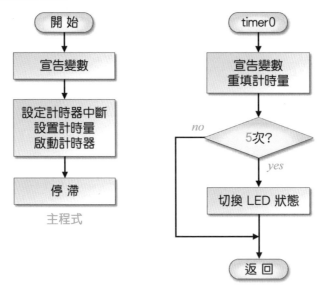

主程式

在此的計時採中斷方式，在程式結構上，需要撰寫中斷副程式，流程圖與整個程式如下：

計時器實驗(ch7-5-2.c)

```c
/* ch7-5-2.c - 計時器實驗 2-中斷方式-高低 4 位元交互閃爍   */
//==宣告區==================================
#include      <reg51.h>              // 定義 8x51 暫存器之標頭檔
#define      LED     P1              // 定義 LED 接至 P1
#define      count   50000           // T0(mode 1)之計量值,約 0.05 秒
#define      TH_M1 (65536-count)/256 // T0(mode 1)計量高 8 位元
#define      TL_M1 (65536-count)%256 // T0(mode 1)計量低 8 位元
int   IntCount=0;                    // 宣告 IntCount 變數,計算 T0 中斷次數
//==主程式==================================
main()                               // 主程式開始
{ IE=0x82;                           // 啟用 T0 中斷
  TMOD =1;                           // 設定 T0 為 mode 1
  TH0=TH_M1; TL0=TL_M1;              // 設置 T0 計數量高 8 位元、低 8 位元
  TR0=1;                             // 啟動 T0
  LED=0xF0;                          // LED 初值=1111 0000,右 4 燈亮
  while(1);                          // 無窮迴圈,程式停滯
}                                    // 主程式結束
//== T0 中斷副程式- 每中斷 5 次,LED 反相 ==================
void   timer0(void)   interrupt   1  // T0 中斷副程式開始
{ TH0=TH_M1; TL0=TL_M1;              // 重填計數量
  if (++IntCount==5)                 // 若 T0 已中斷 5 次數
  {    IntCount=0;                   // 重新計次
       LED^=0xFF;                    // 輸出相反
```

```
        }                           // if 敘述結束
}                                   // T0 中斷副程式
```

 操作

1. 在 Keil C 裡撰寫程式，並進行建構(按 🖰 鈕，或 **F7** 鍵)，以產生 *.HEX 檔。若有下方的**建構輸出視窗**出現錯誤，則按其指示的位置檢視原始程式，並修正之，再將它記錄在實驗報告裡。

2. 使用 **KT89S51** 線上燒錄實驗板，不必額外接線，直接使用 **s51_pgm** 程式將所產生的韌體(ch7-5-2.HEX)燒錄到 AT89S51，再觀察 LED 動作是否正常？

3. 撰寫實驗報告。

 **思考一下**

● 在本實驗裡，主程式沒有做任何事情，只是在等待。若要讓主程式進行 P0 驅動七節顯示器，以順序顯示 0~9，應如何修改？

7-5-3 60 秒計時器之應用

實驗要點
實驗安組

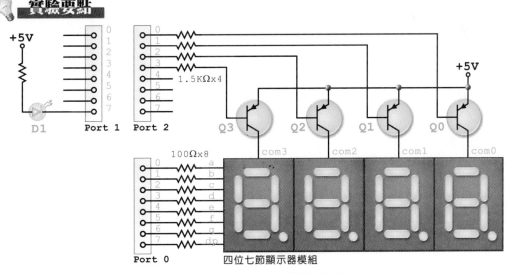

圖18　60 秒計時電路圖(部分)

如圖 18 所示，P0 驅動兩位數七節顯示器模組，而 P2^0 與 P2^1 為兩位數七節顯示器模組之掃瞄信號，其中 P2^0 為個位數之掃瞄信號、P2^1 為十位數

之掃瞄信號。在此將利用 Timer 0 做為計時裝置,兩個七節顯示器從「00」開始顯示,每 1 秒增加 1,到達「59」後,再從「00」開始,也就是 60 秒的計時器。每 60 秒,D1 切換一次(原本亮的,變不亮;原本不亮的,變亮),而此電路可直接在 KDM 實驗組裡建構,如圖 5-19 所示。

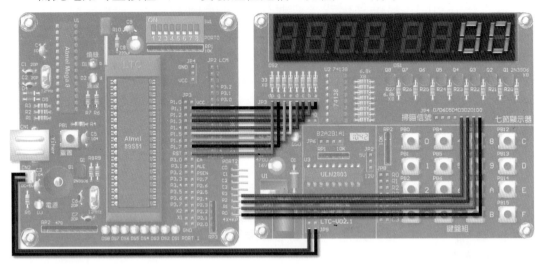

圖19　接線圖

流程圖與程式設計

在此要使用 Timer 0 來計時,每秒顯示數字加 1,若使用 mode 1,則計數量設定為 50000(即 50ms),重複次數為 20,在此設定下列變數:

```
unsigned char TH_M1=(65536-50000)/256;      // 宣告 T0 計數量之高 8 位元
unsigned char TL_M1=(65536-50000)%256;      // 宣告 T0 計數量之低 8 位元
unsigned char count0=20;                     // 重複次數
```

而 Timer 1 做為掃瞄週期的控制,每 2 毫秒掃瞄一次,若也使用 mode 1,則只要計數量為 8000,而不需重複執行。不過,在此刻意使用 mode 2,則計數量為 250,重複中斷 8 次,即為 2 毫秒,在此設定下列變數:

```
unsigned char    TH_M2=(256-250);           // 宣告 T1 自動載入計數量
unsigned char    TL_M2=(256-250);           // 宣告 T1 計數量
unsigned char    count1=8;                   // 重複次數
```

流程圖及整個程式,如下所示:

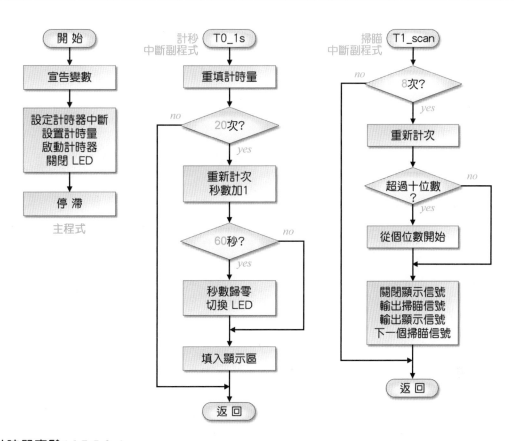

計時器實驗(ch7-5-3.c)

```c
/* ch7-5-3.c - 計時器實驗 3 -60 秒計數器,每 1 分鐘 LED 反相 1 次 */
//==宣告區=====================================
#include    <reg51.h>                    // 定義 8x51 暫存器之標頭檔
#define SEGP    P0                       // 定義七節顯示器接至 P0
#define SCANP  P2                        // 定義掃瞄信號接至 P2
sbit   LED=P1^7;                         // 宣告 LED 接至 P1^7
/*宣告 T0 計時相關宣告*/
#define   digits   2                     // 定義七節顯示器之位數
#define   count_M1    50000              // T0(mode 1)之計量值,0.05s
#define   TH_M1   (65536-count_M1)/256   // T0(mode 1)計量高 8 位元
#define   TL_M1   (65536-count_M1)%256   // T0(mode 1)計量低 8 位元
unsigned char   count_T0=0;             // 計算 T0 中斷次數
/*宣告 T1 掃瞄相關宣告*/
#define   count_M2    250                // T1(mode 2)之計量值,0.25ms
#define   TH_M2   (256-count_M2)         // T1(mode 2)自動載入計量
#define   TL_M2   (256-count_M2)         // T1(mode 2)計數量
unsigned char count_T1=0;               // 計算 T1 中斷次數
/* 宣告七節顯示器驅動信號陣列(共陽) */
char code TAB[10]={     0xc0, 0xf9, 0xa4, 0xb0, 0x99,    //數字 0-4
                       0x92, 0x83, 0xf8, 0x80, 0x98 };   //數字 5-9
char disp[]={ 0, 0 };                    // 宣告顯示區陣列初始顯示 00
```

```
/* 宣告基本變數 */
char seconds=0;                         // 秒數
char scan=0;                            // 掃瞄信號
//==主程式==================================
main()                                  // 主程式開始
{ EA=ET0=ET1=1;                         // 1000 1010,啟用 T0、T1 中斷
  TMOD=0x21;                            // 0010 0001,T1 採 mode 2、T0 採 mode 1
  TH0=TH_M1; TL0=TL_M1;                 // 設置 T0 計數量高 8 位元、低 8 位元
  TR0=1;                                // 啟動 T0
  TH1=TH_M2; TL1=TL_M2;                 // 設置 T1 自動載入值、計數量
  TR1=1;                                // 啟動 T1
  LED=1;                                // 關閉 LED
  while(1);                             // 無窮迴圈,程式停滯
}                                       // 主程式結束
//== T0 中斷副程式- 計算並顯示秒數 ===================
void T0_1s(void) interrupt 1            // T0 中斷副程式開始
{ TH0=TH_M1; TL0=TL_M1;                 // 設置 T0 計數量高 8 位元、低 8 位元
  if (++count_T0==20)                   // 若中斷 20 次,即 0.05x20=1 秒
  {   count_T0=0;                       // 重新計次
      if (++seconds==60)                // 若超過 60 秒
      {   seconds=0;                    // 秒數歸零,重新開始
          LED=~LED;                     // 切換 LED
      }                                 // if 敘述結束(超過 60 秒)
      disp[1]=seconds/10;               // 填入十位數顯示區
      disp[0]=seconds%10;               // 填入個位數顯示區
  }                                     // if 敘述結束(中斷 20 次)
}                                       // T0 中斷副程式結束
//===T1 中斷副程式 - 掃瞄 ========================
void T1_scan(void)    interrupt  3      // T1 中斷副程式開始
{ if (++count_T1==8)                    // 若中斷 8 次,即 0.25mx8=2ms
  {   count_T1=0;                       // 重新計次
      SEGP=0xFF;                        // 關閉七節顯示器(防殘影)
      SCANP=~(1<<scan);                 // 輸出掃瞄信號
      SEGP=TAB[disp[scan]];             // 輸出顯示信號
      if (++scan==digits) scan=0;       // 若超過十位數,則從個位數開始
  }                                     // 結束 if 判斷(中斷 8 次)
}                                       // T0 中斷副程式結束
```

操作

1. 在 Keil C 裡撰寫程式,並進行建構(按 ▦ 鈕,或 **F7** 鍵),以產生 *.HEX 檔。若有下方的**建構輸出視窗**出現錯誤,則按其指示的位置檢視原始程式,並修正之,再將它記錄在實驗報告裡。

2. 按圖 18,在 **KDM 實驗組**上連接電路(圖 19)連接線路,再使用 **s51_pgm**

程式將所產生的韌體(ch7-5-3.HEX)燒錄到 AT89S51，再觀察七節顯示器動作是否正常？

3. 撰寫實驗報告。

思考一下

● 在本實驗裡，計秒的範圍從 00 到 59，若要擴充為從 00 分 00 秒到 59 分 59 秒，程式應如何修改？

● 在本實驗裡，新增為倒數到 0000 後，嗶兩聲，再重新開始。

7-5-4 碼表之應用

 實驗要點

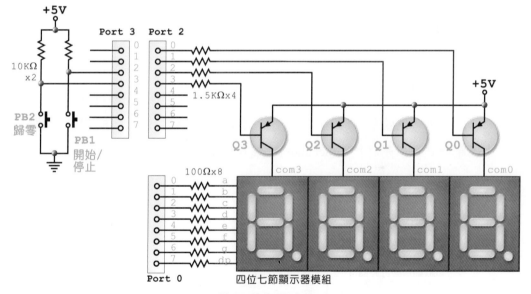

圖20 簡易碼表電路圖(部分)

如圖 20 所示，PB1 所接的按鈕開關具有啟動碼表及停止碼表的功能，按一下 PB1 按鈕開關，即可開始計時。同樣地，七節顯示器上每秒增加 1；再按一下 PB1 按鈕開關，即可停止計時。PB2 所接的按鈕開關的功能是將碼表歸零，按一下 PB2 按鈕開關，則不管有沒有計時，七節顯示器將從 00 開始。若使用 KDM 實驗組(V3.3)，接線如圖 21 所示，若是 KDM 實驗組(V4.2)，則 PB1 與 PB2 以內建在左邊電路板下方，而不必額外連接這兩個按鍵。

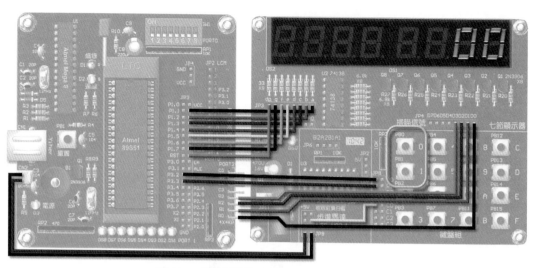

圖21　線路連接(採用 KDM 實驗組)

💡 **流程圖與程式設計**

基本上，在此所採用的 1 秒鐘計時與顯示，與 7-4-3 節類似。而在本單元最主要的是設計一個具有切換功能(Toggle)的中斷，也就是第一次按 PB1 中斷(INT0 中斷)時，開始計時；第二次按 PB1 中斷時，停止計時；第三次按 PB1 中斷時，又開始計時，就像一個切換開關一樣。我們只要在 INT0 中斷副程式裡，切換 TR0 的狀態，也就是「**TR0=!TR0;**」命令，即可達到目的。而按 PB2 所啟動的中斷副程式，只是將秒數(seconds)變成 0。

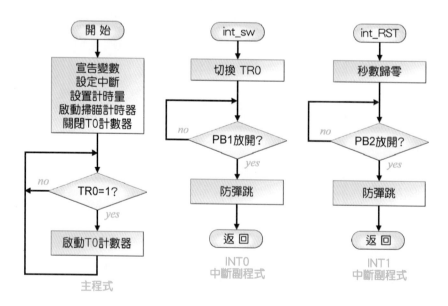

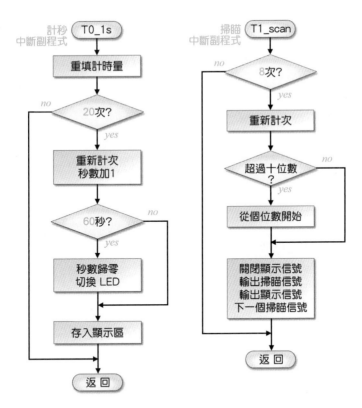

碼表實驗(ch7-5-4.c)

```c
/* ch7-5-4.c - 碼表實驗  -PB0:開始/暫停  PB1:歸零     */
//==宣告區=================================
#include      <reg51.h>                  // 定義 8x51 暫存器之標頭檔
#define SEGP     P0                       // 定義七節顯示器接至 Port 0
#define SCANP  P2                         // 定義掃瞄線接至 Port 2
sbit     PB1=P3^2;                        // PB1 按鈕接至 P3^2(INT0)
sbit     PB2=P3^3;                        // PB2 按鈕接至 P3^3(INT1)
/*宣告 T0 計時相關宣告*/
#define   count_M1     50000              // T0(MODE 1)之計量值,0.05s
#define   TH_M1   (65536-count_M1)/256    // T0(mode 1)計量高 8 位元
#define   TL_M1   (65536-count_M1)%256    // T0(mode 1)計量低 8 位元
int count_T0=0;                           // 計算 T0 中斷次數
/*宣告 T1 掃瞄相關宣告*/
#define   count_M2     250                // T1(mode 2)之計量值,0.25ms
#define   TH_M2   (256-count_M2)          // T1(mode 2)自動載入計量
#define   TL_M2   (256-count_M2)          // T1(mode 2)計數量
char count_T1=0;                          // 計算 T1 中斷次數
/* 宣告七節顯示器驅動信號陣列(共陽) */
char code TAB[10]={      0xc0, 0xf9, 0xa4, 0xb0, 0x99,    // 數字 0-4
                 0x92, 0x83, 0xf8, 0x80, 0x98 };     // 數字 5-9
```

```
char disp[]={ 0, 0 };                    // 宣告顯示區陣列初始顯示 00
/* 宣告基本變數 */
char seconds=0;                          // 宣告秒數
char scan=0;                             // 宣告掃瞄信號
//==主程式================================
main()                                   // 主程式開始
{ EA=EX0=EX1=ET0=ET1=1;                  // 10001111,啟用 INT0/1、T0/1 中斷
  PT1=1;                                 // 設定 T1 優先
  TCON=0x00;                             // 設定 INT0/1 採低態動作
  TMOD=0x21;                             // 0010 0001,T1 採 mode 2、T0 採 mode 1
  TH0=TH_M1; TL0=TL_M1;                  // 設置 T0 計數量高 8 位元、低 8 位元
  TR0=0;                                 // 停止 T0
  TH1=TH_M2; TL1=TL_M2;                  // 設置 T1 自動載入值、計數量
  TR1=1;                                 // 啟動 T1
  PB1=PB2=0xFF;                          // 規劃 PB1/PB2 輸入
  while(1);                              // 無窮迴圈,程式停滯
}                                        // 主程式結束
//== T0 中斷副程式- 計算並顯示秒數 ===============
void T0_1s(void) interrupt 1             // T0 中斷副程式開始
{ TH0=TH_M1; TL0=TL_M1;                  // 設置 T0 計數量高 8 位元、低 8 位元
  if (++count_T0==20)                    // 若中斷 20 次,即 0.05x20=1 秒
  {   count_T0=0;                        // 重新計次
      if (++seconds==60)                 // 若超過 60 秒
          seconds=0;                     // 秒數歸零,重新開始
  }                                      // if 敘述結束(中斷 20 次)
  disp[1]=seconds/10;                    // 填入十位數顯示區
  disp[0]=seconds%10;                    // 填入個位數顯示區
}                                        // T0 中斷副程式結束
//===T1 中斷副程式 - 掃瞄 ========================
void   T1_8ms(void)   interrupt   3      // T1 中斷副程式開始
{ if (++count_T1==8)                     // 若中斷 8 次,即 0.25mx8=2ms
  {   count_T1=0;                        // 重新計次
      SEGP=0xFF;                         // 關閉七節顯示器
      SCANP=~(1<<scan);                  // 輸出掃瞄信號
      SEGP=TAB[disp[scan]];              // 輸出顯示信號
      if (++scan==2) scan=0;             // 若超過十位數,顯示個位
  }                                      // 結束 if 判斷(中斷 8 次)
}                                        // T0 中斷副程式結束
//==int0 中斷副程式- 碼表之 開始/暫停 ===============
```

```
void int0_sw(void) interrupt 0          // int0 中斷副程式開始
{  TR0=!TR0;                            // 切換 T0 為開始/暫停
   while(!PB1);                         // 等待放開 PB1
}                                       // int 0 中斷副程式結束
//==int 1 中斷副程式 - 碼表歸零 ==============================
void int1_RST(void) interrupt 2         // int 1 中斷副程式開始
{  while(!PB2);                         // 等待放開 PB2
   seconds=0;                           // 秒數歸零
   disp[0]=disp[1]=0;                   // 顯示
}                                       // int 1 中斷副程式結束
```

 操作

1. 在 Keil C 裡撰寫程式，並進行建構(按 ▨ 鈕，或 **F7** 鍵)，以產生 *.HEX 檔。若有下方的**建構輸出視窗**出現錯誤，則按其指示的位置檢視原始程式，並修正之，再將它記錄在實驗報告裡。

2. 按圖 20、21，在 **KDM 實驗組**上連接線路，並使用 s51_pgm 程式將 ch7-5-4.hex 燒錄到 AT89S51 晶片。

3. 完成燒錄後，按一下 PB1 鍵是否開始計時？再按一下 PB1 鍵是否停止計時？按一下 PB2 鍵是否能歸零？

4. 撰寫實驗報告。

 **思考一下**

● 在本實驗裡所設計的是 0 到 59 秒之碼表，請將計時範圍改成 0 到 99 秒？

● 在本實驗裡使用兩位數之七節顯示器模組，請修改電路，採用四位數之七節顯示器模組，而其計時範圍改成 00.00 秒到 59.99 秒？

7-5-5　　鍵盤掃瞄之應用

 實驗要點

在 5-5-3 節裡的鍵盤掃瞄電路裡，鍵盤掃瞄佔據單晶片的所有時間，限制了該電路的功能。而最明顯的缺失是當按住按鍵不放時，七節顯示器將只顯示一位數，其他位數都不亮！如 5-37 頁的圖 29 所示之電路，將原本的七節顯示器之掃瞄信號，改由 P1 引接，再利用計時器中斷功能，**將七節顯示器掃瞄的功能獨立出來，即可不受按鍵的影響**。另外，在此也將加入按鍵嗶聲功能。

💡 **程式設計**

在此的設計乃依據 5-5-3 節修改，程式流程與 5-5-3 節流程類似，程式如下：

4×4 鍵盤與七節顯示器模組實驗(ch7-5-5.c)

```
/* ch7-5-5.c － 4x4 鍵盤與 4 個七節顯示器實驗, P^4~7 為鍵盤掃瞄信號 */
/* P2^0~3 為鍵盤輸入值,P0 為七節顯示器直接輸出,P1 為七節顯示器掃瞄信號*/
//==宣告區=======================================================
#include    <reg51.h>              // 定義 8051 暫存器之標頭檔
#define KEYP       P2              // 掃瞄輸出埠(高位元)及鍵盤輸入埠(低位元)
#define SCANP      P1              // 七節顯示器掃瞄信號輸出埠
#define SEGP       P0              // 七節顯示器顯示信號輸出埠
#define digits     4              // 設定七節顯示器位數
sbit   buzzer=P3^7;               // 宣告蜂鳴器位置
/*宣告 T1 掃瞄相關宣告*/
#define    count_M2    250         // T1(mode 2)之計量值,0.25ms
#define    TH_M2    (256-count_M2) // T1(mode 2)自動載入計量
#define    TL_M2    (256-count_M2) // T1(mode 2)計數量
char count_T1=0;                   // 計算 T1 中斷次數
char scan=0;                       // 宣告 scan 掃瞄只標變數
unsigned char code TAB[17]=        // 共陽七節顯示器(g~a)編碼
{ 0xc0, 0xf9, 0xa4, 0xb0, 0x99,    // 數字 0-4
      0x92, 0x82, 0xf8, 0x80, 0x98, // 數字 5-9
      0xa0, 0x83, 0xa7, 0xa1, 0x84, // 字母 a-e(10-14)
      0x8e, 0xbf};                  // 字母 F(15),負號(-)
char disp[]={ 16, 16, 16, 16 };    // 顯示陣列初值為負號(-)
void    delay500us(int x);         // 宣告 0.5ms 延遲函數
void    beep(char x);              // 宣告嗶聲函數
void    keyScan(void);             // 宣告掃瞄函數
//== 主程式 ======================================================
main()                             // 主程式開始
{ EA=ET1=1;                        // 啟用 Timer 1 中斷
  TMOD=0x20;                       // 設定計時器模式
  TH1=TH_M2; TL1=TL_M2;            // 填入計時量
  TR1=1;                           // 啟動 Timer 1
  while(1)                         // 無窮迴圈
      keyScan();                   // 掃瞄鍵盤
}                                  // 主程式結束
// === 延遲函數,延遲約 x*0.5ms =====================================
void delay500us(int x)             // 延遲函數開始
{ int i,j;                         // 宣告整數變數 i,j
  for(i=0;i<x;i++)                 // 計數 x 次,延遲約 *0.5ms
      for(j=0;j<60;j++);           // 計數 60 次,延遲約 0.5ms
}                                  // 延遲函數結束
// === 嗶聲函數 ===================================================
void    beep(char x)               // 嗶聲函數開始
{ char i,j;                        // 宣告字元變數 i,j
```

```
    for(i=0;i<x;i++)                        // 執行發聲 x 次
    {   for(j=0;j<100;j++)                  // 重複吸放蜂鳴器 100 次
        {   buzzer=0;delay500us(1);         // 蜂鳴器吸下約 0.5ms
            buzzer=1;delay500us(1);         // 蜂鳴器放開約 0.5ms
        }
        delay500us(200);                    // 靜音約 0.1s
    }
}                                           // 嗶聲函數結束
//======= 掃瞄 4*4 鍵盤及 4 個七節顯示器函數 =================
void keyScan(void)                          // 掃瞄函數開始
{   unsigned char col,row,dig;              // 宣告變數(col:行,row:列,dig:顯示位)
    unsigned char rowkey,kcode;             // 宣告變數(rowkey:列鍵值,kcode:按鍵碼)
    for(col=0;col<4;col++)                  // for 迴圈,掃瞄第 col 行
    {   KEYP=~(0x10<<col)|0x0F;             // 高 4 位輸出掃瞄信號
        rowkey = ~KEYP & 0x0F;
        // 讀入 KEYP 低 4 位,反相再清除高 4 位求出列鍵值
        if(rowkey != 0)                     // 若有按鍵
        {   if(rowkey == 0x01)      row=0;  // 若第 0 列被按下
            else if(rowkey == 0x02) row=1;  // 若第 1 列被按下
            else if(rowkey == 0x04) row=2;  // 若第 2 列被按下
            else if(rowkey == 0x08) row=3;  // 若第 3 列被按下
            kcode = 4 * col + row;          // 算出按鍵之號碼
            for(dig = 0; dig < digits-1 ; dig++)  // 顯示陣列之左 3 字
                disp[dig]=disp[dig+1];      // 將右側數值左移 1 位
            disp[digits-1]=kcode;           // 鍵值寫入個位數
            beep(1);                        // 嗶一聲
            while(rowkey != 0)              // 當按鍵未放開
                rowkey=~KEYP & 0x0F;        // 再讀入列鍵值
        }                                   // if 敘述(有按鍵時)結束
        delay500us(8);                      // 延遲 4ms
    }                                       // for 迴圈結束(掃瞄 col 行)
}                                           // 掃瞄函數 scanner()結束
//===T1 中斷副程式 - 掃瞄 ========================
void T1_scan(void)    interrupt   3         // T1 中斷副程式開始
{ if (++count_T1==4)                        // 若中斷 4 次,即 0.25mx4=1ms
    {   count_T1=0;                         // 重新計次
        SEGP=0xFF;                          // 關閉七節顯示器
        KEYP =~(1<<scan);                   // 輸出掃瞄信號
        SEGP=TAB[disp[digits-1-scan]];      // 輸出顯示信號
        if (++scan==digits) scan=0;         // 若超過千位數,顯示個位
    }                                       // 結束 if 判斷(中斷 4 次)
}                                           // T0 中斷副程式結束
```

操作

1. 在 Keil C 裡撰寫程式,並進行建構(按 ▦ 鈕,或 **F7** 鍵),以產生 *.HEX 檔。若有下方的**建構輸出視窗**出現錯誤,則按其指示的位置檢

視原始程式，並修正之，再將它記錄在實驗報告裡。

2. 5-33 頁的圖 27、28，在 **KDM 實驗組**上連接線路，並使用 s51_pgm 程式將 ch7-5-5.hex 燒錄到 AT89S51 晶片。完成燒錄後，再進行測試，特別是按住不放時，顯示器是否正常顯示？

3. 撰寫實驗報告。

思考一下

● 請依據本實驗的程式，新增切換嗶聲的功能，若原本按鍵有嗶聲，按 F 鍵後，按鍵就不會有嗶聲？再按一次 F 鍵後，按鍵就恢復嗶聲？

● 在本實驗裡使用四位數之七節顯示器模組，請修改電路與程式，改用八位數之七節顯示器？

7-5-6　　計頻器之應用

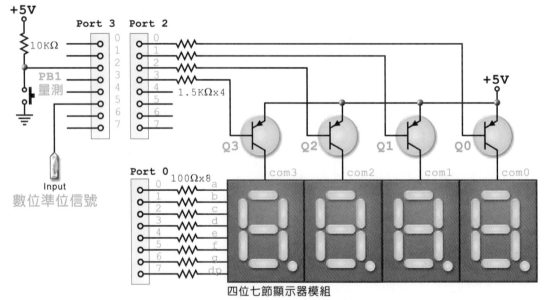

圖22　　簡易計頻器電路圖

如圖 22 所示，所要測試的信號由 Input 輸入數位信號，由 **P3^5**(即 T1 接腳)引接。另外，**P3^2** 連接 PB1 按鈕開關。按一下 PB1 開關，則進行頻率測試。掃瞄信號與顯示信號分別經由 P2、P0 連接到兩位數七節顯示器模組。在此直接使用 **KDM 實驗組**，即可量測數位脈波的頻率。

流程圖與程式設計

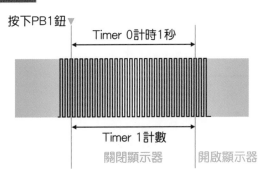

圖23 計頻器動作示意圖

基本上分為兩階段,第一階段執行量測,當 PB1 按下時,即進入量測階段,首先關閉顯示器,再啟動 Timer 0 計時器計時 1 秒鐘,開始計時的同時,Timer 1 也開始計數 Input 端的脈波;而 Timer 0 計時器計時完成時中斷,即停止 Timer 1 的計數,也完成量測階段。緊接著進入顯示階段,首先將計數量處理一下,放入顯示區,再將顯示區送到七節顯示器模組。直到 PB1 又被按下,才恢復量測階段。

由於計數的週期 T=1s,所以計數的單位就是赫芝(f=1/T Hz)。由於只有四位數,範圍為 0000 到 9999,所以將計數所得之數值區分為 10000 以下及 10000 到 65535 兩種,若是 10000 以下,則直接顯示;若 10000 到 65535,則顯示「--nn」,代表 nn kHz。流程圖與整個程式如下:

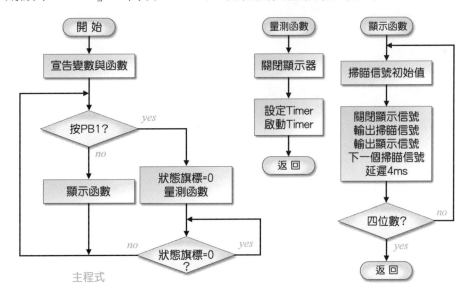

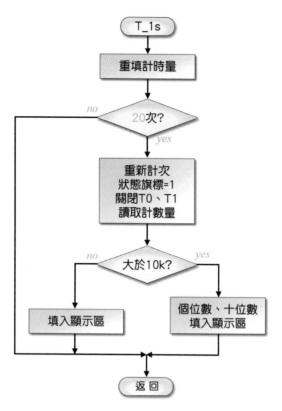

計頻器實驗(ch7-5-6.c)

```
/* ch7-5-6.c - 計頻器實驗 - 由 P3^5 輸入信號,按下 PB1 於 1 秒後顯示其頻率 */
//==宣告區==========================================
#include      <reg51.h>              // 定義 8x51 暫存器之標頭檔
#define SEGP      P0                 // 定義七節顯示器接至 P0
#define SCANP  P2                    // 定義掃瞄線接至 P2
sbit    PB1=P3^2;                    // 宣告 PB1 按鈕,接至 P3^2
char code TAB[11]={    0xc0, 0xf9, 0xa4, 0xb0, 0x99,         // 數字 0-4
                0x92, 0x83, 0xf8, 0x80, 0x98 , 0xbf };   // 數字 5-9,及-號
char disp[]={ 0, 0, 0, 0};          // 宣告顯示區陣列初始顯示 0000
/*宣告 T0 計時相關宣告*/
#define    count_M1     50000        // T0(mode 1)之計量值,0.05s
#define    TH   (65536-count_M1)/256 // T0(mode 1)計量高 8 位元
#define    TL   (65536-count_M1)%256 // T0(mode 1)計量低 8 位元
char times=0;                        // 計算  T0 中斷次數
/*宣告基本變數*/
bit    status_F = 1;                 // 狀態旗標
unsigned int freq = 0;               // 頻率變數
sfr16    DPTR = 0x82;                // 宣告 DPTR
void delay1ms(int);                  // 宣告延遲函數
void measure(void);                  // 宣告量測函數
void display(void);                  // 宣告顯示函數
//==主程式==========================================
```

```
main()                                    // 主程式開始
{ EA=ET0=ET1=1;                           // 啟用 T0、T1 中斷(10001010)
  TMOD=0x51;
  /*0101 0001：T1 為計數器、T0 為計時器，都採 mode 1*/
  while(1)                                // 無窮迴圈,程式一直跑
  {    if (!PB1)                          // 若按下 PB1
     {    status_F=0;                     // 則進入量測階段
          measure();                      // 呼叫量測函數
          while(!status_F); }             // 等待 0，量測完畢
       else display();                    // 顯示階段
  }                                       // while 迴圈結束
}                                         // 主程式結束
//===T0_1s====================================
void T0_1s(void) interrupt 1              // T0_1s 中斷副程式開始
{ TH0=TH;TL0=TL;                          // 設置 T0 計數量之高、低八位元
  if (++times==20)                        // 若達到 1 秒
  {    times=0;                           // 重新計次
       status_F=1;                        // 完成量測
       TR1=TR0=0;                         // 關閉 T1、T0
       DPL=TL1;                           // 計數量之低八位元
       DPH=TH1;                           // 計數量之高八位元
       freq=DPTR;                         // 計數量放入 freq 變數
       if (freq>=10000)                   // 超過 10 kHz
       {    disp[3]=10;                   // 負號填入千位數顯示區
            disp[2]=10;                   // 負號填入百位數顯示區
            disp[1]=freq/10000;           // 填入十位數顯示區
            disp[0]=(freq/1000)%10;}      // 填入個位數顯示區
       else                               // 低於 10 kHz
       {    disp[3]=freq/1000;            // 填入千位數顯示區
            disp[2]=(freq/100)%10;        // 填入百位數顯示區
            disp[1]=(freq/10)%10;         // 填入十位數顯示區
            disp[0]= freq%10;}            // 填入個位數顯示區
  }                                       // 結束 if 判斷(達到 1 秒)
}                                         // T0_1S 中斷副程式結束
//==量測函數====================================
void measure(void)                        // 量測函數開始
{ SCANP=0xFF;                             // 關閉顯示器
  TH0=TH;TL0=TL;                          // 設置 T0 計數量之高、低八位元
  TH1=0;TL1=0;                            // 設置 T1 歸零
  TR0=1;TR1=1;                            // 啟動 T0、T1
}                                         // 量測函數結束
//===顯示函數====================================
void display(void)                        // 顯示函數開始
{ char scan;                              // 宣告變數
```

```
    while (PB1)                          // 若未按下 PB1
    {    for (scan=0;scan<4;scan++)      // 掃瞄 4 次
        {    SEGP=0xFF;                  // 關閉七節顯示器
             SCANP=~(1<<scan);           // 輸出掃瞄信號
             SEGP=TAB[disp[scan]];       // 輸出顯示信號
             delay1ms(2);                // 延遲 2ms
        }                                // for 結束掃瞄
    }                                    // 結束 while(按下 PB1)
}                                        // 顯示函數結束
//===延遲函數=====================================
void delay1ms(int x)                     // 延遲函數開始
{  int i,j;                              // 宣告變數
   for(i=0;i<x;i++)                      // 連數 x 次,約 x*ms
       for(j=0;j<120;j++);               // 數 120 次,約 1ms
}                                        // 延遲函數結束
```

 操作

1. 在 Keil C 裡撰寫程式，並進行建構(按 ▦ 鈕，或 **F7** 鍵)，以產生 *.HEX 檔。若有下方的**建構輸出視窗**出現錯誤，則按其指示的位置檢視原始程式，並修正之，再將它記錄在實驗報告裡。

2. 按圖 22，在 **KDM 實驗組**上連接線路，並使用 s51_pgm 程式將 ch7-5-6.hex 燒錄到 AT89S51 晶片。

3. 完成燒錄後，將所要量測的數位脈波信號接入 P3^5，按一下 PB0 鍵是否開始量測？量測完成後，是否正常顯示？

4. 撰寫實驗報告。

 **思考一下**

- 請修改本程式，讓測量 10kHz 以上的頻率時，顯示「xx.xx」 kHz，包含小數點。

- 若要讓量測範圍超過 65kHz，應如何處理？

7-5-7 溜狗實驗

 實驗要點

看門狗計時器和計時計數器類似，其運作將獨立於其它程式之外。當系統在執行主程式時，看門狗計時器或計時計數器，也在背後工作；即使系統的主程式當掉了，看門狗計時器仍在運作。當微處理機應用於遙測、監控或通信時，通常其執行的程式並不會很複雜，但長時間工作(等待)較容易當機；當機後，又

很難以人工重置系統(可能是遙遠或人們不易接近)。這時候就可利用 WDT 幫我們監督系統，並於系統當掉時重置系統。

技術文件裡標稱看門狗計時器約每 0.016 秒(16ms)將會溢位，而重置系統。實際上會有不小的差距！在本實驗裡，將利用 Timer 0 來追 WDT，並重置 WDT。若 Timer 0 追上 WDT，則主程式將正常執行霹靂燈程式；若 Timer 0 追不上 WDT，則主程式將被 WDT 重置，而無法正常執行霹靂燈程式。在此將以軟體模擬，並程式燒錄到 89S51，以硬體方式實驗。當然，這兩種方式所得到的結果並不相同。軟體模擬時，Timer 0 的時間可設定為 70ms 到 80ms 之間，即可找出大約多久時程式正常執行、大約多久時 WDT 重置程式；而硬體實驗時，可在 140ms 到 150ms 之間，找出追狗的臨界時間。在真實的應用裡，只要小於臨界時間即可，為保險起見，還會遠小於臨界時間，例如 1ms 就重置一次 WDT。

在此將使用 8051 的基本電路，再透過 Port 1 低態驅動 8 個 LED，直接應用 KT89S51 線上燒錄實驗板即可，而不需要額外接線。

流程圖與程式設計

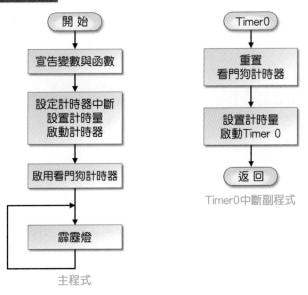

看門狗實驗(ch7-5-7.c)

```
/* ch7-5-7.c – 看門狗計時器實驗 */
//==宣告區==================================
#include        <reg51.h>              // 定義 8x51 暫存器之標頭檔
#define LED       P1                   // 定義 LED 接至 Port 1
#define TH    (65536-1000)/256         // 定義 T0 計數量之高 8 位元
#define TL    (65536-1000)%256         // 定義 T0 計數量之低 8 位元
sfr    WDTRST = 0xA6;                  // 宣告 WDTRST
unsigned int x;                        // 宣告無號整數變數 x(佔 2Bytes)
void delay1ms(int x);// 宣告延遲函數
```

```
//==主程式==========================================
main()                              // 主程式開始
{ char i;                           // 宣告字元變數 i(佔 1Bytes)
  EA=ET0=PT0=1;                     // 設定 Timer 0 中斷
  TH0=TH;                           // 填入高 8 位元
  TL0=TL;                           // 填入低 8 位元
  TR0=1;                            // 啟動 Timer 0
  WDTRST = 0x1e;                    // 啟用看門狗計時器
  WDTRST = 0xe1;                    // 啟用看門狗計時器
  LED=0xfe;                         // 初值=1111 1110,只有最右 1 燈亮
  while(1)                          // 無窮迴圈,程式一直跑
  {    for(i=0;i<7;i++)             // 左移 7 次
       {   delay1ms(250);           // 延遲 250×1m=0.25s
           LED=(LED<<1)|0x01;       // 左移 1 位,並設定最低位元為 1
       }                            // 左移結束,只有最左 1 燈亮
       for(i=0;i<7;i++)             // 右移 7 次
       {   delay1ms(250);           // 延遲 250×1m=0.25s
           LED=(LED>>1)|0x80;       // 右移 1 位,並設定最高位元為 1
       }                            // 結束右移,只有最右 1 燈亮
  }                                 // while 迴圈結束
}                                   // 主程式結束
/* 延遲函數,延遲約 x*1ms */
void delay1ms(int x)                // 延遲函數開始
{ int i,j;                          // 宣告整數變數 i,j
  for (i=0;i<x;i++)                 // 計數 x 次,延遲 x*1ms
       for (j=0;j<120;j++);         // 計數 120 次，延遲 1ms
}                                   // 延遲函數結束
/* Timer 0 中斷副程式 */
void   feed(void)   interrupt 1     // 餵狗副程式開始
{ TH0=TH; TL0=TL;                   // 填入計時量
  // 軟體模擬：75 ok, 76(含)以上追不上 WDT(不一定適用每台電腦)
  // 硬體實驗：142 ok, 143(含)以上追不上 WDT(不一定適用每塊電路板)
  if (++x == 142)
  {    x=0;                         // 重新計數
       WDTRST = 0x1e;               // 重置看門狗計時器
       WDTRST = 0xe1;               // 重置看門狗計時器
  }
}                                   // 中斷程式結束
```

📐 操作

1. 在 Keil C 裡撰寫程式，並進行建構(按 ▣ 鈕，或 [F7] 鍵)，以產生
   *.HEX 檔。若有下方的**建構輸出視窗**出現錯誤，則按其指示的位置檢
   視原始程式，並修正之，再將它記錄在實驗報告裡。

2. 在 Keil C 裡進行軟體除錯/模擬，啟動 Peripherals/Timer/Timer 0 命令，打開 Timer/Counter 0 視窗；啟動 Peripherals/Timer/Watchdog 命令，打開 Watchdog Timer 視窗；啟動 Peripherals/I/O-Ports/Port 1 命令，打開 Parallel Port 1 視窗，如圖 24 所示，觀察程式執行時，觀察 Parallel Port 1 視窗是否執行霹靂燈程式、Watchdog Timer 視窗裡 Timer 欄位是否變化？改變程式裡的 x 大小(70～80)，以找出執不執行霹靂燈程式的臨界值，並記錄之。

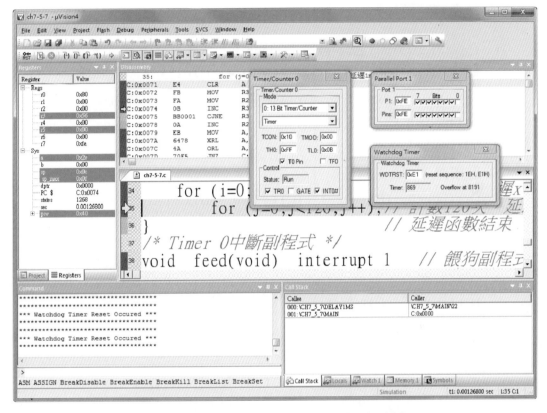

圖24　霹靂燈-看門狗計時器之軟體除錯/模擬

3. 利用 KT89S51 線上燒錄實驗板，進行類似的實驗，其中的 x 值從 140 到 150，找出執不執行霹靂燈程式的臨界值，並記錄之。

思考一下

● 試想看門狗功能可應用在哪種程式中？

7-6 即時練習

計時計數器之應用

在本章裡探討 8x51 的計時計數器，包括計時計數器的結構與設定、計時計數器的四種模式、與計時計數器相關的暫存器、計時計數程式的撰寫等，內容非常豐富！在此請試著回答下列問題，以確認對於此部分的認識程度。

選擇題

( )1. 在 8x51 的 Timer 裡，若使用 mode 0，其最大計數量為多少個機械週期？ (A) 65636 (B) 8192 (C) 1024 (D) 256 。

( )2. 在 12MHz 的 8x51 系統裡，哪一種模式，一次可計時 5ms？
(A) mode 0 及 mode 1 (B) mode 1 及 mode 2 (C) mode 2 及 mode 3 (D) mode 3 及 mode 1 。

( )3. 若要讓 Timer 做為外部計數之用，應如何設定？
(A) Gate=0 (B) Gate=1 (C) C/$\overline{T}$=0 (D) C/$\overline{T}$=1 。

( )4. 如何設定 8x51 的 Timer，才能從外部接腳啟動？
(A) Gate=0 (B) Gate=1 (C) C/$\overline{T}$=0 (D) C/$\overline{T}$=1 。

( )5. 下列何者不是 8x51 所提供的省電模式？ (A) PD 模式 (B) IDL 模式 (C) LP 模式 (D) 閒置模式 。

( )6. 89S51 的看門狗有何作用？ (A) 重複執行程式 (B) 找回遺失資料 (C) 重置系統 (D) 防止中毒 。

( )7. 若要啟用 WDT，則依序填入 WDTRST 暫存器哪些資料？
(A) 0xe1、0xe2 (B) 0xe1、0x1e (C) 0x1e、0xe1 (D) 0x10、0x01 。

( )8. 8x51 的 Timer，哪種模式具有自動載入功能？
(A) mode 0 (B) mode 1 (C) mode 2 (D) mode 3 。

( )9. 若要設定 Timer 的模式，可在下列哪個暫存器中設定？
(A) TMOD (B) TCON (C) TH (D) TL 。

( )10.若將 Timer 0 設定為外部啟動，則可由哪支接腳啟動？
(A) P3.2 (B) P3.3 (C) P3.4 (D) P3.5 。

問答題

1. 試述在 12MHz 的 8x51 系統裡，計時計數器的四種工作模式，每種模式最多可計時多少時間？

2. 在 8x51 的指令裡，若要使用計時計數器，做為外部計數之用，除了工作模式的選擇外，最關鍵性的設定為何？

3. 試說明何謂「自動載入」功能？在 8x51 的計時計數器裡，哪一種工作模式可提供此項功能？

4. 在 6-4 節的實例演練裡，所應用 8x51 計時計數器的方式，包括「垂詢方式」及「中斷方式」，試說明此兩種方式的異同？

5. 若要使用 mode 0，試說明設定其計時計數量的方式？

6. 若要使用 mode 1，試說明設定其計時計數量的方式？

7. 若要使用 mode 2，試說明設定其計時計數量的方式？

8. 試以圖形說明 mode 3 的工作模式與架構？

9. 在 12MHz 的 8x51 系統裡，若要使用 mode 0 產生 0.5 秒的延遲，程式應如何撰寫？

10. 8x51 系統提供哪兩種省電模式？如何進入省電模式？如何喚醒？

11. 試說明 89S51 的看門狗計時器有何用途？如何啟用 89S51 的看門狗計時器？

心得筆記

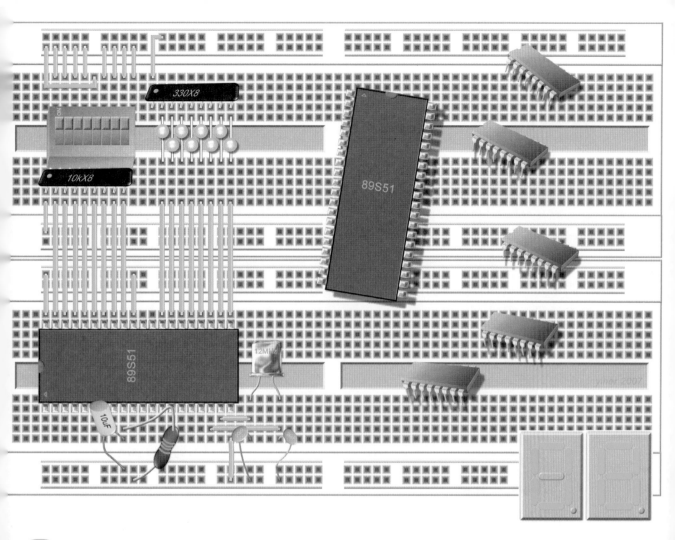

 串列埠之應用

本章內容豐富，主要包括兩部分：

硬體部分：

認識 8x51 串列埠、串列資料/並列資料轉換 IC，以及 UART 的延伸，
也就是跨平台控制，包括 RS-232、USB 與藍牙等。

程式與實作部分：

mode 0 串列埠的接收與傳送。

其它串列工作模式的應用。

兩台 8x51 小系統的互傳應用。

RS-232 通訊、PC 連線、藍牙通訊等之跨平台應用。

8-1 資料傳輸概念

串列埠之應用

　　在微處理機與數位系統裡，資料傳輸分為**並列式傳輸**與**串列式傳輸**，並列式傳輸一次傳輸多個位元(通常是 8 位元)。因此，連接兩個系統之間，必須很多條傳輸線。**若傳輸速度相等**，一次傳輸多個位元時，傳輸的資料量當然比較多。但傳輸線數比較多時，線路費用相對提高，而線路阻抗匹配、雜訊等問題也比較多，使速度降低，並不適合長距離通訊。串列式傳輸每次傳輸一個位元，資料傳輸量好像不多，但兩系統間只需兩條傳輸線，適合於長距離的通訊。實際上，目前串列式傳輸速率遠比並列式快很多。

通常晶片內部採並列式線路，電路板內串列式/並列式線路並存，電路板外則以串列式線路為主。

　　在前面的單元裡，不管使用哪個 PORT，大都是一次輸出入 8 個位元，屬於電路板內的資料傳輸。若要將 8x51 系統的資料傳至另一 8x51 系統，則可使用串列式資料傳輸。RS-232C 可說是最典型的串列式資料傳輸，如個人電腦裡的 com1、com2 等就屬 RS-232C。雖然個人電腦裡的輸出入介面，逐漸被新一代的 USB、乙太網路(Ethernet)所取代，但 USB、Ethernet 等也屬於串列式資料傳輸。而串列式資料傳輸的媒介，可為銅導線、光纖，或無線電波等，而其速度更逐日飆高。反觀並列式資料傳輸的成本、速度與傳輸距離等，一直遲滯不前，導致並列式資料傳輸日漸式微。

　　在串列式資料傳輸裡，分為單工及雙工，單工是一條線只能有一種用途，只能傳出資料或只能接收資料。而雙工就是在同一條線上，可接收資料，也可傳出資料。若在系統上，只有一條傳輸線，而在該傳輸線同一個時間裡，不是進行接收資料，就是傳出資料，稱為半雙工。若在系統上有兩條傳輸線，而這兩條傳輸線可同時進行資料傳入與傳出，稱為全雙工。

　　通常以每秒傳輸多少位元(**bit per second, bps**)表示串列式資料傳輸的速率，每個傳輸單元為 1 bit 時[註]，又稱為**鮑率**(baud rate)。8x51 提供一個全雙工的萬用非同步串列埠(**U**niversal **A**synchronous **R**eceiver-**T**ransmitter, **UART**)，這個串列埠有四種工作模式(mode)，使用不同工作模式，其鮑率各有不同，如下說明：

[註] 在早期傳送時，每一單元為 1 bit，鮑率=bps。目前為了壓縮資料，每一個單元會有多種變化(例如有 256 種變化時，每一單元為 8 bit)，故鮑率<bps，因此

鮑率 = 每秒傳送變化單元數

若有 256 種變化，則鮑率= 2400 單元/秒，則速率 = 2400 單元/秒 × 8 =19200 bps。

● **mode 0** 模式屬於半雙工同步傳輸，其鮑率為系統時鐘脈波的 12 分之 1，即 $f_{osc}/12$，以 12MHz 的系統為例，則其鮑率為 1M bps。

● **mode 1** 或 **mode 3** 模式為可變鮑率的非同步資料傳輸，主要是為了配合所連接系統的時序(跨平台連接)，以達到不同系統的資料傳輸。

● **mode 2** 模式提供兩種不同鮑率的選擇，即 $f_{osc}/32$ 或 $f_{osc}/64$，其中的 f_{osc} 為系統時鐘脈波，屬於非同步資料傳輸。

通常，微處理器裡的資料處理，屬於並列式處理，以 8x51 而言，一次處理一個位元組，也就是 8 個位元。所以，串列式資料與並列式資料之間的轉換是無法避免的。在 8x51 裡，若要把 8 位元的並列資料傳出去，只要把資料放入**串列緩衝器**(SBUF)即可，8x51 就會幫我們把這筆資料，一個位元一個位元丟出去。接收串列資料也是一樣，8x51 會把外面傳入的資料，一個位元一個位元塞進 SBUF，當 SBUF 塞滿後，即為並列資料。

8-2　認識 8x51 之串列埠
串列埠之應用

x51 的串列埠有四種工作模式，除 mode 0 外都為全雙工的串列埠，可同時接收及傳送資料。而不管接收或傳送，都使用串列緩衝器(SBUF)，接收串列資料時，所輸入的串列資料將依序存入 SBUF，SBUF 填滿後提出中斷，再將 SBUF 裡的 8 位元資料移做他用。傳送資料時，只要將所要送出的資料放入 SBUF，即可自動一個位元一個位元地傳到目的地。因此，SBUF 扮演關鍵性的角色，在 8x51 裡的 SBUF，屬於同一個位址，而不同實體的兩個 8 位元移位暫存器，獨立於 CPU 之外，自行運作的單元。8x51 的串列埠有四種工作模式，如下說明：

🔍 mode 0

mode 0 模式是以固定鮑率之移位式資料傳輸，其鮑率為系統時鐘脈波的十二分之一(即 $f_{osc}/12$)，若在 12MHz 下，則其鮑率為 1Mbps。在此模式下，**不管是接收資料還是資料傳出，CPU 的 RxD 接腳(P3^0)連接串列資料線，TxD 接腳(P3^1)連接移位脈波線**。執行資料接收時，由 TxD 接腳送出移位脈波，而由 RxD 接腳收下串列資料，如圖 1 之左圖所示；執行

資料傳送時，也是依據 TxD 接腳所送出的移位脈波，而由 RxD 接腳送出串列資料，如圖 1 之右所示。

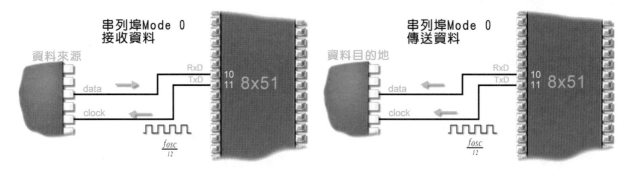

圖1　接收資料(左圖)與傳送資料(右圖)

若兩個 8x51 系統之間，採 mode 0 傳輸資料，則將兩個 8x51 之 RxD 接腳與 RxD 接腳連接、TxD 接腳與 TxD 接腳連接即可。而資料傳輸時，以 8 個位元為 1 組資料，從 bit 0(LSB)開始傳輸，bit 7(MSB)最後傳輸。

mode 1

mode 1 模式是以可變的鮑率進行串列資料的傳輸，其鮑率可由 Timer 1 來控制(若是 8x52 則還可使用 Timer 2 控制鮑率)。在此模式下，8x51 的 RxD 接腳連接目的地的 TxD 接腳、8x51 的 TxD 接腳連接目的地的 RxD 接腳。

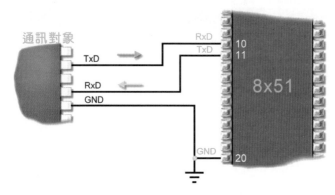

圖2　mode 1 串列資料傳輸

圖3　mode 1 的資料串格式

mode 1 的資料長度為 10 位元，包括起始位元(start bit)、8 個位元的資料，以及停止位元(stop bit)，其中第一個位元就是低態的起始位元(start bit=0)，緊接著是由

bit 0(即 LSB)開始的 8 位元資料，而接續於 bit 7(MSB)之後的是高態的停止位元 (stop bit=1)，如圖 3 所示；stop bit 將傳入 SCON 暫存器(稍後介紹)的 RB8。

mode 2

mode 2 模式是以 f_{osc}/32 或 f_{osc}/64 的鮑率進行串列資料的傳輸，而其線路的連接，也是 8x51 的 RxD 接腳連接目的地的 TxD 接腳、8x51 的 TxD 接腳連接目的地的 RxD 接腳。mode 2 的資料是由 11 位元所組成，包括**起始位元**(start bit)、8 個位元的資料、**同位位元**(parity bit)，以及**停止位元**(stop bit)，其中第一個位元就是低態的起始位元，緊接著是由 bit 0(即 LSB)開始的 8 位元資料，而接續於 bit 7 之後的是同位位元，最後則是高態的停止位元，如圖 4 所示：

圖4　mode 2 的資料串格式

當進行資料傳出時，第 9 個位元 TB8(即 SCON 暫存器中的 TB8)可為同位位元，可取自程式狀態字組暫存器 PSW 中的 P 位元，以達到同位檢查的目的。當接收資料時，第 9 個位元將直接移入 SCON 暫存器中的 RB8，而忽略 stop bit。

mode 3

mode 3 模式是以可變的鮑率進行串列資料的傳輸，其鮑率可由 Timer 1 來控制(若是 8x52 則還可使用 Timer 2 控制鮑率)。除此之外，mode 3 與 mode 2 幾乎完全一樣。

8-3　認識相關暫存器
串列埠之應用

SCON暫存器

圖5　SCON 暫存器

串列埠控制暫存器(serial **con**trol register, **SCON**)是一個 8 位元、可位元定址的暫存器，其位址為 0x98，系統重置後，SCON 暫存器的內容為 0x00。

其功能是設定與控制串列埠，如下說明：

表 1　SCON 暫存器

位元	名稱	說明					
SCON^7	FE	SMOD0=1 時，本位元為框架錯誤位元(Framing Error bit)。 若資料框架錯誤，FE 位元將被設定為 0。 若資料傳輸正確，則 stop bit 將傳入 FE 位元					
	SM0	SMOD0=0 時，本位元為串列埠模式設定功能 SM0。	SM0	SM1	模式	功能	鮑率
			0	0	0	移位暫存器	f_{osc}/12
			0	1	1	8 位元 UART	可變
SCON^6	SM1	本位元為串列埠模式設定功能 SM1。	1	0	2	9 位元 UART	f_{osc}/32 或 f_{osc}/64
			1	1	3	9 位元 UART	可變
SCON^5	SM2	本位元為**多重處理器通訊致能位元** ● mode 0 時，SM2 必須為 0；此時將禁用多重處理器通訊功能。 ● mode 1、mode 2 或 mode 3 時，若 SM2=1，將可執行多重處理器通訊功能。					
SCON^4	REN	本位元為**串列接收致能位元** ● REN=1，開始接收。 ● REN=0，停止接收。					
SCON^3	TB8	mode 2 或 mode 3 傳送資料時，本位元為第 9 傳送位元，可用軟體來設定或清除。					
SCON^2	RB8	● mode 0 時，本位元無作用。 ● mode 1 時，若 SM2=0，則本位元為停止位元。 ● mode 2 或 mode 3 接收資料時，本位元為第 9 個接收位元。					
SCON^1	TI	本位元為**傳送中斷旗標**，當中斷結束時，本位元並不會恢復為 0，必須由軟體清除。 ● mode 0 時，若完成傳送第 8 位元，則本位元自動設定為 1，並提出 TI 中斷。 ● mode 1、mode 2 或 mode 3 時，若完成傳送停止位元，則本位元自動設定為 1，並提出 TI 中斷。					
SCON^0	RI	本位元為**接收中斷旗標**，當中斷結束時，本位元並不會恢復為 0，必須由軟體清除。 ● mode 0 時，若完成接收第 8 位元，則本位元自動設定為 1，並提出 RI 中斷。 ● mode 1、mode 2 或 mode 3 時，若完成接收到停止位元，則本位元自動設定為 1，並提出 RI 中斷。					

SBUF暫存器

串列埠緩衝器暫存器(sierial buffer register, **SBUF**)是一個同位址(0x99)但兩個獨立的 8 位元實體暫存器，其中一個做為串列埠輸入之緩衝器，另一個做為串列埠輸出之緩衝器，其動作如下說明：

● 當我們將資料放入 SBUF，系統自動將該資料透過串列埠傳出，而不必在程式上多費心思，完成傳輸後，TI 位元設定為 1，可產生中斷。

● 處理器隨時會透過串列埠接收資料傳入，而傳入的資料將放入 SBUF，完成接收一筆資料後，RI 位元設定為 1，可產生中斷。

SADDR暫存器

從處理器地址暫存器(slave **add**ress register, **SADDR**)是一個 8 位元暫存器 (位址為 0xa9)，其功能是存放該處理器的地址，主要是用在多處理器之通訊，稍後說明。系統重置後，其內容為 0x00。

SADEN暫存器

從處理器地址遮罩暫存器(slave **add**ress mask register, **SADEN**)是一個 8 位元暫存器(位址為 0xb9)，其功能是存放該處理器的地址遮罩，主要是用在多處理器之通訊，稍後說明。系統重置後，其內容為 0x00。

8-4 鮑率設定

串列埠之應用

8x51 串列埠的鮑率設定方式，如下說明：

mode 0

在 mode 0 下，鮑率固定為 $fosc/12$，**不必要設定！**完全依系統的時鐘脈波而定，非軟體設計所能改變的。

mode 2

在 mode 2 下，其鮑率可為 $fosc/32$ 或 $fosc/64$，即：

$$鮑率 = \frac{2^{SMOD}}{64} \times f_{OSC}$$

其中 SMOD 為 PCON 暫存器(詳見 7-3 節)中的 bit 7，若將 SMOD 設定為 0，則設定採用的鮑率 $fosc/64$；若將 SMOD 設定為 1，則設定採用的鮑率 $fosc/32$。以 12MHz 的系統為例，

若 SMOD=0，則 $鮑率 = \dfrac{2^0}{64} \times 12M = 187.5k$ （bps）

若 SMOD=1，則 $鮑率 = \dfrac{2^1}{64} \times 12M = 375k$ （bps）

mode 1或mode 3

在 mode 1 或 mode 3 下，鮑率可由 Timer 1(8x52 則還可選擇 Timer 2)的溢位脈波所控制，以 Timer 1 採用具自動載入功能的 mode 2 為例，將 **T2CON** 暫存器的 RCLK

與 TCLK 設定為 0(稍後說明)，其產生的鮑率為：

$$鮑率 = \frac{2^{SMOD}}{32} \times \frac{f_{osc}}{12 \times (256 - TH1)}$$

若在 11.0592MHz 的系統下(大部分使用 UART 的狀況下，都使用這個石英振盪晶體)，想要產生 19.2k bps 的鮑率，且 SMOD=1，則

$$19200 = \frac{2^1}{32} \times \frac{11059200}{12 \times (256 - TH1)} = \frac{11059200}{16 \times 12 \times (256 - TH1)}$$

256-TH1=3，TH1=253=0xFD

如表 2 所示是使 Timer 1，以設定常用的鮑率(或公定的鮑率)：

表 2　Timer 1 產生之常用的鮑率表

鮑率 / f_{osc}	11.0592	12	14.7456	16	20	SMOD
150	0x40	0x30	0x00	-	-	-
300	0xA0	0x98	0x80	0x75	0x52	0
600	0xD0	0xCC	0xC0	0xBB	0xA9	0
1200	0xE8	0xE6	0xE0	0xDE	0xD5	0
2400	0xF4	0xF3	0xF0	0xEF	0xEA	0
4800	-	0xF3	0xF0	0xEF	-	1
4800	0xFA	-	0xF8	-	0xF5	0
9600	0xFD	-	0xFC	-	-	0
9600	-	-	-	-	0xF5	1
19200	0xFD	-	0xFC	-	-	1
38400	-	-	0xFE	-	-	
76800	-	-	0xFF	-	-	

如圖 6 所示，若要應用 Timer 2 產生鮑率，則需將 RCLK 與 TCLK 設定為 1，16 位元的計時/數量分別載入 TL2、TH2 及 RCAP2L、RCAP2H。也可利用 C/$\overline{T2}$ 位元來決定採用計時器模式(C/$\overline{T2}$=0)或計數器模式(C/$\overline{T2}$=1)，通常是採計時器模式，而此狀態所計數的脈波是 1/2 f_{osc}，而非一般計時器所計數的 1/12 f_{osc}。所以其產生的鮑率可由下式計算得知：

$$鮑率 = \frac{f_{osc}}{32 \times (65536 - [RCAP2H, RCAP2L])}$$

以 11.0592MHz 的系統為例，若要產生 9600bps 的鮑率，則

$$9600 = \frac{11059200}{32 \times (65536 - [RCAP2H, RCAP2L])}$$

$$65536 - [RCAP2H, RCAP2L] = \frac{11059200}{9600 \times 32} = 36$$

[RCAP2H,RCAP2L]=65536-36=65500=0xFFDC

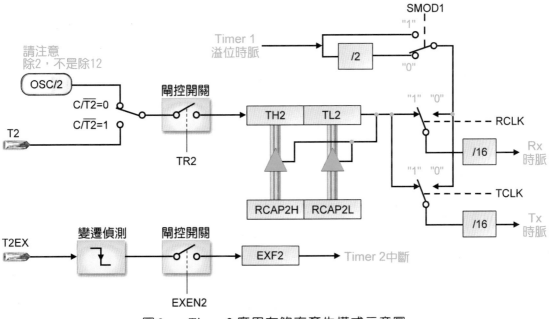

圖6　　Timer 2 應用在鮑率產生模式示意圖

如表 3 所示是使用 Timer 2 設定常用的鮑率(或公定的鮑率)：

表 3　Timer 2 產生之常用鮑率表

鮑率 f_{osc}	6	11.0592	12	16
110	0xF957	-	-	0xEE3F
300	0xFD8F	0xFB80	0xFB1E	0xF97D
600	0xFEC8	0xFDC0	0xFD8F	0xFCBF
1200	0xFF64	0xFEE0	0xFEC8	0xFE5F
2400	0xFFB2	0xFF70	0xFF64	0xFF30
4800	0xFFD9	0xFFB8	0xFFB2	0xFF98
9600	-	0xFFDC	0xFFD9	0xFFCC
19200	-	0xFFEE	-	0xFFE6
38400	-	0xFFF7	-	0xFFF3
76800	-	0xFFFA		

不管是 Timer 1 還是 Timer 2，由表 2 與表 2 中可發現，若使用 12 MHz 石英晶體，所能產生的公定鮑率較少。相對的，11.0592 MHz 石英晶體所能產生的公定鮑率較多，這就是為什麼使用於串列埠時，單晶片系統常使用 11.0592 MHz 石英晶體的原因。KT89S51 線上燒錄實驗板 V4.2 版上，就是使用 11.0592 MHz 石英晶體。

8-5 認識 74164/74165
串列埠之應用

若從 8x51 的串列埠，將資料傳出後，則可以透過串列轉並列的 IC(如 74164、74595 等)，將串列資料轉換成並列資料；若要把並列資料，經由 8x51 的串並列埠傳入 8x51，則需經並列轉串列的 IC(如 74165)，將並列資料轉換成串列資料，即可傳入 8x51。以下將介紹 74164 及 74165：

74164

74164 是一個 8 位元移位暫存器，可提供串列資料轉並列資料的功能，其中各接腳如下說明：

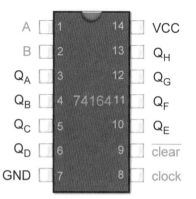

- $\overline{clear}$：本接腳為清除接腳，當此接腳為低態時，則並列輸出接腳將全部變為低態。

- A、B：串列資料輸入接腳，這兩支接腳完全一樣，只要其中一腳為高態，另一腳連接串列資料輸入，即可移位輸出。而由由最高位元開始傳輸，即 MSB first。

- clock：本接腳為時鐘脈波接腳，而此 IC 為正緣觸發型，也就是輸出接腳的狀態變化是發生在時鐘脈波由低態變為高態的時候。

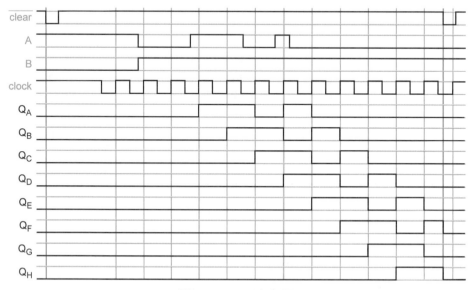

圖7 74164 時序圖

- $Q_A \sim Q_H$：資料輸出接腳，這八支接腳為 b_0 到 b_7 的 8 位元並列資料輸出接腳。

🔍 74165

74165 提供並列資料轉串列資料的功能，其中各
接腳如下說明：

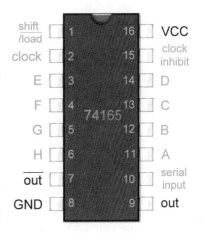

- shift/$\overline{\text{load}}$：本接腳為資料載入與移位控制接
  腳，當此接腳為低態時，則並列輸入接腳的
  狀態將全部被載入；高態時，即可隨時鐘脈
  波進行移位式串列輸出。

- clock inhibit：本接腳為時鐘脈波禁致接腳，當
  本接腳為高態時，輸出接腳將不隨時鐘脈波而
  變化；低態時，輸出接腳將隨時鐘脈波，而進
  行變化移位式串列輸出。

- clock：本接腳為時鐘脈波接腳，而此 IC 為正緣觸發型，也就是輸出接
  腳的狀態變化是發生在時鐘脈波由低態變為高態的時候。

- serial input：本接腳為串列輸入接腳，若要進行並列資料輸入串列資
  料輸出的轉換，則此接腳保持為低態即可。若要進行串列資料輸入串
  列資料輸出的轉換，則此接腳連接串列資料來源。

- A～H：並列資料輸入接腳，這八支接腳為 b_0 到 b_7 的 8 位元並列資料
  輸入接腳，接到並列資料來源。

- out：本接腳為串列資料輸出接腳。

- $\overline{\text{out}}$：本接腳為串列資料反相輸出接腳。

74165 的動作如下真值表所示：

表4　74165 真值表

輸　　入					輸　　出	
shift / $\overline{\text{load}}$	clock inhibit	clock	serial input	並列輸入 A～H	out	$\overline{\text{out}}$
0	×	×	×	a～h	h	$\overline{\text{h}}$
1	0	0	×	×	Q_{ho}	$\overline{Q_{ho}}$
1	0	↑	1	×	Q_n	$\overline{Q_n}$
1	0	↑	0	×	Q_n	$\overline{Q_n}$
1	1	↑	×	×	Q_{ho}	$\overline{Q_{ho}}$

8-6   RS-232、USB 與藍牙之應用

串列埠之應用

8-6-1   RS-232 之應用

如果是短距離的串列資料傳輸，則標準的 TTL 或 CMOS 準位足以應付；若要進行長距離的串列資料傳輸，使標準的 TTL 或 CMOS，恐怕驅動能力不足，且雜訊邊限(Noise Margin)*太小，通訊品質很差！

* **TTL 之 $V_{IL}=0.8V$、$V_{OL}=0.4V$、$V_{IH}=2V$、$V_{OH}=3.5V$，高態雜訊邊限 $V_{NMH}=V_{OH}-V_{IH}=1.5V$、低態雜訊邊限 $V_{NML}=V_{IL}-V_{OL}=0.4V$。**

CMOS 之 $V_{IL}=0.3V_{DD}$、$V_{OL}\approx 0V$、$V_{IH}=0.7V_{DD}$、$V_{OH}\approx V_{DD}$，高態雜訊邊限 $V_{NMH}=0.3V_{DD}$、低態雜訊邊限 $V_{NML}=0.3V_{DD}$。若 $V_{DD}=5V$，則 $V_{NMH}=V_{NML}=1.5V$。

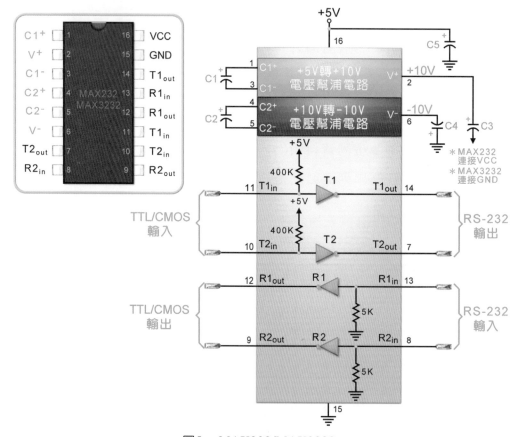

圖8   MAX232/MAX3232

RS-232 是一種可長距離傳輸的串列通訊方式，在 RS-232C 標準裡，採負邏輯傳輸，+3V～+15V 為低態(0)、-3V～-15V 為高態(1)。如此將可突破雜訊邊限太小與驅

動能力不足的限制，於是相關的驅動 IC 因應而生，例如 MAXIM 公司的 MAX232 系列就屬這類 IC，以其 MAX232/MAX3232 為例，如圖 8 所示，這系列 IC 提供 RS-232 傳送與接收的驅動，在**傳送方面**，MAX232/MAX3232 內部將+5V 電源提升為+10V 及 -10V，接受 TTL/CMOS 的+5V 準位，將它轉換成±10V 的信號，再送到線路上。在**接收方面**，MAX232/MAX3232 從線路上接受±10V 的信號，經內部緩衝器，轉換成 TTL/CMOS 的+5V 準位。換言之，MAX232/MAX3232 提供準位轉換功能，其內部有兩組電壓幫浦電路，只要外接 4 至 5 個小電容，即可將+5V 轉換成±10V 電源，以提供雙向的準位調整。對於使用者而言，就把它當成一般的緩衝器來使用即可。

表 5　MAX3232 之電容器建議表

Vcc(V)	C1(μF)	C2～C4(μF)
3.0 至 3.6	0.1	0.1
4.5 至 5.5	0.047	0.33
3.0 至 5.5	0.1	0.47

MAX232/MAX3232 的用法很簡單，在電源接腳上連接 C5 旁路電容(bypass capacitor)，以排除雜訊。若使用 MAX232，則 C5=10μF；若使用 MAX3232，則 C5=0.1μF。C1～C4 電容器將依所使用的 IC 而定，若是 MAX232(早期產品)，C1～C4 則為 10μF/16V(電解電容)。若是 MAX3232(較新產品)可使用的電源電壓範圍較廣，從 3V 到 5.5V 皆可，C1～C4 的建議值如表 5 所示，C1 可選用 0.1μF 陶瓷電容，而 C2～C4 選用 0.47μF 陶瓷電容即可應付所有狀況了！不論體積、成本與穩定性，陶瓷電容都比電解電容實用。如圖 9 所示，利用 MAX232/ MAX3232 連接兩個 8x51 系統。

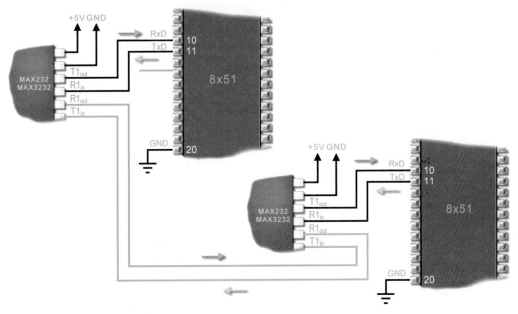

圖9　RS232 線路

通常長距離通信,需要使用 RS-232 電纜線,而 RS-232 電纜線透過 DB9 或 DB25 連接器與 MAX232/MAX232A/MAX3232 連接(表 6,8-15 頁), MAX232/MAX232A/MAX3232 的第 11 腳連接到 8x51 的 TxD 接腳(P3^1)、第 12 腳連接到 8x51 的 RxD 接腳(P3^0)、第 14 腳連接到 DB9 的第 2 腳、第 13 腳連接到 DB9 的 3 腳。再透過 DB9 電纜線(內部 RxD 與 TxD 跳接)連接到個人電腦的串列埠(com),或另一台微處理機的 MAX232/MAX232A/MAX3232。如圖 10 所示為 MAX232/ MAX3232 的應用電路,整個電路板設計可在隨書光碟中找到。

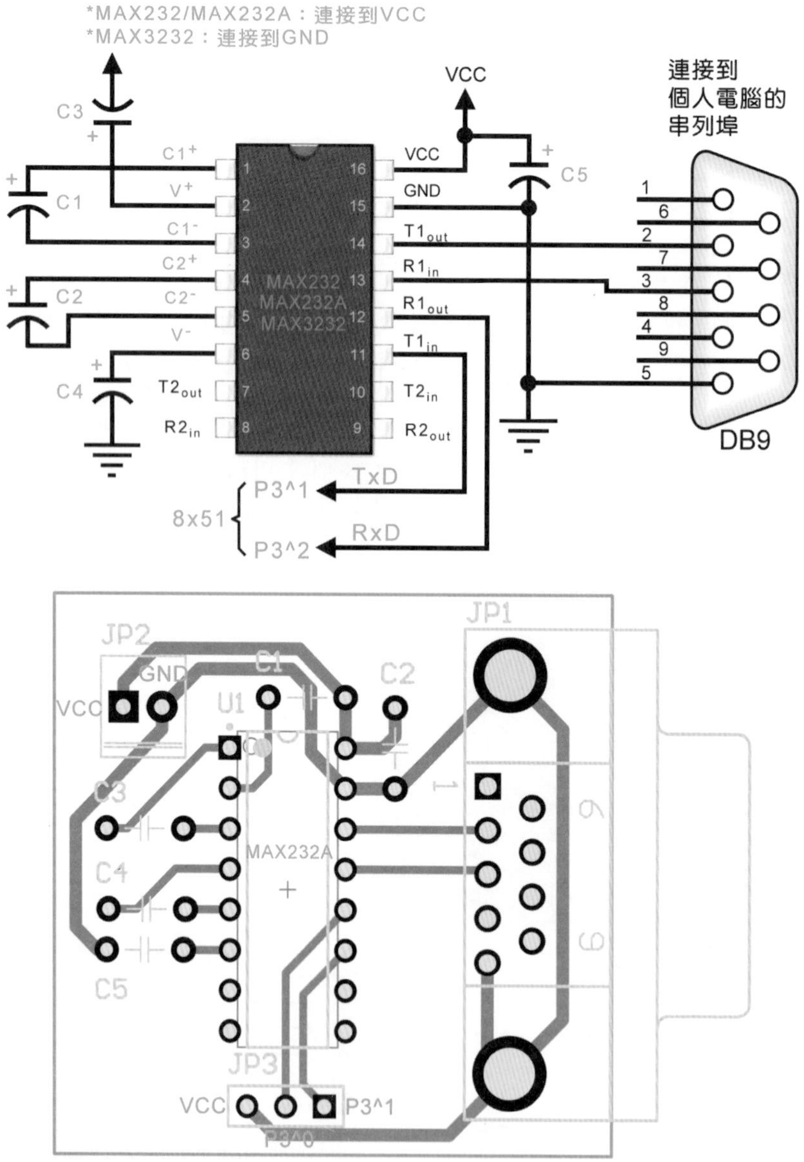

圖10　MAX232/MAX232A/MAX3232 之應用電路圖與電路板

表 6　DB9、DB25 之 RS232 連接器接腳號碼與名稱

DB9 腳號	DB25 腳號	信號名稱	說　明
1	8	CD	載波信號偵測(Carrier Detect)
2	3	RxD	接收(Receive)
3	2	TxD	傳出(Transmit)
4	20	DTR	資料端備妥(Data Terminal Ready)
5	7	GND	接地(Ground)
6	6	DSR	資料設定備妥(Data Set Ready)
7	4	RTS	傳送要求(Request To Send)
8	5	CTS	清除傳送(Clear To Send)
9	22	RI	振鈴指示(Ring Indicator)

8-6-2　USB 之應用

　　有人說 30 年來，打敗 RS-232 或 UART 的是 **USB**(Universal Serial Bus)，但與其說 UART 被 USB 打敗，不如說是 UART 借 USB 的殼，重新上市！許多裝置採用 USB 來連接/通信，其骨子裡卻是 UART。市面上有許多晶片，能將 **USB 轉 UART** 傳輸線，或稱為橋接器(即 USB to UART Bridge)。較典型的有 FTDI 的 FT232 系列晶片、SiliconLibs 的 CP21xx 系列晶片，還有台灣旺玖科技的 PL2303 系列晶片等。在此特別介紹以 PL2303 系列晶片所製作的 **USB 轉 UART** 傳輸線，如圖 11 所示，在網路上只要花一個便當的錢，就可以買得到！

綠色：TxD
白色：RxD
紅色：+5V
黑色：GND

圖11　USB 轉 UART 傳輸線

　　使用這個橋接器時，須先到旺玖科技下載 USB 驅動程式，為節省時間，筆者已下載 USB 驅動程式(PL2303_Prolific_DriverInstaller_v1_8_0.zip)，並放在隨書光碟

裡。將此檔案解壓縮後，再將這條 USB 轉 UART 傳輸線插入電腦的 USB 埠，然後執行其中的 PL2303_Prolific_ DriverInstaller_v1.8.0.exe 安裝程式(只要按 下一步(N) 鈕，最後按 完成 鈕即可)，一會兒後即完成安裝。我們可在裝置管理員裡，連接埠(COM 和 LPT)項下，找到 Prolific USB-to-Serial Comm Port(COM3)項，表示已轉換為 COM3(隨 PC 的狀況而有所不同)，我們可在個人電腦中，藉由這個 COM3，與這條 USB 轉 UART 傳輸線另一端所連接的 8x51 連線。

在隨書光碟裡，還提供一個 PC_RS232.exe 程式，藉由這個程式，即可設定通信協定，並與 8x51 通訊。應用這個 USB-to-UART 傳輸線時，就把它當成 UART 來用，而不須知道 USB 的工作原理與設定，照樣可藉 USB，讓 PC 與單晶片連結。

圖12　裝置管理員(Windows 7)

8-6-3 藍牙之應用-Windows 平台

藍牙(Bluetooth)是一種時尚的無線通信協定,始於手機大廠 Ericsson(即**易利信**,已併入 SONY)公司的 1994 方案,其目的是研究在行動電話和其他配件間進行低功耗、低成本無線通訊連線的方法。1998 年SONY Ericsson、IBM、Intel、Nokia 及 Toshiba 等公司創立「特殊利益集團」(Special Interest Group, **SIG**),即藍牙技術標準聯盟的前身,其目的是為開發一個成本低、效益高、短距離範圍內,隨意無線連線的藍牙技術標準。在 1999 年 7 月該集團提出藍牙技術標準 V1.0 版,目前已演進到 V4.2 版。

藍牙無線通信協定是工作在 2.4GHz 射頻下,其最大發射功率為 100mW (20dBm)、2.5mW(4dBm)與 1mW(0dBm),有效通信距離為 10 到 100 公尺。關於藍牙無線通信協定的相關知識非常多,在此並不特別探討,而把重點放在藍牙模組的應用,讓 8x51 的 UART 透過藍牙模組,以達到無線通信,甚至跨平台與手機/平板連結,而以手機/平板來控制 8x51 微處理機。

市售藍牙模組很多,適合應用在微控板(8x51 等)的藍牙模組並不貴,如圖 13 所示為常見的 HC-05、HC-06 系列:

天線 　 正面 　 　 　 　 背面

圖13　**KT-BT05 藍牙模組**

表 7　藍牙模組之狀態表

模式	LED	狀態
主機模式	快速閃爍(*f*=300ms)	搜索及連接從機設備
	快閃 5 下後熄滅 2 秒	連線中
	長亮	已連線
從機模式	慢速閃爍(*f*=1600ms)	等待配對
	長亮	已連線

在藍牙模組正面,左邊有 4~6 支針腳,稍後說明,在針腳右邊下方有個 LED,用以指示該藍牙模組是否連線,如表 7 說明。右邊為天線,這是由兩片電路板疊接的,上方為藍牙模組之主板,主要由兩顆晶片所構成,即英國 **CSR** 公司的 BlueCore4-Ext 晶片與 **cFeo** 的 EN29L(8M bit Flash Memory)。在底板背面裡,有個 AMS1117-3.3 穩壓 IC,可將輸入的 5V 降低為穩定的 3.3V,以提供

BlueCore4-Ext 晶片之用。

從藍牙模組的外觀可得知，其中的 VCC、GND、RxD、TxD，與 8-5-2 節的 USB to UART 模組上的針腳一樣。換言之，藍牙模組如何工作並不重要，在此只是把它當成 UART 而已。藉由藍牙模組與配對的藍牙裝置(主機)連結，至於可與哪些藍牙裝置連結呢？大部分的筆記型電腦、平板電腦、智慧型手機等都內建藍牙裝置。藍牙裝置之間要連結，必須先對頻(配對)，配對成功才能連線，藍牙模組上的 LED 才會保持亮。此藍牙模組的對頻資料如下：

- 裝置名稱：HC-05(不同廠牌，名稱不一)
- 預設配對密碼：1234
- 預設串列埠鮑率：9600bps
- 資料格式：8 bit 資料、1 bit 停止位元、無同位位元(No Parity)
- 參考串列埠：COM3(不同 PC，串列埠不一)

上述資料可利用 **AT** 命令修改，但在此建議不要輕易修改，以免不必要的困擾。**HC-05** 上的針腳之使用，如下說明：

- VCC 與 GND 針腳連接到 8x51 電路裡的 VCC 與 GND(由 8x51 電路取電)，也可另接其他+5V 電源。
- **RxD 針腳連接 8x51 電路裡的 TxD(P3^1)**，而 KT89S51 線上燒錄實驗板 (V3.3A、V3.3B 或 V4.2)的 JP5-2(標示 RxD)，板內已跳接到 **P3^1**。
- **TxD 針腳連接 8x51 電路裡的 RxD(P3^0)**，而 KT89S51 線上燒錄實驗板 (V3.3A、V3.3B 或 V4.2)的 JP5-3(標示 TxD)，板內已跳接到 **P3^0**。

與 USB-to-UART 傳輸線類似，在上述針腳裡只要將 VCC、RxD、TxD 與 GND 針腳連接到 8x51 電路，以 KT89S51 線上燒錄實驗板 V3.3A、V3.3B 或 V4.2 為例，就連接到 JP5-1~JP5-4 即可，再開啟電源(熱插拔亦可)。

由於 KT89S51 線上燒錄實驗板(V3.3)上預設 12MHz 石英晶體，若要精確地產生 9600bps 鮑率，恐有困難。在此將此石英晶體換成 11.0592 MHz 石英晶體; 方可產生適用的 9600bps 鮑率，才能與藍牙模組的預設鮑率相同。若採用 KT89S51 線上燒錄實驗板(V3.3A、V3.3B 或 V4.2)，則其石英晶體就是 11.0592 MHz。KT89S51 線上燒錄實驗板接上電源後，藍牙模組也取得電源(LED 閃爍)，緊接著就是進行配對，以下就以含有藍牙裝置的**筆記型電腦**(Windows 7)為例，其操作如下：

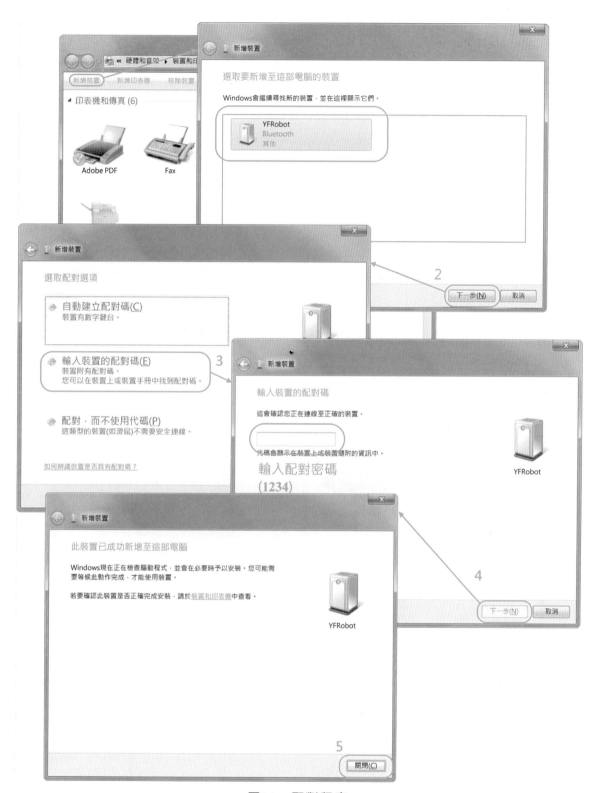

圖14　配對程序

1.　按 ⊞ 鈕拉出選單，選取裝置與印表機選項，開啟裝置與印表機視窗。指向左

上角的新增裝置，按滑鼠左鍵，開啟新增裝置對話盒，並開始自動搜尋裝置。

2. 很快的，筆記型電腦將搜尋到裝置(可能很多個)，選取其中名稱為「**YFRobot**」的裝置，再按 下一步(N) 鈕切換到下一個對話盒。

3. 選取輸入裝置的配對碼選項，按 下一步(N) 鈕切換到下一個對話盒，也就是要輸入裝置配對碼。

4. 在框裡輸入配對碼 **1234**，按 下一步(N) 鈕切換到下一個對話盒。

5. 在對話盒裡顯示此裝置已成功新增至這部電腦，按 關閉(C) 鈕關閉對話盒。

完成配對後，裝置與印表機視窗裡將新增 **YFRobot** 項，指向此項目，按滑鼠右鍵拉下選單，選取內容選項，開啟內容對話盒，其中顯示此藍牙模組在筆記型電腦裡使用 **COM3**，如圖 15 所示：

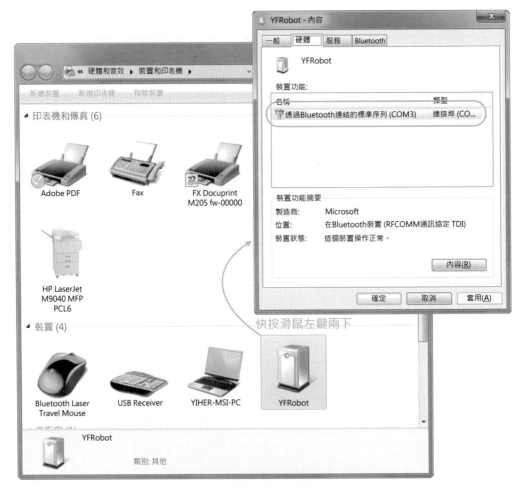

圖15　藍牙模組的配置通道

圖16　USB 藍牙接收器(左為 V4.x 版、右為 V2.x 版)

　　基本上，桌上型電腦(PC)與筆記型電腦(NB)是一樣的，可視為 Windows 系統，但大部分的 PC 都沒有內建藍牙裝置，而大部分的 NB 內建藍牙裝置。若沒有藍牙裝置，可外接 USB 介面的**藍牙接收器**(USB Dongle)，而目前市售藍牙接收器有 V4.x 與 V2.x 版，如圖 16 所示。若是 V2.x，只要將 USB 介面的藍牙接收器，插入電腦的 USB 埠，電腦將自動安裝，馬上就可使用，如圖 17 所示為 Windows 平台與 AT89S51 單晶片之連結示意圖。若是 V4.x，需安裝驅動程式。

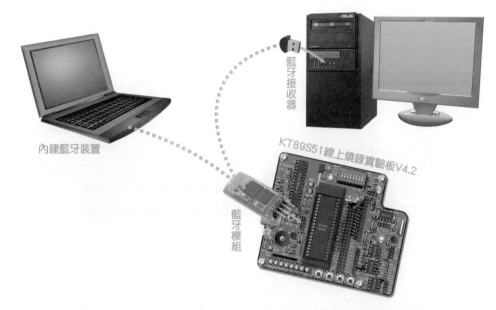

圖17　Wondows 平台與 KT89S51 線上燒錄實驗板之連結

8-6-4　藍牙之應用－Android 平台

　　Android 系統已經是行動裝置的主流系統！若要使用手機或平板來控制 AT89S51 單晶片，就必須要在 Android 系統裡透過藍牙裝置，方能與 AT89S51 單晶片通信，以達到控制(遙控)的目的，如圖 18 所示。通常行動裝置都內建藍牙裝置，可直接使用。對於習慣 Windows 系統的人，在 Android 系統裡將遇到兩個困擾，包括**藍牙的設定(配對)**，以及**應用程式(App)**的安裝，在此將

分別說明之。

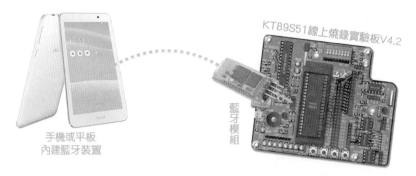

圖18　Android 平台與 KT89S51 線上燒錄實驗板之連結

Android之藍牙配對

在 Android 系統裡，不管是手機還是平板，若要進行藍牙配對，可按下列步驟進行：

1. 將所要配對的藍牙模組插入 **KT89S51** 線上燒錄實驗板 V4.2，並送電，則藍牙模組上的 LED 將閃爍。

圖19　系統設定頁面(左)、藍牙頁面(右)

2. 在手機(或平板)上，按螢幕下方三個控制鈕中的左邊按鈕(▤或▢)，

拉出選單，然後選取系統設定項目，或直接按鈕，開啟如圖 19 之左圖所示之頁面。

3. 若藍牙項目右邊的開關，尚未開啟，則先將它滑到開啟端。再按藍牙項目，開啟如圖 19 之右圖所示之頁面。

4. 按下方的裝置搜尋，即進行搜尋，很快的將列出所搜尋到的藍牙裝置，如圖 20 之左圖所示。

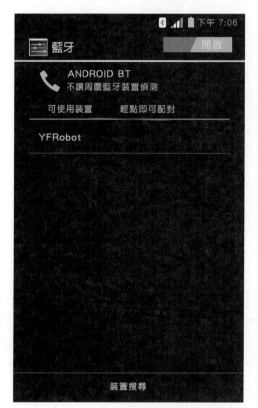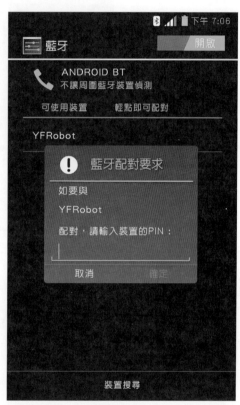

圖20　搜尋到藍牙裝置(左)、輸入密碼(右)

5. 在此搜尋到 YFRobot 藍牙模組，按此項目，可出現一個小頁面，如圖 20 之右圖所示。這時候，請輸入這個藍牙模組的密碼，通常是「**1234**」，再按確定鈕關閉此頁面，回前一個頁面，如圖 21 所示。

圖21　完成配對

🔍 Android之安裝App

通常我們是在 PC 或 NB 上開發 App，完成後再設法將 App(*.apk)檔案傳到手機或平板，以進行安裝。若要在 Android 系統裡安裝應用程式(App)，可不像在 Windows 系統裡安裝程式那麼輕鬆！因此，我們將遇到兩個問題，第一個問題是如何把 App 丟到手機或平板？第二個問題是 Android 系統很保守，預設只接受 Google 認證的 App。

▷ App 檔案跨平台傳輸

將 App 檔案放到手機或平板的方法很多，若有雲端硬碟，則在 PC 或 NB 裡(Windows 系統)，將 App 檔案傳入雲端硬碟。然後在所要安裝的手機或平板裡(Android 系統)，將此 App 檔案下載，以接續安裝。

上述方式，相當簡便，但必須能夠連上網路，且要有雲端硬碟。萬一沒有網路或雲端硬碟，就沒轍了！以下介紹兩種不需要網路或雲端硬碟的方法，直接複製到手機或平板的內部記憶體或內部擴增的 SD 卡裡：

- 第一種方法是應用手機的充電/資料傳輸線，一端連接手機，另一端插入 PC 或 NB 的 USB 埠，則 PC 或 NB 端的**檔案總管**裡，將新增一台手機，如圖 22 中的 X3(不同的手機名稱不同)，而在 X3 下有

個 USB 儲存裝置,在這個裝置裡有許多資料夾。我們可將 App 檔案複製到其中的資料夾裡,例如複製到 MyDocuments 資料夾。

圖22　Windows 檔案總管

● 第二種方法是使用 USB OTG(On-The-Go)隨身碟(如圖 23 所示),其一端為 Type A 的 USB 連接器,可直接插入 PC 或 NB 的 USB 埠;另一端為 Micro B 的 USB 連接器,可直接插入手機或平板的 USB 埠。
PS:不是同時插入 PC 及手機

圖23　USB OTG 隨身碟

首先將 USB OTG 隨身碟插入 PC 或 NB 的 USB 埠,即可在**檔案總管**裡出現這個隨身碟,再將 App 檔案複製到 USB OTG 隨身碟。

檔案複製完成後,將 USB OTG 隨身碟拔出 USB 埠,再以其另一端(Micro USB)插入手機或平板。則手機或平板將偵測到此隨身碟,我們就可把剛才的 App 檔案複製到手機或平板。

手機或平板都有內建類似**檔案管理員**或**文件管理器**的應用程式，而不同廠牌的手機或平板其相關的應用程式名稱各不同，例如筆者手上的華碩 Padfone S，就內建一個蠻好用的**檔案管理員**。當 OTG 隨身碟插入手機後，將自動感測到，並可選取要採用哪個應用程式開啟這個 OTG 隨身碟。若我們的手機或平板沒有內建這類應用程式，可從 **Google** 的 **Play** 商店裡，下載免費的**檔案管理員**或**文件檔案器**等(可直接搜尋管理關鍵字)，並安裝之，即可在其中複製檔案。至於**檔案管理員**或**文件檔案器**等 App 的操作，大同小異，基本上都是中文的，可直覺是操作或參照 App 的說明/指示操作。

▷ App 之安裝

當我們要安裝 App 時，若剛才的 KT89S51 遙控器檔案複製到 SD 卡裡的 MyDocuments 資料夾，則在手機或平板裡應用程式裡，按文件管理器或檔案管理員等圖示(下載安裝的 App)，開啟檔案操作頁面，如圖 24 之左圖所示。在此所採用的手機將顯示 SD 卡的內容(如未裝置 SD 卡，則是內部儲存裝置，也就是內部記憶體)。

 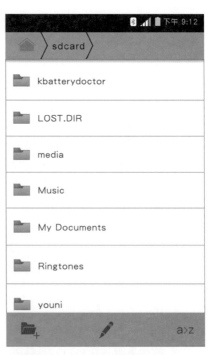

圖24 　左圖為文件檔案頁面，右圖為 sdcard 資料夾的內容

按 sdcard 圖示進入 SD 的內容，再往下滑，即可看到 My Documents 資料夾，如圖 24 之右圖所示。按 My Documents 資料夾進入其中，即可看到剛才放入的 KT89S51 遙控器檔案。按此 App 檔案，畫面上將跳出一個小頁面，如圖 25 之左圖(不同的手機，顯示內容不盡相同)。

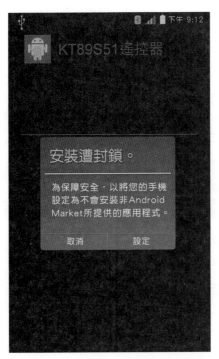 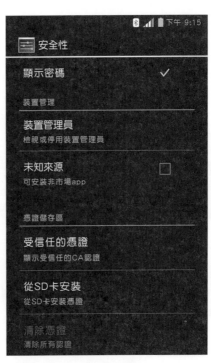

圖25　左圖為訊息頁面，右圖為安全性設定頁面

按設定鈕，開啟安全性設定頁面，再滑到最下面，如圖 25 之右圖所示。按未知來源項目右邊的選取框，畫面上將跳出如圖 26 之左圖所示之頁面，同樣的，不同的手機，顯示內容不一定相同，但都是善意的警告訊息。

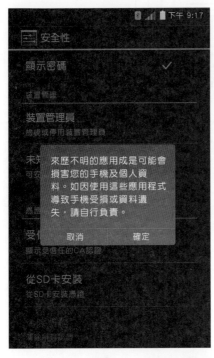 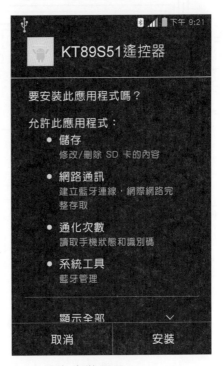

圖26　左圖為確認頁面，右圖為安裝頁面

按確定鈕即開始設定。緊接著，回到剛才所要安裝 App 的位置，再按此 App，開啟安裝頁面，如圖 26 之右圖所示，按安裝鈕即進行安裝。

完成安裝後，可在隨即出現的頁面裡，按左下角的完成鈕，關閉安裝頁面。或按右下角的開啟鈕，即可執行此 App。

以後可在應用程式頁裡，看到 **KT89S51** 圖示，按此圖示即可執行之。

8-7 實例演練

串列埠之應用

在本單元裡提供九個範例，如下所示：

8-7-1 移位式資料串入實例演練

 實驗要點

如圖 27 所示，串列資料的來源是利用 74165，將指撥開關 DIP SW 的狀態轉換成串列資料而由 RxD 輸入，而其狀態將反應到 P1 所連接的 LED 上。在圖 27 右下方的外部電路，可在隨書光碟中找到其電路板設計(74165)。

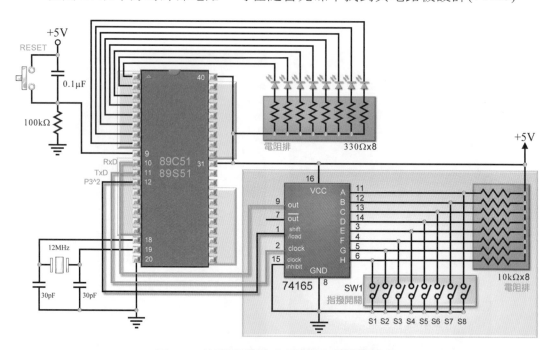

圖27　並列資料轉串列資料實驗電路圖

流程圖與程式設計

在此將外部 74165 所連接指撥開關的狀態，透過
串列埠傳入 AT8S51，而 AT8S51 完成接收後，再
將該資料輸出到 P1，所以 P1 上的 LED 將反應
74165 所連接指撥開關的狀態。根據 74165 的真
值表(表 4，8-11 頁)，若要將並列資料載入 74165，
則需給 74165 第 1 腳(shift/load)一個負脈波，在
此 P3^2 接腳連接到 74165 的第 1 腳，當「P3^2=0;」
時，P3^2 接腳變為低態，再以「P3^2=1;」將 P3^2
接腳恢復高態，即為負脈波。74165 載入 DIP SW
上的並列資料後，隨即依 8x51 透過 TxD 接腳傳
來的移位脈波，將資料一位元一位元地由 RxD 接
腳傳入 8x51。當 SBUF 滿了，即產生 RI 中斷，
最後再將 SBUF 緩衝器裡的資料，複製到
P1(LED)。

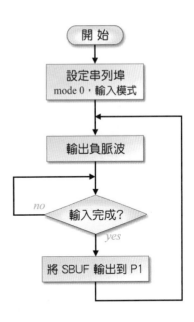

mode 0 串列輸入實驗(ch8-7-1.c)

```
/* ch8-7-1.c - Mode 0 串列輸入實驗 */
#include    <reg51.h>                  // 包含 reg51.h 檔
#define    LED      P1                 // 定義 LED 位置
sbit load=P3^2;                        // 宣告 P3^2 位置
main()                                 // 主程式開始
{ SCON=0x11;                           // 設定為 mode 0、REN=1、RI=1
  //====b7===b6===b5===b4===b3===b2===b1===b0===
  //===SM0==SM1==SM2==REN==TB8==RB8===TI===RI===
  //====0====0====0====1====0====0====0====1===
  while(1)                             // while 迴圈開始
  { load=0; load=1;                    // 輸出負脈波，讓 74165 載入資料
    RI=0;                              // 清除 RI
    while (!RI);                       // 等待 RI 串列輸入中斷
    LED=SBUF;                          // RI=1 時(接收完成),輸出至 LED
  }                                    // while 迴圈結束
}                                      // 主程式結束
```

操作

1. 依功能需求與電路結構，在 Keil C 裡撰寫程式，並進行建構(按 🔲
   鈕)，以產生*.HEX 檔。若有錯誤或非預期的狀況，則檢視原始程式，
   看看哪裡出問題？修改之，並將它記錄在實驗報告裡。

2. 在 **KT89S51** 線上燒錄實驗板上，連接 74165 電路，並使用 s51_pgm 程式將 ch8-7-1.hex 燒錄到 AT89S51 晶片，再操作指撥開關，看看是否正常？

3. 撰寫實驗報告。

思考一下

● 在本實驗裡，應用 74165 的並列轉換串列之功能，讓 AT89S51 擴充一個 8 位元的輸入埠。若要擴充為四個 8 位元的輸入埠，怎麼做？

提示：可應用四個 74165 及一個 74153 四對一的資料選擇器。

8-7-2 移位式資料串出實例演練

 實驗要點

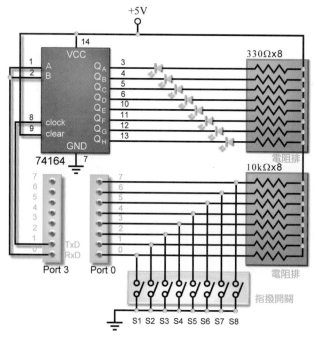

圖28 串列資料轉並列資料實驗電路圖

如圖 28 所示，串列資料由 8x51 的 RxD 接腳連接到 74164 的 A、B 輸入接腳，而 8x51 的 TxD 接腳連接到 74164 的 clock 接腳，形成一個串列輸出的電路，這個電路可在隨書光碟中找到其電路板設計(74164)。當然，74164 的 clear 接腳必須連接到+5V，74164 才會正常工作。在此我們希望將 8P 指撥開關 DIP SW 的狀態，經 Port 0 輸入到 8x51，再由 8x51 透過上述串列路徑，輸出到 74164，而 74164 的並列輸出接腳，連接 8 個 LED，讓這 8 個 LED 反應指撥開關的狀態。

流程圖與程式設計

在此要以 mode 0 進行資料的串列輸出，將 P0 所連接的指撥開關之狀態，藉由串列埠傳到外部的 74164，而在 74164 的並列輸出端連接 LED。換言之，P0 所連接的指撥開關之狀態，將反應到 74164 輸出的 LED 上。在此先將 SCON 設定為 0(即 mode 0)，再從 P0 讀取指撥開關的狀態，並將它放入 SBUF，CPU 即進行串列資料的輸出。程式只要等待 TI 中斷，也就是 SBUF 裡的資料以全部傳出，再重新讀取 Port 2 的開關狀態、重新傳出。

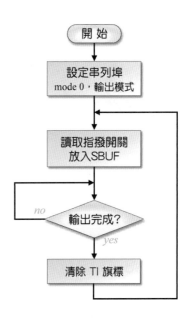

mode 0 串列輸出實驗(ch8-7-2.c)

```
/* ch8-7-2.c - Mode 0 串列輸出實驗 */
#include    <reg51.h>                // 包含 reg51.h 檔
#define    DIPSW   P0                // 定義指撥開關位置
main()                               // 主程式開始
{ SCON=0;                            // 設定為 mode 0
 //====b7===b6===b5===b4===b3===b2===b1===b0===
 //===SM0==SM1==SM2==REN==TB8==RB8===TI===R1===
 //====0====0====0====0====0====0====0====0====
  while(1)                           // while 迴圈開始
  { DIPSW=0xFF;                      // 規劃為輸入埠
    SBUF=DIPSW;                      // 將指撥開關狀態，放入 SBUF
    while (!TI);                     // 等待 TI 串列輸出中斷
    TI=0;                            // TI=1 時(傳送完成),清除 TI
  }                                  // while 迴圈結束
}                                    // 主程式結束
```

操作

1. 依功能需求與電路結構，在 Keil C 裡撰寫程式，並進行建構(按 ⌨ 鈕)，以產生 *.HEX 檔。若有錯誤或非預期的狀況，則檢視原始程式，看看哪裡出問題？修改之，並將它記錄在實驗報告裡。

2. 在 KT89S51 線上燒錄實驗板上，連接 74164 電路，並使用 s51_pgm 程式將 ch8-7-2.hex 燒錄到 AT89S51 晶片，再操作指撥開關，看看是否正常？

3. 撰寫實驗報告。

思考一下

- 在本實驗裡，應用 74164 的串列轉換並列之功能，只是讓 AT89S51 擴充一個 8 位元的輸出埠。

- 串列式介面為當前數位電路的主流，而串列式介面 IC 很多，如 MAX7219 系列、DM13A 系列等(隨書光碟裡附 data sheet)，這類 IC 大多是 16 位元的資料傳輸，而 AT89S51 的串列埠為 8 位元的資料傳輸，想一想有沒有辦法解決？

- ST2221A 為 DM13A 系列的先前版本，屬於 8 位元定電流源輸出 IC，可直接使用 AT89S51 的串列埠傳輸資料，可參考隨書光碟裡的 data sheet，以設計其控制程式。

8-7-3　mode 1 串列埠實例演練

 實驗要點

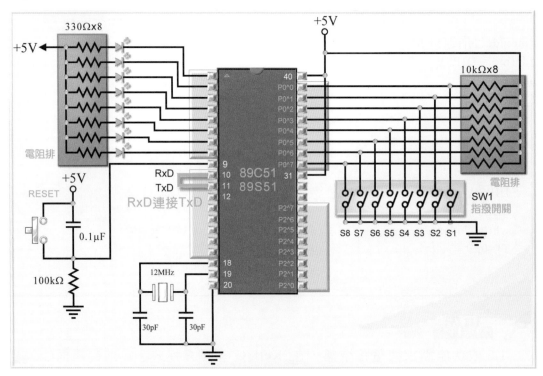

圖29　自傳實驗電路圖

mode 1 是通訊雙方採相同的鮑率進行資料傳輸，不須要額外的時鐘脈波做為同步。但雙方的鮑率誤差不得超過 2.5%，方能正確地執行通訊。如圖 29 所示，在本實驗裡，採用 12MHz 石英晶體，系統時脈(f_{osc})為 12MHz，而 SMOD

設定為 0、TH1 設定為 0xFD(即 253)，其實際鮑率為

$$鮑率 = \frac{2^{SMOD}}{32} \times \frac{f_{OSC}}{12 \times (256 \text{-} TH1)} = \frac{2^0}{32} \times \frac{12000000}{12 \times (256 \text{-} 253)} \cong 10417 \, bps$$

與約定的 9600bps 相差 817bps，**誤差高達 8.5%**！在實際的通訊裡，並無法順暢通訊。不過，在此是「自己傳給自己」，「雙方」的鮑率絕對一樣，沒有鮑率誤差的問題存在。為了達到「自己傳給自己」的目的，必須將 8x51 的**第 10 與 11 腳短路**，讓串列資料輸出連接到串列輸入接腳。另外，第 11 腳所要傳出的資料是來自 P0 所連接的指撥開關 DIP SW 狀態；而第 11 腳所接收到的串列資料，將反應到 P1 所連接的 LED 上。

流程圖與程式設計

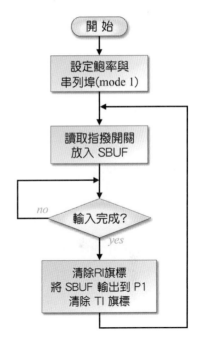

如表 2 所示(8-8 頁)，若石英晶體為 11.0592MHz，則 SMOD=0、TH1=0xFD，將可產生 9600bps 鮑率。若石英晶體為 12MHz，則 SMOD=1、TH1=0xF3，將可產生 4800bps 鮑率。

在此所要採用的鮑率接近 9600bps，則：

- **TMOD|=0x20;** 指令可將 Timer 1 設定為 mode 2(自動載入)。

- PCON 暫存器並非可位元定址暫存器，使用 **PCON &= 0x7F;** 指令才可將 bit 7 設定為 0。

- **TH1=0xFD;** 指令載入計數量。

- **TR1=1;** 指令啟動計時器，產生 9600bps 鮑率。

- **SCON=0x50;** 指令設定將串列埠設定為 mode 1。

在 SCON 暫存器裡，即可由 Port 0 所讀取的資料，放入 SBUF 暫存器，CPU 即自動傳送。另一方面，CPU 也自動接收，當接收之 SBUF 暫存器滿了，即產生 RI 中斷(完成接收到表傳輸也完成了)，再將 SBUF 緩衝器裡的資料，複製到 P1 即可。

mode 1 垂詢方式實驗使用 Timer 1 (ch8-7-3.c)

```
/* ch8-7-3.c - mode 1 實驗(垂詢方式) _採用 Timer 1 產生鮑率 */
#include   <reg51.h>              // 包含 reg51.h 檔
#define   LED       P1           // 定義 LED 位置
#define   DIP_SW    P0           // 定義指撥開關位置
main()                           // 主程式開始
{ TMOD |= 0x20;                  // 將 Timer 1 設定 mode 2 以產生鮑率
  PCON &= 0x7F;                  // 將 SMOD 設定為 0
  TH1=0xFD;                      // 鮑率設定接近 9600bps(11.0592MHz)
  TR1=1;                         // 啟動 Timer 1
  //====b7===b6===b5===b4===b3===b2===b1===b0===
  //===SM0==SM1==SM2==REN==TB8==RB8===TI===RI===
  //====0====1====0====1===0====0====0====0===
  SCON=0x50;                     // 設定為 mode 1
  DIP_SW=0xFF;                   // 規劃指撥開關為輸入埠
  while(1)                       // while 迴圈開始
  { SBUF=DIP_SW;                 // 將指撥開關狀態,放入 SBUF
    while (!RI);                 // 檢查是否完成接收?
    RI=0;                        // RI=1 時(接收完成),清除 RI 旗標
    LED=SBUF;                    // 將所接收的資料輸出到 LED
    TI=0;                        // 清除 TI 旗標
  }                              // while 迴圈結束
}                                // 主程式結束
```

 操作

1. 依功能需求與電路結構,在 Keil C 裡撰寫程式,並進行建構(按 🔲 鈕),以產生*.HEX 檔。若有錯誤或非預期的狀況,則檢視原始程式,看看哪裡出問題?修改之,並將它記錄在實驗報告裡。

2. 使用短路環(Jumper)將 KT89S51 線上燒錄實驗板上的 P3^0 與 P3^1 短路,即可自己傳給自己。使用 s51_pgm 將 ch8-7-3.hex 燒錄到 AT89S51 晶片,再操作指撥開關,看看是否正常?

3. 撰寫實驗報告。

 思考一下

- 請在本實驗裡,改採用「中斷」方式?

- 由於是自傳自收,不管怎樣「雙方」鮑率一定相同。因此,不管是 11.0592MHz,還是 12MHz,上述程式都可暢通無阻。

- 同前一個問題,若使用 8x52,請改採用 Timer 2 產生約 9600 bps 鮑率?

8-7-4　mode 2 串列埠實例演練

實驗要點

本實驗與 8-7-3 節類似,但採用 mode 2 串列工作模式,只能 8x51 系統與 8x51 系統之信號連結,不管採用哪個頻率的石英晶體都適用。另外,在此將採用中斷方式。

程式設計

由於 mode 2 為固定鮑率的傳輸,所以在鮑率的設定比 mode 1 簡單!在設定方面,如下:

● 設定串列埠中斷(EA=ES=1;)。

● 可設定 **PCON 暫存器**裡的 SMOD 位元,即可決定採 $f_{osc}/64$ (SMOD=0) 或採 $f_{osc}/32$(SMOD=1)。在此採用較快的鮑率($f_{osc}/32$),所以將 SMOD 位元設定為 1(「 **PCON |= 0x80;** 」命令)。

● 在 **SCON 暫存器**裡,將串列埠設定為 mode 2、REN 為 1(「 **SCON=0x90;** 」命令)。

設定完成後,即可由 DIP_SW 所讀取的資料,放入 SBUF 暫存器(傳送之 SBUF 暫存器),CPU 即自動傳送。

在中斷副程式裡,先判斷是否為傳輸中斷?若是,則重新將指撥開關的狀態放入 SBUF 暫存器,再將 TI 旗標歸零,即可重新傳送。再判斷是否為接收中斷,若是,則將接收到的資料(SBUF),驅動 LED,再將 RI 旗標歸零,即可重新接收。

除了採用的串列埠模式不同外,整個程式與 8-7-3 節一樣,流程圖也類似,在此將省略。

mode 2 實驗(ch8-7-4.c)

```
/* ch8-7-4.c - mode 2 實驗 */
#include   <reg51.h>                //包含 reg51.h 檔
#define   LED        P1             //定義 LED 位置
#define   DIP_SW     P0             //定義指撥開關位置
main()                              //主程式開始
{  EA=ES=1;                         //設定串列埠中斷
   PCON |= 0x80;                    //將 SMOD 設定為 1
   SCON = 0x90;                     //設定為 mode 2
//====b7===b6===b5===b4===b3===b2===b1===b0===
//===SM0==SM1==SM2==REN==TB8==RB8===TI===RI===
//=====1===0====0====1====0====0====0====0===
   DIP_SW=0xFF;                     //規劃指撥開關為輸入埠
```

```
    SBUF=DIP_SW;                          //將指撥開關狀態，放入 SBUF
    while(1);                             //主程式停滯
}                                         //主程式結束
// 串列埠中斷副程式
void ES_int(void) interrupt 4
{ if (TI)                                 //若是傳出中斷
  { SBUF=DIP_SW;                          //重新將指撥開關的狀態放入 SBUF
    TI=0;                                 //TI 旗標歸零(重新啟動)
  }
  if (RI)                                 //若是接收中斷
  { LED=SBUF;                             //將接收到的資料傳到 LED
    RI=0;                                 //RI 旗標歸零(重新啟動)
  }
}
```

 操作

1. 依功能需求與電路結構，在 Keil C 裡撰寫程式，並進行建構(按 鈕)，以產生 *.HEX 檔。若有錯誤或非預期的狀況，則檢視原始程式，看看哪裡出問題？修改之，並將它記錄在實驗報告裡。

2. 使用短路環(Jumper)將 KT89S51 線上燒錄實驗板上的 P3^0 與 P3^1 短路，即可自己傳給自己。使用 s51_pgm 將 ch8-7-4.hex 燒錄到 AT89S51 晶片，再操作指撥開關，看看是否正常？

3. 撰寫實驗報告。

 **思考一下**

● 在本實驗裡，採用 1/32 f_{osc} 的鮑率，請將鮑率修改為 1/64 f_{osc}？

8-7-5　mode 3 串列埠實例演練

實驗要點

本實驗與 8-7-3 節相同，但採用 mode 3 串列工作模式，可用於**跨平台資料傳輸**。

程式設計

若通信雙方都使用 11.0592MHz 石英晶體，則採用的 9600bps 鮑率；若通

信雙方都使用 12MHz 石英晶體，則採用的 4800bps 鮑率。另外，在此將 mode 1 的設定，改成 mode 3 外，與 8-7-3 節類似。

mode 3 垂詢方式實驗使用 Timer 1 (ch8-7-5.c)

```c
/* ch8-7-5.c - mode 3 實驗(垂詢方式)_採用 Timer 1 產生鮑率*/
#include    <reg51.h>                    // 包含 reg51.h 檔
#define    LED        P1                 // 定義 LED 位置
#define    DIP_SW    P0                  // 定義指撥開關位置
main()                                   // 主程式開始
{ DIP_SW=0xFF;                           // 規劃指撥開關為輸入埠
  TMOD |= 0x20;                          // 將 Timer 1 設定 mode 2 以產生鮑率
  //  採用 11.0592MHz 石英晶體(9600bps)
  TH1=TL1=0xFD;                          // 鮑率設定約為 9600bps
  PCON &= 0x7F;                          // 將 SMOD 設定為 0
  //  採用 12MHz 石英晶體(4800bps)
/*
  TH1=TL1=0xF3;                          // 鮑率設定約為 4800bps
  PCON |= 0x80;                          // 將 SMOD 設定為 1
*/
  TR1=1;                                 // 啟動 Timer 1
  SCON=0xD0;                             // 設定為 mode 3
  //====b7===b6===b5===b4===b3===b2===b1===b0===
  //===SM0==SM1==SM2==REN==TB8==RB8===TI===RI===
  //====1====1====0====1====0====0====0====0===
  SBUF=DIP_SW;                           // 將指撥開關狀態，放入 SBUF
  while(1)                               // while 迴圈開始
  {   if (TI)                            // 檢查是否完成傳出?
      {   TI=0;                          // TI=1 時(傳出完成),清除 TI 旗標
          SBUF=DIP_SW; }                 // 將指撥開關狀態，放入 SBUF
      if (RI)                            // 檢查是否完成接收?
      {   RI=0;                          // RI=1 時(接收完成),清除 RI 旗標
          LED=SBUF; }                    // 將所接收的資料輸出到 LED
  }                                      // while 迴圈結束
}                                        // 主程式結束
```

 操作

1. 依功能需求與電路結構，在 Keil C 裡撰寫程式，並進行建構(按 ▦ 鈕)，以產生*.HEX 檔。若有錯誤或非預期的狀況，則檢視原始程式，看看哪裡出問題？修改之，並將它記錄在實驗報告裡。

2. 使用短路環(Jumper)將 KT89S51 線上燒錄實驗板上的 P3^0 與 P3^1 短路，即可自己傳給自己。使用 s51_pgm 將 ch8-7-5.hex 燒錄到 AT89S51 晶片，再操作指撥開關，看看是否正常？

3. 撰寫實驗報告。

思考一下

● 本實驗裡,透過短路環,將資料由 TxD 傳到 RxD。若執行無誤,請將短路環移除,再試試資料傳書是否正常?若短路環移除後,無法正常傳輸資料,再將短路環接上,看看會不會恢復正常?若不會,怎麼辦?

● 在本實驗裡,請改採用「中斷」方式?

8-7-6 點對點通訊實例演練

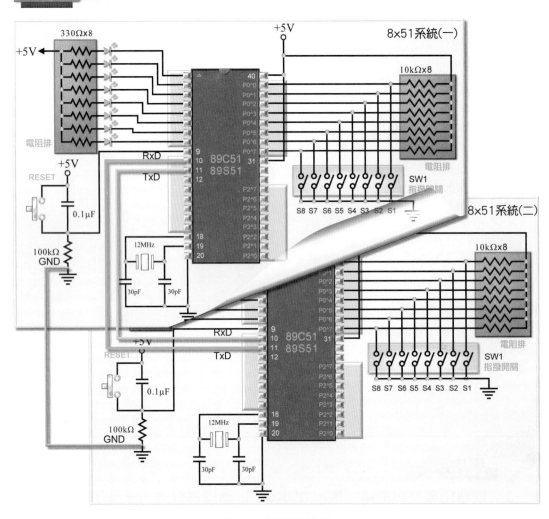

圖30 對傳電路圖

實驗要點

如圖 30 所示,「8x51 系統一」與「8x51 系統二」為兩個獨立的小系統,透過 TxD 與 RxD 傳輸線,以及地線的連接,進行全雙工的資料傳輸,將

8x51 系統一的指撥開關狀態，經串列埠傳輸到 8x51 系統二 P1 上的 LED。同時，將 8x51 系統二的指撥開關狀態，經串列埠傳輸到 8x51 系統一 P1 上的 LED。

程式設計

為了簡便起見，在此將採 mode 2，兩個 8x51 系統裡都採 1/32 f_{osc} 鮑率 (SMOD=1)，而在兩個 8x51 系統裡都必須執行下列程式。

8x51 互傳實驗(ch8-7-6.c)

```
/* ch8-7-6.c - mode 2 互傳實驗 */
#include    <reg51.h>                //包含 reg51.h 檔
#define    LED        P1            //定義 LED 位置
#define    DIP_SW     P0            //定義指撥開關位置
main()                              //主程式開始
{ EA=ES=1;                          //設定串列埠中斷
  PCON |= 0x80;                     //將 SMOD 設定為 1
  SCON=0x90;                        //設定為 mode 2
//====b7===b6===b5===b4===b3===b2===b1===b0===
//===SM0==SM1==SM2==REN==TB8==RB8===TI===RI===
//=====1====0====0====1====0====0====0====0===
  DIP_SW=0xFF;                      //規劃指撥開關為輸入埠
  SBUF=DIP_SW;                      //將指撥開關狀態，放入 SBUF
  while(1);                         //主程式停滯
}                                   //主程式結束
// 串列埠中斷副程式
void ES_int(void) interrupt 4
{ if (TI)                           //若是傳出中斷
  { SBUF=DIP_SW;                    //重新將指撥開關的狀態放入 SBUF
    TI=0;                           //TI 旗標歸零(重新啟動)
  }
  if (RI)                           //若是接收中斷
  { LED=SBUF;                       //將接收到的資料傳到 LED
    RI=0;                           //RI 旗標歸零(重新啟動)
  }
}
```

操作

1. 依功能需求與電路結構，在 Keil C 裡撰寫程式，並進行建構(按 🖮 鈕)，以產生 *.HEX 檔。若有錯誤或非預期的狀況，則檢視原始程式，看看哪裡出問題？修改之，並將它記錄在實驗報告裡。

2. 使用兩片 KT89S51 線上燒錄實驗板，分別燒錄剛建構的程式 ch8-7-6.hex，再按圖 30 連接其中的 RxD-TxD、TxD-RxD、GND-GND

線路，再操作指撥開關，看看是否正常？

3. 撰寫實驗報告。

思考一下

● 在本實驗裡，只是將對方的指撥開關反應到 LED 上，有點無趣！請修改程式，以接受對方指撥開關的控制，如下：

1. OFF、OFF、OFF、OFF、OFF、OFF、OFF、ON：單燈左移。

2. OFF、OFF、OFF、OFF、OFF、OFF、ON、OFF，單燈右移。

3. 否則八燈閃爍。

● 在本實驗裡，兩片 KT89S51 線上燒錄實驗板採用 mode 2，請試改以 mode 1 或 mode 3，重新測試？

8-7-7 與 PC 連線－應用 USB

實驗要點

前面的實驗，不是自己傳給自己，就是 KT89S51 線上燒錄實驗板傳給另一片 KT89S51 線上燒錄實驗板，所以鮑率不會有太多問題。在此將利用 USB-to-UART 傳輸線(採用 PL2303 晶片)，將 KT89S51 線上燒錄實驗板透過 USB 連接到 PC，鮑率必須精準一點。而 KT89S51 線上燒錄實驗板(V3.3 版)上預設的石英晶體為 12MHz，只好採用 4800bps 鮑率；若採用 V3.3A、V3.3B 或 V4.2 版，其石英晶體為 11.0592MHz，則可採用 9600bps(或更高)鮑率。當然，在 PC 上，此 USB-to-UART 傳輸線的 USB 驅動程式必須先安裝，詳見 8-15~8-16 頁。

當連線之後，使用 YHGL 超級終端機.exe 程式(在隨書光碟裡)，在其中設定通信協定，如下：

● 鮑率：**4800bps** 或 **9600bps**
● COM PORT：COM3(請按實際狀況)
● 資料長度：**8**
● 同位位元：**無**
● 停止位元：**1**

整個實驗包括兩部分，如下：

1. PC 對 KT89S51 線上燒錄實驗板下指令：由 YHGL 超級終端機.exe 程式傳給 KT89S51 線上燒錄實驗板的指令有 4 個(可自行擴增)，如下：

甲、「00000000」命令將 KT89S51 線上燒錄實驗板的 LED 全部關閉。

乙、「00000001」命令將 KT89S51 線上燒錄實驗板的 LED 全部點亮。

丙、「00000010」命令要求 **KT89S51** 線上燒錄實驗板進行單燈左移。

丁、「00000011」命令要求 **KT89S51** 線上燒錄實驗板進行單燈右移。

2. 對 **KT89S51** 線上燒錄實驗板將 P0 的指撥開關狀態,傳入 YHGL 超級終端機.exe 程式。

程式設計

在此要在 12MHz 的 8x51 系統裡產生 4800 bps 鮑率(Timer 1 mode 2、TH1=0xF3、SMOD=1),為了簡便起見,省略流程圖,整個程式如下:

與 PC 連線實驗(ch8-7-7.c)

```
/* ch8-7-7.c – 與 PC 連線實驗*/
#include    <reg51.h>              //包含 reg51.h 檔
#define   LED     P1               //定義 LED 位置
#define   DIP_SW   P0              //定義指撥開關位置
//============ 函數 ==========
void left(void);                   //宣告單燈左移函數
void right(void);                  //宣告單燈右移函數
void delay1ms(int x);              //宣告延遲函數
unsigned char   inst=0;            //宣告變數
//======== 主程式 ========
main()                             //主程式開始
{ LED=DIP_SW=0xFF;                 //關閉 LED,設定 DIP_SW 為輸入埠
  EA=ES=1;                         //啟用串列埠中斷
  SCON=0x50;                       //設定為 mode 1
  TMOD |= 0x20;                    //設定採 mode 2
  // 使用 KT89S51 線上燒錄實驗板 V3.3(系統時脈為 12MHz)
  PCON |= 0x80;                    //將 SMOD 設定為 1
  TH1=0xF3;                        //4800bps
  // 使用 KT89S51 線上燒錄實驗板 V4.2(系統時脈為 11.0592MHz)
  /*
  // PCON |= 0x80;                 //將 SMOD 設定為 1(19,200bps)
  PCON &= 0x7F;                    //將 SMOD 設定為 0(9,600bps)
  TH1=0xFD;                        //9600bps
  */
  TR1=1;                           //啟動 Timer 1
  SBUF=DIP_SW;                     //傳出指撥開關狀態
  while(1)
  { switch (inst)
    {    case 0: LED=0xFF; break;  //0 命令:LED 全滅
         case 1: LED=0; break;     //1 命令:LED 全亮
         case 2: left();break;     //2 命令:單燈左移
         case 3: right();break;    //3 命令:單燈右移
    }
  }                                //while 迴圈結束
}                                  //主程式結束
```

```
//=========== 單燈左移函數 ===========
void left(void)
{ char   i;
  for(i=0;i<8;i++)
  { LED=~(1<<i);                       //單燈左移
    delay1ms(200);                     //延遲 0.2 秒
    if (inst!=2) break;                //檢查命令
  }
}
//=========== 單燈右移函數 ===========
void right(void)
{ char   i;
  for(i=0;i<8;i++)
  { LED=~(1<<(7-i));                    //單燈右移
    delay1ms(200);                     //延遲 0.2 秒
    if (inst!=3) break;                //檢查命令
  }
}
//=========== 延遲函數(產生 x1ms 延遲) ===========
void delay1ms(int x)
{ int    i, j;                         //宣告變數
  for (i=0;i<x;i++)                    //計數 x 次
    for (j=0;j<120;j++);               //延遲 1ms
}
//=========== 串列埠中斷副程式 ===========
void Serial_INT(void) interrupt   4
{ if (TI)
  { TI=0;                              //清除 TI 旗標
    SBUF = DIP_SW;                     //再傳出指撥開關狀態
  }
  if(RI)
  { RI=0;                              //清除 RI 旗標
    inst = SBUF;                       //接收命令
  }
}
```

 操作

1. 在 Keil C 裡撰寫程式，並進行建構(按 鈕)，以產生*.HEX 檔。若有錯誤或非預期的狀況，則檢視原始程式，看看哪裡出問題？修改之，並將它記錄在實驗報告裡。

2. 在 KT89S51 線上燒錄實驗板上，使用 s51_pgm 將 ch08-7-7.hex 燒錄到 AT89S51 晶片。

3. 將 USB-to-UART 傳輸線與 KT89S51 線上燒錄實驗板，如下：

   甲、 紅色線(+5V)插入 VCC(40 腳)，或 JP5-1。

乙、　白色線(RxD)插入 P3^1(TxD)，或 JP5-2。

丙、　綠色線(TxD)插入 P3^0(RxD)，或 JP5-3。

丁、　黑色線(GND)插入 GND(20 腳)，或 JP5-4。

4. 將 USB-to-UART 傳輸線之 USB 端插入 PC，並查看電腦的裝置管理員，看看 USB-to-UART 傳輸線取得哪個串列埠(COM?)。

5. 在 PC 裡啟動 YHGL 超級終端機.exe 程式(在隨輸光碟裡)，並設定通信協定包括 COM PORT、鮑率(4800)、資料長度(8)、停止位元(1)、偵錯位元(無)等。若 USB-to-UART 傳輸線的 COM 沒有出現，可按 搜尋串列埠 鈕搜尋之。

6. 在 KT89S51 線上燒錄實驗板裡切換指撥開關，並觀察 YHGL 超級終端機視窗是否跟著變動？

7. 在 YHGL 超級終端機視窗裡，按下列操作，並觀察 KT89S51 線上燒錄實驗板裡的 LED 變化：

甲、　PC 傳出欄位設定為 00000000(即 0)，LED 是否全滅？

乙、　PC 傳出欄位設定為 00000001(即 1)，LED 是否全亮？

丙、　PC 傳出欄位設定為 00000010(即 2)，LED 是否單燈左移？

丁、　PC 傳出欄位設定為 00000011(即 3)，LED 是否單燈右移？

8. 撰寫實驗報告。

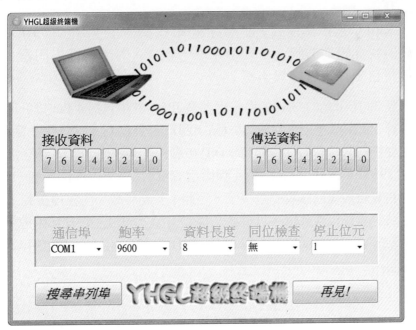

圖31　YHGL 超級終端機視窗

思考一下

● 若將 LED 換成驅動繼電器、指撥開關換成外部的操作開關，是否就能由個人電腦(或工業電腦)透過 USB 控制外部裝置/機台？

8-7-8　藍牙應用－Windows 平台

實驗要點

在此將使用 **HC-05** 藍牙模組配合 KT89S51 線上燒錄實驗板 **V4.2** 版(其中石英晶體改為 **11.0952MHz**)與 PC(或 NB)進行無線連線，其功能與 8-7-7 節相同，由 PC(或 NB)控制 KT89S51 線上燒錄實驗板上的 LED，而 KT89S51 線上燒錄實驗板上的指撥開關狀態，也可傳入 PC(或 NB)。當然 PC 或 NB 必須有藍牙接收器，PC 與 KT89S51 線上燒錄實驗板之連結，請參閱 8-6-3 節。

程式設計

在此的程式 ch8-7-8.c 與 8-7-7 節的 ch8-7-7.c 完全一樣，為節省篇幅，在此不贅述。

操作

1. 在 Keil C 裡撰寫程式，並進行建構(按 ▦ 鈕)，以產生 *.HEX 檔。若有錯誤或非預期的狀況，則檢視原始程式，看看哪裡出問題？修改之，並將它記錄在實驗報告裡。

2. 如圖 32 所示為的 UART 埠，也就是 JP5。其中包括 4 Pin 排針母座與 4 Pin 排針，這兩個連接器的最上方(第 1 腳)，都連接到 VCC；第 2 腳標示 RxD，都連接到 P3^1(即 AT89S51 的 TxD 接腳)；第 3 腳標示 RxD，都連接到 P3^0(即 AT89S51 的 RxD 接腳)；第 4 腳標示 GND(都接地)。很貼心的，RxD 與 TxD 線在實驗板裡已幫我們跳接了。因此，若要將藍牙模組連接到 KT89S51 線上燒錄實驗板 **V4.2A**，可按藍牙模組接腳，利用 4 條杜邦線連接，VCC 接 JP5 的 VCC、RxD 接 JP5 的 RxD、TxD 接 JP5 的 TxD、GND 接 JP5 的 GND 即可。

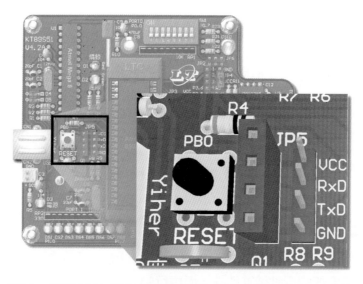

圖32　KT89S51 線上燒錄實驗板 V4.2A 版上的 UART 埠

3. 若使用 KT89S51 線上燒錄實驗板 V4.2，其中藍牙模組與 LCD 模組使用之連接埠，位址部分相同，不要同時使用。若使用 KT89S51 線上燒錄實驗板 V4.2A，其中藍牙模組與 LCD 模組沒有衝突，可同時使用。

4. 使用 s51_pgm 將 ch8-7-8.hex 燒錄到 AT89S51 晶片。

5. 若使用 PC，則使用 USB 藍牙接收器插在 PC 的 USB 埠，則 PC 上將新增一個串列埠。再進行配對，詳見 8-18~8-20 頁。

6. 在 PC 裡啟動 PC_RS232.exe 程式(檔案在隨輸光碟裡)，開啟如圖 31 所示之視窗(8-43 頁)，並設定通信協定包括 COM PORT、鮑率(9600)、資料長度(8)、停止位元(1)、偵錯位元(無)等，其中的 COM PORT 就是剛才產生的串列埠，則藍牙模組上的 LED 將保持亮著(或慢閃)，表示藍牙已經連接，com port 已經可以使用。

7. 在 PC_RS232 視窗裡，按下列操作，並觀察 KT89S51 線上燒錄實驗板裡的 LED 變化：

甲、 PC 傳出欄位設定為 00000000(即 0)，LED 是否全滅？

乙、 PC 傳出欄位設定為 00000001(即 1)，LED 是否全亮？

丙、 PC 傳出欄位設定為 00000010(即 2)，LED 是否單燈左移？

丁、 PC 傳出欄位設定為 00000011(即 3)，LED 是否單燈右移？

8. 撰寫實驗報告。

思考一下

● 若將 LED 換成驅動繼電器、指撥開關換成外部的操作開關，是否就能由筆記型電腦進行無線控制外部裝置？

8-7-9 藍牙應用－Android 平台

實驗要點

在此將使用 **HC-05** 藍牙模組配合 KT89S51 線上燒錄實驗板 V4.2 版與手機/平板等 Android 系統的行動裝置連線，而由行動裝置控制 KT89S51 線上燒錄實驗板上的裝置。在此所要設計的功能如下：

● 在手機/平板上，可選擇與已配對的藍牙模組配對連線或斷線，此為 **KT89S51** 遙控器 App 之功能。

● 按 全亮 鈕，KT89S51 線上燒錄實驗板上的 8 個 LED 全亮。

● 按 全暗 鈕，KT89S51 線上燒錄實驗板上的 8 個 LED 全暗。

● 按 單燈左移 鈕，KT89S51 線上燒錄實驗板上的 8 個 LED 進行單燈左移。

● 按 單燈右移 鈕，KT89S51 線上燒錄實驗板上的 8 個 LED 進行單燈右移。

● 按 7 鈕，開啟 KT89S51 線上燒錄實驗板上，P1^7 連接的 LED。

● 按 6 鈕，開啟 KT89S51 線上燒錄實驗板上，P1^6 連接的 LED。

● 按 5 鈕，開啟 KT89S51 線上燒錄實驗板上，P1^5 連接的 LED。

● 按 4 鈕，開啟 KT89S51 線上燒錄實驗板上，P1^4 連接的 LED。

● 按 3 鈕，開啟 KT89S51 線上燒錄實驗板上，P1^3 連接的 LED。

● 按 2 鈕，開啟 KT89S51 線上燒錄實驗板上，P1^2 連接的 LED。

● 按 1 鈕，開啟 KT89S51 線上燒錄實驗板上，P1^1 連接的 LED。

● 按 0 鈕，開啟 KT89S51 線上燒錄實驗板上，P1^0 連接的 LED。

另外，還可在傳送其他資料欄位裡，指定其他命令，再按 傳送 鈕，即可操作 KT89S51 線上燒錄實驗板上的其他功能。如圖 33 所示為 **KT89S51 遙控器** 之操作頁面，此手機 App 可在隨書光碟裡找到。

圖33　KT89S51 遙控器 App 之操作頁面

💡 程式設計

在此的程式 9600 bps 鮑率(Timer 1 mode 2、SMOD=0、TH1=0xFD)，流程圖簡略，程式如下：

與藍牙連線實驗(ch8-7-9.c)

```
/* ch8-7-9.c – 與藍牙連線實驗*/
/* 使用 KT89S51 線上燒錄實驗板 V4.2 或 V3.3A(石英晶體為 11.0592MHz) */
#include   <reg51.h>                //包含 reg51.h 檔
#define   LED     P1               //定義 LED 位置
//=========== 函數 ==========
void left(void);                    //宣告單燈左移函數
void right(void);                   //宣告單燈右移函數
void delay1ms(int);                 //宣告延遲函數
unsigned char    inst=0;            //宣告變數
//======= 主程式 ========
main()                              //主程式開始
{ LED= 0xFF;                        //關閉 LED
  EA=ES=1;                          //啟用串列埠中斷
  SCON=0x50;                        //設定為 mode 1
  TMOD |= 0x20;                     //設定採 mode 2
  PCON &= 0x7F;                     //將 SMOD 設定為 0
  TH1=TL1=0xFD;                     //9600bps (11.0592MHz)
  TR1=1;                            //啟動 Timer 1
  while(1)
  { switch (inst)
```

```
    {       case 0: LED=LED&(~0x01); break; // 0 命令開啟 P1^0 之 LED
            case 1: LED=LED&(~0x02); break; // 1 命令開啟 P1^1 之 LED
            case 2: LED=LED&(~0x04); break; // 1 命令開啟 P1^2 之 LED
            case 3: LED=LED&(~0x08); break; // 1 命令開啟 P1^3 之 LED
            case 4: LED=LED&(~0x10); break; // 1 命令開啟 P1^4 之 LED
            case 5: LED=LED&(~0x20); break; // 1 命令開啟 P1^5 之 LED
            case 6: LED=LED&(~0x40); break; // 1 命令開啟 P1^6 之 LED
            case 7: LED=LED&(~0x80); break; // 1 命令開啟 P1^7 之 LED
            case 0x41: LED=0; break;        //A 命令 LED 全亮
            case 0x5A: LED=0xFF; break;     //Z 命令 LED 全暗
            case 0x4C: left(); break;       //L 命令單燈左移
            case 0x52: right(); break;      //R 命令單燈右移
    }
  }                                         //while 迴圈結束
}                                           //主程式結束
//============== 單燈左移函數 ==========
void left(void)
{ char   i;
  for(i=0;i<8;i++)
  { LED=~(1<<i);                            //單燈左移
    delay1ms(200);                          //延遲 0.2 秒
    if (inst!= 0x4C) break;                 //檢查命令
  }
}
//============== 單燈右移函數 ==========
void right(void)
{ char   i;
  for(i=0;i<8;i++)
  { LED=~(0x80>>i);                         //單燈右移
    delay1ms(200);                          //延遲 0.2 秒
    if (inst!= 0x52) break;                 //檢查命令
  }
}
//============== 延遲函數(產生 x1ms 延遲) ==========
void delay1ms(int x)
{ int    i, j;                              //宣告變數
  for (i=0;i<x;i++)                         //計數 x 次
    for (j=0;j<120;j++);                    //延遲 1ms
}
//============== 串列埠中斷副程式 ==========
void Serial_INT(void) interrupt   4
{ if(RI)
  { RI=0;                                   //清除 RI 旗標
    inst = SBUF;                            //接收命令
  }
}
```

操作

1. 在 Keil C 裡撰寫程式，並進行建構(按 ▦ 鈕)，以產生 *.HEX 檔。若有錯誤或非預期的狀況，則檢視原始程式，看看哪裡出問題？修改之，並將它記錄在實驗報告裡。

2. 使用 s51_pgm 將 ch8-7-9.hex 燒錄到 AT89S51 晶片。

3. 將藍牙模組連接到 KT89S51 線上燒錄實驗板 **V4.2A**，可按藍牙模組接腳，利用 4 條杜邦線連接，VCC 接 JP5 的 VCC、RxD 接 JP5 的 RxD、TxD 接 JP5 的 TxD、GND 接 JP5 的 GND 即可。再進行配對，詳見 8-22 頁。

4. 將 **KT89S51 遙控器**.apk 應用程式(檔案在隨輸光碟裡)，複製到 Android 手機或平板，並安裝詳見 8-24 頁。並對 KT89S51 線上燒錄實驗板上的藍牙模組進行配對。

5. 完成安裝後，在所安裝的手機或平板開啟此 App，如圖 33 所示(8-46 頁)之頁面。

6. 按**請選擇藍牙裝置**欄位，然後在隨即出現的頁面裡，指定所剛才配對的藍牙模組，即可將它帶回剛才的欄位，再按 連線 鈕進行連線。則下方的**連線狀態**欄位裡，將顯示所連線的藍牙模組。

7. 在 **KT89S51 遙控器**頁面裡，按操作按鈕，並觀察 KT89S51 線上燒錄實驗板裡的 LED 變化，是否符合 8-45~8-46 頁的預期目標？

8. 撰寫實驗報告。

 **思考一下**

● 若要擴充本實驗的功能，當 KT89S51 遙控器 App 的傳送其他資料欄位中，傳輸 F 到 KT89S51 線上燒錄實驗板時，即可讓 LED 進行 8 燈閃爍，程式應如何修改？

8-8 即時練習

串列埠之應用

在本章裡探討串列式資料傳輸的概念、8x51 的串列埠、框架偵錯、自動定址、串列與並列資料的轉換 IC、RS-232 的驅動 IC、USB-to-UART 傳輸線，以及藍牙模組等。在此請試著回答下列問題，以確認對於此部分的認識程度。

選擇題

( )1. 下列哪顆 IC 具有將串列資料轉換成並列資料？
(A) 74138　(B) 74164　(C) 74165　(D) 74168 。

( )2. 下列哪顆 IC 具有將並列資料轉換成串列資料？
(A) 74138　(B) 74164　(C) 74165　(D) 74168 。

( )3. UART是指哪項裝置？ (A) 單向傳輸器　(B) 萬用串列資料與並列資料轉換器　(C) 全雙工萬用並列埠　(D) 萬用非同步串列埠。

( )4. 同一個時間裡，只能接收或傳送信號者稱為？
(A) 半雙工　(B) 全雙工　(C) 半單工　(D) 單工 。

( )5. 在 8x51 的串列埠裡，哪一種模式下，可利用 Timer 1 產生鮑率？
(A) mode 0　(B) mode 1　(C) mode 2　(D) mode 3 。

( )6. 8x51 的串列埠是透過哪些接腳進行資料傳輸？ (A) RxD 接腳接收資料 (B) TxD 接腳接收資料　(C) RxD 傳送資料 (D) 以上皆非 。

( )7. 在 8x51 裡，若透過串列埠傳出資料，則只要將資料放入哪個暫存器，CPU就會自動將它傳出？ (A) SMOD　(B) TBUF　(C) SBUF　(D) RBUF 。

( )8. 在 8x51 裡，若 CPU 完成串列埠資料的接收，將會如何？ (A) 將 TI 旗標變為 0　(B) 將 RI 旗標變為 0　(C) 將 TI 旗標變為 1　(D) 將 RI 旗標變為 1 。

( )9. 若要設定 8x51 串列埠模式，可在哪個暫存器中設定之？
(A) SMOD　(B) SCON　(C) PCON　(D) TCON 。

( )10.下列何者不是 MAX232 之功能？ (A) 提升抗雜訊能力　(B) 提高傳輸距離　(C) 增加傳輸速度　(D) 以上皆是 。

問答題

1. 試寫出 8x51 串列埠四個工作模式的鮑率，及其設定方法？

2. 試說明 8x51 串列埠 mode 2 與 mode 3 的差異？

3. 當使用 8x51 串列埠，以 mode 0 工作模式將資料傳出時，其 TxD 接腳與

RxD 接腳各擔任何種任務？應如何接線？

4. 當使用 8x51 串列埠，以 mode 0 工作模式接收資料時，其 TxD 接腳與 RxD 接腳各擔任何種任務？應如何接線？

5. 試說明 8x51 串列埠 mode 1 的資料格式？

6. 試說明 8x51 之 SCON 暫存器中，各位元的功能？

7. 試說明何謂「單工」、「半雙工」與「全雙工」？

8. 何謂「UART」？

9. 試說明 MAX232 的功能？若要將 8x51 系統的串列埠透過 MAX232 長距離傳輸，要如何連接？

10. 試簡述在 Windows 系統裡，如何進行藍牙模組的配對？

11. 試簡述在 Android 系統裡，如何進行藍牙模組的配對？

12. 試簡述在 Android 系統裡，如何進行應用程式 App 的安裝？

心得筆記

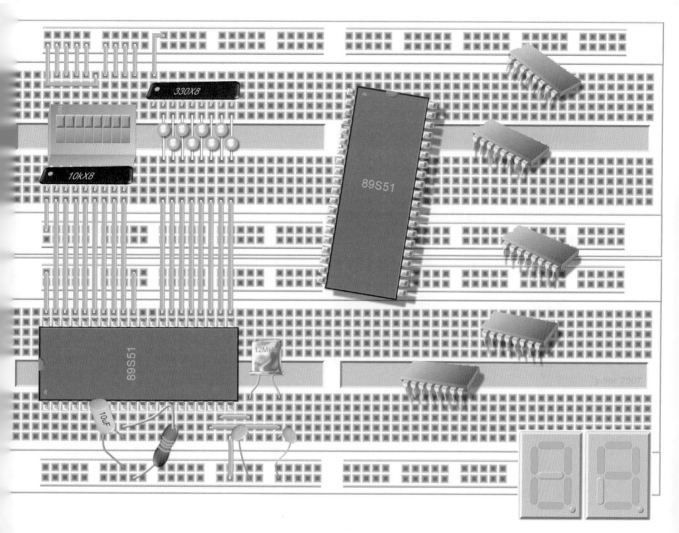

 音樂之播放

本章內容豐富，主要包括兩部分：

硬體部分：

發聲原理與聲音的產生電路。

程式與實作部分：

簡易的聲音產生程式、混合頻率的聲音產生、基本音階產生、簡易電子琴，以及歌曲演奏等。

9-1 發聲電路
音樂之播放

聲音產生是一種音頻振動的效果，振動的頻率高，則為高音、振動的頻率低，則為低音。音頻的範圍為 20Hz 到 200k Hz 之間，人類耳朵比較容易辨識的聲音，大概是 200Hz 到 20k Hz。一般音響電路是以正弦波信號驅動喇叭，即可產生悅耳的音樂；在數位電路裡，則是以脈波信號驅動蜂鳴器，以產生聲音。同樣的頻率，以脈波信號或以正弦波信號所產生的音效，人類的耳朵很難區別。

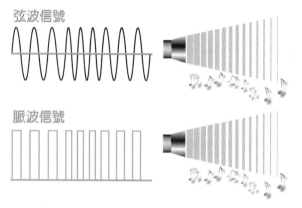

圖1　聲音的產生

若要以 8x51 產生聲音，可利用程式產生頻率，而由輸出入埠(一個位元即可，如 P3^7 等)連接到外部蜂鳴器的驅動電路，即可驅動蜂鳴器產生聲音。在第三章裡，曾經介紹過蜂鳴器的驅動電路，其中以 **pnp** 電晶體放大電路較適合，如圖 2 所示。

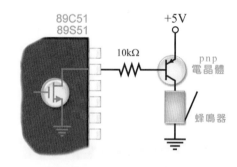

圖2　蜂鳴器驅動電路

在處理蜂鳴器的驅動電路時，常有人在蜂鳴器上串接限流電阻，以防止電流過大，避免蜂鳴器發熱，其實這不是好方法！最好能從程式上著手，以圖 2 為例，屬於低態驅動電路，當 8x51 輸出低態時，才會有電流流過蜂鳴器，而蜂鳴器具有電感器的特色，當流過的電流頻率高時，阻抗較大，電流較小；而電流頻率低時，阻抗較小，電流較大。所以 8x51 固定輸出低態(頻率等於 0)時，電流最大，且這電流並沒有轉換成動能，全部變為熱量。當 8x51 重置時，每個輸出入埠都為高態，所以不會驅動圖 2 之蜂鳴器。在撰寫聲音產生程式時，不外就是讓蜂鳴器時而吸(輸出低態)、時而放(輸出高態)。若在程式之中，先讓蜂鳴器吸、再讓蜂鳴器放，而結束發聲時，讓蜂鳴器放，輸出保持高態，則可有效避免蜂鳴器發燙，而蜂鳴器不須串接額外的限流電阻。

9-2　音調與節拍

音樂之播放

　　在第三章裡，我們曾經介紹過蜂鳴器的驅動，只要在固定時間裡切換輸出的狀態，即可讓蜂鳴器(或喇叭)發出聲響。當然，這個聲響很單調，其音調的高低與輸出的切換速度有關，若切換速度越快，聲音越高；反之，切換速度越慢，聲音越低。除了控制發聲的高低外，若還能控制發聲的時間長短，就會有節奏感，也就是「音樂」的雛型。簡單講，「音樂」至少要有聲音的高低及發聲時間的長短。

🔍 音調

　　若以頻率來表示聲音，則有點抽象，又有點無趣！唱歌的時候，總不能跟樂隊說「給我一個 1k 的 Key」吧！通常是以 Do、Re、Mi、Fa、So、La、Si、Do 分別代表某一個頻率的聲音，稱之為「音調」，即 **Tone**。如表 1 所示為 C 調音階表，包括三個音階(低音、中音與高音)，每個音階為八音度，其中細分為 12 個半音(即 Do、Do#、Re、Re#、Mi、Fa、Fa#、So、So#、La、La#、Si)，而每個音階之間的頻率相差一倍，例如高音 Do 的頻率(1046 Hz)剛好是中音 Do 的頻率(523 Hz)之一倍、中音 Do 的頻率(523 Hz)剛好是低音 Do 的頻率(266 Hz)之一倍；同樣的，高音 Re 的頻率(1109 Hz)剛好是中音 Re 的頻率(554 Hz)之一倍、中音 Re 的頻率(554 Hz)剛好是低音 Re 的頻率(277 Hz)之一倍，以此類推。因此，兩個半音之間的頻率比為 $\sqrt[12]{2}$，大約是 1.059，以中音為例，Do 的頻率為 523Hz，所以 Do# 的頻率為 523×1.059，約為 554Hz、Re 的頻率為 554×1.059，約為 587Hz，以此類推。

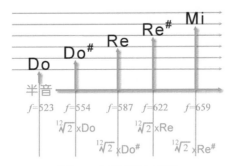

圖3　中音階示意圖

圖4　鋼琴鍵盤

相對於鋼琴的鍵盤，如圖 4 所示。

表 1　C 調音階-頻率對照表

音階	n	1	2	3	4	5	6	7	8	9	10	11	12
		Do	Do#	Re	Re#	Mi	Fa	Fa#	So	So#	La	La#	Si
低音	頻率	**262**	277	294	311	330	349	370	392	415	440	464	494
	簡譜	1.		2.		3.	4.		5.		6.		7.
中音	頻率	**523**	554	587	622	659	698	740	784	831	880	932	988
	簡譜	1		2		3	4		5		6		7
高音	頻率	**1046**	1109	1175	1245	1318	1397	1480	1568	1661	1760	1865	1976
	簡譜	1̇		2̇		3̇	4̇		5̇		6̇		7̇

🔍 節 拍

若要構成音樂，光音調是不夠的！還需要節拍，讓音樂具有旋律(固定的律動)，更可以調節各個音的快慢速度。「節拍」就是 **Beat**，簡單講就是打拍子，例如聽到音樂不自主地隨之拍動手或腳頓地。我們常聽說「這個音要 1/4 拍」、「那個音要 1/2 拍」，若 1 拍是 0.5 秒鐘，則 1/4 拍為 0.125 秒、1/2 拍為 0.25 秒。至於 1 拍多少秒，並沒有嚴格規定，就像是人的心跳一樣，大部分的人都是每分鐘 72 下，有些人比較快、有些人比較慢，只要聽順耳就好。

除了「**節拍**」以外，還有「**音節**」，在樂譜左上方都會定義每個音節有多少拍，如圖 5 所示：

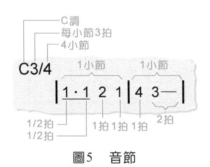

圖5　音節

以「生日快樂歌」的簡譜為例，C3/4 代表為 C 調、四小節、每小節三拍；兩條直線之間為一小節，其中有底線的兩個 1，代表一拍，之後的 2、1 各為一拍，總共三拍。在第二小節裡，3 後面的一條線代表 3 為兩拍。以筆者「慢半拍」的習慣，唱一節的時間約 2 秒鐘，所以，每拍約 3/2 秒。若以每小節 1.5 秒的速度，可能會比較正常，也就是每拍 0.5 秒、3/4 拍 0.375 秒、1/2 拍 0.25 秒、1/4 拍 0.125 秒...，以此類推。若以程式來發出上述兩小節的音，則是：

Do/0.25 秒、Do/0.25 秒、Re/0.5 秒、Do/0.5 秒

Fa/0.5 秒、Mi/1 秒

若以頻率來表示，即

523Hz/250ms、523Hz/250ms、587Hz/500ms、523Hz/500ms

698Hz/500ms、659Hz/1000ms

9-3 音調的產生

若要產生表 1 的音頻，可使用延遲函數或 Timer 計時中斷，如下說明：

延遲函數

在 Keil C 裡，延遲函數無法很精確地掌握所能延遲的時間長短，在前面的單元裡，我們所使用的一個 1 毫秒延遲函數如下：

```
void delay1ms(int    x)
{ int    i,j;                                    // 宣告變數
  for (i=0;i<x;i++)                              // 外迴圈
        for (j=0;j<120;j++);                     // 內迴圈
}
```

若要延遲 1ms，則可使用「delay1ms(1);」指令，則使函數的內迴圈將執行 120 次，外迴圈將執行 1 次。對於 12MHz 的 8x51 系統而言，根據實驗數據可得知，執行 120 次大約耗用 1 毫秒。同理，若需要延遲 5 ms，則可使用「delay1ms(5);」。很明顯的，這個函數的刻度為 1ms，萬一延遲時間要小於 1ms，怎麼辦？由上列函數之中可得知，內迴圈的數量決定了延遲的時間，也就是說，若內迴圈的數量為 120，可延遲 1ms，該函數之最小刻度為 1ms；則將內迴圈的數量降為 12，應可延遲 0.1ms，該函數之最小刻度為 0.1ms，即 100μs(微秒)。以此類推，整理如表 2 所示：

表 2　延遲函數之內迴圈數與最小延遲時間之關係

內迴圈數	最小延遲時間(ms)	最小延遲時間(μs)
120	1	1000
60	0.5	500
6	0.05	50
3	0.025	25
1	0.0083	8.3

最高音階的 Si，其頻率 f=1976Hz(頻率最高)，則週期 T=506μs、半週期 T_1=253μs，如右圖所示。

若在延遲函數的內迴圈數量採用 3，即

```
void delay25us(int x)
{ int    i,j;                              // 宣告變數
  for (i=0;i<x;i++)                        // 外迴圈
        for (j=0;j<3;j++);                 // 內迴圈
}
```

則「delay25us(10);」可產生 250μs 延遲，接近於高音 Si 的半週期。因此可產生高音 Si。再以高音 $La^\#$ 為例，其頻率為 1865，其週期為 $\frac{1}{1865}\cong536\,\mu s$，而半週期為 268μs。若採用同一個延遲函數的話，到底要使用「delay25us(10);」指令，還是「delay25us(11);」指令呢？的確是個頭痛的問題。明顯地，解析度不夠，所以改採用內迴圈為 1 的延遲函數，即

```
void delay8us(int x)
{ int    i,j;                              // 宣告變數
  for (i=0;i<x;i++)                        // 外迴圈
        for (j=0;j<1;j++);                 // 內迴圈
}
```

則高音 Si 可以「delay8us(30);」指令產生，其中的參數 30 是 253μ/8.33μ 所得的值；而高音 $La^\#$ 可以「delay8us(32);」指令產生，其中的參數 32 是 268μ/8.33μ所得的值。同理，最低音(低音的 Do)為例，其半週期為 1908μs，可以「delay8us(229);」指令產生之。

表 3 　音階-頻率-半週期(T_1)-參數對照表

低音	頻率	T_1	參數	中音	頻率	T_1	參數	高音	頻率	T_1	參數
Do	262	1908	229	Do	523	956	115	Do	1046	478	57
$Do^\#$	277	1805	217	$Do^\#$	554	903	108	$Do^\#$	1109	451	54
Re	294	1701	204	Re	587	852	102	Re	1175	426	51
$Re^\#$	311	1608	193	$Re^\#$	622	804	97	$Re^\#$	1245	402	48
Mi	330	1515	182	Mi	659	759	91	Mi	1318	379	45
Fa	349	1433	172	Fa	698	716	86	Fa	1397	358	43
$Fa^\#$	370	1351	162	$Fa^\#$	740	676	81	$Fa^\#$	1480	338	41
So	392	1276	153	So	784	638	77	So	1568	319	38
$So^\#$	415	1205	145	$So^\#$	831	602	72	$So^\#$	1661	301	36
La	440	1136	136	La	880	568	68	La	1760	284	34
$La^\#$	464	1078	129	$La^\#$	932	536	64	$La^\#$	1865	268	32
Si	494	1012	121	Si	988	506	61	Si	1976	253	30

根據上述方式推演，即可寫出適用於 delay8us(int)函數的參數，如表 3 所示。將這些音階參數存入陣列，如下：

```
int code tone[3][12]={ {    229, 217, 204, 193, 182, 172,
                            162, 153, 145, 136, 129, 121 },        //低音
                       {    115, 108, 102, 97, 91, 86,
                            81, 77, 72, 68, 64, 61 },              //中音
                       {    57, 54, 51, 193, 48, 45,
                            41, 38, 36, 34, 32, 30 }};             //高音
```

tone[0][x]為低八音階、tone[1][x]為中八音階、tone[2][x]為高八音階若要取用音階的參數，如下：

0 為低音，1 為中音，2 為高 ————————————— 音階

delay8us(tone[1][0]);

如要發出最低的音到最高的音，每個音重複執行 50 次，程式如下：

```
for (i=0;i<3;i++)// 從低八音到高八音
{     for (j=0;j<12;j++)                    // 執行每個音階
          for (k=0;k<50;k++)                // 每個音階執行 50 次
          {     buzzer=0;                   // 輸出低態，buzzer 為輸出端
                delay8us(tone[i][j]);       // 延遲
                buzzer =1;                  // 輸出高態
                delay8us(tone[i][j]);       // 延遲
          }                                 // 結束一個音階
}                                           // 結束
```

表 4　常用之音階表

簡譜	音階	頻率	T₁	參數
0	Si	494	1012	121
1	Do	523	956	115
2	Re	587	852	102
3	Mi	659	759	91
4	Fa	698	716	86
5	So	784	638	77
6	La	880	568	68
7	Si	988	506	61
8	Do	1046	478	57
9	Re	1175	426	51
10	Mi	1318	379	45

上述方式可以發出所有音階(36 個音)，不過有點複雜！在大部分的歌曲裡，所使用的音域並不會那麼寬，大多是在八音階裡，最多在增加個低音的 Si、

高音的 Do 與 Re，至於中音的 Do#、Re#、Fa#、So#、La#，也可忽略。以下按一般的簡譜，將常用的音階編號如表 4 所示。在此將低音的 Si 編碼為 0、高音的 Do 編碼為 8、高音的 Re 編碼為 9、高音的 Mi 編碼為 10，將這些資料放入陣列，如下：

```c
unsigned char code tone[11]={      121, 115, 102, 91, 86, 77,
                                   68, 61, 57, 51, 45 };
```

如此一來，所有事情都簡單了！同時，根據市面上的簡譜，只要把低音的 Si 改為 0、高音的 Do、Re、Mi 改為 8、9、10 即可。以「我是隻小小鳥」為例，其簡譜如下：

則可設置一個歌譜的陣列，如下為第一小段之歌譜陣列：

```c
unsigned char code song[]={ 1,1,1,   3,2,1,   3,3,3,   5,4,3,   5,4,3,   2};
```

當我們要演奏時，則可利用此陣列與剛才的 tone 陣列，進行轉碼與輸出，如下：

```c
unsigned char   i,j;                          // 宣告變數
unsigned char code song[]={ 1, 1, 1,   3, 2, 1,   3, 3, 3,   5, 4, 3,   5, 4, 3,   2 };
int code tone[11]={ 121, 108, 102, 91, 86, 77, 68, 61, 57, 51, 45 };
 for (i=0;i<16;i++)                           // 讀取 16 個音
 {     for (j=0;j<50;j++)                      // 每個音階執行 50 次
       {   buzzer=0;                           // 輸出低態
           delay8us(tone[song[i]]);            // 延遲
           buzzer=1;                           // 輸出高態
           delay8us(tone[song[i]]);            // 延遲
       }                                       // 結束一個音階
 }                                             // 結束
```

若要改變演奏的歌時，只要將歌的簡譜填入 song[]陣列即可。雖然以延遲函數的方式，可以產生音階，但並不適很精準。

🔍 計時中斷

在 Mode 1 模式下，計時量最多可達 65,536，也就是 65,536us，足以產生低音

Do 所需的半週期(1908)，所以，若要產生低音 Do 的音頻，則只需執行 1908
計時量的 Timer 中斷即可，每中斷一次，就改變連接蜂鳴器的輸出入埠之狀
態，就能發出低音 Do 的聲音。若要產生其它音階，只需按表 3 的 **T₁欄位**，
設定計時量即可，如下所示是以 Mode 1 來產生低音的 Do：

```c
#include    <reg51.h>
sbit    buzzer = P3^7;                  // 宣告輸出端
unsigned char Do_H, Do_L;
main()
{ buzzer=1;                             // 蜂鳴器初始值
  EA=ET0=1;                             // 啟用 Timer 0
  TMOD=0x01;                            // 設定 MODE1
  TH0=Do_H=(65536-1908)/256;            // 填入計時量之高八位元
  TL0=Do_L=(65536-1908)%256;            // 填入計時量之低八位元
  TR0=1;                                // 啟動 Timer 0
  while(1);                             // 停滯
  }                                     // 主程式結束
//====Timer 0 中斷副程式===================
void tone_int(void) interrupt 1         // Timer 0 中斷副程式開始
{ TH0=Do_H;                             // 填入計時量之高八位元
  TL0=Do_L;                             // 填入計時量之低八位元
  buzzer=~buzzer;                       // 蜂鳴器反相輸出
  }                                     // 結束中斷副程式
```

上述只是播放一個音，若要播放一串音，則可利用剛才的 tone 陣列，進
行轉碼與輸出，如下：

```c
#include    <reg51.h>
sbit    buzzer = P3^7;                  // 宣告輸出端
unsigned char    i;                     // 宣告變數
unsigned char tone_H, tone_L;           // 宣告計時量變數
unsigned char code song[]={ 1, 1, 1,   3, 2, 1,   3, 3, 3,   5, 4, 3,   5, 4, 3,   2};
int code tone[11]={1012, 956, 852, 759, 716, 638, 568, 506, 478, 426, 379 };
void delay1ms(int);
main()
{ buzzer=1;                             // 蜂鳴器初始值
  EA=ET0=1;                             // 啟用 Timer 0
  TMOD=0x01;                            // 設定 MODE1
  for (i=0;i<16;i++)                    // 讀取 16 個音
      { tone_H=(65536-tone[song[i]])/256;
        /*讀取音階計數量之高八位元*/
        tone_L=(65536-tone[song[i]])%256;
        /*讀取音階計數量之低八位元*/
        TH0=tone_H;                     // 填入音階計數量之高八位元
        TL0=tone_L;                     // 填入音階計數量之低八位元
        TR0=1;                          // 啟動 Timer 0
```

```
        delay1ms(100);              // 每個音播放 0.1 秒
        TR0=0;                      // 關閉計時器
        buzzer=1;                   // 關閉蜂鳴器
    }                               // 結束一個音階
}                                   // 結束播放 13 個音
//====Timer 0 中斷副程式====================
void tone_timer(void) interrupt 1   // Timer 0 中斷副程式開始
{ TH0=tone_H;                       // 填入計時量之高八位元
  TL0=tone_L;                       // 填入計時量之低八位元
  buzzer=~buzzer;                   // 蜂鳴器反相輸出
}                                   // 結束中斷副程式
```

上述播放 16 個音，事先要知道所要播放的有多少個音，有點麻煩！如果在陣列的最後一個位置，放置一個 100，以做為結束符號，我們就可利用這個 100 來判斷是否要結束播放，如下：

```
#include    <reg51.h>
sbit    buzzer = P3^7;               // 宣告輸出端
unsigned char  i=0;                  // 宣告變數
unsigned char tone_H, tone_L;        // 宣告計時量變數
unsigned char code song[]={1, 1, 1,   3, 2, 1,   3, 3, 3,   5, 4, 3,   5, 4, 3,   2,   100};
int code tone[11]={1012, 956, 852, 759, 716, 638, 568, 506, 478, 426, 379 };
void delay1ms(int);
main()
{ buzzer=1;                          // 蜂鳴器初始值
  IE=0x82;                           // 啟用 Timer 0
  TMOD=0x01;                         // 設定 MODE1
  while(song[i]!=100)                // while 迴圈開始
  {   tone_H=(65536-tone[song[i]])/256;  // 讀取音階計數量之高八位元
      tone_L=(65536-tone[song[i]])%256;  // 讀取音階計數量之低八位元
      TH0=tone_H;                    // 填入音階計數量之高八位元
      TL0=tone_L;                    // 填入音階計數量之低八位元
      TR0=1;                         // 啟動 Timer 0
      delay1ms(100);                 // 每個音播放 0.1 秒
      i++;                           // 下一個音
      TR0=0;                         // 關閉計時器
      buzzer=1;                      // 關閉蜂鳴器
  }                                  // 結束播放
}                                    // 主程式結束
//====Timer 0 中斷副程式====================
void tone_timer(void) interrupt 1    // Timer 0 中斷副程式開始
{ TH0=tone_H;                        // 填入計時量之高八位元
  TL0=tone_L;                        // 填入計時量之低八位元
  buzzer=~buzzer;                    // 蜂鳴器反相輸出
}                                    // 結束中斷副程式
```

節拍的產生

音樂之播放

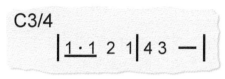

圖6 節拍

　音階的頻率是固定的，而節拍有快有慢，拍子越短，節奏越快、拍子越長，節奏越慢。產生節拍的方法，也是一種處理時間的方法，以生日快樂歌的前兩個音節為例，第一個音是 Do，發生這個音的時間長度是 250ms(也就是在 250ms 之內都在產生 Do 的音)；停頓一下，再發出第二個音(Do)，還是持續 250ms；接下來，改發出 Re 的音，時間長達 500ms、改發出 Do 的音，時間長達 500ms，第一小節結束。緊接著第二小節，首先發出 Fa 的音，時間長達 500ms；再發出 Mi 的音，時間長達 1000ms...，如圖 6 所示。因此，我們必須從歌譜中，將其中的節拍轉換成節拍陣列，以為 9-9 頁的歌譜為例，其中藍色字為 1/2 拍，黑色字為 1 拍節，[7]為低音的 Si，2 - 表示 Re 連續兩拍(不斷音)，整個節拍如下：

| 1、1、1 | 1.5、0.5、1 | 1、1、1 | 1.5、0.5、1 | 1、1、1 | 3 |

| 2、0.5、0.5 | 1、1、1 | 2、0.5、0.5 | 1、1、1 | 0.5、0.5、1、1 | 3 |

　如何控制發音得時間呢？同樣是延遲函數或 Timer 計時中斷兩種方式，如下說明：

延遲函數

若音階產生的方式是採用 Timer 中斷的方式，則節拍產生的方式就可採用延遲函數的方式。首先整理出整首樂曲中之拍子種類，找出其中最短的拍子，例如整首樂曲之中，包含 1/4 拍、1/2 拍、3/4 拍、1 拍及 2 拍，則以 1/4 拍為基準，然後寫一段 1/4 拍長度的延遲函數，若要產生 1/4 拍的長度，則執行該函數時，引數為 1；若要產生 1/2 拍的長度，則執行該函數時，引數為 2；若要產生 3/4 拍的長度，則執行該函數時，引數為 3；若要產生 1 拍的長度，則執行該函數時，引數為 4；若要產生 2 拍的長度，則執行該函數時，引數為 8...，以此類推。若 1/4 拍的長度為 0.125 秒(即 125ms)，則 beat_125()函數，如下：

```
void beat_125(unsigned char    x)        // 節拍函數開始
{ unsigned char    i,j,k;                 // 宣告變數
  for (i=0;i<x;i++)                        // i 迴圈
       for (j=0;j<125;j++)                 // j 迴圈
            for (k=0;i<120;k++);           // k 迴圈
}                                         // 結束節拍函數
```

如上之程式，若要延遲 1 拍，則引數為 4，即：

```
beat_125(4);                              // 1 拍
```

因此，如果利用 beat_125()函數產生節拍，則「**我是隻小小鳥**」的節拍陣列可定義如下：

```
int code beat[11]={      4, 4, 4,   6, 2, 4,   4, 4, 4,   6, 2, 4,   4, 4, 4,   12,
                         8, 2, 2,   4, 4, 4,   8, 2, 2   4, 4, 4,   2, 2, 4, 4,   12 };
```

若要使用 Timer 中斷方式產生音階，使用延遲函數的方式產生節拍，如下所示：

```
#include <reg51.h>
sbit    buzzer = P3^7;                    // 宣告輸出端
unsigned char    i=0;                     // 宣告變數
unsigned char    tone_H, tone_L;          // 宣告計時量變數
void    beat_125(unsigned char);          // 宣告節拍函數
unsigned char code song[]=    { 1, 1, 1,   3, 2, 1,   3, 3, 3,   5, 4, 3,   5, 4, 3,   2,
                                2, 1, 0,   1, 2, 3,   4, 3, 2,   3, 4, 5,   5, 4, 3, 2,   1, 100 };
int code beat[]={4, 4, 4,   6, 2, 4,   4, 4, 4,   6, 2, 4,   4, 4, 4,   12,
                 8, 2, 2,   4, 4, 4,   8, 2, 2,   4, 4, 4,   2, 2, 4, 4,   12 };
int code tone[11]={1012, 956, 852, 759, 716, 638,    568, 506, 478, 426, 379 };
main()
{ buzzer=1;                               // 蜂鳴器初始值
  IE=0x82;                                // 啟用 Timer 0
  TMOD=0x01;                              // 設定 MODE1
  while(song[i]!=100)                     // while 迴圈開始
  {    tone_H=(65536-tone[song[i]])/256;  // 讀取音階計數量之高八位元
       tone_L=(65536-tone[song[i]])%256;  // 讀取音階計數量之低八位元
       TH0=tone_H;                        // 填入音階計數量之高八位元
       TL0=tone_L;                        // 填入音階計數量之低八位元
       TR0=1;                             // 啟動 Timer 0
       beat_125(beat[i]);                 // 指定節拍
       i++;                               // 下一個音
       TR0=0;                             // 關閉計時器
       buzzer=1;                          // 關閉蜂鳴器
  }                                       // 結束播放
}                                         // 主程式結束
//=====Timer 0 中斷副程式===================
```

```
void tone_timer(void) interrupt 1          // Timer 0 中斷副程式開始
{ TH0=tone_H;                              // 填入計時量之高八位元
  TL0=tone_L;                              // 填入計時量之低八位元
  buzzer=~buzzer;                          // 蜂鳴器反相輸出
}                                          // 結束中斷副程式
//====節拍函數==================
void beat_125(unsigned char   x)          // 節拍函數開始
{ unsigned char   i,j,k;                   // 宣告變數
  for (i=0;i<x;i++)                         // i 迴圈
        for (j=0;j<125;j++)                 // j 迴圈
            for (k=0;k<120;k++);            // k 迴圈
}                                          // 結束節拍函數
```

計時中斷

表 5　節拍-中斷次數對照表

拍數	中斷次數	拍數	中斷次數	拍數	中斷次數
1/8	1	1/2	4	1 又 1/4	10
1/4	2	3/4	6	1 又 1/2	12
3/8	3	1	8	2	16

不管音階產生的方式是採用什麼方式，其節拍都可利用計時中斷產生。同樣是找出整首樂曲中，最短的拍子，例如整首樂曲之中，最短是 1/4 拍，若 1/4 拍的時間為 0.125 秒，則以 1/4 拍為基準，然後設定每 0.125 秒產生一次中斷，其計時量為 125000。若採用 mode 1，而計時量設為 62500，則只要執行 2 次中斷，即可產生 1/4 拍的時間長度。同樣地，若要產生 1/2 拍的長度，則執行 4 次中斷、若要產生 3/4 拍的長度，則執行 6 次中斷，以此類推。如表 5 所示。

以下是利用延遲函數產生音階，而以計時器中斷的方式(Mode 1)產生節拍，其動作是發出 Do 的音階 1/4 拍，然後靜音 1/4 拍，如此循環 5 次。在此以 1/8 拍的計時量為基礎、times 則為中斷次數，也就是 1/8 拍的倍數，另外設置節拍旗標 beat_flag，若 beat_flag=1，表示拍子結束。

```
#include <reg51.h>
sbit    buzzer=P3^7;                       // 宣告 buzzer 位置
unsigned char Do=108;                      // 宣告 Do 變數
unsigned char beat_H=(65536-62500)/256;    // 宣告節拍計時量之高八位元
unsigned char beat_L=(65536-62500)%256;    // 宣告節拍計時量之低八位元
char times;                                // 宣告節拍重複次數
char counts=5;                             // 宣告循環次數
bit beat_flag;                             // 宣告節拍旗標
void delay8us(int);                        // 宣告延遲函數
main()
{ char i;                                  // 宣告變數
  EA=ET0=1;                                // 啟用 Timer 0 中斷
```

```
    TMOD=0x01;                        // 設定 MODE1
    TH0=beat_H;                       // 填入計時量之高八位元
    TL0=beat_L;                       // 填入計時量之低八位元
    for (i=0;i<counts;i++)
    {     times=2;                    // 設定重複次數
          beat_flag=0;                // 設定節拍旗標
          TR0=1;                      // 啟動 Timer 0
//==發 Do 音(1/4 拍)==========================
      if (beat_flag==0)
      {    buzzer=~buzzer;            // 切換輸出狀態
           delay8us(Do);             // 延遲
      }                              // 結束一個音階
//==靜音(1/4 拍)=============================
      buzzer=1;                       // 關閉輸出
      times=2;                        // 設定重複次數
      beat_flag=0;                    // 設定節拍旗標
      TR0=1;                          // 啟動 Timer 0
      while(beat_flag=0);             // 停滯
    }                                 // 迴圈結束
}                                     // 主程式結束
//==========================================
void beat_timer(void) interrupt 1
{ TH0=beat_H;                         // 填入計時量之高八位元
  TL0=beat_L;                         // 填入計時量之低八位元
  if (--times==0)                     // 判斷次數到了嗎？
      {  beat_flag=1;                 // 切換旗標
         TR0=0; }                     // 關閉 Timer 0
}
//==========================================
void delay8us(int  x)
{ int   i,j;                          // 宣告變數
  for (i=0;i<x;i++)                   // 外迴圈
       for (j=0;j<1;j++);             // 內迴圈
}
```

再利用 Timer 0 產生音階、Timer 1 產生節拍，以計時器中斷(Mode 1)產生節拍，同樣是發出 Do 的音階 1/4 拍，然後靜音 1/4 拍，程式如下所示：

```
#include <reg51.h>
sbit   buzzer=P3^7;                           // 宣告 buzzer 位置
unsigned char tone_H=(65536-903)/256;         // 宣告音階計時量之高八位元
unsigned char tone_L=(65536-903)%256;         // 宣告音階計時量之低八位元
unsigned char beat_H=(65536-62500)/256;       // 宣告節拍計時量之高八位元
unsigned char beat_L=(65536-62500)%256;       // 宣告節拍計時量之低八位元
bit beat_flag;                                // 宣告節拍旗標
main()
{ EA=ET0=ET1=1;                               // 啟用 Timer 0/1 中斷
  TMOD=0x11;                                  // 設定 mode 1
  TH0=tone_H; TL0=tone_L;                     // 填入音階計時量
  TH1=beat_H; TL1=beat_L;                     // 填入節拍計時量
  while (1)
  {     times=2;                              // 設定重複次數(1/4 拍)
        beat_flag=0;                          // 設定節拍旗標
        TR0=1;                                // 啟動 Timer 0
```

```
        TR1=1;                          // 啟動 Timer 1
//==發 Do 音(1/4 拍)========================
        while (beat_flag==0);           // 停滯
//==靜音(1/4 拍)============================
        buzzer=1;                       // 關閉輸出
        times=2;                        // 設定重複次數(1/4 拍)
        beat_flag=0;                    // 設定節拍旗標
        TR1=1;                          // 啟動 Timer 1
        while(beat_flag==0);            // 停滯
    }                                   // 迴圈結束
}                                       // 主程式結束
//===音階中斷===============================
void tone_timer(void) interrupt 1
{ TH0=tone_H; TL0=tone_L;               // 填入音階計時量
  if (beat_flag==1) TR0=0;              // 旗標等於 1，則停止發音
  else buzzer=~buzzer;                  // 切換輸出狀態
}
//===節拍中斷===============================
void beat_timer(void) interrupt 3
{ if (--times==0)                       // 判斷次數到了嗎？
  { beat_flag=1; TR1=0; }               // 切換旗標，關閉 Timer 0
  else {TH1=beat_H; TL1=beat_L;}        // 填入節拍計時量
}
```

如果利用 beat_timer 中斷副程式產生節拍，則「我是隻小小鳥」的節拍陣列可定義如下：

```
unsigned char code beat[11]={   8, 8, 8,   12, 4, 8,   8, 8, 8,   12, 4, 8,   8, 8, 8,   24,
                               16, 4, 4,   8, 8, 8,   16, 4, 4   8, 8, 8,   4, 4, 8, 8,   24 };
```

若要使用 Timer 中斷方式產生音階及節拍，如下所示：

```
#include <reg51.h>
sbit    buzzer=P3^7;                          // 宣告 buzzer 位置
unsigned char    i=0;                         // 宣告變數
unsigned char tone_H;                         // 宣告音階計時量之高八位元
unsigned char tone_L;                         // 宣告音階計時量之低八位元
unsigned char beat_H=(65536-62500)/256;       // 宣告節拍計時量之高八位元
unsigned char beat_L=(65536-62500)%256;       // 宣告節拍計時量之低八位元
char times;                                   // 宣告節拍重複次數
bit beat_flag;                                // 宣告節拍旗標
unsigned char code beat[]=   { 8, 8, 8,   12, 4, 8,   8, 8, 8,   12, 4, 8,   8, 8, 8,   24,
                              16, 4, 4,   8, 8, 8,   16, 4, 4,   8, 8, 8,   4, 4, 8, 8,   24 };
unsigned char code song[]=   { 1, 1, 1,   3, 2, 1,   3, 3, 3,   5, 4, 3,   5, 4, 3,   2,
                               2, 1, 0,   1, 2, 3,   4, 3, 2,   3, 4, 5,   5, 4, 3, 2,   1, 100 };
int code tone[11]={1012, 956, 852, 759, 716, 638, 568, 506, 478, 426, 379 };
main()
{ EA=ET0=ET1=1;                               // 啟用 Timer 0/1 中斷
  TMOD=0x11;                                  // 設定 MODE1
  while (song[i]!=100)
```

```
{       tone_H=(65536-tone[song[i]])/256;        // 讀取音階計時量之高八位元
        tone_L=(65536-tone[song[i]])%256;        // 讀取音階計時量之高八位元
        TH0=tone_H; TL0=tone_L;                  // 填入音階計時量
        times=beat[i];                           // 讀取節拍之重複次數
        TH1=beat_H; TL1=beat_L;                  // 填入節拍計時量
        beat_flag=0;                             // 設定節拍旗標
        TR0=1;                                   // 啟動 Timer 0
        TR1=1;                                   // 啟動 Timer 1
        while (beat_flag==0);                    // 停滯
        i++;                                     // 下一個音
    }                                            // 迴圈結束
}                                                // 主程式結束
//===音階中斷=============================================
void tone_timer(void) interrupt 1
{ TH0=tone_H; TL0=tone_L;                        // 填入音階計時量
  if (beat_flag==1) TR0=0;                       // 旗標等於 1，則停止發音
  else buzzer=~buzzer;                           // 切換輸出狀態
}
//===節拍中斷=============================================
void beat_timer(void) interrupt 3
{ if (--times==0)                                // 判斷次數到了嗎？
  { beat_flag=1; TR1=0; }                        // 切換旗標，關閉 Timer 0
  else {TH1=beat_H; TL1=beat_L;}                 // 填入節拍計時量
}
```

　　雖然音階及節拍的處理方式，各有採用延遲函數及計時器中斷的方式，但在其組合應用上，各有其特色，如下所示：

- 　使用延遲函數產生音階及節拍：節拍不會準確。

- 　使用延遲函數產生音階、使用計時器中斷產生節拍：音階與節拍都可以比較準確，但程式不能做其它事情。

- 　使用延遲函數產生節拍、使用計時器中斷產生音階：音階與節拍都可以比較準確，但程式不能做其它事情。

- 　使用計時器中斷產生產生音階及節拍：音階與節拍都可以很準確，同時，程式還能處理其它事情。

9-5 實例演練

音樂之播放

在本單元裡提供四個範例，以展示 8x51 發聲的功力，如下所示：

9-5-1 簡易電子琴實例演練

 實驗要點

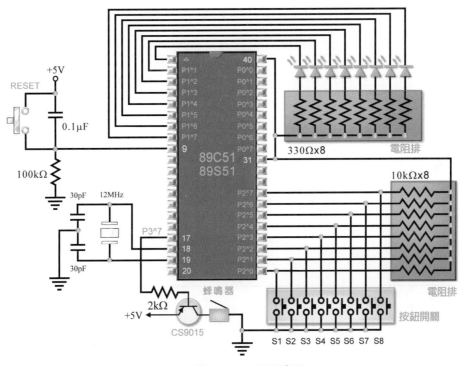

圖7 簡易電子琴電路圖

依功能需求與電路結構得知，當按鈕開關 on 時，將可由其連接的輸入埠讀取到低準位(即 0)。在此要製作一個八鍵的電子琴，若按 S1，則發出中音的 Do、若按 S2，則發出中音的 Re，以此類推。

流程圖與程式設計

根據表 3 中的參數欄位，撰寫按鍵與參數的對照表，如表 6 所示：

表 6　按鈕-音階-參數對照表

按鍵	音階	參數
S1	中音 Do	115
S2	中音 Re	102
S3	中音 Mi	91
S4	中音 Fa	86
S5	中音 So	77
S6	中音 La	68
S7	中音 Si	61
S8	高音 Do	57

根據這個對照表，即列出一個 tone 陣列，如下：

```
int code tone[]={ 115, 102, 91, 86, 77, 68, 61, 57 };
```

我們將根據這個陣列，將按鈕開關狀態轉換成延遲函數的參數。而按鈕開關狀態的判讀，在此利用 switch-case 敘述，相當方便！整個程式與流程圖，如下：

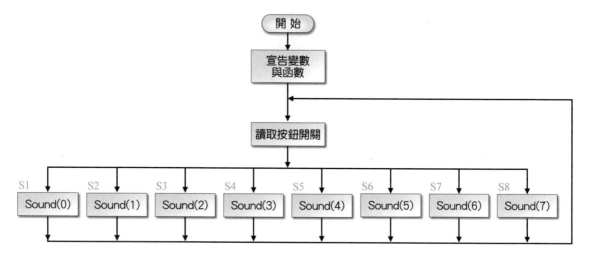

簡易電子琴實驗(ch9-5-1.c)

```
/* ch9-5-1.c- 簡易電子琴實驗 */
#include   <reg51.h>                    // 包含 reg51.h 檔
#define   LED   P1                      // 定義 LED 位置
#define   keyP   P2                     // 定義按鍵位置
sbit   buzzer=P3^7;                     // 宣告蜂鳴器位置
unsigned char   keys;                   // 宣告變數
/* 宣告音階陣列     Do  Re  Mi  Fa So  La Si  Do_H */
int code tone[]=   {115,102, 91, 86, 77, 68, 61,57 };
void sound(char);                       // 宣告發聲函數
void delay8us(int);                     // 宣告延遲函數
//====主程式====================================
main()                                  // 主程式開始
{  while (1)                            // while 迴圈
```

```
    { LED=keyP=0xff;                        // 將 LED 關閉，keyP 規劃成輸入埠
      keys=~keyP;                           // 讀取按鍵
      switch (keys)                         // 判讀
      {  case 0x01:sound(0);break;          // 按下 S1，發 Do 音
         case 0x02:sound(1);break;          // 按下 S2，發 Re 音
         case 0x04:sound(2);break;          // 按下 S3，發 Mi 音
         case 0x08:sound(3);break;          // 按下 S4，發 Fa 音
         case 0x10:sound(4);break;          // 按下 S5，發 So 音
         case 0x20:sound(5);break;          // 按下 S6，發 La 音
         case 0x40:sound(6);break;          // 按下 S7，發 Si 音
         case 0x80:sound(7);break;          // 按下 S8，發高音 Do 音
      }
    }                                       // while 迴圈結束
}                                           // 主程式結束
//=====發聲函數==============================
void sound(char x)                          // 發聲函數開始
{  char i;                                  // 宣告變數
   LED=keyP;                                // 點亮 LED
   for (i=0;i<60;i++)                       // 執行 60 次
   { buzzer=0; delay8us(tone[x]);          // 蜂鳴器動作
     buzzer=1; delay8us(tone[x]);}         // 蜂鳴器不動作
   LED=0xff;                                // 關閉 LED
}                                           // 結束
//======延遲函數==============================
void delay8us(int x)  // 延遲函數開始
{  int   i,j;                               // 宣告變數
   for (i=0;i<x;i++)                        // 外迴圈
     for (j=0;j<1;j++);                     // 內迴圈
}                                           // 結束
```

 操作

1. 依功能需求與電路結構，在 Keil C 裡撰寫程式，並進行建構(按 鈕)，以產生 *.HEX 檔。

2. 在 **KT89S51** 線上燒錄實驗板上，使用 s51_pgm 將 ch9-5-1.hex 燒錄到 AT89S51 晶片，再使用一條杜邦線，一端插入 GND 端，另一端碰觸 P2^0~P2^7，看看是否能發出正常的音階，並顯示相對的 LED？

3. 撰寫實驗報告。

 **思考一下**

● 本實驗裡，有無彈跳的困擾？
● 請改以計時器方式，重新設計此電子琴？

9-5-2　DoReMi 實例演練

💡 **實驗要點**

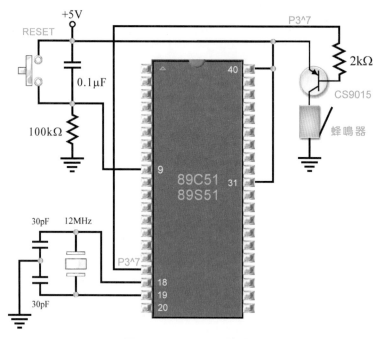

圖8　DoReMi 電路圖

如圖 8 所示之電路圖，每隔一小段時間發一個音，從低音的 Do 開始，直到高音的 Si，總共 36 個音階。

💡 **流程圖與程式設計**

根據表 3(9-7 頁)，將其中延遲函數的參數，放入一個二維陣列，如下：

```
int code tone[3][12]={  {   229, 217, 204, 193, 182, 172,
                            162, 153, 145, 136, 129, 121 },      // 低音
                        {   115, 108, 102, 97, 91, 86,
                            81, 77, 72, 68, 64, 61 },            // 中音
                        {   57, 54, 51, 48, 45, 43,
                            41, 38, 36, 34, 32, 30 }};           // 高音
```

在此利用三層的 for 敘述，依序讀取陣列中的資料，也就是音階的參數，做為 delay8us()函數之引數，而每個音重複執行 60 次，整個程式與流程圖如下所示：

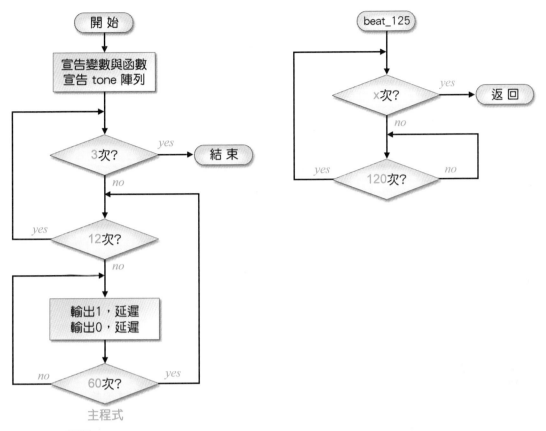

DoReMi 實驗(ch9-5-2.c)

```
/* ch9-5-2.c - DoReMi 實驗 */
#include    <reg51.h>
sbit   buzzer=P3^7;                              // 宣告蜂鳴器位置
int code tone[3][12]={      {  229, 217, 204, 193, 182, 172,
                               162, 153, 145, 136, 129, 121 },   // 低音
                            {  115, 108, 102, 97, 91, 86,
                               81, 77, 72, 68, 64, 61 },         // 中音
                            {  57, 54, 51, 48, 45, 43,
                               41, 38, 36, 34, 32, 30 }};        // 高音
void delay8us(int x);                           // 宣告延遲函數
//===============================================
main()                                          // 主程式開始
{ int i,j,k;                                    // 宣告變數
  while(1)
    for (i=0;i<3;i++)                           // 從低八音到高八音
        for (j=0;j<12;j++)                      // 執行每個音階
        {    for (k=0;k<60+i*120+j*10;k++)
            {   buzzer=0; delay8us(tone[i][j]); // 蜂鳴器動作
                buzzer=1; delay8us(tone[i][j]); // 蜂鳴器不動作
            }                                   // 結束一個音階
            buzzer = 0;                         // 輸出低態
            delay8us(255);                      // 暫停一下
        }
}
//===============================================
void delay8us(int x)                            // 延遲函數開始
```

```
{   int   i,j;                              // 宣告變數
    for (i=0;i<x;i++)                       // 外迴圈
      for (j=0;j<1;j++);                    // 內迴圈
}                                           // 結束
```

 操作

1. 依功能需求與電路結構，在 Keil C 裡撰寫程式，並進行建構(按 鈕)，以產生 *.HEX 檔。然後進行軟體除錯/模擬，看看其功能是否正常？若有錯誤或非預期的狀況，則檢視原始程式，看看哪裡出問題？修改之，並將它記錄在實驗報告裡。

2. 在 **KT89S51** 線上燒錄實驗板上，使用 s51_pgm 將 ch9-5-2.hex 燒錄到 AT89S51 晶片，看看是否能發出正常的音階？

3. 撰寫實驗報告。

 **思考一下**

- 如果要以計時器來完成本實驗的功能，程式應如何撰寫？

- 若設置一個按鈕開關，每按一下就依序發出這 36 個音，電路應如何修改？程式應如何撰寫？

- 請將 9-5-1 節的電子琴與 9-5-2 節的試音合併，接上電源或重置時，先試著演奏這些音，之後才為電子琴功能。

9-5-3　生日快樂歌實例演練

 實驗要點

同 9-5-2 節之電路圖(圖 8)，在此要演奏生日快樂歌，如下所示為生日快樂歌的簡譜：

流程圖與程式設計

首先將簡譜的音階存入 song[]陣列，而該陣列的最後放置 100，如下所示：

```
int code song[]={    1, 1, 2, 1,    4, 3,    1, 1, 2, 1,    5, 4,
                     1, 1, 8, 6,    4, 3, 2,    11, 11, 6, 4,    5, 4,    100};
```

其中比較特殊的是 $1^{\#}$ 及 $2^{\#}$，$1^{\#}$ 為高音 Do，放在為陣列中的 song[8]；$6^{\#}$ 為 La 之升半音，放在 song[]陣列中，其值為 11。緊接著，根據表 5(9-14 頁)將簡譜的節拍存入 beat[]陣列，如下所示：

```
unsigned char code beat[]={       4, 4, 8, 8,    8, 16,    4, 4, 8, 8,    8, 16,
                                  4, 4, 8, 8,    8, 8, 8,    4, 4, 8, 8,    8, 16};
```

根據上述陣列及基本的音階陣列(tone[])，採用計時器中斷方式產生音階、延遲函數方式產生節拍，完整流程圖與程式設計如下：

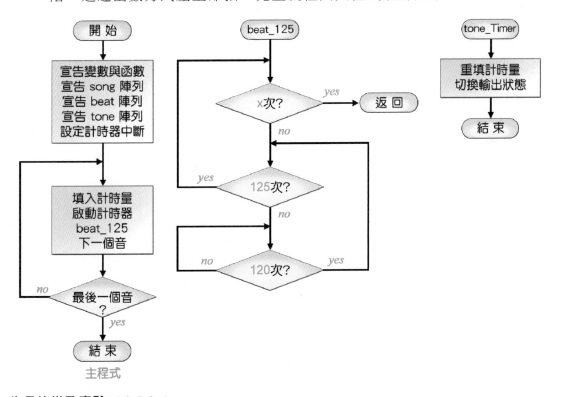

生日快樂歌實驗(ch9-5-3.c)

```
/* 生日快樂歌實驗(ch9-5-3.c) */
#include <reg51.h>
sbit    buzzer = P3^7;                           // 宣告輸出端
unsigned char    i=0;                            // 宣告變數
unsigned char    tone_H, tone_L;                 // 宣告計時量變數
void    beat_125(char x);                        // 宣告節拍函數
unsigned char code song[]={        1, 1, 2, 1,    4, 3,    1, 1, 2, 1,    5, 4,
                                   1, 1, 8, 6,    4, 3, 2,    11, 11, 6, 4,    5, 4,    100};    //歌曲
int code beat[]={        4, 4, 8, 8,    8, 16,    4, 4, 8, 8,    8, 16,
                         4, 4, 8, 8,    8, 8, 8,    4, 4, 8, 8,    8, 16};    //節拍
unsigned int code tone[]={        1012, 956, 852, 759, 716, 638,    // 中音 Si～So
```

```
                              568, 506, 478, 426, 379, 536, 10 };  //音階定義
void delay1ms(int x);                        // 宣告延遲函數
// ========主程式 ===============
main()
{  buzzer=1;                                 // 蜂鳴器初始值
   EA=ET0=1;                                 // 啟用 Timer 0
   TMOD=0x01;                                // 設定 mode 1
   while(1)
   { while(song[i]!=100)                     // while 迴圈開始
     {     TH0=tone_H=(65536-tone[song[i]])/256;  //填入音階計數量之高八位元
           TL0= tone_L=(65536-tone[song[i]]) % 256;//填入音階計數量之低八位元
           TR0=1;                            // 啟動 Timer 0
           beat_125(beat[i]);                // 指定節拍
           i++;                              // 下一個音
           TR0=0;                            // 關閉 T0 停止播放
           buzzer=1;                         // 蜂鳴器不動作
     }                                       // 結束播放
     i=0;                                    // 從頭開始
     delay1ms(3000);                         // 休息一下
   }
}                                            // 主程式結束
//====Timer 0 中斷副程式====================
void tone_timer(void) interrupt 1            // Timer 0 中斷副程式開始
{  TH0=tone_H; TL0=tone_L;                   // 填入計時量
   buzzer=~buzzer;                           // 蜂鳴器反相輸出
}                                            // 結束中斷副程式
//====節拍函數==================
void beat_125(char x)                        // 節拍函數開始
{  char  i,j,k;                              // 宣告變數
   for (i=0;i<x;i++)                         // i 迴圈
     for (j=0;j<125;j++)                     // j 迴圈
         for (k=0;k<120;k++);                // k 迴圈
}                                            // 結束節拍函數
//====延遲函數==================
void delay1ms(int x)                         // 節拍函數開始
{  int   i,j;                                // 宣告變數
   for (i=0;i<x;i++)                         // i 迴圈
     for (j=0;j<120;j++);                    // j 迴圈
}                                            // 結束節拍函數
```

 操作

1. 依功能需求與電路結構，在 Keil C 裡撰寫程式，並進行建構(按 鈕)，以產生 *.HEX 檔。然後進行軟體除錯/模擬，看看其功能是否正常？若有錯誤或非預期的狀況，則檢視原始程式，看看哪裡出問題？修改之，並將它記錄在實驗報告裡。

2. 在 **KT89S51** 線上燒錄實驗板上，使用 s51_pgm 將 ch9-5-3.hex 燒錄到 AT89S51 晶片，看看是否能發出正常的音階？

3. 撰寫實驗報告。

思考一下

● 如果要以兩個計時器來完成本實驗的功能,程式應如何撰寫?

● 若設置一個按鈕開關,每按一下演奏一次生日快樂歌,電路應如何修改?程式應如何撰寫?

9-5-4 快樂點唱機實例演練

實驗要點

如圖 9 所示之電路圖,在此提供四首歌的演奏,按 S1 將演奏第一首歌、按 S2 將演奏第二首歌、按 S3 將演奏第三首歌、按 S4 將演奏第四首歌。其中第一首歌為剛才的「生日快樂歌」、第二首歌是「我是隻小小鳥」、第三首歌是「家」、第四首歌是「望春風」。

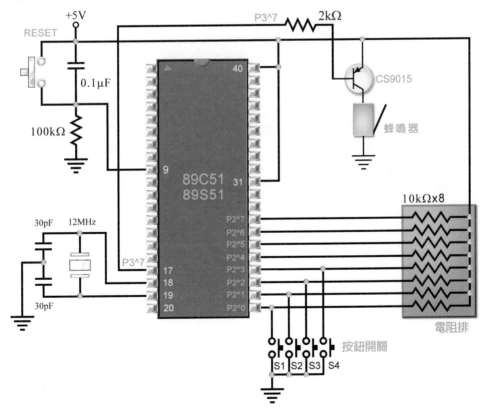

圖9 快樂點唱機電路圖

流程圖與程式設計

首先將簡譜化成音譜與節拍，第一首為「**生日快樂歌**」，簡譜詳見 9-23 頁，其音譜與節拍，如下所示：

```
unsigned char code song1[]={    1, 1, 2, 1,   4, 3,   1, 1, 2, 1,   5, 4,
                                1, 1, 8, 6,   4, 3, 9,   7, 7, 6, 4,   5, 4,   100};
unsigned char code beat1[]={    4, 4, 8, 8,   8, 16,   4, 4, 8, 8,   8, 16,
                                4, 4, 8, 8,   8, 8, 8,   4, 4, 8, 8,   8, 16};
```

第二首為「**我是隻小小鳥**」，簡譜詳見 9-8 頁，其音譜與節拍，如下所示：

```
unsigned char code song2[]={    1, 1, 1,   3, 2, 1,   3, 3, 3,   5, 4, 3,   5, 4, 3,   2,
                                2, 1, 0,   1, 2, 3,   4, 3, 2,   3, 4, 5,   5, 4, 3, 2, 1,   100};
unsigned char code beat2[]={    4, 4, 4,   6, 2, 4,   4, 4, 4,   6, 2, 4,   4, 4, 4,   12,
                                8, 2, 2,   4, 4, 4,   8, 2, 2   4, 4, 4,   2, 2, 4, 4,   12 };
```

第三首為「**家**」，簡譜與其音譜與節拍，如下所示：

C 調　3/4　　　　　家

```
| i    5 5 | 6 i 5 - | 6 5    5 | 3 - - |
 我 家 門前  有 小 河，  後面 有 山  坡。

| i 7 6 5 5 | 6 i 5 - | 6 5 3 2 5 | 1 - - |
 山 坡 上面  野 花 多，  野花 紅 似  火。

| 2 3 2 5 - | 6 5 6 i - | 2 i 7 6 2 | 5 - - |
 小 河 裡，  有 白 鵝，  鵝 兒 戲 綠  波。

| 6 i 5 6 | 3 5 6 5 3 | 2 3 5 3 2 | 1 - - |
 戲弄餘波， 鵝 兒 快 樂， 昂首唱 輕  歌 。
```

```
unsigned char code song3[]={    8, 7, 6, 5, 5,   6, 8, 5,   6, 5, 3, 2, 5   3, 12,
                                8, 7, 6, 5, 5,   6, 8, 5,   6, 5, 3, 2, 5   1, 12,
                                2, 3, 2, 5,   6, 5, 6, 8,   9, 8, 7, 6, 9   5, 12,
                                6, 8, 5, 6,   3, 5, 6, 5, 3,   2, 3, 5, 3, 2,   1, 0,   100};
unsigned char code beat3[]={    8, 4, 4, 8, 8,   8, 8, 16,   8, 4, 4, 8, 8,   24, 8,
                                8, 4, 4, 8, 8,   8, 8, 16,   8, 4, 4, 8, 8,   24, 8,
                                8, 4, 4, 16,   8, 4, 4, 16,   8, 4, 4, 8, 8,   24, 8,
                                8, 8, 8, 8,   8, 4, 4, 8, 8,   8, 4, 4, 8, 8,   24, 8 };
```

第四首為「**望春風**」，簡譜與其音譜與節拍，如下所示：

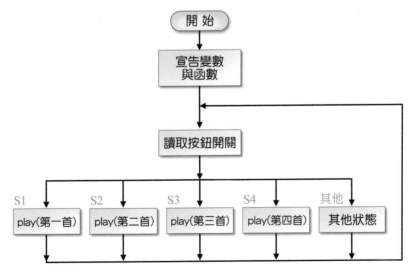

歌曲內容(song.h)

```
unsigned c har code song4[]={   2, 2, 3, 5,   6, 5, 6, 7,   9, 7, 7, 6, 5,   6,
                                7, 9, 9, 7, 9,   5, 6, 6,   2, 7, 7, 6, 5,   5,
                                6, 6, 7, 6, 5,   3, 2, 3, 5,   3, 5, 6, 7,   9,
                                9, 9, 10, 9, 7,   7, 6, 5, 3,   2, 7, 7, 6, 5,   5,   100};
unsigned char code beat4[]=   { 12, 4, 8, 8,   8, 4, 4, 16   12, 4, 4, 4, 8,   32,
                                12, 4, 8, 4, 4,   12, 4, 16,   12, 4, 8, 4, 4,   32,
                                12, 4, 8, 4, 4,   8, 4, 4, 16,   12, 8, 8, 8,   32,
                                12, 4, 8, 4, 4,   8, 4, 4, 16,   12, 4, 8, 4, 4,   32   };
```

依功能需求與電路結構得知，依據按鈕開關的狀況，判斷執行哪一首歌的演奏，也就是讀取哪個陣列。

首先將音譜與節拍存為 song.h 檔，如下所示：

song.h

```
unsigned char code song1[]={        1, 1, 2, 1,    4, 3,    1, 1, 2, 1,    5, 4,
                                    1, 1, 8, 6,    4, 3, 2,  11, 11, 6, 4,   5, 4,   100 };
unsigned char code beat1[]={        4, 4, 8, 8,    8, 16,   4, 4, 8, 8,    8, 16,
                                    4, 4, 8, 8,    8, 8, 8,   4, 4, 8, 8,    8, 16 };
unsigned char code song2[]={        1, 1, 1,    3, 2, 1,    3, 3, 3,    5, 4, 3,    5, 4, 3,    2,
                                    2, 1, 0,    1, 2, 3,    4, 3, 2,    3, 4, 5,    5, 4, 3, 2,    1, 100};
unsigned char code beat2[]={        4, 4, 4,    6, 2, 4,    4, 4, 4,    6, 2, 4,    4, 4, 4,    12 ,
                                    8, 2, 2,    4, 4, 4,    8, 2, 2,    4, 4, 4,    2, 2, 4, 4,    100 };
unsigned char code song3[]={        8, 7, 6, 5, 5,    6, 8, 5,    6, 5, 3, 2, 5,    3, 12,
                                    8, 7, 6, 5, 5,    6, 8, 5,    6, 5, 3, 2, 5,    1, 12,
                                    2, 3, 2, 5,    6, 5, 6, 8,    9, 8, 7, 6, 9,    5, 12,
                                    6, 8, 5, 6,    3, 5, 6, 5, 3,    2, 3, 5, 3, 2,    1, 0,    100 };
unsigned char code beat3[]={        8, 4, 4, 8, 8,    8, 8, 16,    8, 4, 4, 8, 8,    24, 8,
                                    8, 4, 4, 8, 8,    8, 8, 16,    8, 4, 4, 8, 8,    24, 8,
                                    8, 4, 4, 16,    8, 4, 4, 16,    8, 4, 4, 8, 8,    24, 8,
                                    8, 8, 8, 8,    8, 4, 4, 8, 8,    8, 4, 4, 8, 8,    24, 8 };
unsigned char code song4[]={        2, 2, 3, 5,    6, 5, 6, 7,    9, 7, 7, 6, 5,    6,
                                    7, 9, 9, 7, 9,    5, 6, 6,    2, 7, 7, 6, 5,    5,
                                    6, 6, 7, 6, 5,    3, 2, 3, 5,    3, 5, 6, 7,    9,
                                    9, 9, 10, 9, 7,    7, 6, 5, 3,    2, 7, 7, 6, 5,    5,    100};
unsigned char code beat4[]={        12, 4, 8, 8,    8, 4, 4, 16,    12, 4, 4, 4, 8,    32,
                                    12, 4, 8, 4, 4,    12, 4, 16,    12, 4, 8, 4, 4,    32,
                                    12, 4, 8, 4, 4,    8, 4, 4, 16,    12, 8, 8, 8,    32,
                                    12, 4, 8, 4, 4,    8, 4, 4, 16,    12, 4, 8, 4, 4,    32    };
```

　　程式如下所示：

快樂點唱機實驗(ch9-5-4.c)

```
/* ch9-5-4.c_ 快樂點唱機實驗 */
#include    <reg51.h>
#include    "song.h"                         // 包含歌譜標頭檔
#define     SW P2                            // 定義開關位置
sbit    buzzer = P3^7;                       // 宣告輸出端
unsigned char    keys,i;                     // 宣告按鈕及播放譜變數
unsigned char    tone_H, tone_L;             // 宣告計時量變數
void    beat_125(char x);                    // 宣告節拍函數
int code tone[]={        1012, 956, 852, 759, 716, 638,
                         568, 506, 478, 426, 379, 536, 10 };// 音階定義
void play(unsigned char *,unsigned char *);  // 宣告 play 函數
void beat_125(char x);                       // 宣告節拍函數
//==================================
main()
{ buzzer=1;                                  // 蜂鳴器初始值
  EA=ET0=1;                                  // 啟用 Timer 0
  TMOD=0x01;                                 // 設定 mode 1
  while (1)                                  // while 迴圈
  { i=0;                                     // 從第一個音開始演奏
```

```
        SW=0xff;                                    // 將 Port2 規劃為輸入埠
        keys=~SW;                                   // 讀取按鈕
        switch (keys)                               // 判讀
        {   case 0x01: play(song1,beat1); break;    // 按下 S1，播放第一首歌
            case 0x02: play(song2,beat2); break;    // 按下 S2，播放第二首歌
            case 0x04: play(song3,beat3); break;    // 按下 S3，播放第三首歌
            case 0x08: play(song4,beat4); break;    // 按下 S4，播放第四首歌
        }   buzzer=1;                               // 蜂鳴器不動作
    }                                               // while 迴圈結束
}                                                   // 主程式結束
//==播歌函數=================================
void play(unsigned char* song,unsigned char* beat )
{   i=0;                                            // 從頭開始
    while(song[i]!=100)                             // while 迴圈開始
    {   tone_H=(65536-tone[song[i]])/256;           // 讀取音階計數量之高八位元
        tone_L=(65536-tone[song[i]])%256;           // 讀取音階計數量之低八位元
        TH0=tone_H; TL0=tone_L;                     // 填入音階計數量
        TR0=1;                                      // 啟動 Timer 0
        beat_125(beat[i]);                          // 指定節拍
        i++;                                        // 下一個音
        TR0=0;                                      // 關閉 Timer 0
    }                                               // 結束播放
}
//====Timer 0 中斷副程式====================
void tone_timer(void) interrupt 1                   // Timer 0 中斷副程式開始
{   TH0=tone_H; TL0=tone_L;                         // 填入計時量
    buzzer=~buzzer;                                 // 蜂鳴器反相輸出
}                                                   // 結束中斷副程式
//====節拍函數====================
void beat_125(char   x)                             // 節拍函數開始
{   char   i,j,k;                                   // 宣告變數
    for (i=0;i<x;i++)                               // i 迴圈
        for (j=0;j<125;j++)                         // j 迴圈
            for (k=0;k<120;k++);                    // k 迴圈
}                                                   // 結束節拍函數
```

操作

1. 依功能需求與電路結構，在 Keil C 裡撰寫程式，並進行建構(按 🔲 鈕)，以產生 *.HEX 檔。然後進行軟體除錯/模擬，看看其功能是否正常？若有錯誤或非預期的狀況，則檢視原始程式，看看哪裡出問題？修改之，並將它記錄在實驗報告裡。

2. 在 KT89S51 線上燒錄實驗板上，使用 s51_pgm 將 ch09-5-4.hex 燒錄到 AT89S51 晶片，再使用一條杜邦線，一端插入 GND 端，另一端碰觸 P2^0~P2^3，看看是否能播歌？

3. 撰寫實驗報告。

● 請增修本實驗的程式，讓 P1 的 LED 會隨音符閃動？

9-6 即時練習

音樂之播放

　　在本章裡探討聲音的原理與 8x51 產生聲音的方法，基本上，包括音頻與節拍兩部分，除了程式的介紹外，也說明如何從樂譜中，撰寫產生音樂的程式。在此請試著回答下列問題，以確認對於此部分的認識程度。

選擇題

(　)1. 若要使用 8x51 演奏音樂，除了音階外，還要處理哪個項目？
(A) 歌曲長度　(B) 節拍　(C) 高低音　(D) 聲音大小　。

(　)2. 在 8x51 裡要產生不同的音階，可採用什麼方法？ (A) 計時器與外部中斷
(B) 外部中斷與延遲函數　(C) 延遲函數與計時器(D) 以上皆可　。

(　)3. 若要產生 1 kHz 的聲音，則 8x51 必須多久切換一次輸出狀態？
(A) 0.5ms　(B) 1ms　(C) 2ms　(D) 4ms　。

(　)4. 音頻的範圍為何？ (A) 2k Hz 到 200k Hz　(B) 200Hz 到 2 M Hz
(C) 20Hz 到 2M Hz (D) 20Hz 到 200k Hz。

(　)5. 在 8x51 產生聲音的電路裡，以何種波形驅動喇叭？
(A) 正弦波　(B) 脈波　(C) 三角波　(D) 直流電　。

(　)6. 若要以 8x51 的 Port 0 來驅動蜂鳴器，應如何處理？ (A) 直接連接電晶體的基極，而電晶體的集極再連接蜂鳴器　(B) 直接連接蜂鳴器
(C) 連接電晶體的基極，同時連接一個提升電阻，而電晶體的集極再連接蜂鳴器　(D) 連接一個交連電容器，再連接蜂鳴器　。

(　)7. 高音 Do 頻率是中音 Do 頻率的多少倍？ (A) 兩倍頻　(B) 中音=$\sqrt[12]{2}$ ×高音 Do　(C) 高音=$\sqrt[12]{2}$ ×中音 Do　(D) 一半頻率　。

(　)8. Do 與 Do$^{\#}$的頻率關係為何？
(A) Do=2 Do$^{\#}$　(B) Do$^{\#}$=$\sqrt[12]{2}$ ×Do　(C) Do=$\sqrt[12]{2}$ ×Do$^{\#}$　(D) Do=2 Do$^{\#}$　。

(　)9. 在歌譜上的「C 3/4」代表什麼？ (A) 4 小節、每小節 3 拍

(B) 3 小節、每小節 4 拍　(C) 總共 4 小節、目前是第 3 小節

(D) 總共 4 拍、目前是第 3 拍。

(　)10. 在 12MHz 的 8x51 系統裡，若要以 for 敘述產生 1ms 的時間延遲，此

迴圈大約要重複多少次？

(A) 10　(B) 120　(C) 1500　(D) 6000　。

問答題

1. 試問聲音的頻率範圍為何？

2. 若要使用 8x51 的 Port 0 驅動喇叭，必須注意什麼？

3. 試問中音的 Do 頻率為多少？而兩個半音之間的頻率比率為何？

4. 試問八音度有多少個半音？而每個八音度之間頻率差異多少？

5. 試說明在樂譜左上方所標註的「C4/4」，代表什麼意義？

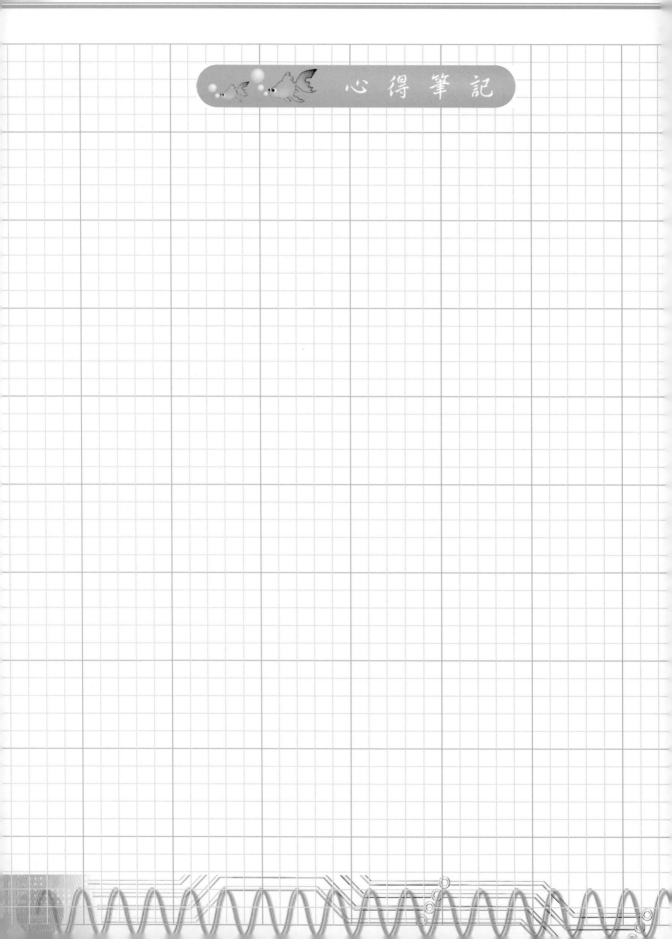

心得筆記

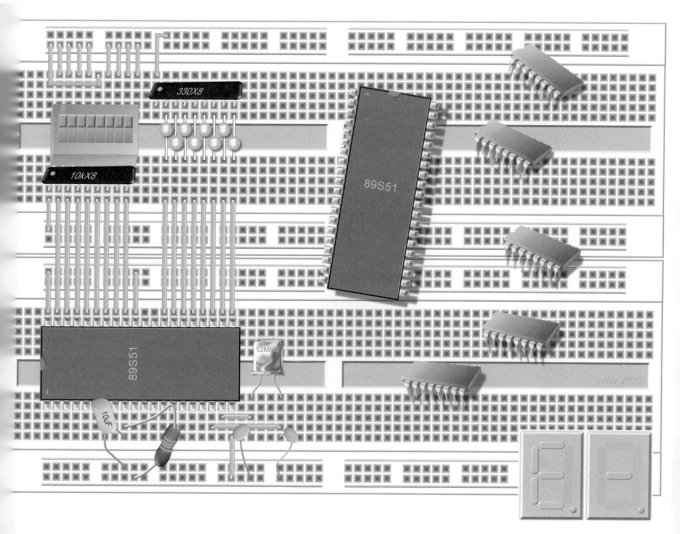

 步進馬達之控制

本章內容豐富,主要包括兩部分:

硬體部分:

步進馬達的結構、驅動方式,及如何應用 8x51 來控制步進馬達等。

程式與實作部分:

步進馬達的 1 相驅動、2 相驅動與 1-2 相驅動程式的應用。

PC 遙控步進馬達。

10-1　認識步進馬達

步進馬達之控制

　　步進馬達(stepping motor)是一種以脈波控制的轉動裝置，由於是以脈波驅動，很適合以數位或微電腦來控制，可視為數位裝置。

10-1-1　步進馬達的結構

圖1　步進馬達之基本架構

　　步進馬達與一般馬達結構類似，除了托架、外殼之外，就是轉子與定子，比較特殊的是其轉子與定子上有許多細小的齒，如圖 1 所示。而其轉子為永久磁鐵，線圈是繞在定子上。

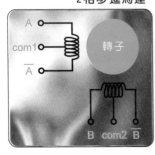
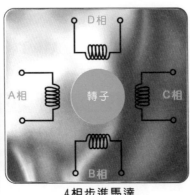

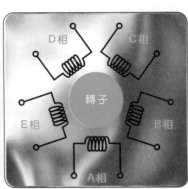

圖2　步進馬達的種類

　　依線圈的配置，可分為 2 相、4 相、5 相等，如圖 2 所示。比較常用的是 2 相的步進馬達，其中包括兩組具有中間抽頭的線圈，A、com1 與 $\overline{A}$ 為一組，B、com2 與 $\overline{B}$ 為另一組。2 相 6 線式步進馬達，其連接線就是 A、com1、$\overline{A}$、B、com2 與 $\overline{B}$；而 2 相 5 線式步進馬達是將其中的 com1 與 com2 連接。另外，4 相步進馬達是由四組線圈所構成，5 相步進馬達是由五組線圈所構成。

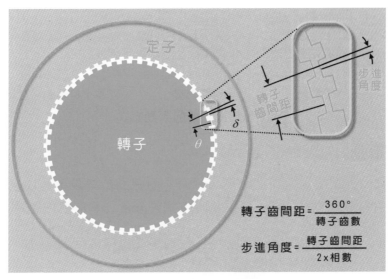

圖3　步進馬達的齒間距

　　顧名思義,步進馬達就是一步步走的馬達,而其轉子與定子的齒,決定其每步的間距,若轉子上有 N 個齒,則其齒間距 θ 為

$$\theta = 轉子齒間距 = \frac{360°}{N}$$

而步進角度 δ 為

$$\delta = \frac{轉子齒間距}{2 \times 相數} = \frac{\theta}{2P}$$

以常用的 2 相式 50 齒步進馬達為例,

$\theta = 360°/50 = 7.2°$

$\delta = 7.2°/(2 \times 2) = 1.8°$

　　另外一種比較簡便的說法,就是以步數來表示,以 200 步的步進馬達為例,200 步為一圈(360°),則每步 1.8°。

10-1-2　步進馬達的動作

　　簡單講,步進馬達的動作是靠定子線圈激磁後,將鄰近轉子上相異磁極吸引過來。因此,線圈排列的順序,以及激磁信號的順序就很重要!以 2 相式步進馬達為例,其驅動信號有 1 相驅動、2 相驅動與 1-2 相驅動三種,如圖4 所示:

圖4　步進馬達的驅動方式

🔍 1相驅動

1 相驅動的方式是任何一個時間，只有一組線圈被激磁，其它線圈在休息，其所產生的力矩較小。但，這種激磁方式最簡單，其信號依序為：

$$1000 \longrightarrow 0100 \longrightarrow 0010 \longrightarrow 0001 \longrightarrow 1000...(正轉)$$

$$1000 \longrightarrow 0001 \longrightarrow 0010 \longrightarrow 0100 \longrightarrow 1000...(反轉)$$

總共有四種不同的信號，呈現週期性的變化，在 8x51 裡，若要產生左移信號，可使用「**stepMotor=1<<i;**」指令，其中 stepMotor 為步進馬達的連接埠，i 為指標(從 0 到 3)，如下：

- 當 i=0 時，將產生「**00000001**」激磁信號。
- 當 i=1 時，將產生「**00000010**」激磁信號。
- 當 i=2 時，將產生「**00000100**」激磁信號。
- 當 i=3 時，將產生「**00001000**」激磁信號。

若要產生右移信號，可使用「**stepMotor=1<<(3-i);**」指令，同樣的，i 從 0 到 3，如下：

- 當 i=0 時，將產生「**00001000**」激磁信號。
- 當 i=1 時，將產生「**00000100**」激磁信號。
- 當 i=2 時，將產生「**00000010**」激磁信號。
- 當 i=3 時，將產生「**00000001**」激磁信號。

每送出一個激磁信號後，須經過一小段的時間延遲，讓步進馬達有足夠的時間建立磁場及轉動。而這個延遲時間的長短，也可做為步進馬達的速度控制之用，延遲時間越長，步進馬達的速度越慢；延遲時間越短，步進馬達的速度越快。不過，若延遲時間太短，步進馬達將反應不過來，而只會抖動。

若將這四個信號，依序加入步進馬達，其反應如圖 6 所示。

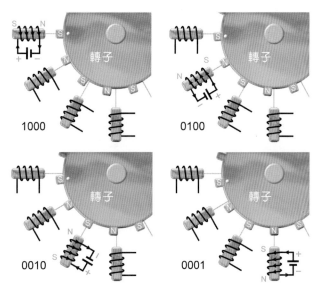

圖5　1相驅動步進馬達之動作

2相驅動

2 相驅動的方式是任何一個時間，有兩組線圈同時被激磁。因此其力矩比為 1 相驅動的 2 倍。而這種激磁方式也很簡單，其信號依序為：

1100 ⟶ 0110 ⟶ 0011 ⟶ 1001 ⟶ 1100...(正轉)

1100 ⟶ 1001 ⟶ 0011 ⟶ 0110 ⟶ 1100...(反轉)

在 8x51 裡，若要產生左移信號，可使用「**stepMotor=3<<i;**」指令，其中 stepMotor 為步進馬達的連接埠，i 為指標(從 0 到 3)，如下：

- 當 i=0 時，將產生「0000**0011**」激磁信號。
- 當 i=1 時，將產生「0000**0110**」激磁信號。
- 當 i=2 時，將產生「0000**1100**」激磁信號。
- 當 i=3 時，將產生「000**11000**」激磁信號。

其中的「000**11000**」必須調整為「0000**1001**」，如下：

```
if (stepMotor==0x18) stepMotor=0x09;
```

同樣地，若要產生右移信號，可使用「**stepMotor=3<<(3-i);**」指令，而上述的調整動作也是需要的。

以下函數可產生 1 相激磁信號或 2 相激磁信號：

```
// 移位指標 i 為整體變數，在程式開頭宣告
// 輸入引數：steps 為步數，speed 變數為速度
// 輸入引數：dir 變數為旋轉方向，phase 變數為激磁方式(1:1 相激磁,2:2 相激磁)
void    excite(int steps, int speed, char dir, char phase)
{ char pp;                           // 宣告激磁信號初始值變數
  if (phase==1) pp=1;                // 若 pahse=1，則激磁信號初始值=1
  else if (phase==2) pp=3;           // 若 pahse=2，則激磁信號初始值=3
  else return;                       // 否則退回
  while (steps!=0)                   // 若未完成指定步數
  { // 產生激磁信號
    if (dir==1)                      // 若 dir=1，進行正轉
      stepMotor=(pp<<i);             // 將移位指標做為移位量
    else if (dir==0)                 // 若 dir=0，進行反轉
      stepMotor=(pp<<(3-i));         // 移位指標做為移位量
    // 調整激磁信號
    if (stepMotor==0x18) stepMotor=0x09;// 調整
    delay1ms(speed);                 // 延遲
    if(++i==4) i=0;                  // 下一個移位指標
    steps--;                         // 執行步數減 1
  }
}
```

🔍 1-2 相驅動

1-2 相驅動的方式又稱為「半步驅動」，每個驅動信號只驅動半步。而其驅動信號依序為：

$$1001 \rightarrow 1000 \rightarrow 1100 \rightarrow 0100 \rightarrow 0110 \rightarrow 0010 \rightarrow 0011 \rightarrow 0001 \text{（正轉）}$$

$$1001 \rightarrow 0001 \rightarrow 0011 \rightarrow 0010 \rightarrow 0110 \rightarrow 0100 \rightarrow 1100 \rightarrow 1000 \text{（反轉）}$$

總共有八種不同的信號，呈現週期性的變化，仔細觀察可發現其中的信號是將 1 相驅動信號與 2 相驅動信號混合而成。為了方便起見，在此依序以 16 進位方式，列出這八個信號，即「0x09、0x08、0x0c、0x04、0x06、0x02、0x03、0x01」，其中藍色字為 2 相驅動信號(奇數)、黑色字為 1 相驅動信號(偶數)。在此將使用兩個移位方式，如下說明：

● 當移位指標為奇數時，採用 2 相機磁方式的移位；當移位指標為偶數時，採用 1 相機磁方式的移位。

● 移位指標由 0 到 7，移位量為移位指標除 2。

● 在數位電路裡乘除的運算比較耗資源，速度也比較慢，而除 2 相當於右移 1 位。

整個產生 1-2 相激磁信號的函數如下：

```
// 移位指標 i 為整體變數，在程式開頭宣告
// 輸入引數：steps 為步數，speed 變數為速度，dir 變數為旋轉方向
void    excite12(int steps, int speed, char dir)
{ char pp;                                     // 宣告相數變數
  while (steps!=0)                             // 若未完成指定步數
  {  // 設定 1 相激磁信號或 2 相激磁信號
     if (i%2)    pp=3;                          // 若移位指標為奇數，pp=3(2 相)
     else        pp=1;                          // 若移位指標為偶數，pp=1(1 相)
     // 產生激磁信號
     if (dir==1)                                // 若 dir=1，進行正轉
        stepMotor=(pp<<(i>>1));                 // 將移位指標除 2(i>>1)做為移位量
     else if (dir==0)                           // 若 dir=0，進行反轉
        stepMotor=(pp<<(3-(i>>1)));             //將移位指標除 2 做為移位量
     // 調整激磁信號
     if (stepMotor==0x18) stepMotor=0x09;       // 調整
     delay1ms(speed);                           // 延遲
     if(++i==8) i=0;                            // 下一個移位指標
     steps--;                                   // 執行步數減 1
  }
}
```

10-1-3　步進馬達的定位

　　當我們開啟個人電腦時，則電腦上的軟磁機會動一下、連接該電腦的週邊設備，也會有所反應。不管是動一下、閃一下或反應一下，就是 RESET 的動作，讓所有裝置回到原始狀態。基本上，步進馬達可視為數位輸出裝置，所以在使用之前必須歸零或定位，才能精確的使用此步進馬達。在圖 6 裡，將「**1000**、**0100**、**0010**、**0001**」信號加入步進馬達時，該步進馬達將逆時鐘轉動 4 步，若每步為 1.8°，則總共轉了 7.2°。同樣的驅動信號，如果一開始步進馬達的轉子位置不對，則可能發生下列兩種非預期狀態：

🔍 先順時鐘轉再逆時鐘

　　如圖 6 之左圖所示，送入「**1000**」信號時，步進馬達順時鐘旋轉 1.8°，如圖 6 之右所示：

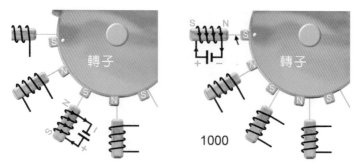

圖6　　左圖為原始轉子位置、右圖為順時鐘旋轉 1.8°

從第二組信號起(「**0100**」、「**0010**」、「**0001**」)，才開始逆時鐘旋轉，如圖 7 所示：

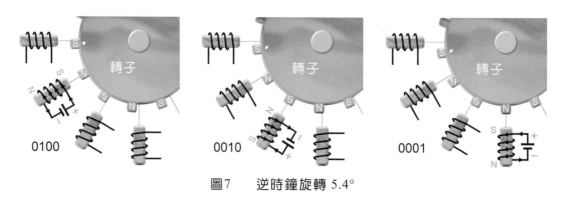

圖7　　逆時鐘旋轉 5.4°

如此一來，總共逆時鐘旋轉 3.6°，而非預期的逆時鐘旋轉 7.2°。

先抖動、順時鐘轉再逆時鐘

如圖 8 之左圖所示，送入「**1000**」信號時，步進馬達抖動，如圖 8 之右圖所示：

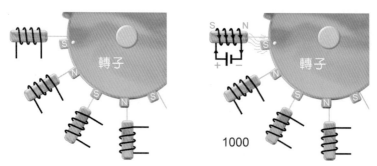

圖8　　右圖為原始轉子位置、左圖為吸不過來

當第二組信號(「**0100**」) 時，步進馬達順時鐘旋轉 1.8°，如圖 9 所示：

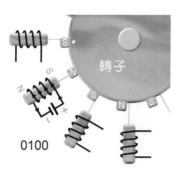

0100

圖9　　順時鐘旋轉 1.8°

從第三組信號(「**0010**」、「**0001**」)，才開始逆時鐘旋轉，如圖 10 所示：

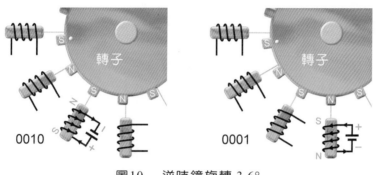

0010　　　　　　　　　　　0001

圖10　　逆時鐘旋轉 3.6°

如此一來，總共逆時鐘旋轉 1.8°，而非預期的逆時鐘旋轉 7.2°。

對於上述非預期狀態的產生，最簡單的防制方法是在開始運作之前，先送出一組信號，換言之，若是 1 相或 2 相驅動，則依序送出四個驅動信號；若是 1-2 相驅動，則依序送出八個驅動信號，即可正確地抓住此步進馬達的位置，稱之為定位或歸零。

10-2　步進馬達驅動電路
步進馬達之控制 @

8x51 之輸出電流很難驅動步進馬達，必須另外設置驅動電路才行，在此將介紹幾種常用的驅動電路。

10-2-1　小型步進馬達的驅動電路

對於電流小於 0.5 安培的步進馬達，可以採用 ULN2003/ULN2803 之類的驅動 IC 是一種「小而美」的驅動裝置，可不要看它只是個一般包裝的 IC，它所提供的輸出電路(吸入)可達 0.5 安培呢！如圖 11 所示為 2003 系列驅動 IC 的接腳圖：

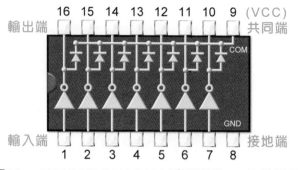

圖11　2001/2002/2003/2004 系列驅動 IC 的接腳圖

一顆 2003 系列 IC 包含 7 個開集極式輸出的反相器，2803 系列則包含 8 個開集極式輸出的反相器，而在每個輸出端都有一個連接到共同端(VCC)的二極體，做為放電保護電路，每組反相器的內部電路如圖 12 所示：

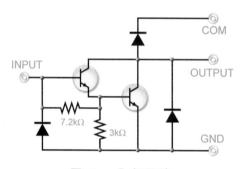

圖12　內部電路

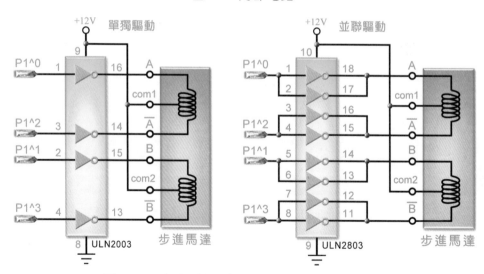

圖13　2003 驅動電路(左)、2803 驅動電路(右)

這是附有保護二極體的達靈頓電路，輸出最高 0.5 安培。對於步進馬達而言，可能會有瞬間大電流，但每個迴路的工作週期都不高(25%)，驅動 IC 應該不會過熱。如圖 13 所示，驅動信號由 8x51 的 P1^0～P1^3 連接到 2003/2803 的四個反相器輸入

端，而其輸出端連接到步進馬達。2003 的 common 端(第 9 腳)與步進馬達的 com1、com2，連接到+5V(或+12V)的電源上(2803 之 common 端為第 10 腳)；另外，2003 的第 8 腳接地(2803 之 GND 端為第 9 腳)。不管是 2003 還是 2803，都可以並聯使用，兩個反相器並聯，可使電流加倍。**KDM 實驗組**就是使用這個電路。

10-2-2　達靈頓電晶體驅動電路

通常 2003/2803 只能驅動較小型的步進馬達，對於稍微大一點的步進馬達就沒轍了！如果不放心那顆小小的 IC，或要驅動稍大的步進馬達，則可利用中功率包裝(TO-220)的達靈頓電晶體，如 TIP122 等，這種電晶體可瞬間放大而達到 1 到 3 安培，足以應付大多數的步進馬達。當然，不管使用哪個電晶體或達靈頓電晶體，還是需要足夠的輸入電流(I_B)，才能輸出較大的驅動電流。而 8x51 的任一個輸出埠，在高態時，其輸出的電流都非常微小(Port 0 還需要外接提昇電阻)，最好能先經過一個 CMOS 的緩衝器(以 CD4050 為例，如右圖所示)，方能確保提供足夠的基極電流(I_B)。當然在每相的驅動電路裡，還是需要一個基極電阻，以抑制過大的基極電流，而在輸出端，也連接一個 1N4001，提

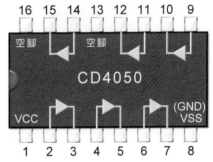

供電感器(步進馬達的線圈)的放電路徑，如圖 14 所示。若驅動電流仍然不夠，則可使用 2N3053 與 2N3055 搭接成達靈頓電路，以取代上圖中的 TIP122 達靈頓電晶體，即可提供更多的驅動電流。

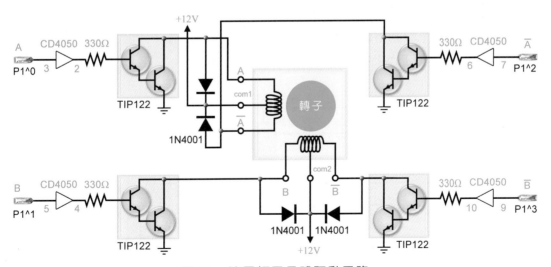

圖14　達靈頓電晶體驅動電路

10-2-3　FT5754/FT5757 驅動電路

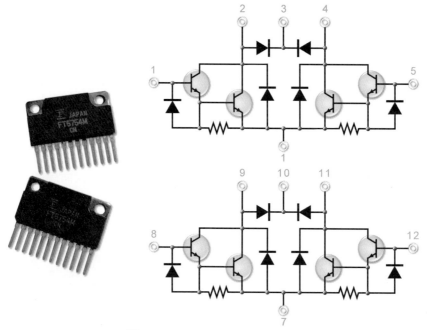

圖15　FT5754/FT5757 電路

　　使用四個 TP122 達靈頓電晶體麻煩且佔地方，可改用 FT5754/FT5757！FT5754/FT5757 是步進馬達專用的步進馬達驅動 IC，這是一顆 12 隻接腳的功率 IC，如圖 15 所示為其外觀與其內部電路。其中包括四組相同的達靈頓模組，電路結構與 2003 系列 IC 的內部電路有點相似，不過，FT5754/FT5757 所能提供的電流更大！所以，我們可以將它拿來驅動較大的步進馬達。儘管如此，若要以 8x51(或其它微處理器)的輸出埠來驅動這顆 IC，還是要先經過一個緩衝器，如圖 16 所示，就是以 CD4050 為緩衝器的 FT5754/FT5757 步進馬達驅動電路：

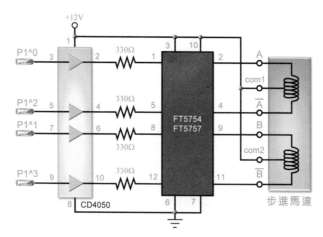

圖16　FT5754 步進馬達驅動電路

如圖 16 所示，表面上看起來，與圖 16 的 TP122 步進馬達驅動電路類似，但在實際的電路板上，FT5754/FT5757 步進馬達驅動電路簡單多了！

在本單元裡提供兩個範例，以展示步進馬達的控制方法，如下所示：

10-3-1 1 相與 2 相激磁實例演練

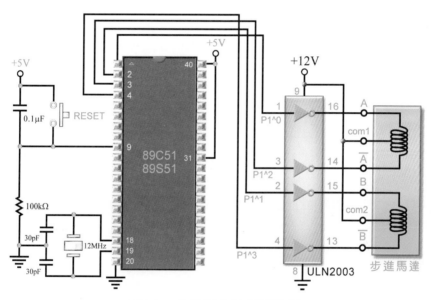

圖17 步進馬達控制電路圖

如圖 17 所示，在此使用小型的步進馬達，所以直接採用 ULN2803 驅動電路，若使用較大的步進馬達，則改用達靈頓電晶體而驅動電路，或 FT5754 驅動電路等。本單元將利用一步激磁函數來控制步進馬達，包括 1 相激磁、2 相激磁的實驗，以及正反轉與不同的速度驅動。動作順序如下：

- 1 相激磁，正轉 100 步，每步時間為 0.12 秒。
- 暫停 1 秒。
- 1 相激磁，反轉 80 步，每步時間為 0.15 秒。
- 暫停 1 秒。
- 2 相激磁，正轉 80 步，每步時間為 0.2 秒。

● 暫停 1 秒。

● 2 相激磁，正轉 120 步，每步時間為 0.25 秒。

● 暫停 1 秒。

程式設計

依功能需求可得知，只要使用 excite 函數即可得達到所有功能，完整程式如下：

1 相驅動實驗(ch10-3-1.c)

```
/* ch10-3-1.c – 1 相與 2 相激磁實驗 */
#include   <reg51.h>                           // 包含 reg51.h 檔
#define   stepMotor   P1                        // 定義步進馬達輸出埠為 P1
void delay1ms(int x);                           // 宣告延遲函數
void excite(int steps, int speed, char dir, char phase);// 宣告一步激磁函數
char i=0;                                       // 宣告移位指標變數
//=====主程式=====================================
main()                                          // 主程式開始
{ stepMotor=0;                                  // 關閉步進馬達輸出(高態動作)
  while (1)
  { // 1 相激磁信號，正轉 100 步，0.12 秒走 1 步
    excite(100,120,1,1);delay1ms(1000);         // 暫停 1 秒
    // 1 相激磁信號，反轉 80 步，0.15 秒走 1 步
    excite(80,150,0,1);delay1ms(1000);          // 暫停 1 秒
    // 2 相激磁信號，正轉 80 步，0.2 秒走 1 步
    excite(80,200,1,2);delay1ms(2000);          // 暫停 1 秒
    // 2 相激磁信號，反轉 120 步，0.25 秒走 1 步
    excite(120,250,0,2);delay1ms(1000);         // 暫停 1 秒
  }
}                                               // 結束主程式
//=======延遲函數========================
void delay1ms(int x)                            // 延遲函數開始
{ int i,j;                                      // 宣告變數
  for(i=0;i<x;i++)                              // i 迴圈
    for(j=0;j<120;j++); }                       // j 迴圈
//=======一步激磁函數========================
// 移位指標 i 為整體變數，在程式開頭宣告
// 輸入引數：steps 為步數，speed 變數為速度
// 輸入引數：dir 變數為旋轉方向，phase 變數為激磁方式(1:1 相激磁,2:2 相激磁)
void   excite(int steps, int speed, char dir, char phase)
{ char pp;                                      // 宣告激磁信號初始值變數
  if (phase==1) pp=1;                           // 若 phase=1，則激磁信號初始值=1
  else if (phase==2) pp=3;                      // 若 phase=2，則激磁信號初始值=3
  else return;                                  // 否則退回
  while (steps!=0)                              // 若未完成指定步數
  { // 產生激磁信號
    if (dir==1)                                 // 若 dir=1，進行正轉
      stepMotor=(pp<<i);                        // 將移位指標做為移位量
    else if(dir==0)                             // 若 dir=0，進行反轉
```

```
        stepMotor=(pp<<(3-i));              // 移位指標做為移位量
    // 調整激磁信號
    if (stepMotor==0x18) stepMotor=0x09;// 調整
    delay1ms(speed);                       // 延遲
    if(++i==4) i=0;                        // 下一個移位指標
    steps--;                              // 執行步數減 1
  }
}
```

 操作

1. 依功能需求與電路結構，在 Keil C 裡撰寫程式，並進行建構(按 ▦ 鈕)，以產生*.HEX 檔。

2. 按圖 17 連接線路，若使用 **KDM** 實驗組，其線路連接如圖 18 所示。使用 s51_pgm.exe 程式，將 10-3-1.hex 燒錄到 AT89S51 晶片。即可直接觀察步進馬達有無正確運轉？同時，P1 的 LED 也會跟著亮。

圖18　KDM 實驗組之連接(使用內部+5V 電源)

3. 另外，在圖 18 裡，使用 5V 電源，步進馬達比較沒有力量。可外接電源(12V Adaptor)，步進馬達比較有力量，如圖 19 所示。

4. 撰寫實驗報告。

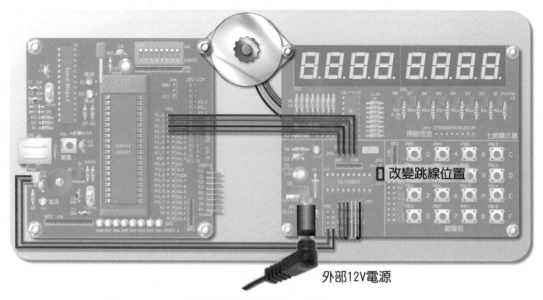

外部12V電源

圖19 KDM 實驗組之連接(使用外部+12V~+18V 電源)

思考一下

- 應用 excite 函數，逐漸調整延遲時間，以改變速度。找出延遲時間調小到多少時，步進馬達開始抖動不正常轉動？

- 在本單元裡，使用 P1 透過 ULN2803 驅動步進馬達，ULN2803 為達靈頓模組，輸入電流不夠大時，並不能使達靈頓模組飽和。而在 KT89S51 線上燒錄實驗板裡，P1 內接 LED，是否會影響 ULN2803 的驅動？

10-3-2　1-2 相激磁實例演練

 實驗要點

同 10-3-1 節的電路(圖 17)與接線，改應用 excite12 函數，以測試半步激磁功能。

 程式設計

若要採用 1-2 相激磁(半步激磁)，可應用 excite12 函數，完整程式如下：

1-2 相驅動實驗(ch10-3-2.c)

```c
/* ch10-3-2.c – 1-2 相激磁實驗 */
#include    <reg51.h>                         // 包含 reg51.h 檔
#define    stepMotor    P1                    // 定義步進馬達輸出埠為 P1
void delay1ms(int x);                         // 宣告延遲函數
void excite12(int steps, int speed, char dir); // 宣告半步激磁函數
char i=0;                                     // 宣告移位指標變數
```

```
//=====主程式====================================
main()                                    // 主程式開始
{ stepMotor=0;                            // 關閉步進馬達輸出(高態動作)
  while (1)
  { // 1-2 相激磁信號，正轉 120 步，0.1 秒走 1 步
    excite12(120,100,1);delay1ms(1000);   // 暫停 1 秒
    // 1-2 相激磁信號，反轉 100 步，0.15 秒走 1 步
    excite12(100,150,0);delay1ms(1000);   // 暫停 1 秒
    // 2 相激磁信號，正轉 80 步，0.25 秒走 1 步
    excite12(80,250,1);delay1ms(1000);    // 暫停 1 秒
    // 2 相激磁信號，反轉 60 步，0.3 秒走 1 步
    excite12(60,300,0);delay1ms(1000);    // 暫停 1 秒
  }
}                                         // 結束主程式
//=======延遲函數==================================
void delay1ms(int x)                      // 延遲函數開始
{ int i,j;                                // 宣告變數
  for(i=0;i<x;i++)                        // i 迴圈
    for(j=0;j<120;j++); }                 // j 迴圈
//=======半步激磁函數==============================
// 移位指標 i 為整體變數，在程式開頭宣告
// 輸入引數：steps 為步數，speed 變數為速度，dir 變數為旋轉方向
void   excite12(int steps, int speed, char dir)
{ char pp;                                // 宣告相數變數
  while (steps!=0)                        // 若未完成指定步數
  { // 設定 1 相激磁信號或 2 相激磁信號
    if (i%2)   pp=3;                      // 若移位指標為奇數，pp=3(2 相)
    else    pp=1;                         // 若移位指標為偶數，pp=1(1 相)
    // 產生激磁信號
    if (dir==1)                          // 若 dir=1，進行正轉
       stepMotor=(pp<<(i>>1));           // 將移位指標除 2(i>>1)做為移位量
    else if (dir==0)                     // 若 dir=0，進行反轉
       stepMotor=(pp<<(3-(i>>1)));       //將移位指標除 2 做為移位量
    // 調整激磁信號
    if (stepMotor==0x18) stepMotor=0x09; // 調整
    delay1ms(speed);                     // 延遲
    if(++i==8) i=0;                      // 下一個移位指標
    steps--;                             // 執行步數減 1
  }
}
```

操作

1. 依功能需求與電路結構，在 Keil C 裡撰寫程式，並進行建構(按 鈕)，以產生*.HEX 檔。

2. 接續 10-3-1 節的線路，使用 s51_pgm.exe 程式，將 10-3-2.hex 燒錄到 AT89S51 晶片。即可直接觀察步進馬達，是否如預期運轉？

3. 撰寫實驗報告。

思考一下

● 在本單元裡，應用 excite12 函數進行半步激磁。請設法找出讓步進馬達旋轉一圈(360 度)，需要幾個激磁脈波？

10-3-3 PC 控制步進馬達實例演練

實驗要點

本實驗將使用光碟片裡的步進馬達控制器**.exe** 程式，在 PC 上透過 **USB 轉 UART 線**控制 **KDM 實驗組**上的步進馬達，基本線路如 10-3-1 節的電路(圖 17)，另外，**USB 轉 UART 線**之 USB 端連接 PC 的 USB 埠，而另一端按紅白綠黑的順序，連接到 AT89S51 左邊的 JP5(如 8-45 頁的圖 32)。功能如下：

1. 在步進馬達控制器視窗裡按 *1 相激磁*右邊的 正轉 鈕，將會傳送 10 到 **KDM 實驗組**，而驅動步進馬達以 1 相激磁正轉。

2. 在步進馬達控制器視窗裡按 *1 相激磁*右邊的 反轉 鈕，將會傳送 11 到 **KDM 實驗組**，而驅動步進馬達以 1 相激磁反轉。

3. 在步進馬達控制器視窗裡按 *2 相激磁*右邊的 正轉 鈕，將會傳送 20 到 **KDM 實驗組**，而驅動步進馬達以 2 相激磁正轉。

4. 在步進馬達控制器視窗裡按 *2 相激磁*右邊的 反轉 鈕，將會傳送 21 到 **KDM 實驗組**，而驅動步進馬達以 2 相激磁反轉。

5. 在步進馬達控制器視窗裡按 *1-2 相激磁*右邊的 正轉 鈕，將會傳送 120 到 **KDM 實驗組**，而驅動步進馬達以 1-2 相激磁正轉。

6. 在步進馬達控制器視窗裡按 *1-2 相激磁*右邊的 反轉 鈕，將會傳送 121 到 **KDM 實驗組**，而驅動步進馬達以 1-2 相激磁反轉。

7. 在步進馬達控制器視窗裡按 停止運轉 鈕，將會傳送 100 到 **KDM 實驗組**，而使步進馬達停止運轉。

程式設計

完整程式如下：

PC 控制步進馬達實驗(ch10-3-3.c)

```
/* ch10-3-3.c - PC 控制步進馬達實驗)由 P1^0~P1~3 連接步進馬達 */
#include    <reg51.h>                    // 包含 reg51.h 檔
#define     stepMotor    P1              // 定義步進馬達輸出埠為 P1
#define     speed    100                 // 定義速度(延遲時間)
void delay1ms(int x);                    // 宣告延遲函數
char inst=0;                             // 宣告 inst 變數
char ph1[]={1,2,4,8};                    // 宣告 1 相激磁信號陣列
char ph2[]={3,6,12,9};                   // 宣告 2 相激磁信號陣列
char ph12[]={1,3,2,6,4,12,8,9};          // 宣告 1-2 相激磁信號陣列
//=====主程式===============================================
main()                                   // 主程式開始
{ char i=0;                              // 宣告指標變數
  stepMotor=0;                           // 關閉步進馬達輸出(高態動作)
  EA=ES=1;                               // 啟用串列埠中斷
  SCON=0x50;                             // 設定為 mode 1
  TMOD |= 0x20;                          // 設定採 mode 2
  PCON &= 0x7F;                          // 將 SMOD 設定為 0
  TH1=TL1=0xFD;                          // 9600bps (11.0592MHz)
  TR1=1;                                 // 啟動 Timer 1
  while(1)
  {  switch (inst)
     {   case 10:
             stepMotor=ph1[i];           // 10 命令 1 相正轉
             delay1ms(speed);            // 延遲 speed ms
             if(++i==4) i=0;             // 限制 i 的範圍
             break;
         case 11:
             stepMotor=ph1[3-i];         // 11 命令 1 相反轉
             delay1ms(speed);            // 延遲 speed ms
             if(++i==4) i=0;             // 限制 i 的範圍
             break;
         case 20:
             stepMotor=ph2[i];           // 20 命令 2 相正轉
             delay1ms(speed);            // 延遲 speed ms
             if(++i==4) i=0;             // 限制 i 的範圍
             break;
         case 21:
             stepMotor=ph2[3-i];         // 21 命令 2 相反轉
             delay1ms(speed);            // 延遲 speed ms
             if(++i==4) i=0;             // 限制 i 的範圍
             break;
         case 120:
             stepMotor=ph12[i];          // 120 命令 1-2 相正轉
             delay1ms(speed);            // 延遲 speed ms
             if(++i==8) i=0;             // 限制 i 的範圍
             break;
         case 121:
             stepMotor=ph12[7-i];        // 121 命令 1-2 相反轉
```

```
                    delay1ms(speed);          // 延遲 speed ms
                    if(++i==8) i=0;           // 限制 i 的範圍
                    break;
                case 100:
                    stepMotor=0;              // 120 命令停止運轉
                    break;
            }
        }
}                                             // 結束主程式
//========延遲函數============================================
void delay1ms(int x)                          // 延遲函數開始
{ int i,j;                                    // 宣告變數
   for(i=0;i<x;i++)                           // i 迴圈
      for(j=0;j<120;j++); }                   // j 迴圈
//============== 中斷副程式 ==========
void Serial_INT(void) interrupt    4
{  if(RI)
   {   RI=0;                                  //    清除 RI 旗標
       inst = SBUF;                           //    接收命令
   }
}
```

操作

1. 依功能需求與電路結構，在 Keil C 裡撰寫程式，並進行建構(按 ▦ 鈕)，以產生*.HEX 檔。

2. 接續 10-3-1 節的線路，並接好 USB 轉 UART 線，再使用 s51_pgm.exe 程式，將 10-3-3.hex 燒錄到 AT89S51 晶片。

3. 在 PC 裡啟動步進馬達控制器.exe 程式(在光碟片中)，並按 USB 轉 UART 線產生的 com port 設定之。而鮑率為 9600、資料長度為 8、同位檢查為無、停止位元為 1，如圖 20 所示。

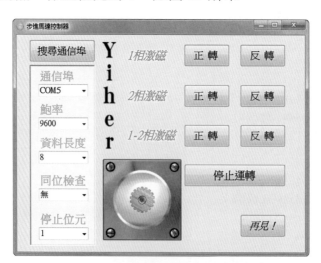

圖20   步進馬達控制器視窗

4. 按表 1 操作，並接觀察步進馬達，是否如預期運轉？

表 1　操作表

按　鈕	步進馬達動作	正確？
按 *1* 相激磁右邊的 正轉 鈕		
按 *1* 相激磁右邊的 反轉 鈕		
按 *2* 相激磁右邊的 正轉 鈕		
按 *2* 相激磁右邊的 反轉 鈕		
按 *1-2* 相激磁右邊的 正轉 鈕		
按 *1-2* 相激磁右邊的 反轉 鈕		
按 停止運轉 鈕		

5. 撰寫實驗報告。

思考一下

● 在本單元裡，當按正轉鈕或按反轉鈕後，步進馬達將持續保持正轉或反轉，執到按停止鈕才會停止。請改為走 24 步就停止，而不需要停止鈕。

10-4　即時練習

步進馬達之控制

在本章裡介紹步進馬達的原理與驅動電路,並探討如何在 8x51 裡產生驅動步進馬達的信號。在此請試著回答下列問題，以確認對於此部分的認識程度。

選擇題

( )1. 下列哪種步進馬達的線圈是採中間抽頭的方式？ (A) 1 相步進馬達　(B) 2 相步進馬達　(C) 4 相步進馬達　(D) 5 相步進馬達。

( )2. 某 2 相步進馬達轉子上有 100 齒，則其步進角度為何？
(A) 0.9°　(B) 1.8°　(C) 2°　(D) 4°　。

( )3. 某 200 步之步進馬達，採 1 相激磁方式，需多少個驅動信號才能旋轉一周？　(A) 50　(B) 100　(C) 200　(D) 400　。

( )4. 同上題，若改採 1-2 相驅動信號，需多少個驅動信號才能旋轉一周？
(A) 50　(B) 100　(C) 200　(D) 400　。

( )5. 若採用 ULN2003/ULN2803 來驅動步進馬達，則其最大驅動電流為多

少？　(A) 0.5A　(B) 1A　(C) 2A　(D) 3A 。

( )6. 若驅動步進馬達時，若需要較大電流，可使用下列哪個零件？
(A) 2N3569　(B) FT5754　(C) ULN2003　(D) ULN2803 。

( )7. 若步進馬達的驅動信號之頻率過高，會有什麼現象？　(A) 馬達將飛脫
(B) 馬達將反轉　(C) 馬達將抖動不前　(D) 以上皆可能發生。

( )8. 若要使用達靈頓功率晶體來驅動步進馬達，可選用哪個？
(A) 2SC1384　(B) 2N2222A　(C) 2N3569　(D) TIP122 。

( )9. 1-2 相之激磁裡，總共有多少個信號？
(A) 4 組　(B) 6 組　(C) 8 組　(D) 12 組 。

( )10. 2 相之激磁裡，總共有多少個信號？
(A) 4 組　(B) 6 組　(C) 8 組　(D) 12 組 。

問 答 題

1. 試說 2 相 5 線式步進馬達與 2 相 6 線式步進馬達之異同？

2. 某步進馬達之轉子齒間距為 14.4 度，則其步進角度為多少？

3. 某 200 步之步進馬達，若以 1 相驅動，則每個驅動信號，將產生多少角度的位移？若改以 1-2 相驅動，則每個驅動信號，將產生多少角度的位移？

4. 同一個步進馬達，使用 1 相驅動與 2 相驅動，有何差別？

5. 若要進行精確的位置或角度控制，在使用步進馬達之前，必須進行定位或歸零，這個動作是如何進行的？

6. 試問 ULN2003/ULN2803 系列驅動 IC，每顆 IC 提供多少個反相驅動器？而每個反相驅動器最大能吸取多大電流？

7. 試簡述 FT5754/FT5757 步進馬達驅動 IC 的內部結構？

8. 請畫出以 FT5754/FT5757 驅動步進馬達的電路？

9. 若要使用達靈頓電晶體來驅動步進馬達，其每一極電路為何？

10. 若程式所產生的驅動信號太快，步進馬達來不及反應，將會怎樣？

加油

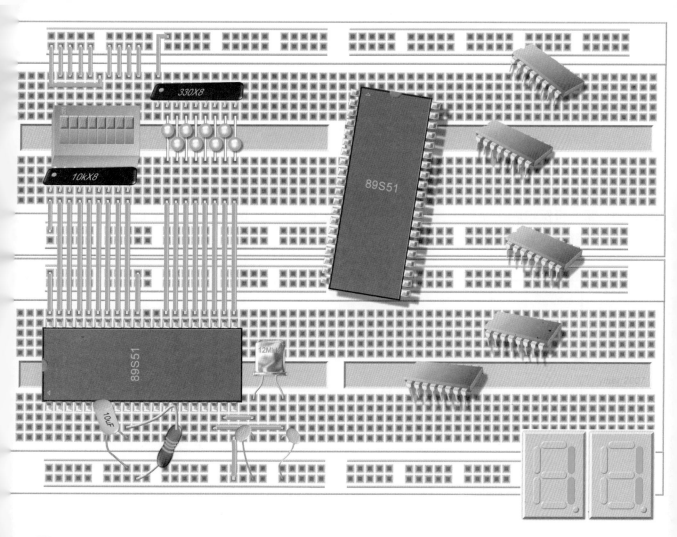

 直流馬達之控制

本章內容豐富，主要包括兩部分：

硬體部分：

認識直流馬達的結構。

認識直流馬達的驅動方式。

程式與實作部分：

直流馬達之方向控制。

直流馬達之 PWM 驅動程式。

11-1 認識直流馬達

直流馬達之控制

　　直流馬達的結構可分為**機殼**(enclosure)、**定子**(stator)與**轉子**(即**電樞**，armature)，中大型的直流馬達之定子與轉子上各有**繞組**(線圈)，這兩種繞組之間，可採串聯或並聯方式，如圖 1 所示，採串聯方式者，稱為**串激式馬達**；採並聯方式者，稱為**分激式馬達**：

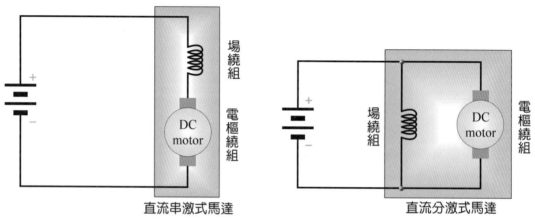

圖1　串激式馬達(左)與分激式馬達(右)

　　另外，同時採串、並聯方式稱為**複激式馬達**，依其串、並方式又分為**長複激式馬達**與**短複激式馬達**兩種，如圖 2 所示：

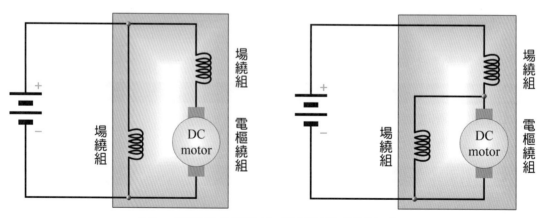

圖2　長複激式馬達(左)與短複激式馬達(右)

　　以分激式馬達為例，定子繞組的激磁方向與轉子繞組的激磁方向決定了轉動的方向，若單獨將定子繞組的激磁方向改變，或單獨將轉子繞組的激磁方向改變，則其旋轉方向將與原本旋轉方向相反。

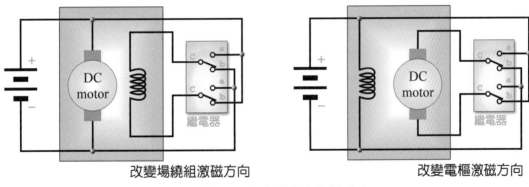

改變場繞組激磁方向　　　　　　　改變電樞激磁方向

圖3　改變分激式馬達之旋轉方向

　　對於小型的直流馬達而言，其定子部分採用永久磁鐵，而不使用繞組，換言之，其中只有一個繞組，也就是轉子繞組；其定子的磁場方向是固定的。如此一來，若要改變馬達的轉向，只要改變其外加電源的方向即可。

11-2　直流馬達之驅動方式
直流馬達之控制

　　直流馬達的驅動方式，就是把直流電源加到直流馬達上，使之旋轉。在此將以永久磁鐵為定子磁場之中、小型的直流馬達為探討對象，如下說明：

以繼電器控制直流馬達

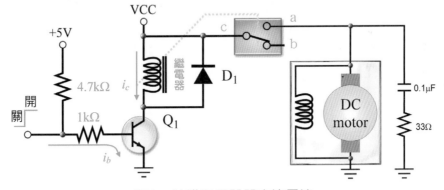

圖4　以繼電器開關直流馬達

　　如圖 4 所示，微處理機信號連接到電晶體，以控制繼電器。當微處理機送出一個高態信號，即可產生 i_b、i_c，繼電器激磁，而繼電器的 a-c 接點將接通，即可提供直流馬達電源，使之旋轉。其中的 VCC 不一定是 5V 電源，可依繼電器及直流馬達的規格，取用較高電壓。基本上，電功率 $P = v \times i$，v 越大功率越大；即便是相同的功率，v 越大 i 越小，損失越小。

以電晶體控制直流馬達

如圖 5 所示,微處理機信號連接到達靈頓電晶體(Darlington transistor),而直接提供直流馬達之電源,使之旋轉。其中的 D_1、D_2 二極體的功能是為保護達靈頓電晶體,而 VCC 也不一定是 5V 電源,可依直流馬達的規格,取用較高電壓。而此電路不但可控制直流馬達的開或關,還可控制其功率大小,以達到轉速控制的目的。

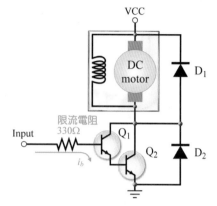

圖5　以達靈頓電晶體驅動直流馬達

以繼電器控制直流馬達之方向

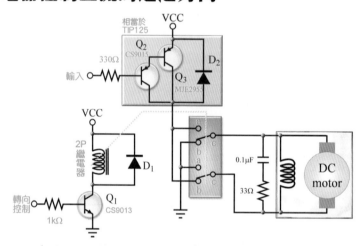

圖6　以達靈頓電晶體與繼電器控制直流馬達

如圖 6 所示,微處理機信號連接到達靈頓電晶體與繼電器(在此採用 2P 繼電器,即兩組 c 接點),由微處理機信號連接到轉向控制接腳,以驅動 Q_1 電晶體,以控制轉向繼電器。當轉向控制接腳輸入高態時,繼電器激磁,兩組 c-a 接點接通,直流馬達上方連接到 Q_2、Q_3 所組成之達靈頓電晶體,而取得正電源;另外,直流馬達下方透過另一組 c-a 接點接地。

若轉向控制接腳輸入低態,則繼電器消磁,兩組 c-b 接點接通,直流馬達上方透過 c-b 接點接地;直流馬達下方透過另一組 c-b 接點連接到 Q_2、Q_3 所組成之達靈頓電晶體,而取得正電源。若直流馬達上方接電源、下方接地,將使之順時針旋轉的話;顛倒其接線,直流馬達上方接地、下方接電源,將使之逆時針旋轉。

輸入接腳提供馬達是否旋轉的電流。如此一來,不但可控制直流馬達的開與關,

也可控制其轉向。另外，在馬達左邊的 0.1μF 與 33Ω，具有吸收雜訊的功能。

🔍 以電晶體控制直流馬達之方向

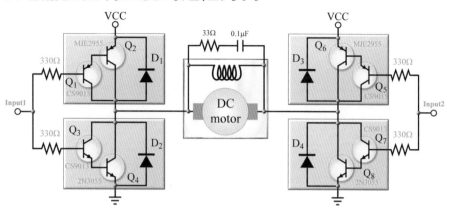

圖7　橋式驅動直流馬達

如圖 7 所示，Q_1、Q_2 是一組 PNP 型達靈頓電晶體、Q_3、Q_4 是一組 NPN 型達靈頓電晶體、Q_5、Q_6 是一組 PNP 型達靈頓電晶體、Q_7、Q_8 是一組 NPN 型達靈頓電晶體，不管是 NPN 型達靈頓電晶體還是 PNP 型達靈頓電晶體，都可找到現成、配對的商品，而且不貴！若使用現成達靈頓電晶體，電路就非常簡單，而且可靠！電路的左、右對稱，動作也類似。不管是左邊電路還是右邊電路，當 input1 或 input2 端為高態信號時，上方的 PNP 達靈頓電晶體截止，而下方的 NPN 達靈頓電晶體導通；input1 或 input2 端為低態信號時，上方的 PNP 達靈頓電晶體導通，而下方的 NPN 達靈頓電晶體截止。

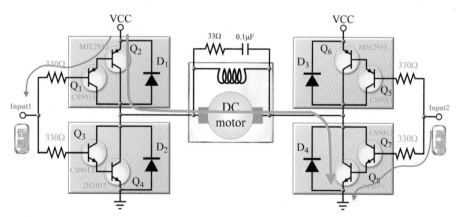

圖8　電流由直流馬達左端流入、右端流出

若同時送低態信號到 input1 端、高態信號到 input2 端時，則電流由左而右流過此直流馬達，如圖 8 所示。反之，若同時送高態信號到 input1 端、低態信號到 input2 端時，則電流由右而左流過此直流馬達，如圖 9 所示：

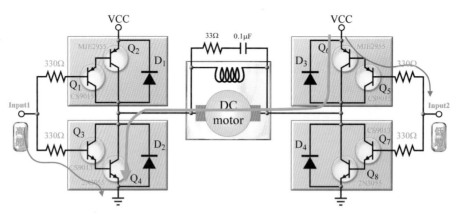

圖9　電流由直流馬達左端流入、右端流出

若直流馬達左端接電源、右端接地，將使之順時針旋轉的話；顛倒其接線，直流馬達右端接地、左端接電源，將使之逆時針旋轉。

互補(配對)達靈頓功率電晶體－TIP12x系列

表1　TIP12x 系列一般規格

特　性	TIP120 TIP125	TIP121 TIP126	TIP122 TIP127	單　位
V_{CEO}	60	80	100	V
V_{CBO}	60	80	100	V
V_{EBO}	5.0			V
I_C	5.0			A
I_{CP}	8.0(脈波，300μs、Duty cycle≤2.0%)			A
I_B	120(最大、連續)			mA
P_D	65			W
$h_{FE}(DC)$	1000(最小)			-
$V_{CE(sat)}$	2.0(I_C=3.0A、I_B=12mA) 4.0(I_C=5.0A、I_B=20mA)			V
$V_{BE(on)}$	2.5			V

若覺得前述電路中的電路太複雜，可採用互補達靈頓功率電晶體(Darlington Complementary Silicon Power Transistors)。互補達靈頓功率電晶體是一種實用且便宜的中型功率晶體，首先要介紹的是 TIP12*x* 系列，在隨書光碟裡的 TIP127.pdf，就是 TIP12*x* 系列的 data sheet，這一系列包括三配對，分別是 TIP-120(NPN)與 TIP-125(PNP)、TIP-121(NPN)與 TIP-126(PNP)、TIP-122(NPN)與 TIP-127(PNP)，其一般規格如表1所示。

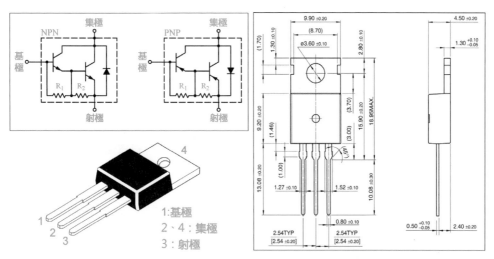

圖10　TIP12*x* 系列之內部電路結構、外觀、接腳配置與尺寸

TIP12*x* 系列之內部電路結構如圖 10 之上圖所示，其中 R_1 約為 10kΩ、R_2 約為 150Ω，而其包裝採用扁平的 TO-220 包裝。

互補(配對)達靈頓功率電晶體 — TIP14x系列

表2　TIP14x 系列一般規格

特　性	TIP140 TIP145	TIP141 TIP146	TIP142 TIP147	單　位
V_{CEO}	60	80	100	V
V_{CBO}	60	80	100	V
V_{EBO}	5.0			V
I_C	10			A
I_{CP}	15(脈波，5ms、Duty cycle≦10%)			A
I_B	0.5(最大、連續)			A
P_D	125			W
$h_{FE}(DC)$	1000(最小)			-
$V_{CE(sat)}$	2.0(I_C=5.0A、I_B=10mA) 3.0(I_C=10.0A、I_B=40mA)			V
$V_{BE(on)}$	3.0			V

前述 TIP12*x* 系列可提供 5A 電流，若還不夠，則可採用 TIP14*x* 系列，在隨書光碟裡的 TIP140-D.pdf，就是 TIP14*x* 系列的 data sheet，這一系列包括三配對，分別是 TIP-140(NPN)與 TIP-145(PNP)、TIP-141(NPN)與 TIP-146(PNP)、TIP-142(NPN)與 TIP-147(PNP)，其一般規格如表 2 所示。

TIP14*x* 系列之內部電路結構與 TIP12*x* 系列類似，但其中 R_1 約為 8kΩ、R_2 約為 40Ω。其包裝採用扁平的 TO-218 包裝，　也提供 SOT-93 的表面黏著式包裝，如圖 11 所示分別是其外觀、接腳配置與尺寸：

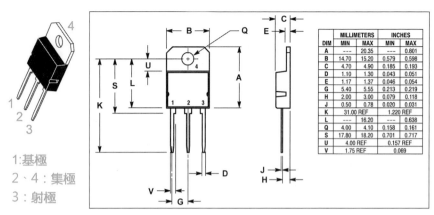

圖 11 TIP14x 系列之外觀、接腳配置與尺寸

1：基極
2、4：集極
3：射極

橋式達靈頓功率電晶體模組－TA7257P系列

前述 TIP12x 與 TIP14x 系列可提供較大電流，且價錢便宜，不過，應用在橋式電路上，需要四個(兩對)電晶體，電路稍微複雜一點。若所驅動得直流馬達不大，則可採用**橋式達靈頓功率電晶體模組**，這是一種將兩對達靈頓電晶體，包裝在一起，並內建控制電路與保護電路的裝置，讓應用電路簡化。而市面上這種模組很多，以較常見的日系 Toshiba 廠牌的 TA7257P 為例，其內部結構如圖 12 所示：

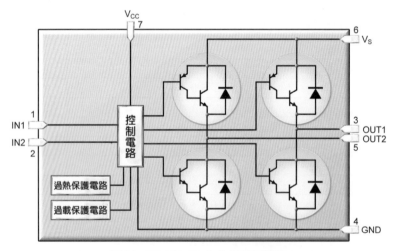

圖 12 TA7257P 之內部結構圖

其基本規格與功能如下：

● 輸出電流之平均值可達 1.5A(連續)，而峰值電流更可達 4.5A。

● 輸入電壓：$V_{CC}=6\sim18V$、$V_S=0\sim18V$，其中 V_{CC} 提供控制電路的電源、V_S 提供負載的電源。

● 提供四種操作模式：正轉(CW)、反轉(CCW)、停止與煞車。

● 內建過熱保護電路與過電流保護電路。

● TA7257P 之接腳，如表 3 所示。

表 3　TA7257P 之接腳表

接腳號碼	接腳名稱	說　明
1	IN1	輸入接腳 1
2	IN2	輸入接腳 2
3	OUT1	輸出接腳 1
4	GND	接地接腳
5	OUT2	輸出接腳 2
6	V_S	負載電源接腳
7	V_{CC}	控制電路電源接腳

● TA7257P 之接腳與功能，如表 4 所示。

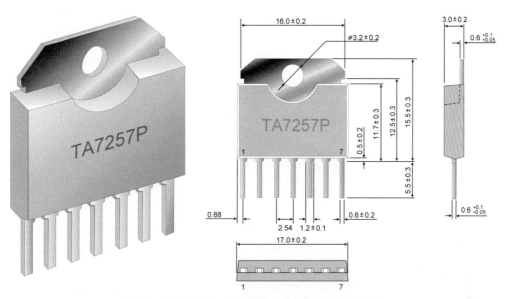

圖13　TA7257P 之外觀圖(右)與尺寸圖(左)

表 4　TA7257P 之功能

IN1 接腳	IN2 接腳	OUT1 接腳	OUT2 接腳	說　明
1	1	低態	低態	煞車
0	1	低態	高態	正轉(反轉)
1	0	高態	低態	反轉(正轉)
0	0	高阻抗	高阻抗	停止

這麼方便的零件，當然比四個 TIP12x 系列還貴一點，大約 120 元左右！如圖 14 所示為其外觀與尺寸圖。

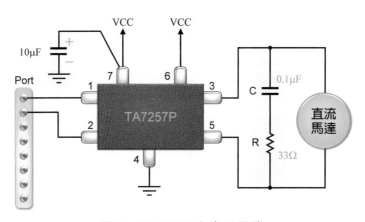

圖14 TA7257P 之應用電路

如圖 14 所示,當我們要應用 TA7257P 來驅動直流馬達時,其 1、2 兩腳連接到 8x51 的 Port,由這個 Port 傳遞控制信號;3、5 腳連接到所要驅動的直流馬達,而在這兩腳之間,並接一個 RC 串聯電路,其中的 R=33Ω、C=0.1uF;第 4 腳接地、第 6、7 腳接 V_{CC},而靠近第 7 腳處,並接一個 10uF 電容器到地。TA7257P 可驅動一組直流馬達,若要驅動兩組直流馬達,可改用 TA7259P,其外形如圖 15 所示,相關資料可參考隨書光碟。

圖15 TA7259P

11-3 直流馬達之 PWM 控制

直流馬達之控制

驅動直流馬達的電流大小將影響馬達的輸出轉距與轉速,而使用電晶體來控制直流馬達的電流時,電晶體可能工作在動作區,如此一來,電晶體上的 V_{CE} 與電流 I_C 不小,所以電晶體上的功率損耗 $P_D=V_{CE} \times I_C$ 當然就很可觀!因此,採用這種線性的控制方式,效率不高!

直流馬達的功率採平均值,當電壓固定時,只要改變電流的平均值,即可改變輸入功率,如圖 16 所示,其中 A 脈波的平均值為 0.5A,相當於持續的直流電流 0.5A;B 脈波的平均值為 0.25A,相當於持續的直流電流 0.25A:

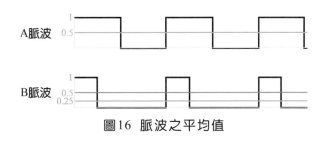

圖16　脈波之平均值

　　由圖 16 可看出，在 A 脈波之中，約有一半的時間是 1A、一半的時間是 0A，或者說約有一半的時間電晶體全開、一半的時間是電晶體全關，如此就能得到 0.5A 的平均值。在 B 脈波之中，約有 1/4 的時間是電晶體全開、3/4 時間是電晶體全關，如此就能得到 0.25A 的平均值。「電晶體全開」就是電晶體工作在飽和狀態，「電晶體全關」就是電晶體工作在截止狀態，在這種情況下，電晶體的損失最少、效率最高。這種以改變脈波寬度，以控制平均值的方法，稱為**脈波寬度調變(Pulse Width Modulation, PWM** 或 **Pulse Duration Modulation, PDM)**。

應用延遲函數產生PWM

　　若要應用延遲函數來產生 PWM 驅動信號，負載連接到 P1^0，而輸入引數 x 為輸出高態的百分數，如下：

```c
#include <reg51.h>
sbit OUT = P1^0;                    // 宣告輸出埠之位置
void delay100us(int x);             // 宣告延遲函數
void PWM(char x);                   // 宣告 PWM 函數
// 主程式
main()
{
  // 主程式
}
// PWM 函數(0~99)
void PWM(char x)
{ OUT=1; delay100us(x);             // 輸出高態
  OUT=0; delay100us(100-x);         // 輸出低態
}                                   // 結束
// PWM 函數(0~99)
void delay100us(int x)
{ int   i,j;
  for(i=0;i<x;i++)
        for(j=0;j<12;j++);
}
```

應用計時器產生PWM

8x51 裡的計時器 Timer 比較精確，當然可用來產生 PWM 驅動信號，同樣地，負載連接到 P1^0，而輸入引數 PWM 為輸出高態的百分數，如下：

```
#include <reg51.h>
sbit OUT = P1^0;                    // 宣告輸出埠之位置
char PWM=0;                         // 宣告 PWM 變數(0~99)
int CNT=0;                          // 宣告 CNT 變數(0~399)
// 主程式
main()
{   char i;
    EA=ET1=1;                       // 設定 Timer1 中斷
    TMOD=0x20;                      // 設定 Timer1 mode 2
    TH1=100;                        // 設置計數量(0.1ms)
    TR1=1;                          // 啟動 Timer1
    while(1)
    {     for(i=0;i<100;i++)
          {    if(i<CNT) OUT=1;     // 輸出高態
               else    OUT=0;       // 輸出低態
               delay1ms(1);         // 延遲 1ms
          }
          PWM=50;                   // 輸出 PWM 值為 50%
           :
    }
}
// PWM_CNT 中斷副程式
void PWM_CNT(void) interrupt 3
{   if(++CNT==100) CNT=0;           // 設定 CNT 計數器範圍為 0~99
}                                   // 結束
```

11-4 實例演練

直流馬達之控制

在本單元裡提供四個範例，如下所示：

11-4-1 繼電器開關控制實例演練

 實驗要點

在此將由 8x51 的 P1^0 輸出，經由 NPN 電晶體以控制繼電器；而由 P2^0 連接按鈕開關 PB，當下 PB 時，繼電器激磁，直流馬達旋轉；放開 PB 時，繼電器

消磁,直流馬達停止。這種控制方式為高態驅動,當 8x51 輸出高態時,將可驅動馬達,而剛開機或 8x51 重置時,8x51 輸出埠為高態,馬達瞬間轉動,並不是好!若改採低態驅動方式(改用 PNP 電晶體電路),比較好!

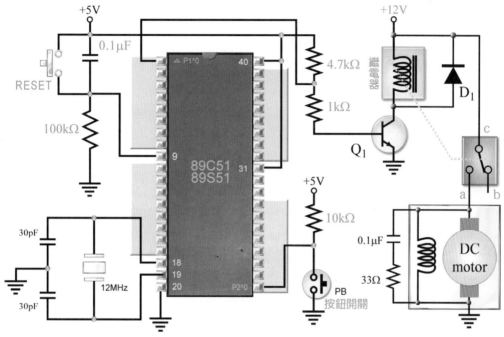

圖17 繼電器開關控制實驗電路圖

💡 **程式設計**

繼電器開關控制實驗(ch11-4-1.c)

```c
/* 繼電器開關控制實驗(ch11-4-1.c) */
#include    <reg51.h>
sbit    motor = P1^0;          // 宣告直流馬達位置
sbit    PB0 = P2^0;            // 宣告按鈕開關位置
void delay1ms(int x);          // 宣告延遲函數
//==============================================
main()
{  motor=0;                    // 關閉直流馬達
   PB0=1;                      // 設定 PB0 為輸入埠
   while(1)                    // 無窮迴圈
   {   if (!PB0)               // 若按下 PB0
       {    motor=1;           // 開啟直流馬達
            delay1ms(1000);}   // 旋轉 1 秒
       else motor=0;           // 關閉直流馬達
   }
}
// =========== 延遲函數 ==========
```

```
void delay1ms(int x)
{ int i,j;
  for (i=0;i<x;i++)                    // 外迴圈
    for (j=0;j<120;j++);               // 內迴圈
}                                      // 延遲函數結束
```

 操作

1. 依功能需求與電路結構，在 Keil C 裡撰寫程式，並進行建構(按 鈕)，以產生*.HEX 檔。

2. 按圖 17 連接線路，並將剛才產生的 ch11-4-1.hex 燒錄到晶片，然後按 PB 鈕，看看馬達是否轉動？

3. 撰寫實驗報告。

 思考一下

● 在本實驗裡，若按住 PB 不放，將會如何？

● 在本實驗裡，有無彈跳的困擾？若改變程式的延遲時間，讓按一下 PB，直流馬達旋轉 0.5 秒，感覺如何？

11-4-2 繼電器之方向控制實例演練

實驗要點

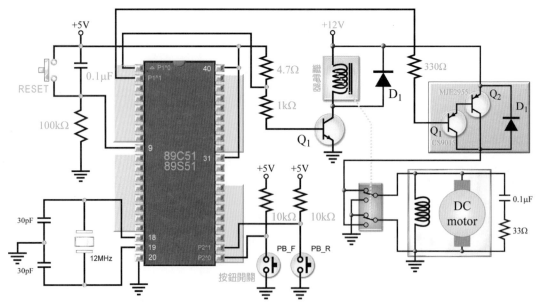

圖18　繼電器方向控制實驗電路圖

如圖 18 所示，P1^1 的功能是控制馬達開/關的信號，若 P1^1=0，馬達可以轉動；若 P1^1=1 則馬達不動。P1^0 的功能則是控制馬達開的旋轉方向，若 P1^0=1，馬達順時針旋轉；若 P1^1=0，馬達則逆時針旋轉。按一下 PB_F 鈕，馬達順時針旋轉 0.5 秒；按一下 PB_R 鈕，馬達逆時針旋轉 0.5 秒。若同時按住 PB_F 與 PB_R 鈕，馬達將不轉動。

💡 **程式設計**

繼電器方向控制實驗(ch11-4-2.c)

```c
/* 繼電器方向控制實驗(ch11-4-2.c)*/
#include    <reg51.h>
sbit   onOff = P1^1;                // 宣告直流馬達開關位置(低態動作)
sbit   dir = P1^0;                  // 宣告直流馬達轉向位置
sbit   PB_F = P2^0;                 // 宣告正轉按鈕開關位置
sbit   PB_R = P2^1;                 // 宣告反轉按鈕開關位置
void delay1ms(int x);               // 宣告延遲函數
//=======================================
main()
{ PB_F=PB_R=1;                      // 設定 PB_F、PB_R 為輸入埠
  onOff=dir=1;                      // 設定開關初始狀態
  while(1)                          // 無窮迴圈
  { if (!PB_F && PB_R)              // 若按下 PB_F，且 PB_R 未按下
    {   dir=1;                      // 設定直流馬達轉向
        onOff=0;                    // 開啟直流馬達
        delay1ms(1000);            // 旋轉 1 秒
    }
    else    onOff=1;                // 關閉直流馬達
    if (PB_F && !PB_R)              // 若按下 PB_R，且 PB_F 未按下
    {   dir=0;                      // 設定直流馬達轉向
        onOff=0;                    // 開啟直流馬達
        delay1ms(1000);            // 旋轉 1 秒
    }
    else    onOff=1;                // 關閉直流馬達
  }
}                                   // 結束
// ========== 延遲函數 ==========
void delay1ms(int x)
{ int i,j;
  for (i=0;i<x;i++)                 // 外迴圈
    for ( j=0;j<120;j++);           // 內迴圈
}                                   // 延遲函數結束
```

操作

1. 依功能需求與電路結構，在 Keil C 裡撰寫程式，並進行建構(按 🖮 鈕)，以產生*.HEX 檔。

2. 按圖 18 連接線路，並將剛才產生的 ch11-4-2.hex 燒錄到晶片，再按 PB_F 按鈕，馬達是否正轉？按 PB_R 按鈕，馬達是否反轉？

3. 撰寫實驗報告。

 **思考一下**

● 若按住 PB_F 不放，馬達會怎樣？

● 試著修改本實驗裡的程式，讓馬達在放開按鈕後才動作？

11-4-3　橋式方向控制實例演練

 實驗要點

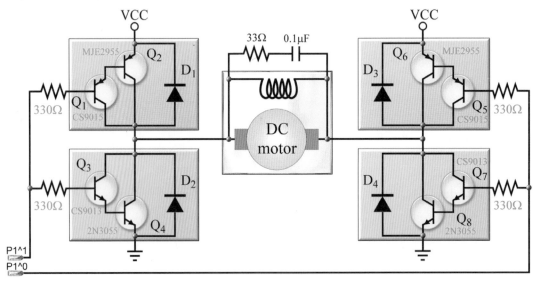

圖19　橋式方向控制實驗電路圖

如圖 19 所示，8x51 基本電路與 PB_F、PB_R 電路與 11-4-2 一樣，而 P1^0 與 P1^1 連接到左右兩組達靈頓電路，假設 P1^0=0、P1^1=1，馬達順時針轉動；P1^0=1、P1^1=0，馬達逆時針轉動。P1^0=1、P1^1=1 或 P1^0=0、P1^1=0，馬達皆不動作。按一下 PB_F 鈕，馬達順時針旋轉 0.5 秒；按一下 PB_R 鈕，馬達逆時針旋轉 0.5 秒。若同時按住 PB_F 與 PB_R 鈕，馬達將不轉動。

程式設計

橋式方向控制實驗(ch11-4-3.c)

```c
/* 橋式方向控制實驗(ch11-4-3.c) */
#include    <reg51.h>
sbit    motor1 = P1^0;              // 宣告直流馬達位置
sbit    motor2 = P1^1;              // 宣告直流馬達位置
sbit    PB_F = P2^0;                // 宣告正轉按鈕開關位置
sbit    PB_R = P2^1;                // 宣告反轉按鈕開關位置
void delay1ms(int x);               // 宣告延遲函數
//==========================================
main()
{ motor1=motor2=0;                  // 關閉直流馬達
  PB_F=PB_R=1;                      // 規劃 PB_F 與 PB_R 為輸入埠
  while(1)                          // 無窮迴圈
  { if (!PB_F && PB_R)              // 若按下 PB_F，且 PB_R 未按下
    { motor1=0;                     // 設定直流馬達轉向
      motor2=1;                     // 開啟直流馬達轉向
      delay1ms(1000);}             // 旋轉 1 秒
    else motor2=0;                  // 關閉直流馬達
    if (PB_F && !PB_R)              // 若按下 PB_R，且 PB_F 未按下
    { motor1=1;                     // 設定直流馬達轉向
      motor2=0;                     // 開啟直流馬達轉向
      delay1ms(1000);}             // 旋轉 1 秒
    else motor1=0;                  // 關閉直流馬達
  }
}                                   // 結束
// ========== 延遲函數 ==========
void delay1ms(int x)
{ int i,j;
  for (i=0;i<x;i++)                 // 外迴圈
    for (j=0;j<120;j++);            // 內迴圈
}                                   // 延遲函數結束
```

操作

1. 依功能需求與電路結構，在 Keil C 裡撰寫程式，並進行建構(按 鈕)，以產生*.HEX 檔。

2. 按圖 19 連接線路，並將剛才產生的 ch11-4-3.hex 燒錄到晶片。再按 PB_F 按鈕，馬達是否正轉？按 PB_R 按鈕，馬達是否反轉？

3. 撰寫實驗報告。

思考一下

● 請利用 TA7257P 替代圖 19 中的四個達靈頓電晶體,並重新進行實驗?

11-4-4　PWM 控制實例演練

　實驗要點

如圖 20 所示,P1^0 輸出到達靈頓電晶體,以控制直流馬達。另外,8P 的指撥開關(on 為 0、off 為 1)連接到 Port 0,可切換 00000000 到 11111111,也就是 0到 255,由開關的狀態決定 P1^0 所輸出脈波的工作週期,若指撥開關設定為255,則設定工作週期為 99%;若指撥開關設定為 0,則設定工作週期為 0%。指撥開關所設定值與工作週期的關係是 255 比 1,因此,必須將指撥開關所設定值乘以 2.55,也就是先除以 255,再乘以 100。

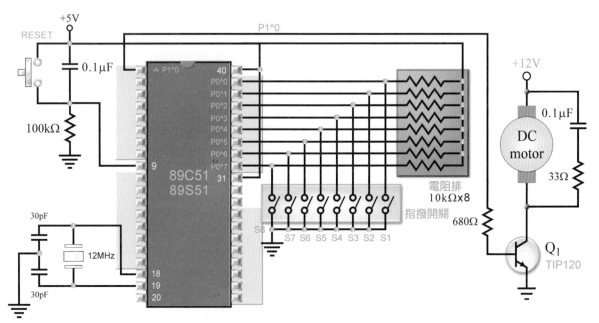

圖20　PWM 控制實驗電路圖

　程式設計

PWM 控制實驗(ch11-4-4.c)

```
/* PWM 控制實驗(ch11-4-4.c) */
#include    <reg51.h>
```

```
#define    DT    P0                        // 定義指撥開關位置
#define    RUN    50                       // 定義執行時間
sbit    motor=P1^0;                        // 宣告馬達位置
void delay1ms(int x);                      // 宣告延遲函數
void output(int x);                        // 宣告輸出函數
//=========================================================
main()
{ unsigned char on=0,i;                    // 宣告變數
  unsigned int TRS=0;                      // 宣告變數
  motor=0;                                 // 關閉直流馬達
  DT=0xFF;                                 // 將 P0 規劃為輸入埠
  while(1)                                 // 無窮迴圈
  { TRS=DT*100;                            // 換算工作週期
    on=TRS/255;                            // 換算工作週期
    for (i=0;i<RUN;i++)                    // 迴圈
    {      motor=1;                        // 輸出高態
           delay1ms(on);                   // 延遲 on 時間
           motor=0;                        // 輸出低態
           delay1ms(100-on);               // 延遲 100-on 時間
    }
  }
}
// ========== 延遲函數 ==========
void delay1ms(int x)
{ int i,j;
  for (i=0;i<x;i++)                        // 外迴圈
    for (j=0;j<120;j++);                   // 內迴圈
}                                          // 延遲函數結束
```

操作

1. 依功能需求與電路結構，在 Keil C 裡撰寫程式，並進行建構(按 ⌨ 鈕)，以產生*.HEX 檔。

2. 按圖 20 連接線路，並將剛才產生的 ch11-4-4.hex 燒錄到晶片，再切換 指撥開關測試，看看直流馬達是否改變轉速？

3. 撰寫實驗報告。

思考一下

● 在本實驗的電路與程式，找出當工作週期低於多少時，馬達就 不會轉動？

11-5 即時練習

直流馬達之控制

在本章裡探討直流馬達的結構、驅動方式與應用，在此請試著回答下列問題，以確認對於此部分的認識程度。

選擇題

(   )1. 直流馬達依其繞組的連接方式可分為哪幾種？ (A) 差分激式與和分激式 (B) 串激式與分激式 (C) 並激式與分激式 (D) 繞激式與直激式 。

(   )2. 對於複激式馬達，依其連接方式可分為哪幾種？ (A) 長複激式與短複激式 (B) 串複激式與分複激式 (C) 並複激式與分複激式 (D) 繞複激式與直複激式 。

(   )3. 對於採永久磁鐵定子之直流馬達，若要改變其轉向，應如何處理？ (A) 改變場繞組之電流方向 (B) 將電源反接 (C) 將電源反接，並將轉子之電源反接 (D) 使用交流電。

(   )4. 達靈頓電晶體的特色為何？ (A) 反應速度快 (B) 耐壓高 (C) 高電流增益 (D) 高電壓增益。

(   )5. TIP12x 系列所提供之電流(I_C)可達多少安培？ (A) 60A (B) 30A (C) 10A (D) 5A 。

(   )6. TIP14x 系列所提供之電流(I_C)可達多少安培？ (A) 60A (B) 30A (C) 10A (D) 5A 。

(   )7. 若要使用繼電器控直流馬達之轉向，應採何種繼電器？ (A) 耐高壓型 (B) 至少為 2P 型 (C) 採用一般 1 P 型即可 (D) 高電流型 。

(   )8. 所謂「PWM」是指何種調變？ (A) 脈波編碼調變 (B) 脈波幅度調變 (C) 脈波頻率調變 (D) 脈波寬度調變。

(   )9. PDM 是以改變什麼，以調整功率？ (A) 工作週期 (B) 起動時間 (C) 脈波幅度 (D) 延遲時間 。

(   )10. PDM 與下列哪項相同？ (A) PAM (B) PCM (C) PWM (D) PPM 。

問答題

1. 試繪圖說明橋式控制直流馬達轉向之動作？

2. 若要利用橋式控制直流馬達之轉向，而此直流馬達之電流約為 6 安培，可採用哪組達靈頓電晶體配對？

3. 請利用運算放大器，設計一個 PWM 波之調變電路。

4. 若要將 PWM 波形解調，變回正弦波，可使用什麼電路？

5. 若要在 8x51 裡，以程式的方法，產生 PWM 波，可應用什麼函數？

加油

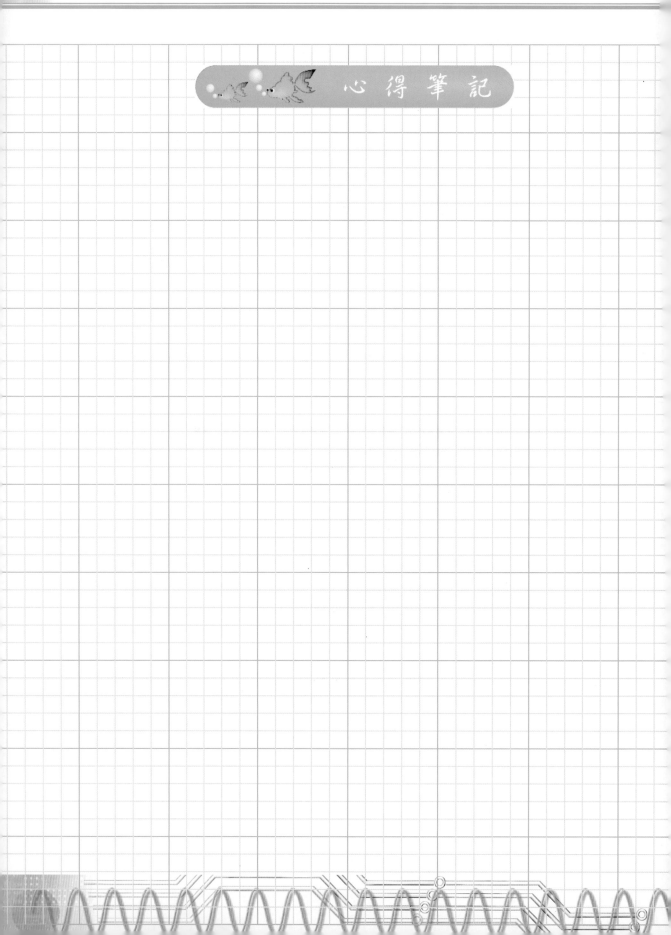

心得筆記

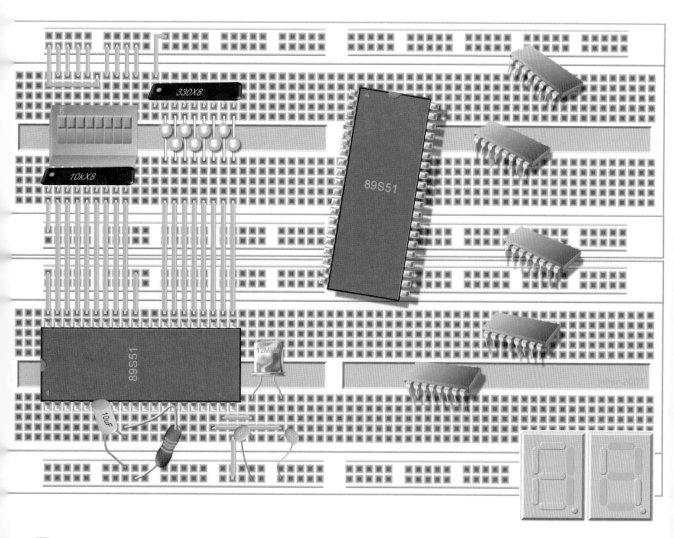

ADC 與 DAC 之應用

本章內容豐富，主要包括兩部分：

硬體部分：

類比-數位轉換原理，數位-類比轉換原理。

類比-數位轉換 IC 及其應用原理。

數位-類比轉換 IC 及其應用原理。

溫度感測 IC-AD590、LM35、TC74 等，及其應用原理。

程式與實作部分：

類比-數位轉換應用程式。

數位-類比轉換應用程式。

應用 TC74 設計數位溫度計及簡易溫控裝置等。

手機遙測溫度。

12-1 類比-數位轉換原理

ADC 與 DAC 之應用

類比(analog)信號是一種連續性的信號，大自然的現象(如溫度、溼度、光線等)都屬於這類信號；而數位(digital)信號則是一種非 0 即 1 的非連續性的信號，**通常有 TTL 與 CMOS 兩種準位**。

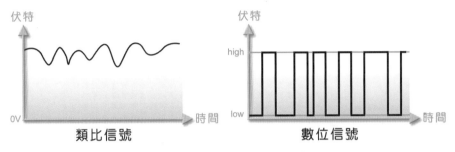

圖1　類比信號與數位信號

人類直接感受的就是類比信號，不過，**類比信號比較不容易儲存、處理與傳輸，且容易失真！** 相對的，數位信號比較容易儲存與處理，且較有效率，在傳輸上，也不易失真，成為目前信號處理的主流。因此，我們就以感測器測得所要控制的類比信號，經類比-數位轉換器(analog-digital converter, **ADC**)將它轉換成數位信號。如此一來，就可進行較高效率的處理、儲存或傳輸。當處理完成後，再經數位-類比轉換器(digital-analog converter, **DAC**)將它轉換成類比信號，以驅動控制裝置(如電熱器、電磁閥、馬達等)，如此形成一個閉迴路(closed loop)的控制系統，如圖 2 所示：

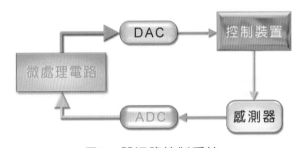

圖2　閉迴路控制系統

在本單元裡將介紹類比-數位轉換、數位-類比轉換，及其應用。類比-數位轉換是將類比信號變成數位信號，而轉換的方式如下說明：

並列式類比-數位轉換

並列式類比-數位轉換是以多個比較器(運算放大器)並列處理，又稱為**比較器型類比-數位轉換**。此種類比-數位轉換以數個比較器同時偵測輸入的類比信號，然後予以編碼，即可產生數位信號，如圖 3 所示：

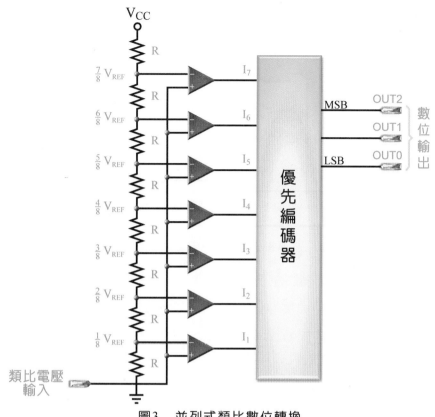

圖3　並列式類比數位轉換

並列式類比-數位轉換的特性如下：

● 轉換速度快。

● 所需要的電路較複雜，以 n 個位元的並列式類比-數位轉換為例，則需要 2^n 個精密電阻器、2^n-1 個比較器，以及一個 n 位元的優先編碼器。

逐漸接近式類比-數位轉換

逐漸接近式類比-數位轉換器(successive-approximation ADC)採乘 2/除 2 比對、快速接近的方式，將類比信號轉換成數位信號，首先將參考電壓 V_r 與輸入類比信號比較；若輸入類比信號較高，則 V_r 乘以 2，再與輸入類比信號比較；若輸入類比信號還是比較高，則再將 V_r 乘以 2，與輸入類比信號比較。若輸入類比信號比較低，則將 V_r 除以 2，再與輸入類比信號比較，即可找到最接近的值。

對於類比電壓而言，乘以 2 或除以 2 都不容易操作，而在數位信號裡，資料左移一位，相當於乘 2、資料右移一位，相當於除 2。移位之後的數位資料再經過數位-類比轉換，產生相對應的類比信號 V_r。再與輸入的類比電壓 V_a 比較，以產生左移或右移的控制信號，而控制移位暫存器的動作，如圖 4 所示：

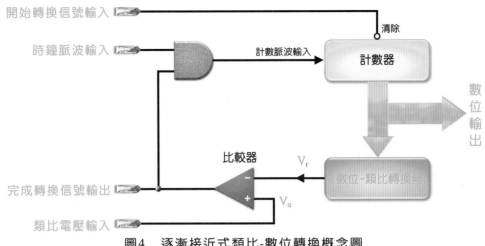

圖4　逐漸接近式類比-數位轉換概念圖

當 $V_r<V_a$ 時，移位暫存器將左移，而 $V_r>V_a$ 時，移位暫存器將右移。$V_r=V_a$ 時，即可輸出數位信號。逐漸接近式類比-數位轉換的特性如下：

● 位元之逐漸接近式類比-數位轉換，其轉換時間為 n 個時鐘脈波，其轉換速度僅次於並列式類比-數位轉換。

● 電路較並列式類比-數位轉換之電路簡單。

連續計數式類比-數位轉換

連續計數式類比-數位轉換器(continuons counting ADC)是利用比較器、上下計數器與數位-類比轉換器，構成一個閉迴路的轉換電路，將輸入的類比信號與輸出端經數位-類比轉換器，回授回來的信號比較，以產生計數器的上數/下數控制信號，以計數外部輸入的時鐘脈波，如圖 5 所示：

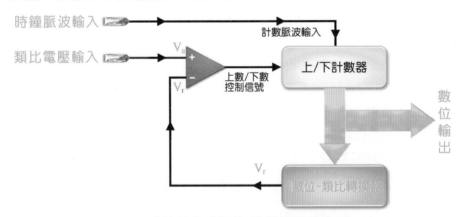

圖5　連續計數式類比-數位轉換概念圖

當 $V_r<V_a$ 時，計數器將上數，而 $V_r>V_a$ 時，計數器將下數。當 $V_r=V_a$ 時，即停止計數，而輸出數位信號。連續計數式類比-數位轉換的特性如下：

- 轉換速度依輸入類比電壓而不同，類比電壓越高所需轉換時間越長。
- 電路較並列式類比-數位轉換之電路簡單。

雙斜率式類比-數位轉換

雙斜率式類比-數位轉換器(dual slope ADC)屬於**積分式類比-數位轉換器**的一種，而採定電流積分器，先以輸入的類比信號來充電，然後改以固定的參考電壓，予以放電，而放電期間就是計數器計數的時間。放電完畢時，將停止計數，而計數的結果就是所要輸出的數位信號，如圖 6 所示：

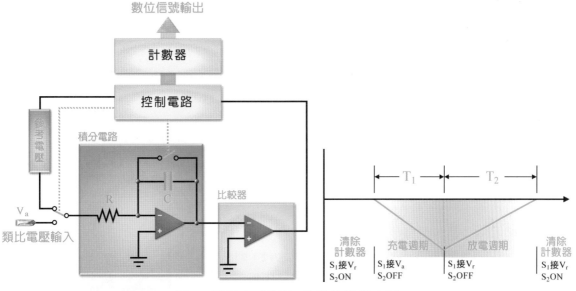

圖6　雙斜率式類比-數位轉換概念圖

T1 為輸入類比電壓充電所產生的斜率，T2 則為連接參考電壓放電的所產生的斜率。雙斜率式類比-數位轉換的特性如下：

- 轉換速度最慢。
- 精密度高，穩定性佳。
- 雜訊免役力良好。

市面上，類比-數位 IC 很多，老舊(已停產多年)的 ADC080x 系列仍是學校教學最愛！這系列 IC 為並列式 ADC，很容易使用，且與 8x51 完全相容，不必額外的介面電路；但也很容易燒毀，使用時要特別小心。而目前新款的 ADC 晶片，幾乎都捨棄體積大、接腳多的並列式傳輸，而改採串列式傳輸。

12-2-1 ADCO8xx 系列並列傳輸 ADC

ADC08xx 系列 ADC 採用並列傳輸方式，將轉換所得的數位資料，透過匯流排(8 條線)，傳輸給微處理機，線路比較複雜，如下說明：

🔍 特性

ADC0804 之特性如下：

- CMOS 的逐漸接近式 AD 轉換器。
- 具有 8 位元解析能力，轉換時間為 100 微秒，而最大誤差為 1 個 LSB 值(最小電壓刻度)。
- 採差動式類比電壓輸入，三態式數位輸出。
- 類比輸入電壓範圍為 0 到 5V(千萬不要輸入過高電壓，一下子就燒毀)。

🔍 接腳

如右圖所示為 ADC0804 之接腳圖，其中各腳說明如下：

```
        ┌───────┐
 CS  [ 1       20 ] Vcc/VREF
 RD  [ 2       19 ] CLK R
 WR  [ 3       18 ] DB0(LSB)
CLK IN[ 4       17 ] DB1
 INTR[ 5  ADC0804 16 ] DB2
VIN(+)[ 6       15 ] DB3
VIN(-)[ 7       14 ] DB4
A GND[ 8       13 ] DB5
VREF/2[ 9       12 ] DB6
D GND[ 10      11 ] DB7(MSB)
        └───────┘
```

- $\overline{CS}$：晶片選擇接腳，此為低態動作接腳，若 $\overline{CS}$=0，則 ADC0804 動作；若 $\overline{CS}$=1，則 ADC0804 不動作，輸出資料接腳 DB0～DB7 呈現高阻抗狀態。

- $\overline{RD}$：資料讀取接腳，此為低態動作接腳，若 $\overline{CS}$=0、且 $\overline{RD}$=0 時，則可由 DB0～DB7 讀取 ADC0804 的輸出數位資料。

- $\overline{WR}$：開始轉換接腳，此為低態動作接腳，若 $\overline{WR}$=0，即可使 ADC0804 開始進行類比-數位轉換動作。

- $\overline{INTR}$：完成轉換接腳，此為低態動作接腳，若 $\overline{INTR}$=0，表示 ADC0804 已完成類比-數位轉換動作，而此信號常被用來通知微處理機，請它中斷而前來提取數位資料。

- **CLK IN**：時鐘脈波輸入接腳，ADC0804 接受 100 到 1460kHz 的時鐘脈波。而我們可配合 CLK R 接腳，以外加的電阻、電容(通常 R=10kΩ、C=150pF)，由內部電路自行產生時鐘脈波，如圖 7 所示，其頻率為：

$$f_{CLK} = \frac{1}{1.1RC}$$

- **CLK R**：時鐘脈波輸出接腳，只要連接電阻器，即可產生時鐘脈波。

● **V_REF/2**：參考電壓輸入接腳。本接腳所連接的電壓為輸入類比電壓最大值的一半，通常是利用兩個 10kΩ串聯到電源，以取得 1/2 V_CC 的分壓(即 5V)。

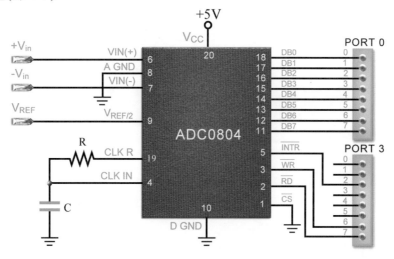

圖7　ADC0804 時鐘脈波電路

● **V_IN+**：類比電壓輸入之正端接腳，所輸入的類比電壓不得超過 V_REF/2 接腳的電壓。

● **V_IN-**：類比電壓輸入之負端接腳。

● **V_CC**：電源接腳或參考電壓接腳，通常是連接+5V，以做為電源之用。若 V_REF/2 接腳沒有連接參考電壓時，則以本接腳上的電壓為參考電壓。

● **D GND**：數位信號接地接腳。

● **A GND**：類比信號接地接腳，通常本接腳都與 D GND 接腳連接後接地，若處理高干擾性的類比信號，本接腳自可單獨接地。

● **DB0～DB7**：數位輸出資料接腳，這八支接腳為三態式輸出，可直接連接微處理機的資料匯流排，若此 IC 不輸出時，呈現高阻抗狀態。

🔍 電壓校準

ADC0804 之類比電壓輸入接腳為 VIN(+)及 VIN(-)，通常是將類比電壓接到 VIN(+)接腳，而 VIN(-)接腳接地。若要調整電壓輸入的準位，可利用一個運算放大器接成緩衝器，如圖 8 所示，其中運算放大器的輸入端，可利用電阻串接為分壓電路，調整其中的可變電阻，即可改變調校的準位。

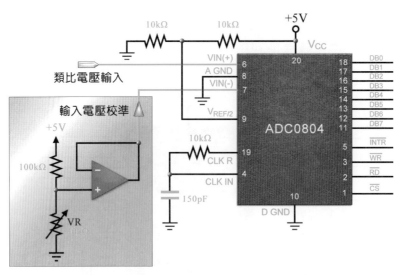

圖8 ADC0804 之輸入電壓校準電路

操作方式

ADC0804 之操作程序如圖 9 所示。

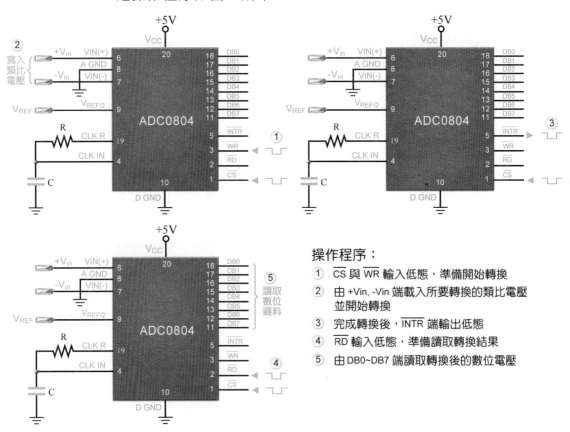

操作程序：

① CS 與 WR 輸入低態，準備開始轉換

② 由 +Vin, -Vin 端載入所要轉換的類比電壓並開始轉換

③ 完成轉換後，INTR 端輸出低態

④ RD 輸入低態，準備讀取轉換結果

⑤ 由 DB0~DB7 端讀取轉換後的數位電壓

圖9 ADC0804 操作程序

常用的 ADC0804 操作方式有兩種，說明如下：

● **連續轉換**：ADC0804 最簡單的操作方式，就是讓它不停地進行轉換，如圖 10 之左圖所示，$\overline{CS}$ 與 $\overline{RD}$ 接腳連接到接地端，再將 $\overline{INTR}$ 接腳連接到 $\overline{WR}$ 接腳，如此就可令 $\overline{INTR}$ 接腳輸出的完成轉換信號，成為 $\overline{WR}$ 接腳的開始轉換信號。而微處理機隨時可讀取這個資料匯流排上的資料。

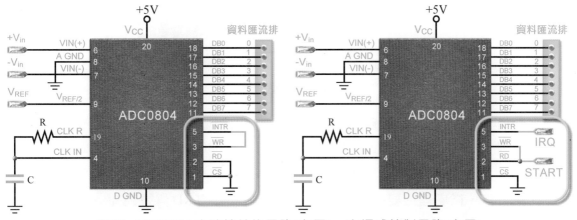

圖10　ADC0804 之連續轉換電路(左圖)、交握式控制電路(右圖)

● **交握式控制**：如圖 10 之右圖所示，將 $\overline{CS}$ 接腳接地、將 $\overline{WR}$ 與 $\overline{RD}$ 接腳連接到微處理機的輸出埠，此信號稱為 **START** 或 **SOC**(start of convert)，若微處理機透過這個輸出埠輸出一個負脈波，則 ADC0804 即可進行類比-數位轉換。當 ADC0804 完成轉換後，則由 $\overline{INTR}$ 接腳輸出一個低態的脈波，此信號稱為 IRQ，若將這個信號連接到微處理機的輸入埠，則該微處理機將可以垂詢方式或中斷方式偵測得到，而進行 ADC0804 數位資料的讀取；若將這個信號連接到微處理機的外部中斷接腳，則該微處理機將中斷，以進行 ADC0804 數位資料的讀取。

ADC0804 之操作時序如圖 11 之左圖所示：

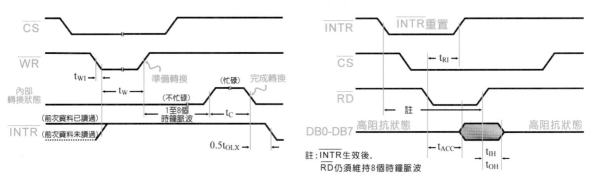

圖11　ADC0804 之轉換時序圖

如圖 11 之右圖所示，當 ADC0804 之 $\overline{CS}$ 接腳為低態，且 $\overline{WR}$ 接腳也為低態時，ADC0804 內部開始進行轉換，轉換期間，$\overline{INTR}$ 接腳為高態。當 ADC0804 內部轉

換完成後，$\overline{\text{INTR}}$ 接腳轉為低態。若 $\overline{\text{CS}}$ 接腳又變成低態，且 $\overline{\text{RD}}$ 接腳也為低態，則 ADC0804 轉換的結果，將隨 $\overline{\text{INTR}}$ 接腳轉為高態時，放入資料匯流排 (DB0-DB7)，以供微處理機讀取。

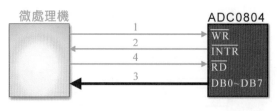

圖12　交握信號

整個交握的控制，如圖 12 所示，第一步由微處理機送一個低態的 $\overline{\text{WR}}$ 信號到 ADC0804，以啟動 ADC0804；當 ADC0804 轉換完成後，即進入第二步，也就是 ADC0804 送出一個低態的 $\overline{\text{INTR}}$ 信號，請微處理機來提取；第三步，微處理機要來提取之前，送一個低態的 $\overline{\text{RD}}$ 信號通知 ADC0804，而 ADC0804 在接收到低態的 $\overline{\text{RD}}$ 信號後，隨即將 $\overline{\text{INTR}}$ 信號轉變為高態，同時匯流排的資料也鎖定不變，讓微處理機來讀取，也就是第四步。

8x51與ADC0804之連接

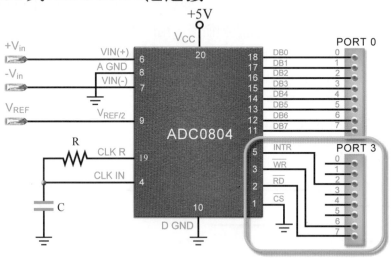

圖13　ADC0804 與 8x51 連接

8x51 與 ADC0804 之連接可分為控制線與資料線，若 ADC0804 採用**連續轉換**的方式(圖 10 之左圖)，**則不須連接控制線，直接將 DB0～DB7 連接到 8x51 的任一個 PORT 即可。在此將連接在 Port 0**。在程式方面，也把連接的輸出入埠，當成一般的輸入埠，隨時讀取其中的資料。若 ADC0804 採用交握式控制，則除了資料線外，還須將其 START 及 IRQ 控制線(圖 10 之右圖)，各連接到 8x51 輸出入埠的任一位元，例如 P2^0、P2^1 等。

若要把 ADC0804 當成 8x51 的「外部記憶體」，則須將 ADC0804 的 $\overline{WR}$ 接腳連接到 8x51 的 $\overline{WR}$ 接腳(P3^6)、將 ADC0804 的 $\overline{RD}$ 接腳連接到 8x51 的 $\overline{RD}$ 接腳(P3^7)、將 ADC0804 的 $\overline{INTR}$ 接腳連接到 8x51 的 INT0 接腳(P3^2)，而 DB0～DB7 連接到 8x51 的 PORT 0，如圖 12 所示。當我們要進行 8x51 的外部記憶體操作時，若使用組合語言，則可透過專用的外部記憶體存取指令－MOVX 指令；而在 C 語言裡並沒有獨立的存取外部記憶體的指令，而是以「xdata」記憶體形式做為操作外部記憶體的依據。只要將某個資料變數宣告為「xdata」記憶體形式，則該變數將視為一個外部記憶體，只要動到該資料，就會觸動外部記憶體的操作。例如要宣告一個 8 位元的「xdata」記憶體形式變數 adc，如下：

```
unsigned char xdata    adc;
```

此後，若要將某一資料放入 adc 變數，例如：

```
adc=0xff;
```

則 8x51 的 $\overline{WR}$ 接腳自動送出一個低態信號，同時 Port 0 將輸出 0xFF(不重要)。同樣地，若要將 adc 變數存到另一個變數，例如：

```
results=adc;
```

則 8x51 的 $\overline{RD}$ 接腳送出一個低態信號，同時，將讀取 Port 0 的資料。

在進行 ADC0804 的控制時，當然先要宣告「xdata」記憶體形式的變數，緊接著的第一步是由 8x51 透過 $\overline{WR}$ 接腳，送出一個低態的啟動信號，這時候就可以利用剛才所介紹的「adc=0xff;」指令，以啟動 ADC0804。當 ADC0804 完成轉換後，將透過 $\overline{INTR}$ 接腳通知 8x51；而這支接腳連接到 8x51 的 INT0 接腳(P3^2)，我們可利用 INT 0 中斷的方式，在中斷副程式裡，以剛才所介紹的「results=adc;」指令，將 ADC0804 轉換的結果，存入 results 變數。

12-2-2　MCP3xxx 系列串列傳輸 ADC

MCP3xxx 系列為 Micorchip 半導體公司的 ADC 晶片，其中 MCP3004 為 4 個通道的 ADC，可同時連接 4 組類比信號。而 MCP3008 提供 8 個通道的 ADC，這 8 個通道可工作於單端模式(即 8 組單端信號)，或差動信號模式(即 4 組快速的差動信號)，MCP3004/MCP3008 都是 10 位元的解析度，其電壓範圍為 2.7V~5.5V。另外，MCP3202 提供 2 個通道的 ADC，其解析度為 12 位元，8 支接腳的小 IC，實用性很高。這一系列晶片具有體積小、接腳少、使用方便的特色，而晶片的包

括除表面黏著式(SMD)包裝外，也提供 DIP 包裝，非常適合學校教學。這幾款的用法類似，在此將以 MCP3202 為例，介紹其用法。

MCP3202 採**逐漸接近(SAR)**方式將類比信號轉換為 12 位元的數位信號，其轉換的速度是 100Ksps(使用 5V 電源)、50Ksps(使用 2.7V 電源)，完成轉換後，再藉**SPI(Serial Perpheral Interface)**串列通信協定，將數位信號傳出。如下說明：

接腳

如右圖所示為 MCP3202 之接腳圖，其中各腳說明如下：

- $\overline{CS}$/SHDN 接腳(第 1 腳)為轉換與傳輸控制接腳。若此腳為低態時，將開始傳輸資料；而傳輸資料結束時，將此腳轉為高態。
- **CH0** 接腳(第 2 腳)為通道 0，也就是第一個類比信號輸入通道接腳。
- **CH1** 接腳(第 3 腳)為通道 1，也就是第二個類比信號輸入通道接腳。
- **V$_{SS}$** 接腳為接地接腳。
- **SDI** 接腳為串列資料輸入接腳，也就是 SPI 組態與控制命令輸入。
- **SDO** 接腳為串列資料輸出接腳，也就轉換後的數位信號輸出。
- **SCK** 接腳為時鐘脈波輸入接腳，連接由微處理機送出之時鐘脈波，而此時鐘脈波是控制 SPI 動作的同步信號。
- **V$_{CC}$/V$_{REF}$** 接腳為電源及參考電壓接腳，其範圍為+2.7V~+5.5V，通常是連接+5V。

輸出編碼

這是 12 位元的 ADC，若電源電壓(參考電壓)為 V_{DD}、類比信號電壓為 V_{IN}，則輸出的數位數值為：

$$數位輸出編碼 = \frac{4096 \times V_{IN}}{V_{DD}}$$

例如 V_{DD}=5V、V_{IN}=3V，則數位輸出為

$$\frac{4096 \times 3}{5} = 2457.6 = 100110011001_2 = 0x999$$

小數將被忽略。若電源電壓(參考電壓)採用 4.096V，將不會有小數點。

串列傳輸

如圖 14 所示為 MCP3202 的資料傳輸(在此的 SPI 傳輸採 mode 0,0),其中包括由微處理機傳給 MCP3202 的組態設定(升緣取樣),以及轉換後的數位資料回傳到為微處理機(降緣取樣):

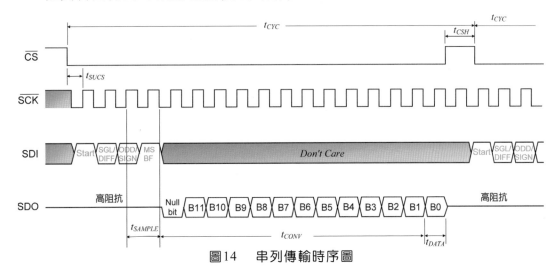

圖14 串列傳輸時序圖

整個操作週期始於 $\overline{CS}$ 信號由高態降到低態,當 $\overline{CS}$ 變為低態後的 $\overline{SCK}$ 升緣,由微處理機藉 SDI 線送出高態,即 Start 狀態,開始進行傳輸。當 $\overline{CS}$ 變為高態時,將結束傳輸。

接續 Start 之後,微處理機依序送出 SGL/DIFF、ODD/SIGN 及 MSFB 等三個組態設定,其中 SGL/DIFF、ODD/SIGN 用以設定通道,如表 1 所示:

表 1 MCP3202 的組態

	組態位元		通道		GND
	SGL/DIFF	ODD/SIGN	CH0	CH1	
單端模式	1	0	+		-
	1	1		+	-
虛擬差動模式	0	0	IN+	IN-	
	0	1	IN-	IN+	

MSFB 的功能是設定傳輸方向,若 MSFB=0,則由 MSB 開始傳輸;若 MSFB=1,則由 LSB 開始傳輸。

傳輸函數模組

在此的傳輸函數可存為 MCP3202.h 標頭檔,以方便後續使用。

```
int    MCP3202(bit SGL, bit ODD, bit MSBF)
//     CS,SCK,SDI,SDO
//     SGL=0 DIFF, SGL=1 SINGLE End
//     ODD=0 CH0(+), ODD=1 CH1(+)
//     MSBF=1 MSB first,MSBF=0 LSB first
{      char   i; long int   x=0;
//     Start
       SCK=0;SDI=1;
       CS=0;
       SCK=1;
       SCK=0;SDI=SGL;SCK=1;
       SCK=0;SDI=ODD;SCK=1;
       SCK=0;SDI=MSBF;SCK=1;
//     轉換
       for(i=0;i<13;i++)
       {     SCK=0;x<<=1;SCK=1;
             if (SDO)   x|=1;
       }
//     Stop
       SCK=0;CS=1;SCK=1;
       x=x*5000/4096;
       return   x;
}
```

應用電路

如圖 15 所示，將 V_{DD} 連接+5V、V_{SS} 連接 GND，兩個通道的輸入端，CH0 連接半固定電阻器，調整半固定電阻器，則 CH0 將可得到不同的電壓，以做為所要轉換的類比信號。CH0 連接到排針，以做為其他類比信號的輸入端。另外，SCK、SDI、SDO 與 CS 分別連接到 8x51 的 P1^0~P1^3。

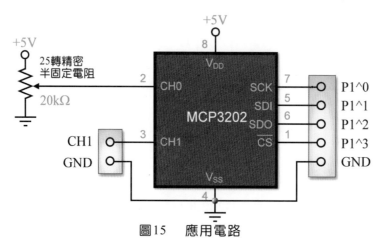

圖15　應用電路

若要避免所要轉換的信號產生負載效應，可先經過緩衝器(運算放大器)，再輸入到 MCP3202。

12-3　數位-類比轉換原理

ADC 與 DAC 之應用

　數位-類比轉換器(digital-analog converter，簡稱 **DAC**)可由電阻網路所構成，常見的數位-類比轉換電路有加權電阻網路及 R-2R 電阻網路兩種，如下說明：

加權電阻網路

如圖 16 所示為加權電阻網路，其中各電流如下：

$$I_1 = \frac{V_1}{R} \, 、 \, I_2 = \frac{V_2}{2R} \, 、 \, I_3 = \frac{V_3}{4R} \, 、 \, I_4 = \frac{V_4}{8R}$$

$$I = I_1 + I_2 + I_3 + I_4$$

$$\begin{aligned}
V_O &= -IR \\
&= -(I_1 + I_2 + I_3 + I_4)R \\
&= -(\frac{V_1}{R} + \frac{V_2}{2R} + \frac{V_3}{4R} + \frac{V_4}{8R})R \\
&= -\frac{1}{8}(8V_1 + 4V_2 + 2V_3 + V_4) \\
&= -\frac{1}{8}(2^3 V_1 + 2^2 V_2 + 2^1 V_3 + 2^0 V_4)
\end{aligned}$$

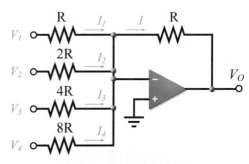

圖16　加權電阻網路

其中的 V_1、V_2、V_3、V_4 分別為數位資料的 bit 3、bit 2、bit 1 及 bit 0，其電壓值非 0V 就是 5V，而 $-\frac{1}{8}$ 可由運算放大器的回授電阻來調整其大小。

若此電路輸入 1111 數位資料，則輸出電壓 V_O 為：

$$\begin{aligned}
V_O &= -(5 + \frac{1}{2} \times 5 + \frac{1}{4} \times 5 + \frac{1}{8} \times 5) \\
&= -(5 + 2.5 + 1.25 + 0.625) \\
&= -9.375
\end{aligned}$$

同理，若輸入 1110 數位資料，則輸出電壓 V_O 為：

$$V_O = -(5 + \frac{1}{2} \times 5 + \frac{1}{4} \times 5 + \frac{1}{8} \times 0)$$

$$= -(5 + 2.5 + 1.25 + 0)$$

$$= -8.75$$

如表 2 所示為這個網路的輸出入關係：

表 2　輸出電壓

bit3	bit2	bit1	bit0	V_O	bit3	bit2	bit1	bit0	V_O
0	0	0	0	0	1	0	0	0	-5
0	0	0	1	-0.625	1	0	0	1	-5.625
0	0	1	0	-1.25	1	0	1	0	-6.25
0	0	1	1	-1.875	1	0	1	1	-6.875
0	1	0	0	-2.5	1	1	0	0	-7.5
0	1	0	1	-3.125	1	1	0	1	-8.125
0	1	1	0	-3.75	1	1	1	0	-8.75
0	1	1	1	-4.375	1	1	1	1	-9.375

由上述可得知，加權電阻網路數位-類比轉換的原理，在此將其特性歸納於下列：

● 電路結構簡單，但不容易製作，因為其中所使用的電阻值，種類太多，差異過大。在 **IC** 的內部電路裡，很難做出這樣的電路。

● 由於最大與最小的電阻差異太大，非常容易造成誤差，以 **8** 位元的轉換電路為例，其中最大電阻為最小電阻的 **256** 倍，若電阻的誤差為 **1%**，則最大電阻的誤差值就比最小電阻或次小電阻還大了！所以，很難達到較高的精確度。

🔍 R-2R電阻網路

如圖 17 所示為 R-2R 電阻網路，電路結構很有規律，在此將以重疊定理與戴維寧等效電路來解析 V_D 的電壓：

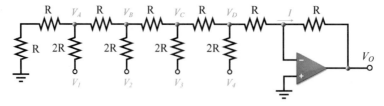

圖17　R-2R 電阻網路

● 只考慮 V_1，則 V_2、V_3、V_4 視為接地，如下所示：

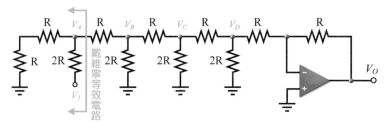

由 V_A 向左看的戴維寧等效電路為：

$R_{TH}=(R+R)//2R=R$

$$V_{TH} = V_1 \times \frac{2R}{4R} = \frac{1}{2}V_1$$

電路可改為：

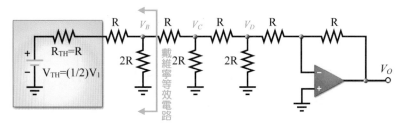

由 V_B 向左看的戴維寧等效電路為：

$R_{TH}=(R+R)//2R=R$　、　$V_{TH} = \frac{1}{2}V_1 \times \frac{2R}{4R} = \frac{1}{4}V_1$

電路可改為：

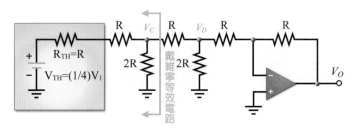

由 V_C 向左看的戴維寧等效電路為：

$R_{TH}=(R+R)//2R=R$　、　$V_{TH} = \frac{1}{4}V_1 \times \frac{2R}{4R} = \frac{1}{8}V_1$

電路可改為：

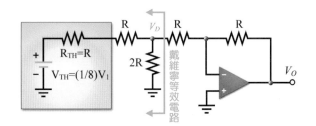

由 V_D 向左看的戴維寧等效電路為：

$R_{TH}=(R+R)//2R=R$、$V_{TH} = \frac{1}{8}V_1 \times \frac{2R}{4R} = \frac{1}{16}V_1$

電路可改為：

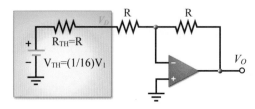

所以，$V_O^{'} = -\frac{R}{2R} \times \frac{1}{16}V_1 = -\frac{1}{32}V_1$

● 只考慮 V_2，則 V_1、V_3、V_4 視為接地，如下所示：

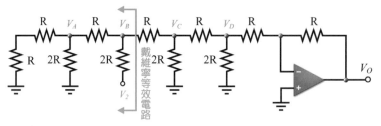

由 V_B 向左看的戴維寧等效電路為：

$R_{TH}=((R+R)//2R+R)//2R=R$、$V_{TH} = V_2 \times \frac{2R}{4R} = \frac{1}{2}V_2$

電路可改為：

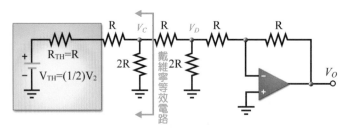

由 V_C 向左看的戴維寧等效電路為：

$R_{TH}=(R+R)//2R=R$、$V_{TH} = \frac{1}{2}V_2 \times \frac{2R}{4R} = \frac{1}{4}V_2$

電路可改為：

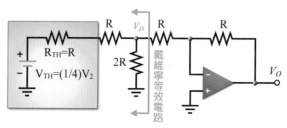

由 V_D 向左看的戴維寧等效電路為：

$$R_{TH}=(R+R)//2R=R \quad V_{TH} = \frac{1}{4}V_2 \times \frac{2R}{4R} = \frac{1}{8}V_2$$

電路可改為：

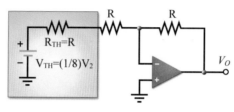

所以，$V_O'' = -\frac{R}{2R} \times \frac{1}{8}V_2 = -\frac{1}{16}V_2$

● 以同樣的方法，可求得

$$V_O''' = -\frac{R}{2R} \times \frac{1}{4}V_3 = -\frac{1}{8}V_3 \quad V_O'''' = -\frac{R}{2R} \times \frac{1}{2}V_4 = -\frac{1}{4}V_4$$

綜合前四項：

$$V_o' = -\frac{R}{2R} \times \frac{1}{16}V_1 = -\frac{1}{32}V_1$$

$$V_o'' = -\frac{R}{2R} \times \frac{1}{8}V_2 = -\frac{1}{16}V_2$$

$$V_o''' = -\frac{R}{2R} \times \frac{1}{4}V_3 = -\frac{1}{8}V_3$$

$$V_o'''' = -\frac{R}{2R} \times \frac{1}{2}V_4 = -\frac{1}{4}V_4 \text{，根據重疊定理可得}$$

$$V_O = V_O' + V_O'' + V_O''' + V_O''''$$

$$= -(\frac{1}{32}V_1 + \frac{1}{16}V_2 + \frac{1}{8}V_3 + \frac{1}{4}V_4)$$

$$= -\frac{1}{32}(V_1 + 2V_2 + 4V_3 + 8V_4)$$

$$= -\frac{1}{32}(2^0 V_1 + 2^1 V_2 + 2^2 V_3 + 2^3 V_4)$$

其中的 V_1、V_2、V_3、V_4 分別為數位資料的 bit 0、bit 1、bit 2 及 bit 3，其

電壓值非 0V 就是 5V，而 $-\dfrac{1}{32}$ 可由運算放大器的回授電阻來調整其大小。

若此電路輸入 1111 數位資料，則輸出電壓 V_O 為：

$$V_O = -\frac{1}{32}(5+10+20+40)$$

$$= -\frac{75}{32}$$

$$= -2.345375$$

由上述可得知，R-2R 電阻網路數位-類比轉換的原理，在此將其特性歸納於下列：

● 電路結構簡單，其中的電阻值只有兩種，不管是自製電路，或 IC 的內部電路裡，都很容易實現這樣的電路。

● 不管是 ADC 或是 DAC，其電壓解析度 V_{RES}(或 V_{LSB})與其數位的位元數及電壓範圍(參考電壓)有關，如下：

$$V_{RES} = \frac{V_{REF}}{2^n - 1} = \frac{V_{max} - V_{min}}{2^n - 1}$$

其中 V_{REF} 是參考電壓，V_{max} 為最大電壓，V_{min} 為最小電壓，n 為位元數。

認識 DA 轉換 IC
ADC 與 DAC 之應用

12-4-1　DAC08 系列並列傳輸 DAC

市面上，數位-類比轉換 IC 不少，而在學校裡以老舊的 DAC-08 系列(1408)為主。在此就以 DAC-08 為例，如下說明：

🔍 特性

DAC08 之特性如下：

● 電流型 R-2R 電阻網路的 DA 轉換器。

● 具有 8 位元解析能力，轉換時間為 300 奈秒。

● 電源可採用±15V 雙電源，或+5 到+15 單電源。

接腳

如右圖所示為 DAC-08 之接腳圖，其中
各接腳說明如下：

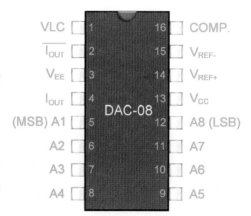

- VLC：臨界電壓控制輸入接腳，其功
  能是設定數位信號準位，接地即可。

- $\overline{I_{OUT}}$：互補類比電流輸出接腳，
  $\overline{I_{OUT}}$ =I_{FS}-I_{OUT}，其中的 I_{OUT} 為類比
  輸出電流，I_{FS} 為滿刻度電流(約 0.2
  毫安到 4 毫安之間)

$$I_{FS} = \frac{V_{REF}}{R_{REF}} \times \frac{255}{256}$$

- V_{EE}：負電源接腳，其電壓範圍為-4.5 到-18V。

- I_{OUT}：類比電流輸出接腳，而

$$I_{OUT} = \frac{2^{n-1} \cdot D_{n-1} + 2^{n-2} \cdot D_{n-2} + ... + 2^0 \cdot D_0}{2^n} \times I_{REF}$$

其中　$I_{REF} = \frac{V_{REF}}{R_{REF}}$

$$V_O = -I_{OUT} \times R_O = -\frac{2^{n-1} \cdot D_{n-1} + 2^{n-2} \cdot D_{n-2} + ... + 2^0 \cdot D_0}{2^n} \times I_{REF} \times R_O$$

- A1～A8：此八支接腳為數位輸入接腳，其中 A1 為最高位元(MSB)、
  A8 為最低位元(LSB)。

- V_{CC}：正電源接腳，其電壓範圍為+4.5 到+18V。

- V_{REF+}：正參考電壓輸入接腳。

- V_{REF-}：負參考電壓輸入接腳。

- COMP.：補償接腳，外接補償電容器，以避免高頻振盪。

操作方式

如圖 18 所示為 DAC-08 的基本電路，將正電源連接+5V、負電源接地，
I_{REF}=V_{REF}/R_{REF}。若要 I_{REF}=1mA，而 V_{REF} 連接+5V，則 R_{REF} 可採用 5k Ω。

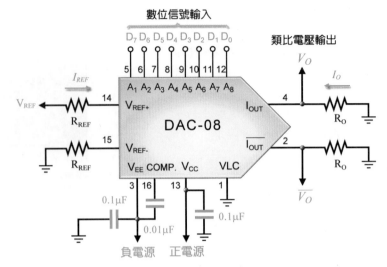

圖18　基本電路

由於　$I_{OUT} = \dfrac{2^{n-1} \cdot D_{n-1} + 2^{n-2} \cdot D_{n-2} + ... + 2^0 \cdot D_0}{2^n} \times I_{REF}$ ，

所以　$V_O = -I_{OUT} \times R_O = -\dfrac{2^{n-1} \cdot D_{n-1} + 2^{n-2} \cdot D_{n-2} + ... + 2^0 \cdot D_0}{2^n} \times I_{REF} \times R_O$ ，

若使 R_O 也為 5kΩ，則

$$I_{OUT} = \dfrac{2^7 \cdot D_7 + 2^6 \cdot D_6 + ... + 2^0 \cdot D_0}{256} \times 1m$$

$$V_O = -\dfrac{2^7 \cdot D_7 + 2^6 \cdot D_6 + ... + 2^0 \cdot D_0}{256} \times 1m \times 5k$$

$$= -\dfrac{2^7 \cdot D_7 + 2^6 \cdot D_6 + ... + 2^0 \cdot D_0}{256} \times 5$$

若數位信號輸入為 11111111，則類比電壓輸出為：

$$I_{OUT} = \dfrac{2^7 \cdot 1 + 2^6 \cdot 1 + ... + 2^0 \cdot 1}{256} \times 1m = \dfrac{255}{256} m \cong 0.996m \, \text{A}$$

$$V_O = -0.996m \times 5 \cong -4.98 \, \text{V}$$

若數位信號輸入為 11111110，則類比電壓輸出為：

$$I_{OUT} = \dfrac{2^7 \cdot 1 + 2^6 \cdot 1 + ... + 2^0 \cdot 0}{256} \times 1m = \dfrac{254}{256} m \cong 0.992m \, \text{A}$$

$$V_O = -0.992m \times 5 \cong -4.96 \, \text{V}$$

同理，若數位信號輸入為 00000001，則類比電壓輸出為：

$$I_{OUT} = \dfrac{1}{256} m \cong 0.0039m \, \text{A}$$

$$V_O = -0.0039m \times 5 \cong -0.02 \text{ V}$$

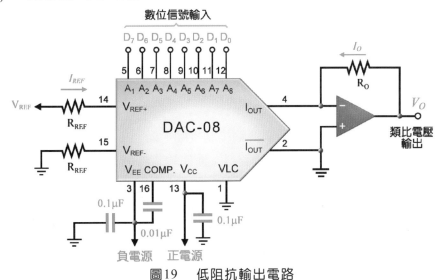

圖19　低阻抗輸出電路

若由 DAC-08 直接輸出，由於輸出阻抗較高，容易造成負載效應，最好在其輸出端使用運算放大器，如圖 19 所示(其中運算放大器的電源可採±12V)，即可得到較佳的輸出結果，而其電壓轉換的結果，除沒有的 $\overline{V_O}$ 輸出外，與原電路相同。

8x51與DAC-08之連接

8x51 與 DAC-08 之連接只是簡單的匯流排連接而已，例如把 DAC-08 的 A1～A8 連接到 8x51 的 Port 2(或其它輸出入埠)，其中 A1 為 MSB，就可把 8x51 由 Port 2 輸出的數位資料轉換成類比電壓。

12-4-2　**MCP48xx 系列串列傳輸 DAC**

Microchip 公司的 MCP48xx 系列屬於小巧玲瓏，非常實用的串列傳輸 DAC 晶片，如表 3 所示為此系列的基本規格：

表 3　MCP48xx 系列

編號	DAC 解析度	通道數	參考電壓
MCP4801	8 位元	1	
MCP4811	10 位元	1	
MCP4821	12 位元	1	內建
MCP4802	8 位元	2	2.048V
MCP4812	10 位元	2	
MCP4822	12 位元	2	

接腳

如右圖所示為 MCP48xx 系列之接腳圖,其中各腳說明如下:

- V_{DD} 接腳(第 1 腳)為電源接腳,此系列晶片採用+2.7V~5V 電源。
- $\overline{CS}$ 接腳(第 2 腳)為轉換與傳輸控制接腳。若此腳為低態時,將開始傳輸資料;而傳輸資料結束時,將此腳轉為高態。
- SCK 接腳(第 3 腳)為時鐘脈波輸入接腳,連接由微處理機送出之時鐘脈波,而此時鐘脈波是控制 SPI 動作的同步信號。
- SDI 接腳為串列資料輸入接腳,也就是 SPI 組態與控制命令輸入。
- $\overline{LDAC}$ 接腳(第 5 腳)的功能是同步更新兩個輸出通道信號。
- V_{OUTB} 接腳(第 6 腳)為 B 通道的類比輸出接腳。
- V_{SS} 接腳(第 7 腳)為接地接腳。
- V_{OUTA} 接腳(第 8 腳)為 A 通道的類比輸出接腳。

輸出類比電壓

這是 12 位元的 DAC,若參考電壓(內建)為 2.048V、數位數值為 $D_N(0\sim4095)$,則輸出的類比電壓為:

$$類比輸出電壓 = 2.048 \times G \times \frac{D_N}{2^N}$$

其中 G 為設定的增益,N 為位元數,若 $\overline{GA}$=0 時,G=1、若 $\overline{GA}$=1 時,G=2,例如 D_D=1000(即 001111101000_2)、 $\overline{GA}$=0(G=1),則類比輸出電壓為

$$2.048 \times 1 \times \frac{1000}{4096} = 0.5V$$

串列傳輸

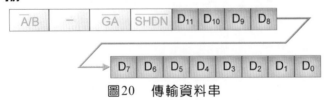

圖20　傳輸資料串

當微處理機將 $\overline{CS}$ 線變為低態時,MCP4822 將進入資料傳輸狀態(在此的 SPI 傳輸採 mode 0,0),其中包括由微處理機傳給 MCP4822 的組態設定(升

緣取樣)與 12 位元的數位數值(升緣取樣),其資料串如圖 20 所示。

整個操作週期始於 $\overline{CS}$ 從高態降到低態,當 $\overline{CS}$ 變為低態後的 $\overline{SCK}$ 升緣,由微處理機藉 SDI 送出高態(即 Start),開始進行傳輸,每個資料都在 $\overline{SCK}$ 的升緣時,完成傳輸,而 $\overline{CS}$ 變為高態時結束傳輸。在這個資料串裡,前四個位元是組態設定(含無作用的「 - 」位元),緊接著依序為 12 個資料位元。其中 $\overline{A/B}$、$\overline{GA}$ 與 $\overline{SHDN}$ 如下說明:

- $\overline{A/B}$ 的功能是設定通道,若 $\overline{A/B}=0$,則資料傳輸到 A 通道,而由 V_{OUTA} 輸出類比電壓;若 $\overline{A/B}=1$,則資料傳輸到 B 通道,而由 V_{OUTB} 輸出類比電壓。

- $\overline{GA}$ 的功能是設定增益,若 $\overline{GA}=0$,則傳輸類比電壓為 $1 \times V_{REF} \times D_N/4096$;若 $\overline{GA}=1$,則則傳輸類比電壓為 $2 \times V_{REF} \times D_N/4096$。

- $\overline{SHDN}$ 的功能是開關類比電壓的輸出,若 $\overline{SHDN}=0$,則 V_{OUTA} 與 V_{OUTB} 不輸出類比電壓。若 $\overline{SHDN}=1$,則 V_{OUTA} 與 V_{OUTB} 可輸出轉換後的類比電壓。

傳輸函數模組

在此的傳輸函數可存為 MCP4822.h 標頭檔,以方便後續使用。

```c
void    MCP4822(bit AB, bit GA,int DATA)
//    CS,SCK,SDI,SDO
//    AB=0, CH_A; AB=1, CH_B
//    GA=0, Vo=2*Vref*Dn/4096; GA=1, Vo=Vref*Dn/4096
{    char   i;
//    Config bits
     SCK=0; SDI=1;
     DATA&=0xFFF;
     if(AB)    DATA|=0x8000;
     if(GA)    DATA|=0x2000;
     DATA|=0x1000;       // SHDN=1
     CS=0;
//    數位資料
     for(i=0;i<16;i++)
     {    SCK=0;
          if (DATA&0x8000)    SDI=1;
          else    SDI=0;
          SCK=1;
          DATA<<=1;
     }
//    Stop
```

```
        SCK=0;CS=1;
}
```

應用電路

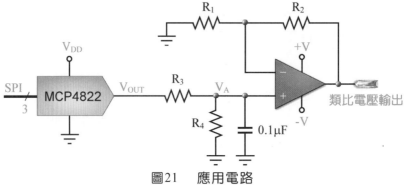

圖21　　應用電路

如圖 21 所示，為防止負載效應，在 MCP4822 的類比輸出端連接一個運算放大器，其中 R_3 與 R_4 構成分壓($V_A = V_{OUT} \times \dfrac{R_4}{R_3 + R_4}$)，而 0.1μF 電容器可做為排除雜訊之用。另外，R_1、R_2 可規劃運算放大器的增益 A，即

$$A = \frac{R_1 + R_2}{R_1}$$

12-5 認識溫度感測器
ADC 與 DAC 之應用

12-5-1 傳統溫度感測器

圖22　　AD590 之外觀、底部接腳圖與符號

Analog Device 公司的 AD590 的體積小、使用方便，如圖 22 所示，AD590 就像一般小型金屬殼包裝的電晶體，很像電晶體，實際上，它是溫度感測 IC，不過，AD590 **已停產多年**，早被新的溫度感測 IC 取代。AD590 其特性如下說明：

- 其輸出電流與凱氏溫度成正比,凱氏溫度 0 度時輸出 0A,凱氏溫度每上升 1 度電流增加 1 微安(即 1μA/K)。其中的凱氏溫度(Kelvin temperature scale),又稱為絕對溫度(absolute temperature scale),而凱氏溫度與攝氏溫度(Celsius temperature scale)之關係為凱氏溫度等於攝氏溫度加上 273。換言之,攝氏溫度每上升 1 度 AD590 電流增加 1 微安。
- 有效溫度感測範圍為-55℃ 到 150℃。
- 可採用的電源範圍為 4V 到 30V。

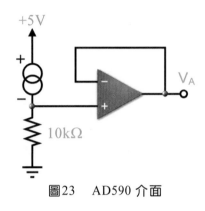

如圖 23 所示,最簡單的 AD590 介面是串接一個 10kΩ電阻再接地,即可產生 10×(273.2+T℃)毫伏特,這個電壓先經一個運算放大器所組成的緩衝器,以避免負載效應;實務上,將採用 9.1kΩ電阻器串接一個 10kΩ精密可調式電阻器,以進行調整 V_A 電壓。當 0℃ 時,V_A=10×273.2mV=2.732V、100℃ 時,V_A=10×373.2mV=3.732V。若將 V_A 減去 2.732,則 0℃ 時 V_A=0V、100℃ 時 V_A=1V,每增加 1℃,V_A 增加 0.01V(即 10mV),這樣比較容易被接受!

圖23　　AD590 介面

在此利用一個運算放大器,以進行減法功能,如圖 24 所示:

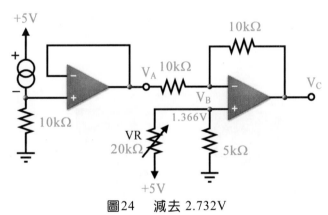

圖24　　減去 2.732V

若要使用前述之 ADC0804 將此電壓轉換成數位信號,而 ADC0804 所採用的參考電壓 V_{REF} 為 2.5V 的話,其 V_{LSB} 約為 0.0196V(接近 0.02V)。則還需將圖 23 中的 V_C 再放大-2 倍,使溫度增加 1℃ 時,V_C 增加 0.02V,如圖 25 所示。

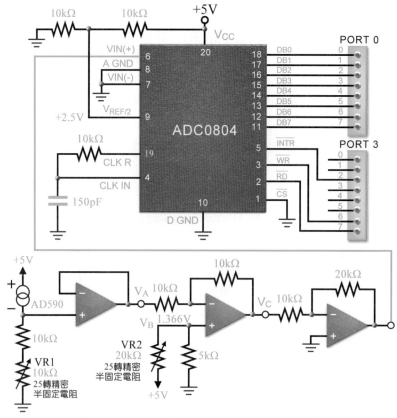

圖25　AD590 與 ADC0804 之介面電路

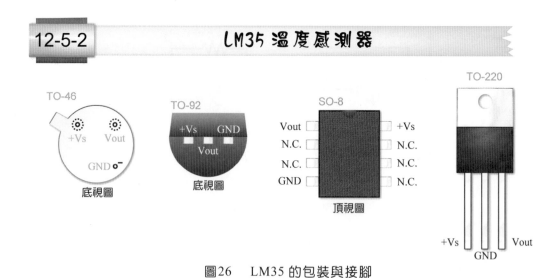

12-5-2　LM35 溫度感測器

TO-46

底視圖

TO-92

底視圖

SO-8

頂視圖

TO-220

圖26　LM35 的包裝與接腳

　　LM35 是一個好用又便宜的溫度感測 IC，如圖 26 所示，LM35 有四種包裝方式，而在學校裡常用的是 TO-92 包裝，就像小功率晶體一樣，其中三支接腳分別是+Vs(電源接腳)、GND(接地接腳)與 Vout(輸出接腳)。

　　LM35 的溫度感測範圍從-55°C 到+150°C，其線性刻度為 10.0mV/° C，操

作電壓從 4 到 30V。而其輸出阻抗很低(0.1Ω)，輸出電流可達 1mA。因此，將 LM35 的輸出直接連接 ADC 即可，而為了穩定，也會在輸出端連接一組 RC 電路，如圖 27 所示，由 LM35 的輸出連接到 MCP3202，如此將可量測到 2°C 到+150°C。若要量測負溫度，必須在 LM35 的輸出端利用電阻器連接負電源。

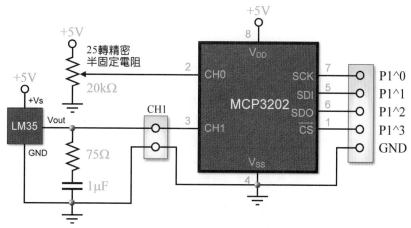

圖27　LM35 溫度感測電路

在圖 27 的電路裡，由於 LM35 的輸出從 20mV 開始到 1500mV，每 10mV 代表 1°C，經 MCP3202 轉換後的數位數值約從 20 到 1500，並不是很理想。

12-5-3　TC74 數位式溫度感測器

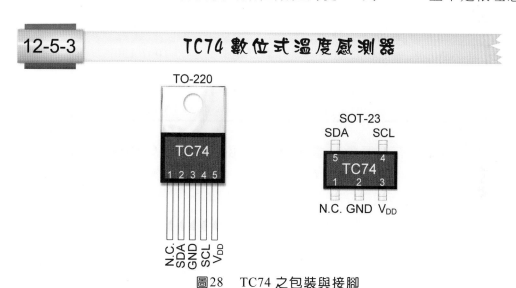

圖28　TC74 之包裝與接腳

TC74 系列是一個數位式溫度感測器，不需要再使用 ADC 即可取得數位的溫度值。實際上，TC74 系列內含一個 8 位元 ADC，可指示-128°C 到+127°C，解析度為 1°C。表面上看起來，好像不怎樣，卻廣泛用於硬碟、PC 周邊裝置等的溫度感測與控制上。如圖 28 所示，TC74 系列有 TO-220 與 SOT-23 兩種包裝，其中 SOT-23 為表面黏著式，體積非常小。其接腳如下說明：

- V_{DD} 為電源接腳，TC74 系列使用+2.7V~5.5V。

- GND 為接地接腳。

- SDA 為串列資料接腳，TC74 系列使用 SMBus/I²C 串列通信協定。

- SCL 為串列時脈接腳。

- N.C.為空接腳。

TC74 系列的編號有點複雜，如下說明：

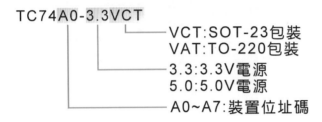

通常 I²C 的裝置(溫度感測器、記憶體、ADC、DAC 等)都有其裝置位址碼，才能在同一條 I²C 匯流排上，進行資料傳輸。而在一個系統裡，可能不只一處需要感測溫度，所以 Microchip 公司的 TC74 系列就提供 8 個裝置位址碼，換言之，可同時使用 8 個溫度感測器，這 TC74A0~TC74A7 的裝置位址碼如表 4 所示：

表 4　TC74 之裝置位址碼

編號	裝置位址碼	編號	裝置位址碼
TC74A0	1001 000	TC74A4	1001 100
TC74A1	1001 001	TC74A5	1001 101
TC74A2	1001 010	TC74A6	1001 110
TC74A3	1001 011	TC74A7	1001 111

TC74 系列內部有**溫度暫存器**(TEMP)與**組態暫存器**(CONFIG)，這兩個暫存器都是 8 位元暫存器，**溫度暫存器**(位址為 0x00)是唯讀暫存器，其中 8 位元的溫度採用 **2's 補數**編碼。**組態暫存器**(位址為 0x01)裡只有 D(7)與 D(6)被用到，D(7)=0 時為正常狀態(normal)，可進行傳輸，D(7)=1 時代表閒置狀態(standby)，使用者可直接設定之。D(6)備妥狀態指示位元，若 D(6)=0 代表尚未備妥，而 D(6)=1 代表已備妥。TC74 系列的轉換速度約為 125ms，並不快；而其資料傳輸採用 SMBus/I²C 串列通信協定，透過 SDA 與 SCL 進行串列傳輸，基本的 SMBus/I²C 串列通信協定如下說明：

🔍 開始與停止

當 I²C 匯流排(由 SDA 與 SCL 組成)閒置時，SDA 與 SCL 接腳都為高態(釋放匯流排)。如圖 29 所示，若 SCL 接腳為高態，而 SDA 接腳由高態變為

低態時,即為**開始傳輸條件**(Start Condition),其中 t_1、t_2 必須大於等於 4μs,在時序圖上標註為 S。若 SCL 接腳為高態,而 SDA 接腳由低態變為高態時,即為**停止傳輸條件**(Stop Condition) ,其中 t_1 必須大於等於 4μs、t_2 必須大於等於 4.7μs,在時序圖上標註為 P。

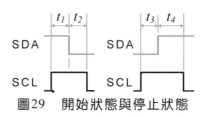

圖29　開始狀態與停止狀態

資料準備與取樣

如圖 30 所示,當 SCL 為低態時,將可準備資料狀態,也就是 SDA 可變動。當 SCL 為高態時,將進入準備取樣狀態,此時 SDA 不可變動。

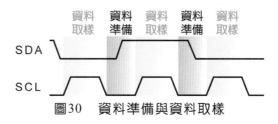

圖30　資料準備與資料取樣

資料傳輸格式

在此以 TC74A0 為例(**KT89S51 線上燒錄實驗板 V4.2** 使用 TC74A0),其裝置位址碼為 1001000,當要讀取 CONFIG 暫存器時,其傳輸資料格式如下:

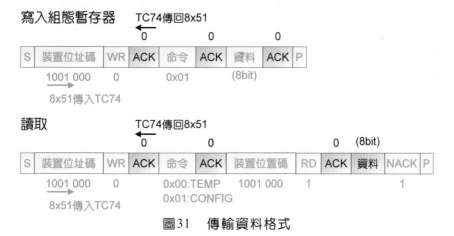

圖31　傳輸資料格式

資料傳輸函數

根據前述之 I²C 通信協定與傳輸資料格式,即可開發適用於 TC74 的傳輸

函數，並存入 I2C.h 標頭檔。

```
// ========= I2C.H =========
#include<intrins.h>
sbit    SDA=P3^3;
sbit    SCL=P3^4;
#define   uchar    unsigned char
#define   waiting4us();    {_nop_();_nop_();_nop_();_nop_();}  //4us
#define   EEPROM 0xa0
#define   TC74    0x90        // TC74A0~TC74A7 0x90~0x97 (write/ Read|1)
#define   RTR    0           // TC74 之溫度暫存器
void    I2C_start();
void    I2C_stop();
uchar   I2C_receive_byte();
bit   I2C_send_byte(uchar dat);
uchar   I2C_read_current(uchar Device);
uchar   I2C_read_random(uchar Device, uchar addr);
//===   產生開始狀態 =============================
void I2C_start()
{    SDA=1;SCL=1;waiting4us();        //4us
     SDA=0;waiting4us();            //4us
     SCL=0;
}
//===   產生結束狀態 =============================
void I2C_stop()
{    SDA=0;waiting4us();            //4us
     SCL=1;waiting4us();            //4us
     SDA=1;
}
//===   接收 8 位元 =============================
uchar I2C_receive_byte()
{    uchar i,dat;
     for(i=0;i<8;i++)
     {    SCL=1;
          dat<<=1;
          dat|=SDA;
          SCL=0;
     }
     return(dat);
}
//===   傳送 8 位元 =============================
bit I2C_send_byte(uchar    dat)
{    uchar i;
     bit Ack;
     for(i=0;i<8;i++)
     {    SDA=(bit)(dat & 0x80);
          _nop_();
          SCL=1;waiting4us();
          SCL=0;
          dat<<=1;
     }
     SDA=1;waiting4us();        // 釋放 I2C 匯流排
```

```
        SCL=1;waiting4us();      // rising edge
        Ack=SDA;                 //ACK
        SCL=0;
        return Ack;
}
//===== 讀取目前位址資料 =====
uchar I2C_read_current(uchar    Device)
{       uchar    dat;
        I2C_start();
        I2C_send_byte(Device|1);
        dat=I2C_receive_byte();
        I2C_stop();
        return    dat;
}
//===== 讀取指定位址資料 =====
uchar I2C_read_random(uchar Device, uchar addr)
{       I2C_start();
        I2C_send_byte(Device);
        I2C_send_byte(addr);
        return(I2C_read_current(Device));
}
```

12-6 V4.2 版的 AD/DA
ADC 與 DAC 之應用

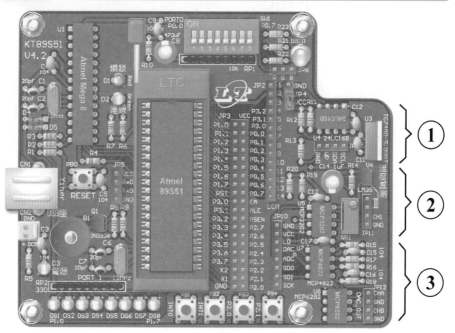

圖32　KT89S51 線上燒錄實驗板 V4.2 版新增的 AD/DA

　　在 KT89S51 線上燒錄實驗板 **V4.2** 裡新增許多功能，而其中 ADC、DAC、溫度感測等為本單元所要用到的部分，如圖 32 所示之①、②、③，如下說明：

① 數位式溫度感測 IC 與 EEPROM

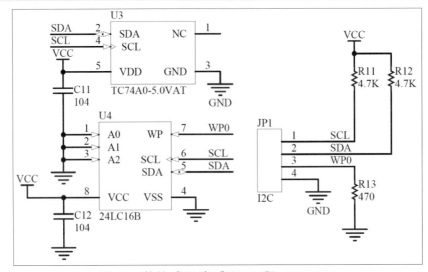

圖33 數位式溫度感測 IC 與 EEPROM

在右上角的區塊包含 TC74A0 數位溫度感測與 24LC16B 之 16k bit 串列式記憶體(EEPROM)，這兩個裝置都採用 I²C 介面，透過 JP1 與 AT89S581 之輸出入埠連接，其電路如圖 33 所示。

② 類比式溫度感測 IC 與 ADC

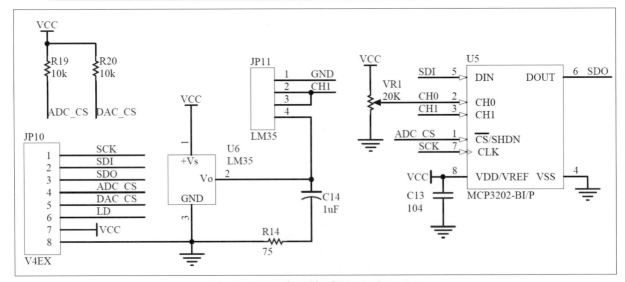

圖34 類比式溫度感測 IC 與 ADC

在此的 MCP3202 晶片為兩通道的 ADC，如下說明：

● **CH0** 直接連接 VR1 可變變電阻器，調整 VR1 可得到不同的電壓，以輸入 MCP3202，即可轉換為數位信號。

- **CH1** 可由 JP11 來決定，若要連接外部的類比信號，則將外部的類比信號連接到 JP11 的第 1 腳與第 2 腳；若要連接內部的 LM35 類比式溫度感測 IC，則使用短路環(Jumper)將 JP11-3 與 JP11-短路即可。

另外，MCP3202 採 SPI 串列式介面，透過 JP10 之 **SCK、SDI、SDO、ADC_CS** 等 4 支腳，連接到 AT89S51。

③ DAC 與單電源 OPA

在此的 MCP4822 晶片為兩通道的 DAC，這兩個通道的輸出，各透過單電源運算放大器才輸出，而輸出電壓也限制在 5V 以下，我們可由 JP12 取得輸出的類比電壓，如圖 35 所示。

基本上 MCP4822 晶片採 SPI 串列埠介面，與剛才的 MCP3202 相同，因此，MCP4822 透過 JP10 之 SCK、SDI、SDO、DAC_CS、LD 與 AT89S51 連接。

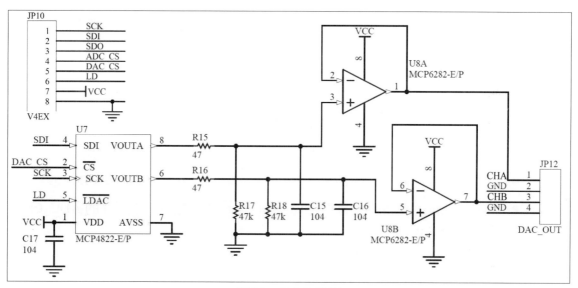

圖35　DAC 電路

12-7　　實例演練　　ADC 與 DAC 之應用

在本單元裡提供五個範例，如下所示：

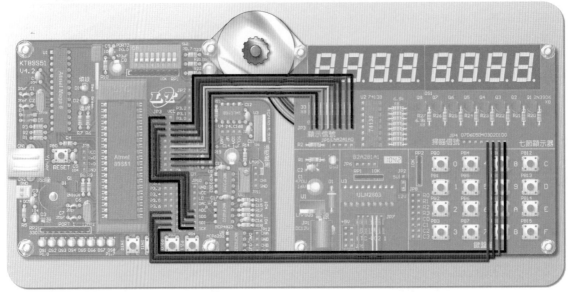

圖36　KDM 實驗組 V4.2 版接線圖(光碟片中有彩圖)

在此將應用 **KDM 實驗組** V4.2 版上的 MCP3202 晶片，將 ADC 功能應用在電壓量測上，請按圖 36 接線(**指撥開關記得切在 OFF 位置**)，其中包括三組接線：

● 使用 8 pin 的杜邦線將 P0^0~P0^3 與七節顯示器左邊 JP3 的 A~DP 連接。

● 使用 4 pin 的杜邦線將 P2^0~P2^3 與七節顯示器下方 JP4 的 D0~D3 連接。

● 使用 4 pin 的杜邦線將 SCK、SDI、SDO 與 $\overline{CS}$(即電路板上 JP10 的 ADC_CS 腳)連接到 P1^0~P1^3。

● **指撥開關全部切到 OFF**，以免影響七節顯示器的顯示。

流程圖與程式設計

流程圖與整個程式設計，如下：

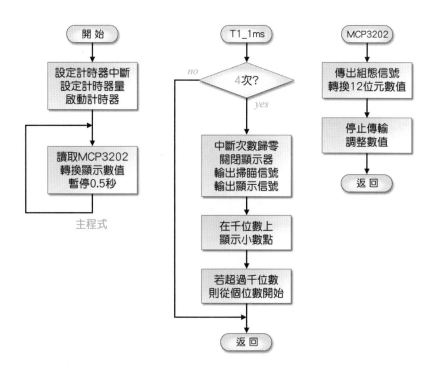

MCP3202 電壓量測實例演練(ch12-7-1.c)

```c
/* MCP3202 電壓量測實例演練之一(ch12-7-1.c) */
#include      <reg51.h>                      // 包含 8x51 暫存器之標頭檔
#define      SEG      P0                      // 定義七節顯示器接至 Port 0
#define      SCANP  P2                        // 定義掃瞄線接至 Port 2
/*宣告 T1 掃瞄相關宣告*/
#define    count_M2      250                  // T1(mode 2)之計量值,0.25ms
#define    TH_M2    (256-count_M2)            // T1(mode 2)自動載入計量
#define    TL_M2    (256-count_M2)            // T1(mode 2)計數量
char count_T1=0;                              // 計算 T1 中斷次數
sbit    SCK=P1^0;
sbit    SDI=P1^1;
sbit    SDO=P1^2;
sbit    CS=P1^3;
/* 宣告七節顯示器驅動信號陣列(共陽) */
char code TAB[10]={     0xc0, 0xf9, 0xa4, 0xb0, 0x99,     // 數字 0-4
                        0x92, 0x83, 0xf8, 0x80, 0x98 };   // 數字 5-9
char disp[4]={ 0,0,0,0 };  // 宣告顯示區陣列初始顯示 0000
/* 宣告基本變數 */
char scan=0;                                  // 掃瞄信號
int    MCP3202(bit SGL, bit ODD, bit MSBF);
void delay1ms(int x);
//==主程式================================
main()                                        // 主程式開始
{ int x=0;
  EA=ET1=1;                                   // 啟用 T1 中斷
  TMOD=0x21;                                  // 0010 0001,T1 採 mode 2、T0 採 mode 1
```

```
      TH1=TH_M2; TL1=TL_M2;        // 設置 T1 自動載入值、計數量
      TR1=1;                       // 啟動 T1
      while(1)
      {   x=MCP3202(1,0,1);        // S/D, CH, MSBF
          disp[3]=x/1000;
          disp[2]=(x/100)%10;
          disp[1]=(x/10)%10;
          disp[0]=x%10;
          delay1ms(500);
      }
}                                  // 主程式結束
//===T1 中斷副程式 - 掃瞄 =============================
void T1_1ms(void) interrupt 3      // T1 中斷副程式開始
{ if (++count_T1==4)               // 若中斷 8 次,即 0.25mx4=1ms
    {   count_T1=0;                // 重新計次
        SEG=0xff;                  // 關閉 7 段顯示器
        SCANP=~(1<<scan);          // 輸出掃瞄信號
        SEG=TAB[disp[scan]];       // 輸出顯示信號
        if (scan==3) SEG&=0x7F;    // 顯示小數點
        if (++scan==4) scan=0;     // 若超過千位數,顯示個位
    }                              // 結束 if 判斷(中斷 4 次)
}                                  // T1 中斷副程式結束
//=================================================
int   MCP3202(bit SGL, bit ODD, bit MSBF)
    //   CS,SCK,SDI,SDO
    //   SGL=0 DIFF, SGL=1 SINGLE End
    //   ODD=0 CH0(+), ODD=1 CH1(+)
    //   MSBF=1 MSB first,MSBF=0 LSB first
{ char i; long int   x=0;
// Start
  SCK=0;SDI=1;
  CS=0;
  SCK=1;
  SCK=0;SDI=SGL;SCK=1;
  SCK=0;SDI=ODD;SCK=1;
  SCK=0;SDI=MSBF;SCK=1;
// 轉換
  for(i=0;i<13;i++)
    {   SCK=0;x<<=1;SCK=1;
        if (SDO)   x|=1;
    }
// Stop
  SCK=0;CS=1;SCK=1;
  x=x*5000/4096;
  return   x;
}
//=================================================
void delay1ms(int x)
```

```
{  int i,j;
   for(i=0;i<x;i++)
       for(j=0;j<120;j++);
}
```

 操作

1. 依功能需求與電路結構，在 Keil C 裡撰寫程式，並進行建構(按 ▦ 鈕)，以產生*.HEX 檔。

2. 在 **KDM 實驗組** V4.2 上，按圖 36(12-36 頁)連接線路。

3. 將 ch12-7-1.hex 燒錄到 AT89S51 晶片，然後進行實驗，調整其中 20kΩ 半固定電阻器(VR1)，看看七節顯示器上有無變化？若沒有變化，請 檢查線路有無錯誤？程式有無問題？並將它記錄在實驗報告裡。

4. 撰寫實驗報告。

 **思考一下**

● 在本實驗裡，透過 MCP3202 的 CH 0 進行電壓的轉換，再將資 料傳給 89S51 進行顯示。若要使用 MCP3202 的 CH 1 進行轉 換，程式應如何修改？

12-7-2　LM35 溫度量測實例演練

 實驗要點

接續 12-7-1 節，在此的實驗電路中，將增加一個 LM35 本單元的電路， 如圖 34(12-34 頁)，沿用 12-7-1 的電路，再利用 2 Pin 短路環(Jumper)將 JP11 的第 3 腳與第 4 腳短路，即可 LM35 連接到 MCP3202 的 CH 1。

流程圖與程式設計

在流程圖與整個程式設計上，與 12-6-1 節幾乎完全一樣，但在此透過 MCP3202 的 CH 1，所以程式上必須修改，原本呼叫 MCP3202 函數如下：

```
{    x=MCP3202(1,0,1);
```

在此要改為：

```
{    x=MCP3202(1,1,1);
```

另外，原本在千位顯示小數點，即：

```
if (scan==3) SEG&=0x7F;
```

現在要改為十位數顯示小數點，即：

```
if (scan==1) SEG&=0x7F;
```

其他部分不變。

操作

1. 依功能需求與電路結構，在 Keil C 裡撰寫程式，並進行建構(按 鈕)，以產生*.HEX 檔。若有錯誤或非預期的狀況，則檢視原始程式，看看哪裡出問題？修改之，並將它記錄在實驗報告裡。

2. 按前述在 KDM 實驗組(V4.2 版或更新版本)接線，並使用短路環(Jumper)將 JP11 的第 3 腳與第 4 腳短路。

3. 將 ch12-7-2.hex 燒錄到 AT89S51 晶片，然後以加熱的烙鐵，接觸 LM35，看看七節顯示器上有無變化？若沒有變化，請檢查線路有無錯誤？程式有無問題？並將它記錄在實驗報告裡。

4. 撰寫實驗報告。

思考一下

● 若要以 P3^0 連接開關，當開關 on(即 0)，七節顯示器模組顯示 CH 0 上的電壓；off(即 1)，七節顯示器模組顯示 CH 1 上的溫度，應如何修改程式？

12-7-3 TC74 溫度控制實例演練

實驗要點

本實驗裡將採用 TC74A0-5.0VAT(TO-220 包裝)做為溫度感測裝置，其裝置位址碼為 1001000。若所使用的不是這款，請在程式之中改變裝置位址碼，以符合所採用的 TC74。其連接方式如下：

● TC74 之 SDA(JP1-2)連接 AT89S51 之 P2^7、SCL(JP1-1)連接 AT89S51 之 P2^6。

● 蜂鳴器連接 AT89S51 之 P3^7(已內接)。

● 七節顯示器的顯示信號連接 P0、掃瞄信號連接 P2。

● 溫度上限 LED 連接 P1^7(已內接)、下限 LED 連接 P1^0(已內接)。

● 指撥開關全部切到 OFF，以免影響七節顯示器的顯示。

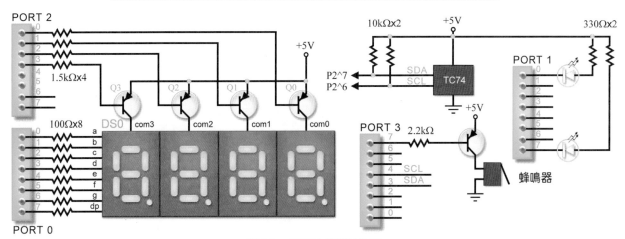

圖37　TC74 實驗電路

七節顯示器顯示目前溫度，若目前溫度低於溫度下限(在此預設定 18 度)，則 P1^0 所連接的 LED 亮；若目前溫度高於溫度上限(在此預設定 33 度)，則 P1^7 所連接的 LED 亮，且蜂鳴器發出連續嗶聲。電路如圖 37 所示，若使用 KDM 實驗組 V4.2 版或更新版本，其中已包含 TC74A0-5.0VAT 即本實驗所需之所有零組件，接線圖如圖 38 所示。

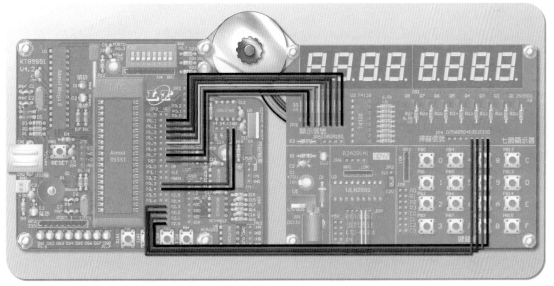

圖38　數位溫控接線圖(KDM 實驗組 V4.2)

流程圖與程式設計

流程圖與整個程式設計如下，其中 I2C.h 詳見 12-32 頁：

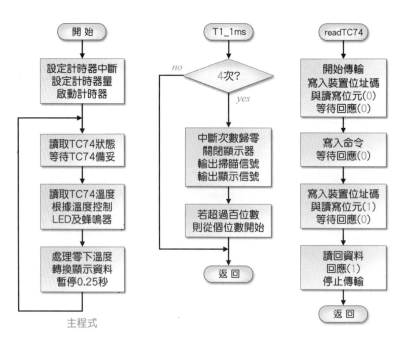

主程式

TC74 溫度控制實例演練(ch12-7-3.c)

```
/* TC74 溫度控制實例演練(ch12-7-3.c) */
#include <reg51.h>    //  載入暫存器之標頭檔
#include "I2C.h"       //  載入 I2C 函數
/*  宣告驅動信號陣列  */
char code TAB[12]={    0xc0, 0xf9, 0xa4, 0xb0, 0x99,           // 0～4
                       0x92, 0x83, 0xf8, 0x80, 0x98,0xbf,0xFF };// 5～9,-,空白
#define   SCANP    P2                     // 定義七節顯示器掃瞄信號連接埠
#define   SEG      P0                     // 定義七節顯示器顯示信號連接埠
#define   T_high   100                    // 定義溫度上限
#define   T_low 18                        // 定義溫度下\限
sbit   buzzer=P3^7;                       // 宣告蜂鳴器位置
sbit   HIGH=P1^7;                         // 宣告上限 LED 位置
sbit   LOW=P1^0;                          // 宣告下限 LED 位置
char disp[4]={0, 0, 0, 0};                // 宣告顯示區陣列
void delay500us(int x);                   // 宣告延遲函數
void beep(char x);                        // 宣告嗶聲函數
char scan=0;                              // 掃瞄信號
/*宣告 T1 掃瞄相關宣告*/
#define   count_M2    250                 // T1(mode 2)之計量值,0.25ms
#define   TH_M2    (256-count_M2)         // T1(mode 2)自動載入計量
#define   TL_M2    (256-count_M2)         // T1(mode 2)計數量
char count_T1=0;                          // 計算  T1 中斷次數
main()                                    // 主程式
{ char    x=0;                            // 溫度變數
   EA=ET1=1;                              // 啟用 T1 中斷
   TMOD=0x21;                             // T1 採 mode 2、T0 採 mode 1
   TH1=TH_M2; TL1=TL_M2;                  // 設置 T1 自動載入值、計數量
   TR1=1;                                 // 啟動 T1
```

```
    HIGH=LOW=1;                        // 關閉 LED
    while(1)
    {    x=I2C_read_random(TC74,RTR);  // 讀取 TC74 之溫度
        if(x<=T_low) LOW=0; // 判斷目前溫度是否低於溫度下限，以切換 LED
        else LOW=1;
        // 判斷目前溫度是否低於溫度上限，以切換 LED 與蜂鳴器
        if(x>=T_high)                  // 是否達到溫度上限？
        {    HIGH=0;                    // 溫度上限 LED 亮
            beep(2);                   // 嗶兩聲
        }
        else HIGH=1;                   // 關閉溫度上限 LED
        if(x<0)                        // 處理零下溫度
        {    x=~x;                      // 取補數
            disp[2]=10;                // 百位數放置負號
        }
        else
        {    disp[2]= (x/100)%10;      // 百位數
            if(disp[2]==0) disp[2]=11; // 消除前置 0
        }
        disp[1]=(x/10)%10;             // 十位數
        disp[0]=x%10;                  // 個位數
        delay500us(500);              // 暫停 0.25 秒
    }
}                                      // 主程式結束
//===T1 中斷副程式 - 掃瞄 ==============================
void T1_1ms(void) interrupt 3          // T1 中斷副程式開始
{  if (++count_T1==4)                   // 若中斷 8 次,即 0.25mx4=1ms
    {    count_T1=0;                     // 重新計次
        SEG=0xff;                       // 關閉 7 段顯示器
        SCANP=~(1<<scan);               // 輸出掃瞄信號
        SEG=TAB[disp[scan]];            // 輸出顯示信號
        if (++scan==3) scan=0;          // 若超過百位數,顯示個位
    }                                   // 結束 if 判斷(中斷 4 次)
}                                       // T1 中斷副程式結束
//====延遲函數====
void delay500us(int x)
{  int i,j;                             // 宣告變數
   for(i=0;i<x;i++)                     // 外迴圈
        for(j=0;j<60;j++);              // 內迴圈
}                                       // 延遲函數結束
//====嗶聲函數====
void beep(char x)
{  char i,j;                            // 宣告變數
   for(i=0;i<x;i++)                     // 外迴圈
   {    for(j=0;j<100;j++)              // 內迴圈
        {    buzzer=0;delay500us(1);    // 吸
            buzzer=1;delay500us(1);    // 放
        }
```

```
        delay500us(200);                    // 靜音
    }
}                                            // 嗶聲函數結束
```

操作

1. 依功能需求與電路結構，在 Keil C 裡撰寫程式，並進行建構(按 🔲 鈕)，以產生 *.HEX 檔。若有錯誤或非預期的狀況，則檢視原始程式，看看哪裡出問題？修改之，並將它記錄在實驗報告裡。

2. 按圖 38 連接線路，若在 **KDM 實驗組**(V4.2 版或更新版本)將更簡單，只要將 SDA(JP1-2)與 SCL(JP1-1)連接到 P3^3 與 P3^4。另外，請將七節顯示器模組的顯示信號接到 P0、掃瞄信號接到 P2，**並將所有指撥開關切到 OFF**。

3. 將 ch12-7-3.hex 燒錄到 AT89S51 晶片，然後以加熱的烙鐵，接觸 TC74，看看七節顯示器上有無變化？而 LED 與蜂鳴器有無反應？若沒有變化，請檢查線路有無錯誤？程式有無問題？並將它記錄在實驗報告裡。

4. 撰寫實驗報告。

思考一下

● 在本實驗裡，若輸出到 LED 的信號，連接到繼電器的驅動電路，以驅動電熱器與風扇馬達，是否就是溫控電路？

12-7-4　手機遙測溫度實例演練

實驗要點

在本實驗裡，將使用手機監控 **KT89S51** 線上燒錄實驗板 V4.2 的 TC74A0 溫度感測。TC74A0 的連接如圖 39 所示，由右上方 JP1-SCL 連接到 P3^4、JP1-SDA 連接到 P3^3。

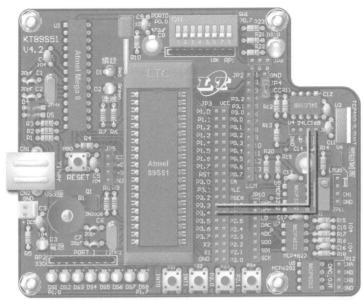

圖39　KT89S51 線上燒錄實驗板(V4.2)之 TC74A0 電路接線圖

另外，請將**藍牙模組**連接到 AT89S51 左邊的 JP5(如 8-45 頁的圖 32)，其中**藍牙模組**的+5V 連接到 JP5-VCC、**藍牙模組**的 RxD 連接到 JP5-RxD、**藍牙模組**的 TxD 連接到 JP5-TxD、**藍牙模組**的 GND 連接到 JP5-GND。

在隨書光碟裡提供一個**行動溫度計.apk** 之手機 App，此將 App 安裝到手機(可參考 8-6-4 節，8-21 頁)。

程式設計

在 **KT89S51** 線上燒錄實驗板 V4.2 裡，P1 的 8 個 LED 的動作，由左邊的 DS1(P1^0)依序點亮到右邊的 DS8(P1^7)，然後全部關閉。重複進行 2 趟後，讀取 TC74A0 的溫度，然後將溫度傳至手機。整個程式設計如下：

遙測溫度實例演練(ch12-7-4.c)

```
/* 遙測溫度實例演練(ch12-7-4.c) */
#include <reg51.h>              // 載入暫存器之標頭檔
#include "I2C.h"                // 載入 I2C 函數
#define LED P1                  // 定義 LED 連接 P1
void LEDx(char x);              // 動態 LED 函數
void delay1ms(int x);           // 延遲函數
char   x=0;                     // 溫度變數
/* 宣告驅動信號陣列 */
main()                          // 主程式
{  EA=ES=1;                     // 啟用串列埠中斷
   SCON=0x50;                   // 設定為 mode 1
   TMOD |= 0x20;                // 設定採 mode 2
   // 使用 KT89S51 線上燒錄實驗板 V4.2(系統時脈為 11.0592MHz)
```

```
//  PCON |= 0x80;                    // 將 SMOD 設定為 1(19,200bps)
    PCON &= 0x7F;                    // 將 SMOD 設定為 0(9,600bps)
    TH1=0xFD;                        // 9600bps
    TR1=1;                           // 啟動 Timer 1(產生鮑率)
    SBUF = x;                        // 開始傳輸
    while(1)
    {    x=I2C_read_random(TC74,RTR);// 讀取 TC74 之溫度
         LEDx(2);                    // 動態 LED 跑兩趟
    }
}                                    // 主程式結束
//====動態 LED 函數====
void LEDx(char x)                    // 執行 x 次
{ char i,j;                          // 宣告 i,j 變數
    LED=0xFF;                        // 關閉 LED
    for(i=0;i<x;i++)                 // 執行 x 次
    {    for(j=0;j<8;j++)            // 點燈迴圈
         {    LED &= ~(1<<j);        // 順序點燈
              delay1ms(100+j*20);    // 延遲
         }
         LED=0xFF;                   // 關閉 LED
         delay1ms(200);             // 延遲
    }
}
//====延遲函數====
void delay1ms(int x)
{ int i,j;                           // 宣告變數
    for(i=0;i<x;i++)                 // 外迴圈
         for(j=0;j<120;j++);         // 內迴圈
}                                    // 延遲函數結束
//============= 串列埠中斷副程式 ==========
void Serial_INT(void) interrupt    4
{ if (TI)
    {    TI=0;                       // 清除 TI 旗標
         SBUF = x;                   // 重新傳送
    }
}
```

 操作

1. 依功能需求與電路結構，在 Keil C 裡撰寫程式，並進行建構(按 ▣ 鈕)，以產生 *.HEX 檔。若有錯誤或非預期的狀況，則檢視原始程式，看看哪裡出問題？修改之，並將它記錄在實驗報告裡。

2. 按圖 39 連接線路，若在 **KDM 實驗組**(V4.2 版或更新版本)將更簡單，只要將 SDA(JP1-2)與 SCL(JP1-1)連接到 P3^3 與 P3^4。另外，將藍牙模組連接到 JP5。

3. 將 ch12-7-4.hex 燒錄到 AT89S51 晶片，燒錄完成後，8 個 LED 開始動作。然後在已安裝行動溫度計.apk 的手機上，進行藍牙配對(可參閱 8-6-4 節，8-22 頁)。然後開啟行動溫度計.apk，如圖 40 之左圖所示。

圖40　行動溫度計頁面(左未指定藍牙裝置、右已指定藍牙裝置)

4. 按一下請選擇藍牙裝置欄位，在隨即出現的頁面裡，指定所要使用的藍牙裝置，即可回原頁面，再按 連線 鈕。若連線成功，如圖 40 之右圖所示，也開始量測溫度。

5. 然後以加熱的烙鐵，接觸 TC74，看看手機上的溫度顯示有無變化？若沒有變化，請檢查線路有無錯誤？程式有無問題？並將它記錄在實驗報告裡。

6. 撰寫實驗報告。

思考一下

● 在本實驗裡，傳輸的動作太頻繁，使主程式的動作延遲不順暢，很難再進行其他動作。若不要以中斷方式，而改採垂詢方式，應如何修改程式？

12-7-5　MCP4822 應用實例演練

 實驗要點

在本實驗裡，可直用 **KT89S51 線上燒錄實驗板**(V4.2)，其接線圖如圖 41 所示。

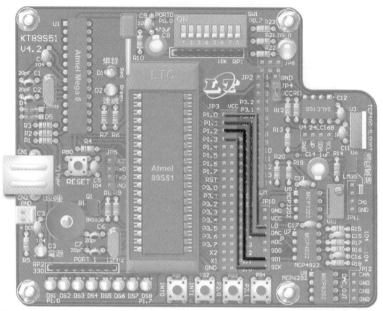

圖41　KT89S51 線上燒錄實驗板(V4.2)之 MCP4822 電路接線圖

在此將利用 math.h(Keil C 所附的標頭檔)產生**正弦函數值**(0 到 1)，將此浮點數乘以 4095，變為 12 位元數值(0 到 4095)。再將此數值透過 SPI 匯流排傳到 MCP4822。MCP4822 將他轉成類比電壓後，由 CH A 輸出。

💡 **流程圖與程式設計**

流程圖與整個程式設計如下，而 MCP4822.h 詳見 12-24 頁。

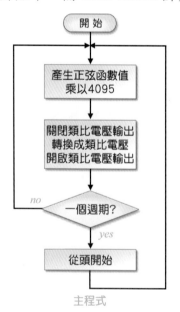

MCP4822 應用實例演練(ch12-7-5.c)

```
/* MCP4822 應用實例演練(ch12-7-5.c) */
#include    <reg51.h>              // 包含 reg51.h 標頭檔
#include    <math.h>               // 包含數學標頭檔
sbit   LDAC=P1^0;                  // 宣告 LDAC 位置
sbit   CS    =P1^1;                // 宣告 CS 位置
sbit   SDI  =P1^2;                 // 宣告 SDI 位置
sbit   SCK  =P1^3;                 // 宣告 SCK 位置
#include    "MCP4822.h"            // 包含 MCP4822 標頭檔
#define    CH    0                 // 定義 DAC 通道
#define    GAIN 0                  // 定義增益
// GAIN=0, Vo=2*Vref*Dn/4096; GAIN=1, Vo=Vref*Dn/4096
main()                             // 主程式
{ float x,y;                       // 宣告變數
  int i;                           // 宣告變數
  while(1)                         // while 開始
  {   for(x=0;x<(2*3.1415);x+=0.05)
      {   y=sin(x);                // 產生正弦波
          i=4095*y;                // 放大調整
          LDAC=1;                  // 關閉輸出類比信號
          MCP4822(CH, GAIN,i);     // 傳入 MCP4822 進行轉換
          LDAC=0;                  // 開啟輸出類比信號
      }
  }                                // while 結束
}                                  // 主程式結束
```

 **操作**

1. 依功能需求與電路結構，在 Keil C 裡撰寫程式，並進行建構(按 🖾 鈕)，以產生 *.HEX 檔。若有錯誤或非預期的狀況，則檢視原始程式，看看哪裡出問題？修改之，並將它記錄在實驗報告裡。

2. 按圖 38 連接線路，若在 KDM 實驗組(V4.2 版或更新版本)將更簡單，只要將 $\overline{CS}$、CLK、SDI 與 $\overline{LDAC}$ 連接到 P1^0~P1^3。

3. 將 ch12-7-5.hex 燒錄到 AT89S51 晶片，然後使用示波器量測 A 點電壓或波形，是否為正弦波？還是正負半波都在上面？

4. 撰寫實驗報告。

思考一下

● 在本實驗裡，若覺得波形刻度不夠精細，應如何修改程式？

12-8 即時練習

ADC 與 DAC 之應用

在本章裡探討 ADC 的原理與實用 IC、DAC 的原理與實用 IC，還有簡易的溫控 IC，可說是 8x51 應用系統中，相當重要的一部分。在此請試著回答下列問題，以確認對於此部分的認識程度。

選擇題

( )1. 下列哪種 AD 轉換器的轉換速度比較快？
(A) 雙斜率型 AD 轉換器　(B) 比較型 AD 轉換器　(C) 連續計數式 AD 轉換器　(D) 逐漸接近式 AD 轉換器。

( )2. 下列哪種 AD 轉換器的精密度比較高？　(A) 雙斜率型 AD 轉換器　(B) 比較型 AD 轉換器　(C) 連續計數式 AD 轉換器　(D) 逐漸接近式 AD 轉換器。

( )3. ADC0804 具有什麼功能？　(A) 8 位元類比-數位轉換器　(B) 11 位元類比-數位轉換器　(C) 8 位元數位-類比轉換器　(D) 11 位元數位-類比轉換器。

( )4. 若要啟動 ADC0804，使之進行轉換，應如何處理？　(A) 加高態信號到 $\overline{CS}$ 接腳　(B) 加高態信號到 $\overline{WR}$ 接腳　(C) 加低態信號到 $\overline{CS}$ 接腳　(D) 加低態信號到 $\overline{WR}$ 接腳。

( )5. 當 ADC0804 完成轉換後，將會如何？　(A) $\overline{CS}$ 接腳轉為低態　(B) $\overline{CS}$ 接腳轉為高態　(C) $\overline{INTR}$ 接腳轉為低態　(D) $\overline{INTR}$ 接腳轉為高態。

( )6. 下列哪個 IC 具有溫度感測功能？
(A) DAC-08　(B) AD590　(C) uA741　(D) NE555。

( )7. 下列哪種數為信號轉換類比信號的方式，比較實際？　(A) R-2R 電阻網路　(B) 加權電阻網路　(C) 雙 Y 型電阻網路　(D) 三角型電阻網路。

( )8. 當溫度每上升 1℃ 時，AD590 會有什麼變化？　(A) 電壓上升 1 毫伏　(B) 電壓下降 1 毫伏　(C) 電流上升 1 微安　(D) 電流下降 1 微安。

( )9. 若要讓 ADC0804 進行連續轉換，應如何連接？　(A) $\overline{CS}$ 接腳與 $\overline{INTR}$ 接腳連接、$\overline{WR}$ 接腳與 $\overline{RD}$ 接腳接地　(B) $\overline{CS}$ 接腳與 $\overline{WR}$ 接腳連接、$\overline{INTR}$ 接腳與 $\overline{RD}$ 接腳接地　(C) $\overline{WR}$ 接腳與 $\overline{INTR}$ 接腳連接、$\overline{CS}$ 接腳與 $\overline{RD}$ 接腳接地　(D) $\overline{RD}$ 接腳與 $\overline{INTR}$ 接腳連接、$\overline{WR}$ 接腳與 $\overline{CS}$ 接腳接地。

( )10.若要 ADC080 與 8x51 採交握式信號傳輸，則應如何？　(A) 8x51 將 ADC0804 視為外部記憶體　(B) 8x51 透過 Port 0 連接 ADC0804 之資料匯流排　(C) 8x51 之 $\overline{RD}$ 接腳與 ADC0804 之 $\overline{RD}$ 接腳相連接、8x51 之 $\overline{WR}$ 接腳與 ADC0804 之 $\overline{WR}$ 接腳相連接　(D) 以上皆是。

問 答 題

1. 試述類比信號與數位信號的特性？

2. 簡述並列式 ADC 的原理及其特性？

3. 簡述逐漸接近式 ADC 的原理及其特性？

4. 簡述連續計數式 ADC 的原理及其特性？

5. 簡述雙斜率式 ADC 的原理及其特性？

6. 試述 ADC0804 的特性？

7. 試述 ADC0804 所能接受的時鐘脈波頻率範圍為何？如何利用其內部振盪電路產生時鐘脈波？

8. 若要將 ADC0804 視為外部記憶體，在 C 語言程式裡，應如何宣告？而 ADC0804 的 $\overline{WR}$ 接腳、$\overline{RD}$ 接腳與 $\overline{INTR}$ 接腳應如何連接？

9. 試述 AD590 的用途與特性？

10. 試設計一個 AD590 與 ADC0804 之介面，使溫度變化 1℃，在 ADC0804 的輸出數位信號就增減 1？

加油

心得筆記

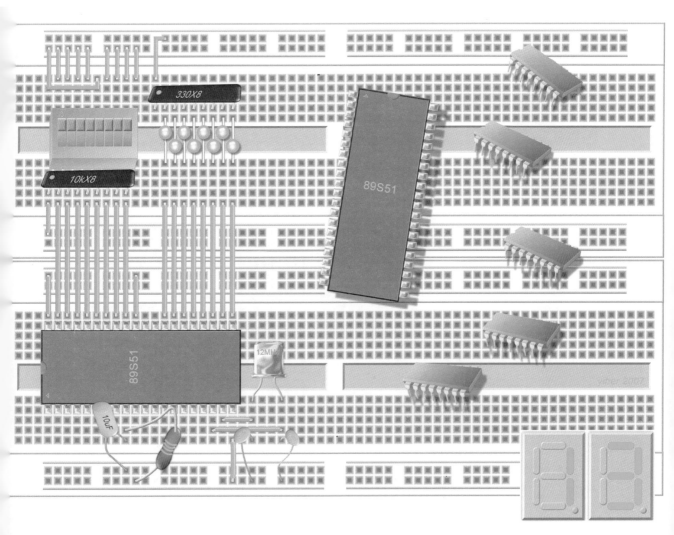

 LED 陣列之應用

本章內容豐富，主要包括兩部分：

硬體部分：

LED 陣列的架構，與現有的 LED 陣列零件。

LED 陣列的驅動電路，與動態文字圖案的展示方式。

程式與實作部分：

8×8 LED 陣列的靜態展示實例演練。

8×8 LED 陣列的動態展示實例演練。

16×16 LED 陣列的驅動實例演練。

13-1 認識 LED 陣列

LED 陣列之應用

LED 陣列是將多個 LED 以矩陣方式排列，包裝成一個零件，其中各 LED 的接腳以規律性連接，如圖 1 之左圖為共陽型 5×7 LED 陣列內部電路架構。在共陽型 5×7 LED 陣列裡，**每行** LED 的陽極連接在一起，再引接到**行接腳**(column)、而每列 LED 的陰極連接在一起，再引接到為**列接腳**(row)。通常是以行的角度來看，所以稱為共陽極型(common anode, **CA**)。

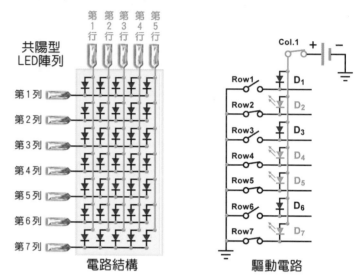

圖1　共陽極型 5×7 LED 陣列結構

若要點亮其中的 LED，則需行的信號與列的信號交集，例如要第 1 行、第 2 列的 LED(即 D2)亮，則將 Col. 1 接腳接到電源(VCC)、Row 2 接腳接地，形成順向迴路，該 LED 才會亮，如圖 1 之右圖所示。送到行接腳的信號為**掃瞄信號**，在 5 個行信號之中，只有一個為高態，其餘為低態，稱為**高態掃瞄**。所以任何時間裡，只有一行的 LED 可能會亮。而所要點亮的信號，則由列接腳送入低態信號。當信號切換的速度夠快，我們將感覺到整個 LED 陣列是亮的，而不只亮其中一行而已。

若連接到行接腳的是 LED 的陰極，則稱為共陰極型(common cathode, **CC**)。若要點亮這種 LED 陣列，其行接腳必須採低態掃瞄，而列接腳為高態信號。

微處理機輸出的掃瞄信號，電流太小不足以驅動 LED 陣列，必須經過放大，若使用 PNP 電晶體或 P 通道 FET 來驅動，由於 PNP 電晶體或 P 通道 FET 具有反相功能，所以微處理機輸出的掃瞄信號，與前述的掃瞄信號相反。

如表 1 所示為常見的 LED 陣列，如5×7、5×8 及 8×8 等 LED 陣列，所謂5×7 LED 陣列就是由 5 行(橫向)×7 列(縱向)個 LED 所組成的陣列，同理，5×8 LED 陣列就是 5 行×8 列個 LED、8×8 LED 陣列就是 8 行×8 列個 LED。其中以8×8 LED 陣列較普遍，以下將介紹這款8×8 LED 陣列。

表 1　常用 LED 陣列

編號	尺寸	型式	顏色	包裝	編號	尺寸	型式	顏色	包裝
MM07574P	0.7",5×7	共陽	紅	D-38	MM07573P	0.7",5×7	共陰	紅	D-38
MM07574G	0.7",5×7	共陽	綠	D-38	MM07573G	0.7",5×7	共陰	綠	D-38
MM07574A	0.7",5×7	共陽	高亮度紅或橙	D-38	MM07573A	0.7",5×7	共陰	高亮度紅或橙	D-38
MM12574P	1.2",5×7	共陽	紅	D-39	MM12573P	1.2",5×7	共陰	紅	D-39
MM12574G	1.2",5×7	共陽	綠	D-39	MM12573G	1.2",5×7	共陰	綠	D-39
MM12574A	1.2",5×7	共陽	高亮度紅或橙	D-39	MM12573A	1.2",5×7	共陰	高亮度紅或橙	D-39
MM20574P	2.0",5×7	共陽	紅	D-40	MM20573P	2.0",5×7	共陰	紅	D-40
MM20574A	2.0",5×7	共陽	橙	D-40	MM20573A	2.0",5×7	共陰	橙	D-40
MM20574AG	2.0",5×7	共陽	橙/綠	D-40	MM20573AG	2.0",5×7	共陰	橙/綠	D-40
MM14584P	1.4",5×8	共陽	紅	D-41	MM14583P	1.4",5×7	共陰	紅	D-41
MM14584G	1.4",5×8	共陽	綠	D-41	MM14583G	1.4",5×7	共陰	綠	D-41
MM14584A	1.4",5×8	共陽	高亮度紅或橙	D-41	MM14583A	1.4",5×7	共陰	高亮度紅或橙	D-41
MM23584P	2.3",5×8	共陽	紅	D-42	MM23583P	2.3",5×8	共陰	紅	D-42
MM23584A	2.3",5×8	共陽	橙	D-42	MM23583A	2.3",5×8	共陰	橙	D-42
MM23584AG	2.3",5×8	共陽	橙/綠	D-42	MM23583AG	2.3",5×8	共陰	橙/綠	D-42
MM12884P	1.2",8×8	共陽	紅	D-43	MM12883P	1.2",8×8	共陰	紅	D-43
MM12884A	1.2",8×8	共陽	橙	D-43	MM12883A	1.2",8×8	共陰	橙	D-43
MM12884AG	1.2",8×8	共陽	橙/綠	D-43	MM12883AG	1.2",8×8	共陰	橙/綠	D-43
MM23884P	2.3",8×8	共陽	紅	D-44	MM23883P	2.3",8×8	共陰	紅	D-44
MM23884A	2.3",8×8	共陽	橙	D-44	MM23883A	2.3",8×8	共陰	橙	D-44
MM23884AG	2.3",8×8	共陽	橙/綠	D-44	MM23883AG	2.3",8×8	共陰	橙/綠	D-44

🔍 8×8 LED陣列

表 1 中，依尺寸區分，8×8 LED 陣列可分為 1.2 英吋及 2.3 英吋，1.2 英吋採 D-43 包裝其外觀、架構與接腳，如圖 2 所示、2.3 英吋採 D-44 包裝其外觀、架構與接腳，如圖 3 所示。依連接方式區分，則有共陽與共陰兩類。依顏色區分，則有紅、綠、亮紅或橙色，以及雙色 LED(MM12884AG、MM12883AG、MM23884AG 及 MM23883AG)。

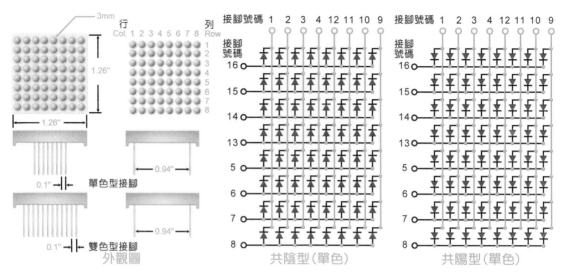

共陰型（單色）　　　共陽型（單色）

單色接腳表(根據零件的 DATA SHEET)

接腳號碼	端　點	接腳號碼	端　點	接腳號碼	端　點
1	Col. 1	7	Row 7	13	Row 4
2	Col. 2	8	Row 8	14	Row 3
3	Col. 3	9	Col. 8	15	Row 2
4	Col. 4	10	Col. 7	16	Row 1
5	Row 5	11	Col. 6		
6	Row 6	12	Col. 5		

單色接腳表(根據市售的零件，與 D-44 相同)

接腳號碼	端　點	接腳號碼	端　點	接腳號碼	端　點
1	Row 5	7	Row 6	13	Col. 1
2	Row 7	8	Row 3	14	Row 2
3	Col. 2	9	Row 1	15	Col. 7
4	Col. 3	10	Col. 4	16	Col. 8
5	Row 8	11	Col. 6		
6	Col. 5	12	Row 4		

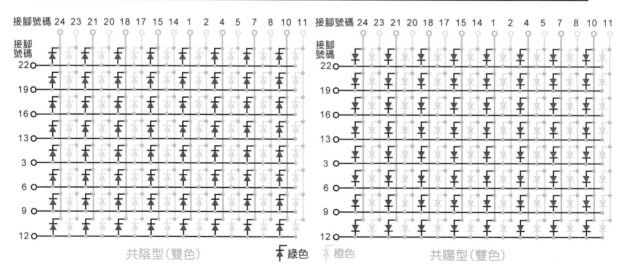

共陰型（雙色）　　　綠色　橙色　　　共陽型（雙色）

雙色接腳表

接腳號碼	端　點	接腳號碼	端　點	接腳號碼	端　點
1	Col. 5(綠)	9	Row 7	17	Col. 3(橙)
2	Col. 5(橙)	10	Col. 8(綠)	18	Col. 3(綠)
3	Row 5	11	Col. 8(橙)	19	Row 2
4	Col. 6(綠)	12	Row 8	20	Col. 2(橙)
5	Col. 6(橙)	13	Row 4	21	Col. 2(綠)
6	Row 6	14	Col. 4(橙)	22	Row 1
7	Col. 7(綠)	15	Col. 4(綠)	23	Col. 1(橙)
8	Col. 7(橙)	16	Row 3	24	Col. 1(綠)

圖2　1.2 英吋包裝(D-43)

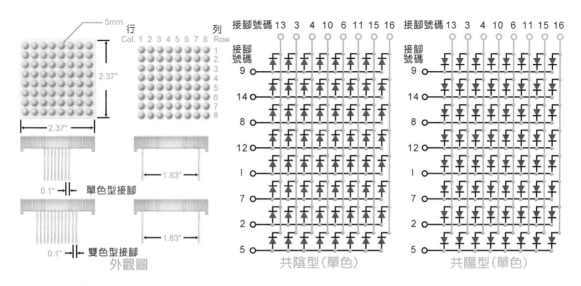

單色接腳表

接腳號碼	端　點	接腳號碼	端　點	接腳號碼	端　點
1	Row 5	7	Row 6	13	Col. 1
2	Row 7	8	Row 3	14	Row 2
3	Col. 2	9	Row 1	15	Col. 7
4	Col. 3	10	Col. 4	16	Col. 8
5	Row 8	11	Col. 6		
6	Col. 5	12	Row 4		

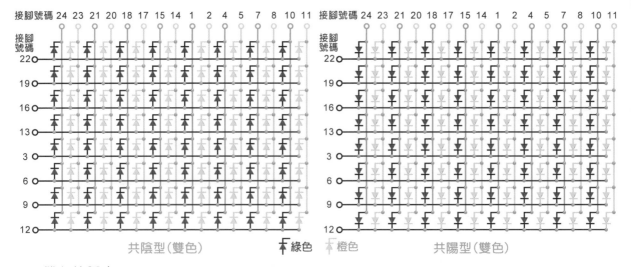

圖3　2.3 英吋包裝(D-44)

雙色接腳表

接腳號碼	端　點	接腳號碼	端　點	接腳號碼	端　點
1	Col. 5(綠)	9	Row 7	17	Col. 3(橙)
2	Col. 5(橙)	10	Col. 8(綠)	18	Col. 3(綠)
3	Row 5	11	Col. 8(橙)	19	Row 2
4	Col. 6(綠)	12	Row 8	20	Col. 2(橙)
5	Col. 6(橙)	13	Row 4	21	Col. 2(綠)
6	Row 6	14	Col. 4(橙)	22	Row 1
7	Col. 7(綠)	15	Col. 4(綠)	23	Col. 1(橙)
8	Col. 7(橙)	16	Row 3	24	Col. 1(綠)

13-2　LED 陣列驅動電路

LED 陣列之應用

　　若要順向點亮一顆 LED，需要約 10 毫安；而較新製程的 LED 變亮了！只要 5 到 8 毫安就很亮了。由於 8x51 輸出入埠的高態驅動電流很低(數十到數百μA)，很難直接驅動 LED，通常會使用額外的驅動電路，基本上，LED 陣列的驅動電路包括兩組信號，即掃瞄信號和顯示信號。在此分別針對共陽型與共陰型 LED 陣列，介紹其驅動電路，如下說明：

共陰型高態掃瞄、低態顯示信號驅動電路

　　圖 4 是共陰型 LED 陣列的驅動電路，這種驅動電路採用**高態掃瞄**，也就是任何時間只有一個高態信號，其它則為低態。一行掃瞄完成後，再把高態信號轉到鄰近的其它行。掃瞄信號連接反相驅動器，如 ULN2003/ULN2803 之類的 IC，其輸出為低態，再連接於 LED 陣列的行接腳。這種反相驅動器屬於開集極式輸出，輸出低態時，最大可吸取 0.5A(即 500mA)，就算每個 LED 取用 30mA，7 個 LED 同時

亮，也不過是 210mA，ULN2003/ULN2803 游刃有餘。當高態的掃瞄信號輸入 ULN2003/ULN2803 後，將輸出為低態，連接於該行 LED 的陰極，即可使該行中的 LED，具有點亮的條件。

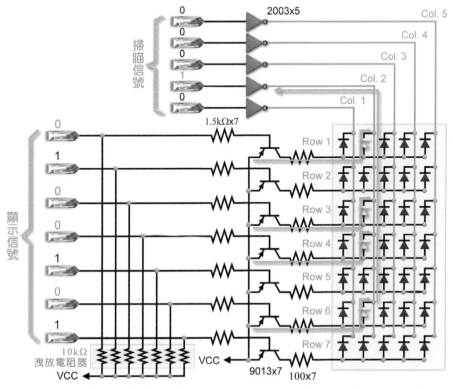

圖4　共陰型高態掃瞄低態顯示信號驅動電路

顯示信號各經限流電阻(1.5kΩ)送入 PNP 電晶體的基極，而其射極連接 VCC、集極輸出經 100Ω限流電阻(100Ω)，提供 LED 陣列列接腳電流。低態的顯示信號使 PNP 電晶體的 BE 順向而產生不小的 i_b，這個 i_b 使電晶體飽和，而從集極流出飽和電流 i_C，以驅動其所連接的 LED。這個驅動電流經 LED 到 ULN2003/ULN2803 的輸出端，形成順向迴路，即可點亮該 LED。

在圖 4 中掃瞄信號為「01000」，在 Col. 2 行裡的所有 LED 之其陰極為低態；顯示信號為「0100101」，所以 Row 1、Row 3、Row 4、Row 6 有電流，足以點亮 Col. 2 行裡的 LED。

🔍 共陽型低態掃瞄、高態顯示信號驅動電路

圖 5 為共陽型 LED 陣列驅動電路，在此採用低態掃瞄，一行掃瞄完成後，再把低態信號轉到鄰近行。掃瞄信號連接到 PNP 電晶體的基極，而該電晶體的射極接到 VCC。同樣地，電晶體提供 7 個 LED 所須之電流(140～210mA)，而常用

的小功率 PNP 電晶體即可。8x51 的輸出埠在低態時可吸入大電流，使其所連接 PNP 電晶體獲得較大的 i_b，讓電晶體的射極能吸入足夠大的 i_e，以驅動該行 LED 的陰極，使該行中的 LED，具有點亮的條件。

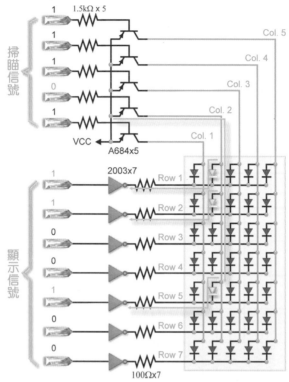

圖5　共陽型低態掃瞄高態顯示信號驅動電路

顯示信號各經一個反相達靈頓驅動器(如 ULN2003/ULN2803)，再經限流電阻接到 LED 陣列的列接腳。對於高態的顯示信號，經反相達靈頓驅動器後(變為低態)，即可吸取所連接 LED 的驅動電流，而形成順向迴路以點亮該 LED。雖然其中每個反相驅動器任何時間，只須負責驅動一個 LED，對於 ULN2003/ULN2803 而言，有點大材小用，但使用這個 IC，比使用 7 個電晶體還簡單！

在圖 5 中掃瞄信號為「11101」，在 Col. 2 行裡將有電流；顯示信號為「1100100」可能會亮，所以 Row 1、Row 2、Row 5 為低態。兩組信號交集，所以 Col. 2 行裡的 Row 1、Row 2、Row 5 等三顆 LED 順向導通而亮。

若要並接多個 LED 陣列，例如 4 個 8×8 LED 陣列連接成為 16×16 LED 陣列，則一個掃瞄信號同時驅動兩行 LED(8+8)，如圖 6 所示。此時可使用栓鎖器(74LS373)，將這兩組顯示信號鎖住，在此的栓鎖器是以低態輸出，其 I_{OL} 可達 24 毫安，足以驅動一個 LED；若還嫌不足，可改用 **74AS373**，其 I_{OL} 最大為 48 毫安。當 74LS373 的 G 腳為高態時，資料可從輸入端傳輸到栓鎖器裡；G 腳為低態時，則資料將被鎖住，不會隨輸入端而變。另外，$\overline{OC}$ 腳為輸出控制接腳，當 $\overline{OC}$ 腳為高態時，輸出端呈現

高阻抗；$\overline{OC}$ 腳為低態時，資料從會由栓鎖器輸出。

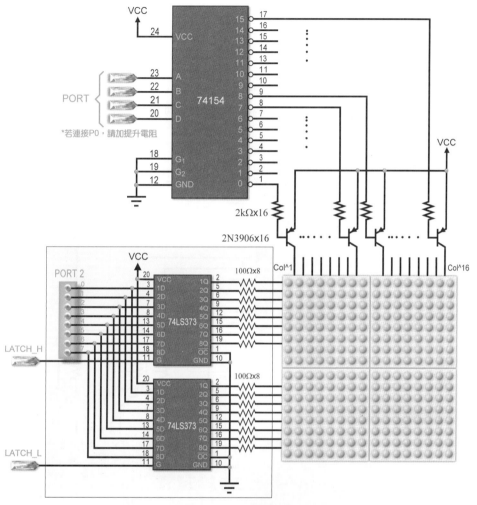

圖6　一個掃瞄信號驅動兩組顯示信號

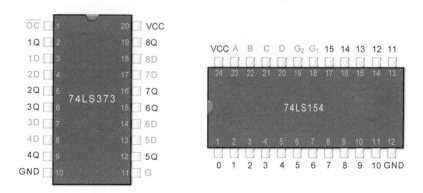

圖7　　左圖為 74LS373、右圖為 74LS154

　　此驅動電路的掃瞄信號總共 16 條，若直接由 8x51 輸出，將佔用 2 個 Port，線路也會很複雜。若使用 4 對 16 解碼器(74LS154)，則 8x51 輸出 4 位元的二進碼，而

解碼輸出低態掃瞄信號，經限流電阻後，連接到 PNP 電晶體的基極，電晶體放大後推動 16 個 LED。使用 74154 系列解碼 IC 驅動 LED 陣列時，必須搭配 16 個 PNP 電晶體或 P 通道 FET，使電路變複雜了！若搭配 74373 系列栓鎖 IC，並不能保證 LED 陣列的亮度均勻。通常小功率 PNP 電晶體在飽和時，每行最多可提供 200mA，而每行有 16 個 LED。若 16 個 LED 全亮，則每個 LED 流過的電流約為 12.5mA；若該行只有一個 LED 亮，則每個 LED 的電流*遠大於* 12.5mA。隨著點亮 LED 數量的不同，則每個 LED 流過的電流不同，亮度就不同！如此一來，在 LED 陣列上將出現亮度不均勻的現象，顯示品質不好。

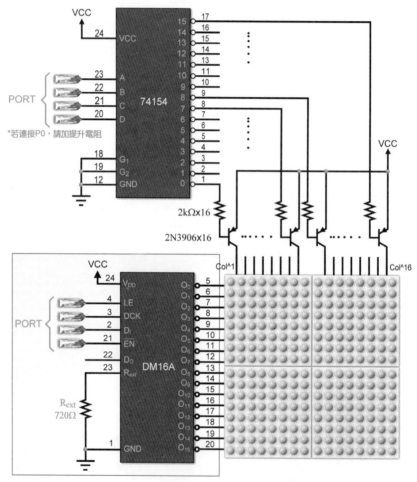

圖8 16x16 LED 陣列驅動電路

為了改善亮度不均勻的現象，就要使流過每個 LED 的電流相同。我們可以使用定電流裝置，例如點晶科技的 **DM13A** 系列 LED 驅動 IC，就是一顆專為驅動 LED 陣列的定電流驅動 IC，這顆驅動 IC 提供 16 個通道的定電流源，而其輸入信號採串列式輸入，所以電路較簡單！一顆 **DM13A** 不但可以取代 2 顆 74373，連原本 74373 所串接的 16 個限流電阻也可省略，如圖 8 所示為應用 **DM13A** 驅動 16x16 LED 陣列。若

親自動手做(DIY)，遠比圖 6 簡單多。圖 9 就是 **DM13A** 的接腳。

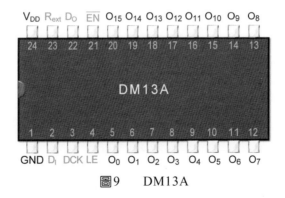

圖9　　DM13A

若要擴充為 16×32 陣列，則需增加一組 DM13A，第一組 DM13A 的 D_O 接腳串接到第二組 DM13A 的 D_i 接腳，而兩組的 LE、DCK、$\overline{EN}$ 接腳並接即可。

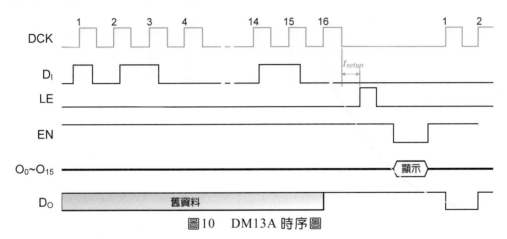

圖10　　DM13A 時序圖

DM13A 的資料傳輸與控制，如圖 10 所示，根據這個時序圖，即可撰寫一個傳輸函數，將 16 位元的顯示資料傳給 DM13A，並將此函數存入 **DM13A.h** 標頭檔，以供後續使用。

```
void    DM13A(bit DIR,int DATA)
//     DI,DCK(升緣觸發),LE(閃控),EN(低態動作)
//     DIR(傳輸方向),0=LSB first, 1=MSB first(影響圖案上下或左右顛倒)
{     char   i;
      DCK=LE=0;EN=1;
      for(i=0;i<16;i++)
      {     if (DIR)              // MSB first,
            {     if (DATA&0x8000)    DI=1;
                  else    DI=0;
                  DCK=1;
                  DATA<<=1;    // 下一位元
                  DCK=0;
```

```
        }
        else
        {   if (DATA&1)   DI=1;
            else   DI=0;
            DCK=1;
            DATA>>=1;   // 下一位元
            DCK=0;
        }
    }
    LE=1; LE=0;
    EN=0;
}
```

13-3　LED 陣列顯示方式
@ LED 陣列之應用

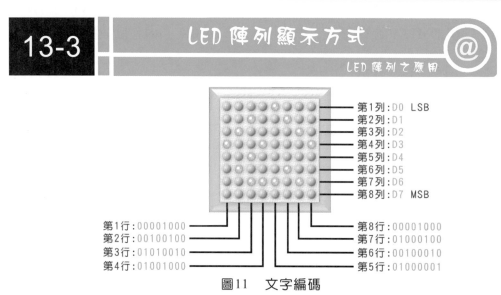

圖11　文字編碼

　　LED 陣列的顯示是採掃瞄的方式，首先將所要顯示的文字按每行拆解成多組顯示信號，如圖 10 所示，對於一個8×8 LED 陣列而言，若要顯示「公」，則可將各行顯示資料列出。若 LED 陣列的第 1 列為顯示資料的 D0、第 8 列為 D7，則可列出這個字的顯示資料編碼，如表 1 所示。

表 2　編碼對照表

掃瞄順序	顯示資料（2 進位制）	顯示資料（16 進位制）
第 1 行	00001000	0x08
第 2 行	00100100	0x24
第 3 行	01010010	0x52
第 4 行	01001000	0x48
第 5 行	01000001	0x41
第 6 行	00100010	0x22
第 7 行	01000100	0x44
第 8 行	00001000	0x08

編碼方式必須與實際線路相符，若第 1 列為 LSB、第 8 列為 MSB，則連接到微處理機時，也一定要按這樣的順序才行。當然，若要把第 1 列為 MSB、第 8 列為 LSB，則線路連接也要跟著調整。

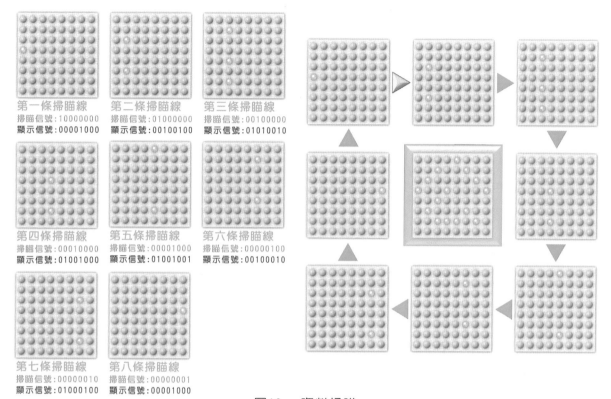

第一條掃瞄線
掃瞄信號：10000000
顯示信號：00001000

第二條掃瞄線
掃瞄信號：01000000
顯示信號：00100100

第三條掃瞄線
掃瞄信號：00100000
顯示信號：01010010

第四條掃瞄線
掃瞄信號：00010000
顯示信號：01001000

第五條掃瞄線
掃瞄信號：00001000
顯示信號：01001001

第六條掃瞄線
掃瞄信號：00000100
顯示信號：00100010

第七條掃瞄線
掃瞄信號：00000010
顯示信號：01000100

第八條掃瞄線
掃瞄信號：00000001
顯示信號：00001000

圖12　資料掃瞄

LED 陣列的顯示方式就是按顯示資料編碼的順序，一行一行地顯示。以高態掃瞄為例，若要顯示第一行，則先將第一行的顯示資料(00001000)送至 LED 陣列的列接腳，再將「10000000」掃瞄信號送至 LED 陣列的行接腳，即可顯示第一行，此時其它行並不顯示。同樣地，若要顯示第二行，則先將第二行的顯示資料(00100100)送至 LED 陣列的列接腳，再將「01000000」掃瞄信號送至 LED 陣列的行接腳，即可顯示第二行，此時其它行並不顯示...，以此類推，如圖 12 所示。每行的顯示時間約 2 毫秒，由於人類視覺暫態現象，將感覺到 8 行 LED 同時顯示的樣子。若顯示時間太短，則亮度不夠；若顯示時間太長，將會感覺到閃爍。

13-4

LED 陣列動態顯示
LED 陣列之應用

在 LED 陣列裡，可以動態顯示方式，讓所要顯示的文字或圖案左右移動，或上下移動。在本單元裡，將探討如何水平移動、垂直移動。

水平移動

若要將文字或圖案在 LED 陣列左右移動，只要以不同的順序，顯示其編碼即可，以圖 13 的編碼為例：

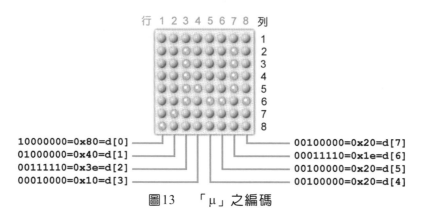

```
10000000=0x80=d[0]        00100000=0x20=d[7]
01000000=0x40=d[1]        00011110=0x1e=d[6]
00111110=0x3e=d[2]        00100000=0x20=d[5]
00010000=0x10=d[3]        00100000=0x20=d[4]
```

圖13　「μ」之編碼

若按第 1 行、第 2 行...的順序，重複循環顯示，則 LED 陣列上將顯示如圖 13 之字樣。以下將介紹如何讓它有「左移」、「右移」的感覺。

🔍 左移

若要在 8×8 LED 陣列進行動態左移顯示，就是顯示 8 個不同的字型。首先掃瞄第一個字型，同樣是 8 行、8 次掃瞄、8 次顯示；完成第一個字型後，再掃瞄第二個字型；完成第二個字型後，再掃瞄第三個字型，以此類推，即可產生該文字字型或圖形左移的感覺。

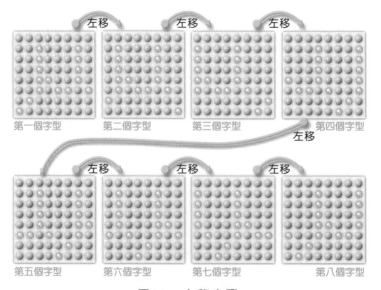

圖14　左移步驟

原本的字型(第一個字型)之編碼為 0x80、0x40、0x3e、0x10、0x20、0x20、0x1e、0x20；第二個字型編碼為 0x40、0x3e、0x10、0x20、0x20、0x1e、0x20、0x80，即第一個字型編碼中，第 1 行顯示資料，變為第 8 行顯示資料、第 2 行顯示資料，變為第 1 行顯示資料、第 3 行顯示資料，變為第 2 行顯示資料、第 4 行顯示資料，變為第 3 行顯示資料，以此類推。在此將利用陣列來儲存這些資料，如下：

```
char code d[8]={        0x80,    // 10000000
                        0x40,    // 01000000
                        0x3e,    // 00111110
                        0x10,    // 00010000
                        0x20,    // 00100000
                        0x20,    // 00100000
                        0x1e,    // 00011110
                        0x20 };  // 00100000
```

將顯示信號送到 LED 點陣列的 R1 到 R8、掃瞄信號送到 LED 點陣列的 C1 到 C8。如圖 15 所示，整個圖形的移動可看成顯示 8 個字型，顯示第一個字型，持續一段時間後，顯示第二個字型，持續一段時間後，顯示第三個字型...，如此看起來，就像「μ」往左邊移動的感覺。而其中的「持續一段時間」將會決定字型跑的速度，這個時間越長，字型跑的速度越慢、這個時間越短，字型跑的速度越快。在此以雙迴圈的技巧，達到移動的目的，如下所示：

```
for (j=0;j<8;j++)                // 8 組資料
    {    for (i=0;i<8;i++)        // 掃瞄週期
    {    SEG=0;                   // 關閉顯示信號(高態顯示) (防殘影)
         SCANP=~(1<<i);          // 輸出掃瞄信號(低態掃瞄)
         SEG=d[(i+j)%8];         // 輸出顯示信號
         delay1ms(1);            // 延遲 1ms
    }                            // 結束 1 個掃瞄週期
}                                // 結束
```

上述程式從第一個字型(j=0)開始掃瞄顯示，其運算結果如表 3 所示：

表 3 雙迴圈左移掃瞄表

j	i	SEG=d[(i+j)%8]	SCANP	j	i	SEG=d[(i+j)%8]	SCANP
0	0	d[0]	01111111	4	0	d[4]	01111111
	1	d[1]	10111111		1	d[5]	10111111
	2	d[2]	11011111		2	d[6]	11011111
	3	d[3]	11101111		3	d[7]	11101111
	4	d[4]	11110111		4	d[0]	11110111
	5	d[5]	11111011		5	d[1]	11111011
	6	d[6]	11111101		6	d[2]	11111101
	7	d[7]	11111110		7	d[3]	11111110
1	0	d[1]	01111111	5	0	d[5]	01111111
	1	d[2]	10111111		1	d[6]	10111111
	2	d[3]	11011111		2	d[7]	11011111
	3	d[4]	11101111		3	d[0]	11101111
	4	d[5]	11110111		4	d[1]	11110111
	5	d[6]	11111011		5	d[2]	11111011
	6	d[7]	11111101		6	d[3]	11111101
	7	d[0]	11111110		7	d[4]	11111110
2	0	d[2]	01111111	6	0	d[6]	01111111
	1	d[3]	10111111		1	d[7]	10111111
	2	d[4]	11011111		2	d[0]	11011111
	3	d[5]	11101111		3	d[1]	11101111
	4	d[6]	11110111		4	d[2]	11110111
	5	d[7]	11111011		5	d[3]	11111011
	6	d[0]	11111101		6	d[4]	11111101
	7	d[1]	11111110		7	d[5]	11111110
3	0	d[3]	01111111	7	0	d[7]	01111111
	1	d[4]	10111111		1	d[0]	10111111
	2	d[5]	11011111		2	d[1]	11011111
	3	d[6]	11101111		3	d[2]	11101111
	4	d[7]	11110111		4	d[3]	11110111
	5	d[0]	11111011		5	d[4]	11111011
	6	d[1]	11111101		6	d[5]	11111101
	7	d[2]	11111110		7	d[6]	11111110

剛才的程式裡，每個字型只掃瞄一週，大概花 16ms。如此一來，字型跑得很快，快到看不清楚！我們可多加一個 k 迴圈，讓每個字型掃瞄 10 次，則約每 0.16 秒移動一次，如下：

```
for (j=0;j<8;j++)              // 8 組資料
   for (k=0;k<10;k++)          // 掃瞄 10 週
   {   for (i=0;i<8;i++)       // 掃瞄週期
       {   SEG=0;              // 關閉顯示信號(高態顯示)(防殘影)
           SCANP=~(1<<i);      // 輸出掃瞄信號(低態掃瞄)
           SEG=d[(i+j)%8];     // 輸出顯示信號
           delay1ms(1);        // 延遲 1ms
       }                       // 結束 1 個掃瞄週期
```

```
    }                                       // 結束 10 個掃瞄週期
```

若在程式的開頭宣告一個 speed 變數，以此變數做為移動速度的調整，其數值越大，移動速度越慢，如下：

```
unsigned char    speed=10;               // 宣告速度變數
 :
 :
for (j=0;j<8;j++)                         // 8 組資料
  for (k=0;k< speed;k++)                  // 掃瞄 speed 週
  {     for (i=0;i<8;i++)                 // 掃瞄週期
     {    SEG=0;                          // 關閉顯示信號(高態顯示)(防殘影)
          SCANP=~(1<<i);                  // 輸出掃瞄信號(低態掃瞄)
          SEG=d[(i+j)%8];                 // 輸出顯示信號
          delay1ms(1);                    // 延遲 1ms
     }                                    // 結束 1 個掃瞄週期
  }                                       // 結束 speed 個掃瞄週期
```

🔍 右移

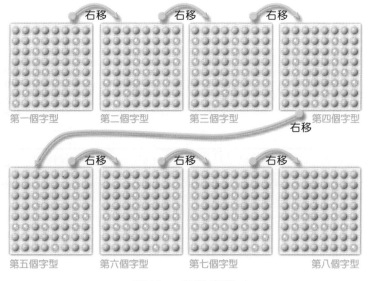

圖15　右移步驟

基本上，右移與左移的操作類似，只是其掃瞄的順序相反而已，如圖 15 所示。同樣以雙迴圈的技巧，達到移動的目的，如下所示(其中每個字型以重複掃瞄 speed 次)：

```
unsigned char    speed=10;               // 宣告速度變數
 :
 :
for (j=0;j<8;j++)                         // 8 組資料
```

```
for (k=0;k< speed;k++)        // 掃瞄 speed 週
{   for (i=0;i<8;i++)          // 掃瞄週期
    {   SEG=0;                 // 關閉顯示信號(高態顯示)(防殘影)
        SCANP=~(1<<i);         // 輸出掃瞄信號(低態掃瞄)
        SEG=d[(7-i+j)%8];      // 輸出顯示信號
        delay1ms(1);           // 延遲 1ms
    }                          // 結束 1 個掃瞄週期
}                              // 結束 speed 個掃瞄週期
```

上述程式從第一個字型(j=0)開始掃瞄顯示，其運算結果如表 4 所示：

表 4　雙迴圈右移掃瞄表

j	i	SEG=d[(7-i+j)%8]	SCANP	j	i	SEG=d[(7-i+j)%8]	SCANP
0	0	d[0]	01111111	4	0	d[4]	01111111
	1	d[1]	10111111		1	d[5]	10111111
	2	d[2]	11011111		2	d[6]	11011111
	3	d[3]	11101111		3	d[7]	11101111
	4	d[4]	11110111		4	d[0]	11110111
	5	d[5]	11111011		5	d[1]	11111011
	6	d[6]	11111101		6	d[2]	11111101
	7	d[7]	11111110		7	d[3]	11111110
1	0	d[7]	01111111	5	0	d[3]	01111111
	1	d[0]	10111111		1	d[4]	10111111
	2	d[1]	11011111		2	d[5]	11011111
	3	d[2]	11101111		3	d[6]	11101111
	4	d[3]	11110111		4	d[7]	11110111
	5	d[4]	11111011		5	d[0]	11111011
	6	d[5]	11111101		6	d[1]	11111101
	7	d[6]	11111110		7	d[2]	11111110
2	0	d[6]	01111111	6	0	d[2]	01111111
	1	d[7]	10111111		1	d[3]	10111111
	2	d[0]	11011111		2	d[4]	11011111
	3	d[1]	11101111		3	d[5]	11101111
	4	d[2]	11110111		4	d[6]	11110111
	5	d[3]	11111011		5	d[7]	11111011
	6	d[4]	11111101		6	d[0]	11111101
	7	d[5]	11111110		7	d[1]	11111110
3	0	d[5]	01111111	7	0	d[1]	01111111
	1	d[6]	10111111		1	d[2]	10111111
	2	d[7]	11011111		2	d[3]	11011111
	3	d[0]	11101111		3	d[4]	11101111
	4	d[1]	11110111		4	d[5]	11110111
	5	d[2]	11111011		5	d[6]	11111011
	6	d[3]	11111101		6	d[7]	11111101
	7	d[4]	11111110		7	d[0]	11111110

13-4-2 垂直移動

若要將文字或圖形在 LED 陣列上下移動，**只要改變每行顯示資料的順序即可**，以圖 16 的編碼為例：

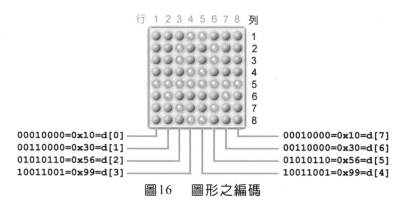

00010000=0x10=d[0]　　00010000=0x10=d[7]
00110000=0x30=d[1]　　00110000=0x30=d[6]
01010110=0x56=d[2]　　01010110=0x56=d[5]
10011001=0x99=d[3]　　10011001=0x99=d[4]

圖16　圖形之編碼

若按第 1 行由原本的「00010000」改變為「00100000」、第 2 行由原本的「00110000」改變為「01100000」、第 3 行由原本的「01010110」改變為「10101100」，以此類推。則顯示這些新資料時，就有圖樣下捲的感覺。簡言之，只要利用每筆資料的左移或右移，即可產生「**下捲**」、「**上捲**」的感覺。

🔍 上捲

如圖 17 所示，8×8 LED 陣列的上捲就是顯示 8 個不同的字型。首先掃瞄第一個字型，同樣是 8 行、8 次掃瞄、8 次顯示；完成第一個字型後，再掃瞄第二個字型；完成第二個字型後，再掃瞄第三個字型，以此類推，即可產生該文字或圖形上捲的感覺。

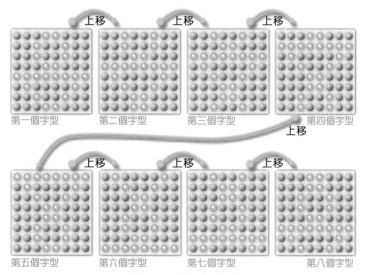

第一個字型　　第二個字型　　第三個字型　　第四個字型

第五個字型　　第六個字型　　第七個字型　　第八個字型

圖17　上捲步驟

原本的字型(第一個字型)，其編碼(下方為 MSB)為 00010000、00110000、01010110、10011001、10011001、01010110、00110000、000100000；第二個字型編碼為 00001000、00011000、00101011、11001100、11001100、00101011、00011000、000010000，也就是把字型編碼中，每行顯示資料都右旋一位即可產生上捲的效果。在此利用陣列儲存這些資料，如下：

```
char code d[8]={          0x10,     // 00010000 (下方為 MSB)
                          0x30,     // 00110000
                          0x56,     // 01010110
                          0x99,     // 10011001
                          0x99,     // 10011001
                          0x56,     // 01010110
                          0x30,     // 00110000
                          0x10 };   // 00010000
```

若將編碼右移一位(即 d[i]>>1)，最左邊將移入一個 0；若將編碼左移七位(即 d[0]>>7)，則原本最右邊位元將移至最左邊，同時移入 7 個 0，將這兩個運算的結果進行 OR 運算，結合為右璇一位的動作，以 01001101 為例，如下：

```
              01001101        01001101
右移一位  00100110        10000000  左移七位
                    ⌣
                 00100110
     OR運算  10000000
                 10100110
```

上述操作可寫成「d[0]>>1 | d[0]<<7」，如此即可將字型的第 0 行循環上移一位。再以 for 迴圈的方式，將 8 行的字型都進行相同的操作(即「d[i]>>1 | d[i]<<7」，其中 i 從 0 到 7)，即可將整個字型循環上移一位。

若要產生一位接一位循環上移的效果，則可利用變數的方式，即「d[i]>>j | d[i]<<(7-j)」，若 j=0，則產生正常字型，即「d[i]>>0 | d[i]<<(7-0)」，每行移 0 位與移 7 位進行 OR 的運算，其結果與原本一樣。同理，若 j=1，則產生正常字型，即「d[i]>>1 | d[i]<<(7-1)」，每行移 1 位與移 7 位進行 OR 的運算，其結果使整個字型循環上移一位。j=2～j=7 的操作與前面的說明類似，在此不贅述，整個程式如下：

```
for (j=0;j<8;j++)                  // 8 組資料
{  for (i=0;i<8;i++)               // 掃瞄週期
   {  SEG=0xFF;                    // 關閉顯示信號(防殘影)
      SCANP=~(1<<i);               // 輸出掃瞄信號
      SEG=d[j]>>i | d[j]<<(7-i);   // 輸出顯示信號
      delay1ms(1);                 // 延遲 1ms
```

```
        }                                   // 結束 1 個掃瞄週期
    }                                       // 結束
```

同樣地，可加入另一個 for 迴圈，一個字型重複掃瞄 speed 次，如下：

```
unsigned char    speed=10;                  // 宣告速度變數
    :
  for (j=0;j<8;j++)                         // 8 組資料
    for (k=0;k< speed;k++)                  // 掃瞄 speed 週
    {  for (i=0;i<8;i++)                    // 掃瞄週期
      {  SEG=0xFF;                          // 關閉顯示信號(防殘影)
         SCANP=~(1<<i);                     // 輸出掃瞄信號
         SEG=d[j]>>i | d[j]<<(7-i);         // 輸出顯示信號
         delay1ms(1);                       // 延遲 1ms
      }                                     // 結束 1 個掃瞄週期
    }                                       // 結束
```

🔍 下捲

如圖 18 所示，下捲與上捲類似，同樣是顯示 8 個不同的字型。首先掃瞄第一個字型，同樣是 8 行、8 次掃瞄、8 次顯示；完成第一個字型後，再掃瞄第二個字型；完成第二個字型後，再掃瞄第三個字型…，以此類推，即可產生該文字或圖形下捲的感覺。

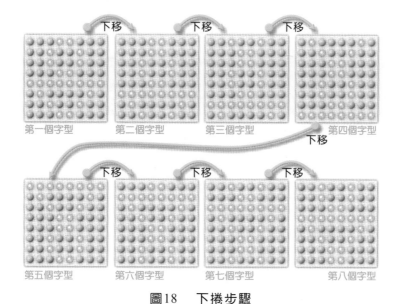

圖18　　下捲步驟

原本的字型(第一個字型)，其編碼為 00010000、00110000、01010110、10011001、10011001、01010110、00110000、000100000；第二個字型編碼為 00100000、01100000、10101100、00110011、00110011、10101100、01100000、001000000，

也就是把第一個字型編碼中，每行顯示資料都左移一位，即可產生下捲的效果。

同樣地，移位的方向倒過來(與上移相反)，即「d[0]<<1 | d[0]>>7」，即可將字型的第 0 行循環下移一位。再以 for 迴圈的方式，將 8 行的字型都進行相同的操作(即「d[i]<<1 | d[i]>>7」，其中 i 從 0 到 7)，即可將整個字型循環下移一位。

如果要產生一位接一位循環上移的效果，則可利用變數的方式，即「d[i]>>j | d[i]<<(7-j)」，若 j=0，則產生正常字型，即「d[i]>>0 | d[i]<<(7-0)」，每行移 0 位與移 7 位進行 OR 的運算，其結果與原本一樣。同理，若 j=1，則產生正常字型，即「d[i]>>1 | d[i]<<(7-1)」，每行移 1 位與移 7 位進行 OR 的運算，其結果使整個字型循環上移一位。j=2～j=7 的操作與前面的說明類似，在此不贅述，整個程式如下(其中每個字型以重複掃瞄 speed 次)：

```
unsigned char    speed=10;             // 宣告速度變數
  :
  for (j=0;j<8;j++)                     // 8 組資料
    for (k=0;k< speed;k++)              // 掃瞄 speed 週
    {  for (i=0;i<8;i++)                // 掃瞄週期
       {  SEG=0xFF;                     // 關閉顯示信號(防殘影)
          SCANP=~(1<<i);                // 輸出掃瞄信號
          SEG=d[j]<<i | d[j]>>(7-i);    // 輸出顯示信號
          delay1ms(1);                  // 延遲 1ms
       }                                // 結束 1 個掃瞄週期
    }                                   // 結束
```

13-5　RGB LED 之應用
LED 陣列之應用　@

　　RGB LED 是將紅色、綠色與藍色 LED 包在一起的 LED，如此一來將可達到混色的目的，由三原色就可混出各種顏色。所以，RGB LED 就是一種彩色 LED。既然是三個 LED 包在一起，就有兩種包法，第一種就是把三個 LED 的陽極連接在一起，再接到接腳，而三個 LED 的陰極分別由 R、G、B 三支接腳接出，稱為**共陽極 RGB LED**。第二種就是把三個 LED 的陰極連接在一起，再接到接腳，而三個 LED 的陽極分別由 R、G、B 三支接腳接出，稱為**共陰極 RGB LED**。在此將以共陽極 RGB LED 為例，介紹其應用方式，而在 KT89S51 線上燒錄實驗板(V4.2)的右上角，再由 JP6 引出，如圖 19 所示：

　　若要使任何一個顏色的 LED 亮，則給它低態信號即可，且可同時使多個 LED 亮，以達到混色的目地。在此要注意，RGB LED 的亮度很高，不可近距離以眼睛直視，以免傷到眼睛，或使眼睛不舒服。

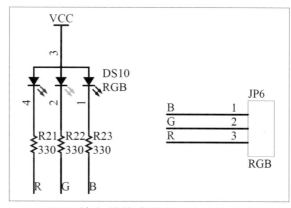

圖19　KT89S51 線上燒錄實驗板(V4.2)的 RGB LED 電路

　　在 5-4 節裡所介紹/應用的兩津勘吉眉毛，屬於 1 位元的驅動方式，所以只能擁有 8 種顏色變化(詳見 5-26 頁)。若採用 PWM 驅動方式，則可展現更多種顏色。

🔍 PWM調光

　　為了讓 RGB LED 具有調光的效果(一般 LED 也一樣)，可採 **PWM** 驅動方式。以 3 位元的 **PWM** 為例，將一個週期劃分為 8 等份(即 2^3)，若在一週期裡，都沒有電流流過 LED，則電流平均值為 0，LED 不亮；若在一週期裡，只有 1 等份有電流流過 LED，則電流平均值為最大電流 I_m 的 1/8，平均電流為 0.125 I_m，LED 微亮(1/8 亮度)；若在一週期裡，只有 2 等份有電流流過 LED，則電流平均值為最大電流 I_m 的 2/8，平均電流為 0.25 I_m，LED 又亮一點(1/4 亮度)，以此類推。

　　若將三個 3 位元的 PWM 驅動信號分別驅動 R、G、B 三個 LED，則可混出 8×8×8(512)色階變化。所謂 True Color 就是利用三個 8 位元調變出來的色階，也就是 $2^8 \times 2^8 \times 2^8 = 16,777,216$ 個色階(True color)。

　　若要實現 PWM 控制，可利用計數器與比較器，以 3 位元(512 色)為例，一個週期分為 8 階，所以要準備 1 個計數器與 3 個比較器(每個顏色各一個)，計數器 Counter 的計數量是從 0 到 7，而 R、G、B 三個 LED 的值各為 Rvalue、Gvalue 與 Bvalue。當 Rvalue 大於 Counter，R_LED=0(亮)，否則 R_LED=1(不亮)；當 Gvalue 大於 Counter，G_LED=0(亮)，否則 G_LED=1(不亮)；當 Bvalue 大於 Counter，B_LED=0(亮)，否則 B_LED=1(不亮)，如圖 20 所示：

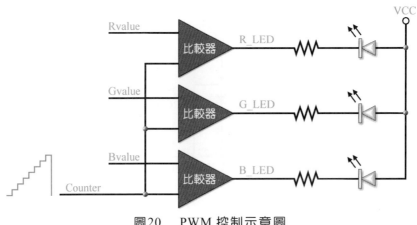

圖20　PWM 控制示意圖

我們可以下列簡單的程式來實現：其中的 Counter 可為整體變數，然後應用 Timer 的 mode 2 自動計數，頻率可達 1MHz：

```
if  (Counter>Rvalue)  R_LED=0;  else  R_LED=1;
if  (Counter>Gvalue)  G_LED=0;  else  G_LED=1;
if  (Counter>Bvalue)  B_LED=0;  else  G_LED=1;
if  (++Conuter==8)    Counter=0;
```

若將的 Counter 宣告為整體變數，然後應用 Timer 的 mode 2 自動計數，則頻率更高，中斷副程式如下：

```
void  pwmCounter(void)  interrupt 3
{ if  (Counter>Rvalue)  R_LED=0;  else  R_LED=1;
  if  (Counter>Gvalue)  G_LED=0;  else  G_LED=1;
  if  (Counter>Bvalue)  B_LED=0;  else  G_LED=1;
  if  (++Conuter==8)    Counter=0;    // 8：(512 色)
                                      // 256 階(1,677,216 色)

}
```

認識KT-RGB LED接龍看板

堃喬電子 2015 年發行的 **KT-RGB LED 接龍看板**是一個可無縫串接的 16×16 RGB LED 陣列，特別適用於教學，與一般商業用途。我們可應用其背面的 P0~P3 連接器，以引接電源與信號，如下：

● P0 與 P1 為電源連接端(使用其中一個即可)，在此可使用+5V 或+3.3V 電源。

● P2 為 12 支接腳的簡易牛角，做為信號輸入端之用，各接腳功能如表 5 所示。

表 5　P2 輸入信號接腳

接腳編號	功能	接腳編號	功能
1	Rin(紅色串列信號輸入)	2	Ai(掃瞄指標輸入)
3	Gin(綠色串列信號輸入)	4	Bi(掃瞄指標輸入)
5	Bin(藍色串列信號輸入)	6	Ci(掃瞄指標輸入)
7	LEi(栓鎖信號輸入)	8	Di(掃瞄指標輸入)
9	OEi(輸出致能輸入信號)	10	SCKi(串列時脈輸入)
11	GND	12	GND

● 　P3 為 12 支接腳的簡易牛角，做為信號輸出端(信號接龍)之用，各接腳功能如表 6 所示。

表 6　P3 輸出信號接腳

接腳編號	功能	接腳編號	功能
1	Rout(紅色串列信號輸出)	2	Ao(掃瞄指標輸出)
3	Gout(綠色串列信號輸出)	4	Bo(掃瞄指標輸出)
5	Bout(藍色串列信號輸出)	6	Co(掃瞄指標輸出)
7	LEo(栓鎖信號輸出)	8	Do(掃瞄指標輸出)
9	OEo(輸出致能輸出信號)	10	SCKo(串列時脈輸出)
11	GND	12	GND

在程式方面，可應用 DM13A 串列資料傳輸函數(P13-11 頁)，但，由於在此有 Rdata、Gdata、Bdata 等三組信號，所以在 DM13A 串列資料傳輸函數裡新增輸入引數，以指定各顏色的傳輸信號，如下：

DM13A_RGB 串列資料傳輸函數

```
void    DM13A_RGB(bit DIR,int Rdata, int Gdata, int Bdata)
//    SCK(升緣觸發),LE(閃控),OE(低態動作)
//    Ddata(紅色信號), Gdata(綠色信號), Bdata(藍色信號)
//    DIR(傳輸方向),0=LSB first, 1=MSB first(影響圖案上下或左右顛倒)
{    char   i;
    SCK=LE=0;OE=1;
    for(i=0;i<16;i++)
    {    if (DIR)                                  // MSB first
        {    if (Rdata&0x8000)    Rin=1; else   Rin=0;    // 傳輸紅色信號
            if (Gdata&0x8000)    Gin=1; else   Gin=0;    // 傳輸綠色信號
            if (Bdata&0x8000)    Bin=1; else   Bin=0;    // 傳輸藍色信號
            SCK=1;
            // 下一位元
            Rdata<<=1;Gdata<<=1;Bdata<<=1;
            SCK=0;
        }
        else                                       // LSB first
        {    if (Rdata&1)    Rin=1; else   Rin=0;    // 傳輸紅色信號
```

```
            if (Gdata&1)    Gin=1; else    Gin=0;        // 傳輸綠色信號
            if (Bdata&1)    Bin=1; else    Bin=0;        // 傳輸藍色信號
            SCK=1;
            // 下一位元
            Rdata>>=1;Gdata>>=1;Bdata>>=1;
            SCK=0;
        }
    }
    LE=1;LE=0;
    OE=0;
```

13-6 實例演練

LED 陣列之應用

在本單元裡提供多個 LED 陣列的應用範例，如下所示：

13-6-1 8×8 LED 陣列靜態展示

實驗要點

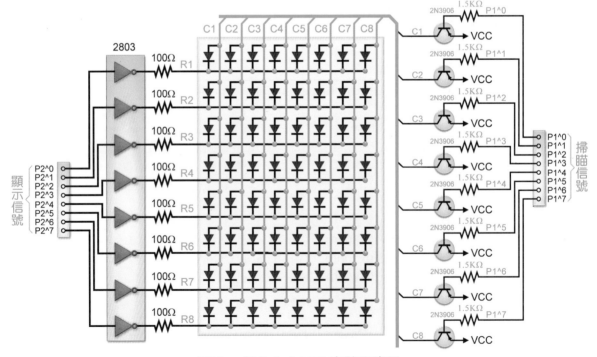

圖21　單色 8×8 LED 實驗電路圖

如圖 21 所示，其中 8×8 共陽極 LED 陣列可採用 MM12884P(1.2")或 MM23884P

(2.3")。掃瞄信號連接到 8x51 的 Port 1、顯示信號連接到 Port 2。在此將依序顯示 2、0、1、5、0、1、2、3，約每 0.24 秒增加 1。0 到 9 的編碼如下：

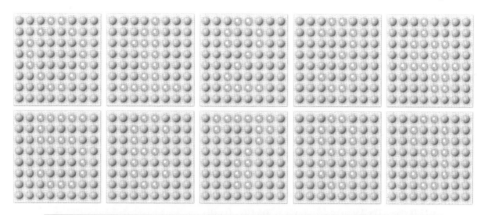

位數	1	2	3	4	5	6	7	8
0	0x00	0x1c	0x22	0x41	0x41	0x22	0x1c	0x00
1	0x00	0x40	0x44	0x7e	0x7f	0x40	0x40	0x00
2	0x00	0x00	0x66	0x51	0x49	0x46	0x00	0x00
3	0x00	0x00	0x22	0x41	0x49	0x36	0x00	0x00
4	0x00	0x10	0x1c	0x13	0x7c	0x7c	0x10	0x00
5	0x00	0x00	0x27	0x45	0x45	0x45	0x39	0x00
6	0x00	0x00	0x3e	0x49	0x49	0x32	0x00	0x00
7	0x00	0x03	0x01	0x71	0x79	0x07	0x03	0x00
8	0x00	0x00	0x36	0x49	0x49	0x36	0x00	0x00
9	0x00	0x00	0x26	0x49	0x49	0x3e	0x00	0x00

流程圖與程式設計

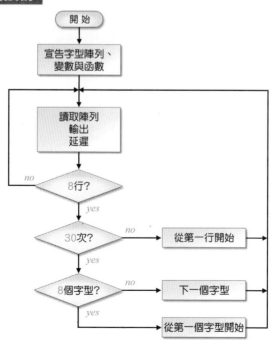

8×8 LED 陣列靜態展示實驗(ch13-6-1.c)

```c
/* 8x8 LED 陣列實驗(ch13-6-1.c) */
#include    <reg51.h>
#define    ROWP       P2        // 輸出列接至 P2
#define    COLP       P1        // 掃瞄行接至 P1
#define    repeats    30        // 掃瞄 30 週，約 1m*8*30=0.24 秒
char code TAB[]=               // ======= 字 型 ==============
{ 0x00, 0x1c, 0x22, 0x41, 0x41, 0x22, 0x1c, 0x00, // 0
  0x00, 0x40, 0x44, 0x7e, 0x7f, 0x40, 0x40, 0x00, // 1
  0x00, 0x00, 0x66, 0x51, 0x49, 0x46, 0x00, 0x00, // 2
  0x00, 0x00, 0x22, 0x41, 0x49, 0x36, 0x00, 0x00, // 3
  0x00, 0x10, 0x1c, 0x13, 0x7c, 0x7c, 0x10, 0x00, // 4
  0x00, 0x00, 0x27, 0x45, 0x45, 0x45, 0x39, 0x00, // 5
  0x00, 0x00, 0x3e, 0x49, 0x49, 0x32, 0x00, 0x00, // 6
  0x00, 0x03, 0x01, 0x71, 0x79, 0x07, 0x03, 0x00, // 7
  0x00, 0x00, 0x36, 0x49, 0x49, 0x36, 0x00, 0x00, // 8
  0x00, 0x00, 0x26, 0x49, 0x49, 0x3e, 0x00, 0x00};// 9
char code disp[]={2, 0, 1, 5, 0, 1, 2, 3};  // 顯示內容
void delay1ms(int x);                       // 宣告延遲函數
//=============== 主 程 式 ================
main()                                      // 主程式開始
{ char i,j,k;                               // 宣告變數
  while (1)                                 // 無窮盡迴圈
  for (i=0;i<8;i++)                         // 依序顯示 2050123
     for (k=0;k<repeats;k++)                // 重複執行 repeats 次
     {  for (j=0;j<8;j++)                   // 掃瞄 8 行
        {   ROWP=0x00;                      // 關閉 LED(防殘影)
            COLP=~(1<<j);                   // 輸出掃瞄信號
            ROWP=TAB[disp[8*i]];            // 輸出顯示信號
            delay1ms(1);                    // 延遲 1ms
        }                                   // 掃瞄 8 行(j 迴圈)結束
     }                                      // 執行 repeat 次(k 迴圈)結束
}                                           // 主程式結束
//=============== 延遲函數 ================
void delay1ms(int x)
{ int   i,j;                                // 宣告變數
  for (i=0;i<x;i++)                         // 外迴圈 xms
     for (j=0;j<120;j++);                   // 內迴圈 1ms
}                                           // 延遲函數結束
```

🔧 **操作**

1. 依功能需求與電路結構，在 Keil C 裡撰寫程式，並進行建構(按 🖥 鈕)，以產生*.HEX 檔。

2. 按圖 21 連接線路，其中使用的 8×8 LED 陣列是共陽極的。再將剛產生的 ch13-6-1.hex 燒錄到 AT89S51 晶片。即可測試是否正常顯示「2、0、1、5、0、1、2、3」？若不能正常顯示，首先檢視線路的連接狀況，看看哪裡出問題？並將它記錄在實驗報告裡。再看看程式是否有輸入錯誤？

3. 撰寫實驗報告。

思考一下

● 請試著更改本實驗裡的電路與程式，改採用共陰型 LED 陣列，再執行同樣的功能？

● 請試著更改本實驗裡的程式，讓 LED 陣列依序顯示你的出生年月日？

13-6-2　8×8 LED 陣列雙色顯示

實驗要點

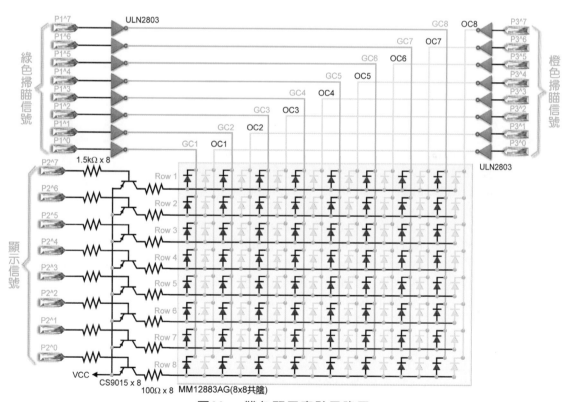

圖22　雙色顯示實驗電路圖

如圖 22 所示，其中 MM12883AP 為綠/橙雙色 1.2"、8×8 共陰型 LED 陣列，其

中包括綠色與橙色兩組掃瞄信號，分別連接到 8x51 的 Port 1 與 Port 3，顯示信號則連接到 8x51 的 Port 2。在本單元裡，將由這個 LED 陣列顯示 0～9，約每 0.5 秒增加 1，第一輪以綠色顯示，第二輪以橙色顯示；而 0 到 9 的編碼與 12-6-1 節一樣。

流程圖與程式設計

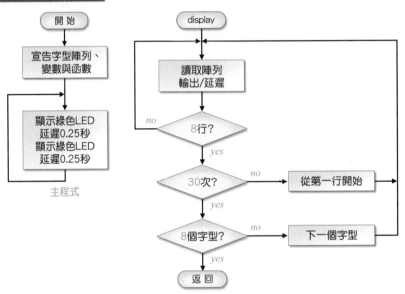

8×8 LED 陣列雙色顯示實驗(ch13-6-2.c)

```c
/* 8X8 LED 雙色陣列實驗(ch13-6-2.c) */
#include    <reg51.h>
#define    ROWP        P2          // 輸出列接至 P2
#define    green       P1          // 定義綠色行掃瞄信號連接埠
#define    orange      P3          // 定義橙色行掃瞄信號連接埠
char code TAB[]=                    // ====== 字  型 ==============
{ 0x00, 0x1c, 0x22, 0x41, 0x41, 0x22, 0x1c, 0x00,    // 0
  0x00, 0x40, 0x44, 0x7e, 0x7f, 0x40, 0x40, 0x00,    // 1
  0x00, 0x00, 0x66, 0x51, 0x49, 0x46, 0x00, 0x00,    // 2
  0x00, 0x00, 0x22, 0x41, 0x49, 0x36, 0x00, 0x00,    // 3
  0x00, 0x10, 0x1c, 0x13, 0x7c, 0x7c, 0x10, 0x00,    // 4
  0x00, 0x00, 0x27, 0x45, 0x45, 0x45, 0x39, 0x00,    // 5
  0x00, 0x00, 0x3e, 0x49, 0x49, 0x32, 0x00, 0x00,    // 6
  0x00, 0x03, 0x01, 0x71, 0x79, 0x07, 0x03, 0x00,    // 7
  0x00, 0x00, 0x36, 0x49, 0x49, 0x36, 0x00, 0x00,    // 8
  0x00, 0x00, 0x26, 0x49, 0x49, 0x3e, 0x00, 0x00};   // 9
char code disp[]={2, 0, 1, 5, 0, 1, 2, 3};  // 顯示內容
unsigned char speed=30;             // 約 0.48 秒
void delay1ms(int x);               // 宣告延遲函數
void display(char x);               // 宣告顯示函數
//============== 主 程 式 ===================
```

```
main()                              // 主程式開始
{  while (1)                         // 無窮盡迴圈
   {   display(0);                   // 顯示綠色
       green=0xFF;                   // 關閉綠色 LED
       delay1ms(250);                // 延遲 0.25s
       display(1);                   // 顯示橙色
       orange=0xFF;                  // 關閉橙色 LED
       delay1ms(250);                // 延遲 0.25s
   }                                 // while 結束
}                                    // 主程式結束
//============== 顯示函數 ==================
void display(char color)             // 顯示函數開始
{  unsigned char i,j,k;              // 宣告變數
   for (i=0;i<10;i++)                // 字型迴圈
     for (k=0;k<speed;k++)           // 重複執行 k 次
     {   for (j=0;j<8;j++)           // 掃瞄一週
         {   ROWP=0xFF;              // 關閉 LED
             if(color==0)            // 若 color=0
                 green=~(1<<j);      // 輸出綠色掃瞄信號
             else orange=~(1<<j);    // 若 color=1，輸出橘色掃瞄信號
             ROWP=~TAB[disp[8*i+j]];// 輸出顯示信號
             delay1ms(1);            // 延遲 1ms
         }                           // j 迴圈結束
     }                               // k 迴圈結束
}                                    // 顯示函數結束
//============== 延遲函數 ==================
void delay1ms(int x)
{  int   i,j;                        // 宣告變數
   for (i=0;i<x;i++)                 // 外迴圈
     for (j=0;j<120;j++);            // 內迴圈
}                                    // 延遲函數結束
```

操作

1. 依功能需求與電路結構，在 Keil C 裡撰寫程式，並進行建構(按 ▦ 鈕)，以產生*.HEX 檔。

2. 按圖 22 連接線路，其中使用的雙色 8×8 LED 陣列是共陰極的 (MM12883 或同級品)。再剛才產生的 ch13-6-2.hex 燒錄到 AT89S51 晶片。即可測試動作是否正常？若不能正常顯示，首先檢視線路的連接狀況，看看哪裡出問題？並將它記錄在實驗報告裡。再看看程式是否有輸入錯誤？

3. 撰寫實驗報告。

思考一下

● 在本實驗裡，若要多一組顯示顏色(綠色+橙色)，應如何修改？

● 請試著更改本實驗裡的程式，讓 LED 陣列依序顯示你的出生
年月日，其中以橙色顯示年、綠色顯示月、綠色+橙色顯示日？

13-6-3　8×8 LED 陣列水平移動

實驗要點

如圖 23 所示之向右箭頭字型，其掃瞄信號連接到 8x51 的 Port 1、顯示信
號連接到 8x51 的 Port 2。按 PB0 鈕後，向右箭頭字型將右移三圈；按 PB1
鈕後，向右箭頭字型變成向左箭頭字型並左移三圈。其 LED 陣列電路與
13-6-1 節一樣(圖 21，13-25 頁)，而 PB0 接到 P3^0、PB1 接到 P3^1。

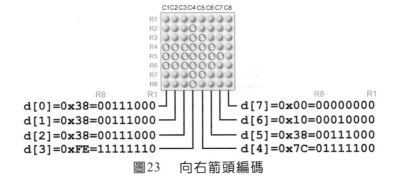

圖23　向右箭頭編碼

流程圖與程式設計

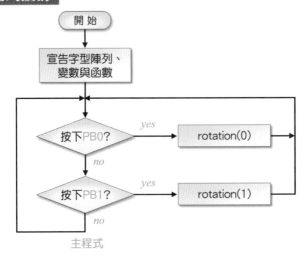

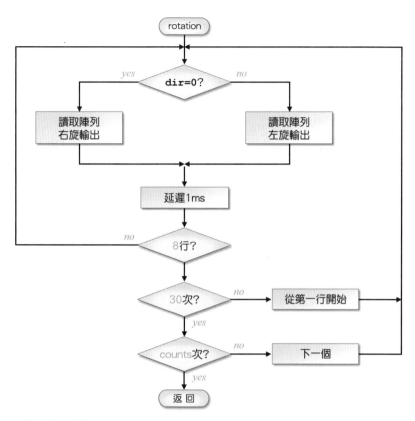

8×8 LED 陣列平移實驗(ch13-6-3.c)

```c
/* 8X8 LED 陣列平移實驗(ch13-6-3.c) */
#include    <reg51.h>
#define   ROWP      P2            // 輸出列接至 P2
#define   COLP      P1            // 掃瞄行接至 P1
#define   repeat    30            // 掃瞄 30 週，約 1m*8*30 =0.24 秒
#define   counts    3             // 旋轉 3 次
sbit PB0 = P3^0;                  // 宣告左移按鈕
sbit PB1 = P3^1;                  // 宣告右移按鈕
//========== 字 型 ==================
unsigned char code d[]={
    0x38, 0x38, 0x38, 0xfe, 0x7c, 0x38, 0x10, 0x00};   // 向右箭頭
void rotation(char dir);          // 宣告左/右轉函數(0:右/1:左)
void delay1ms(int x);             // 宣告延遲函數
//============== 主 程 式 ==============
main()                            // 主程式開始
{ PB0=PB1=1;                      // 設定輸入埠
  while (1)                       // 無窮盡迴圈
  { if (!PB0) rotation(0);        // 按下 PB0，右轉 3 圈
    if (!PB1) rotation(1);        // 按下 PB1，左轉 3 圈
    COLP=0xFF;                    // 關閉 LED
  }                               // while 結束
}                                 // 主程式結束
```

```
//================== 左/右轉函數 ==================
void rotation(char dir)                    // dir:控制左右(0:右/1:左)
{  int   i,j,k,l;                          // 宣告變數
   for (l=0;l<counts;l++)                  // 轉 counts 次
     for (j=0;j<8;j++)                     // 移動 j 行
        for (k=0;k<repeat;k++)             // 掃瞄 repeat 週
        {   for (i=0;i<8;i++)              // 掃瞄第 i 行
            {   ROWP=0x00;                 // 關閉 LED(防殘影)
                if(dir==0)                 // 按下 PB0 右轉
                {   COLP=~(1<<i);  // 輸出掃瞄信號
                    ROWP = d[(i+j)%8];}
                else                       // 按下 PB1 左轉
                {   COLP=~(1<<i);  // 輸出掃瞄信號
                    ROWP = d[(7-i+j)%8];}
                delay1ms(1);               // 延遲 1ms
            }                              // 行掃瞄(變數 i)結束
        }                                  // 掃瞄 repeat 次
}                                          // 結束左/右轉函數
//================== 延遲函數 ==================
void delay1ms(int x)
{  int i,j;                                // 宣告變數
   for (i=0;i<x;i++)                       // 外迴圈,延遲 xms
      for (j=0;j<120;j++);                 // 內迴圈,延遲 1ms
}                                          // 延遲函數結束
```

 操作

1. 依功能需求與電路結構,在 Keil C 裡撰寫程式,並進行建構(按 鈕),以產生 *.HEX 檔。

2. 按圖 24 連接線路,其中使用的 8×8 LED 陣列是共陽極的。再剛才產生的 ch13-6-3.hex 燒錄到 AT89S51 晶片。即可測試動作是否正常?若不能正常顯示,首先檢視線路的連接狀況,看看哪裡出問題?並將它記錄在實驗報告裡。再看看程式是否有輸入錯誤?

3. 撰寫實驗報告。

 思考一下

- 在本實驗裡,若按住 PB0 不放,會怎樣?
- 請修改本實驗之程式,使得放開按鈕後,才進行左/右移的動作?

13-6-4　**8×8 LED 陣列跑馬燈**

實驗要點

如圖 21 所示(13-6-1 節)，其掃瞄信號連接到 8x51 的 Port 1、顯示信號連接到 8x51 的 Port 2。在本單元裡將由這個 LED 陣列動態顯示「8051」，即跑馬燈文字幕，約每 0.24 秒左移一步。

流程圖與程式設計

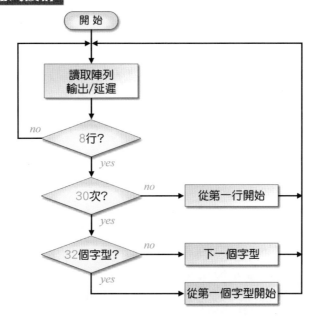

8×8 LED 陣列跑馬燈實驗(ch13-6-4.c)

```c
/* 8x8 LED 陣列跑馬燈實驗- 8051 數字左移(ch13-6-4.c) */
#include    <reg51.h>
#define ROWP P2          // 輸出列接至 P2
#define COLP  P1         // 掃瞄行接至 P1
#define repeat  30       // 掃瞄 30 週，約 1m*8*30 =0.24 秒
//=============== 字型 - 8051   ==================
char code d[]=
{ 0x00, 0x00, 0x36, 0x49, 0x49, 0x36, 0x00, 0x00,      // 8
  0x00, 0x1c, 0x22, 0x41, 0x41, 0x22, 0x1c, 0x00,      // 0
  0x00, 0x00, 0x27, 0x45, 0x45, 0x45, 0x39, 0x00,      // 5
  0x00, 0x40, 0x44, 0x7e, 0x7f, 0x40, 0x40, 0x00};     // 1
void delay1ms(int x);              // 宣告延遲函數
//=============== 主 程 式 ==================
main()                             // 主程式開始
{ int i,j,k;                       // 宣告變數
```

```
    while (1)                            // 無窮盡迴圈
    {    for (i=0;i<32;i++)              // 顯示 32 個畫面
            for (k=0;k<repeat;k++)       // 每個視窗重複執行 k 次
                for (j=0;j<8;j++)        // 掃瞄一週
                {    ROWP=0x00;          //  LED 關閉
                     COLP=~(1<<j);       // 輸出掃瞄信號
                     ROWP=d[(i+j)%32];   // 輸出顯示信號
                     delay1ms(1);        // 延遲 1ms
                }                        // 完成掃瞄一週
    }                                    //  while 敘述結束
}                                        // 主程式結束
//================= 延遲函數 =================
void delay1ms(int x)
{  unsigned char i,j;                    // 宣告變數
   for (i=0;i<x;i++)                     // 外迴圈
       for (j=0;j<120;j++);              // 內迴圈
}                                        // 延遲函數結束
```

 操作

1. 依功能需求與電路結構，在 Keil C 裡撰寫程式，並進行建構(按 ▦ 鈕)，以產生*.HEX 檔。

2. 按圖 21 連接線路，其中使用的 8×8 LED 陣列是共陽極的。再剛才產生的 ch13-6-4.hex 燒錄到 AT89S51 晶片。即可測試動作是否正常？若不能正常顯示，首先檢視線路的連接狀況，看看哪裡出問題？並將它記錄在實驗報告裡。再看看程式是否有輸入錯誤？

3. 撰寫實驗報告。

 **思考一下**

● 在本實驗裡，文字呈現動態左移，請將它修改為動態右移？

● 依本實驗之電路，請撰寫一個電話號碼的動態左移？

 13-6-5 **8×8 LED 陣列垂直移動**

實驗要點

本實驗之電路與 13-6-1 節之電路一樣(圖 21，13-25 頁)，PB0 接到 P3^0、PB1 接到 P3^1。按 PB0 鈕後，向上箭頭字型將上移三圈；按 PB1 鈕後，向下

箭頭字型將下移三圈。而向上箭頭字型與向下箭頭字型，如圖 24 所示。

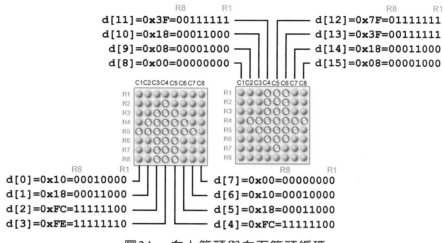

圖24　　向上箭頭與向下箭頭編碼

流程圖與程式設計

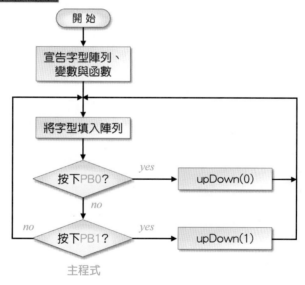

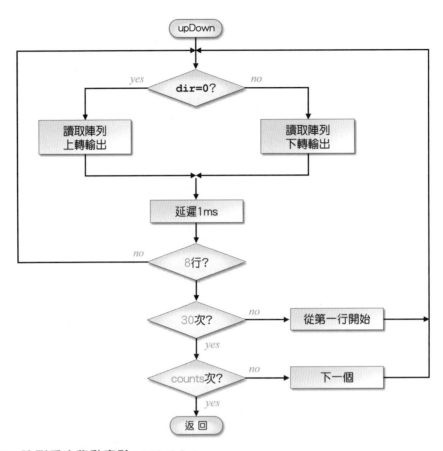

8×8 LED 陣列垂直移動實驗(ch13-6-5.c)

```
/* 8X8 LED 陣列垂直移動實驗(ch13-6-5.c) */
#include    <reg51.h>
#define ROWP      P2              // 輸出列接至 P2
#define COLP      P1              // 掃瞄行接至 P1
#define repeat    30              // 掃瞄 30 週，約 1m*8*30 =0.24 秒
#define counts    3               // 旋轉 3 次
sbit PB0 = P3^6;                  // 宣告上移按鈕
sbit PB1 = P3^7;                  // 宣告下移按鈕
//============== 字   型 ==================
unsigned char code d[]={
   0x10, 0x18, 0xfc, 0xfe, 0xfc, 0x18, 0x10, 0x00,  //
   0x00, 0x08, 0x18, 0x3f, 0x7f, 0x3f, 0x18, 0x08}; //
void upDown(char dir);           // 宣告上/下轉函數(0:上/1:下)
void delay1ms(int x);            // 宣告延遲函數 */
//============== 主 程 式 ==================
main()                           // 主程式開始
{ PB0=PB1=1;                     // 設定輸入埠
  while (1)                      // 無窮盡迴圈
  { if (!PB0) upDown(0);         // 按下 PB0，上轉 3 圈
    if (!PB1) upDown(1);         // 按下 PB1，下轉 3 圈
```

```
        COLP=0xFF;                    // 關閉 LED
    }                                 // while 結束
}                                     // 主程式結束
//============== 上/下轉函數 ==================
void upDown(char dir)                 // dir:控制上下(0:上/1:下)
{   int   i,j,k,l;                    // 宣告變數
    for (l=0;l<counts;l++)            // 轉 counts 次
        for (j=0;j<8;j++)             // 移動上下 j 列
            for (k=0;k<repeat;k++)    // 掃瞄 repeat 週
                for (i=0;i<8;i++)     // 掃瞄第 i 行
                {   ROWP=0x00;        // 關閉 LED(防殘影)
                    if(dir==0)        // 按下 PB0 上轉
                    {   COLP=~(1<<i);// 輸出掃瞄信號
                        ROWP = d[i]>>j | d[i]<<(8-j);}
                    else              // 按下 PB1 下轉
                    {   COLP=~(1<<7-i);// 輸出掃瞄信號
                        ROWP = d[8+i]<<j | d[8+i]>>(8-j);}
                    delay1ms(1);      // 延遲 1ms
                }                     // 行掃瞄(變數 i)結束
}                                     // 結束左/右轉函數
//============== 延遲函數 ==================
void delay1ms(int x)
{   int i,j;                          // 宣告變數
    for (i=0;i<x;i++)                 // 外迴圈,延遲 xms
        for (j=0;j<120;j++);          // 內迴圈,延遲 1ms
}                                     // 延遲函數結束
```

 操作

1. 依功能需求與電路結構，在 Keil C 裡撰寫程式，並進行建構(按 ▨ 鈕)，以產生 *.HEX 檔。

2. 按圖 24 連接線路，其中使用的 8×8 LED 陣列是共陽極的。再剛才產生的 ch13-6-5.hex 燒錄到 AT89S51 晶片。即可測試動作是否正常？若不能正常顯示，首先檢視線路的連接狀況，看看哪裡出問題？並將它記錄在實驗報告裡。再看看程式是否有輸入錯誤？

3. 撰寫實驗報告。

 **思考一下**

● 在本實驗裡，若改用共陰極 LED 陣列，電路圖與程式應如何修改？

13-6-6 16×16 RGB LED 接龍看板

實驗要點

16×16 RGB LED 陣列的線路很複雜，若以手工連接，恐怕要花很長的時間。在本實驗裡將應用堃喬電子所發行的「**KT-RGB 接龍看板**」，快速實現與驗證彩色看板的程式設計。在本單元裡將由這個 LED 陣列以跑馬燈的方式顯示「大家好」，約每 0.24 秒移動一步，而依序改變字體顏色與底色。如果覺得16×16 不夠看，**KT-RGB 接龍看板**可無接縫串接，兩片 **KT-RGB 接龍看板**可串接成 16×32、三片 **KT-RGB 接龍看板**可串接成16×48，以此類推。如圖 25 所示為「大家好」的字型圖案與編碼，我們也可應用**黃國倫老師**所提供的「**發行七段_米字_點矩陣顯示器編碼器**」程式，自行編擬其他文字或圖案。

位數	1	2	3	4	5	6	7	9
大	0x0000	0x0020	0x4010	0x6018	0x600C	0x6207	0xEE03	0xFC01
家	0x0000	0x0000	0x4840	0x302A	0x102A	0x1035	0x3A4A	0xAF7F
好	0x0000	0x4020	0x4012	0xF80B	0x2004	0xE00B	0x1010	0x0000

位數	9	10	11	12	13	14	15	16
大	0x3003	0x3006	0x300C	0x3018	0x1030	0x0030	0x0020	0x0020
家	0xEE3F	0x2804	0x280A	0x4811	0x2C20	0x1860	0x0020	0x0000
好	0x0802	0x0822	0x0C63	0xE431	0x140F	0x0801	0x0001	0x0000

圖25 字型編碼

流程圖與程式設計

在 **KT-RGB 接龍看板**裡使用 3 個 DM13A，以傳輸紅色(R)、綠色(G)及藍色(B)信號，每組信號都是 16 位元。在此將應用 DM13A_RGB 函數(13-25 頁)，傳輸這三個顏色的資料。

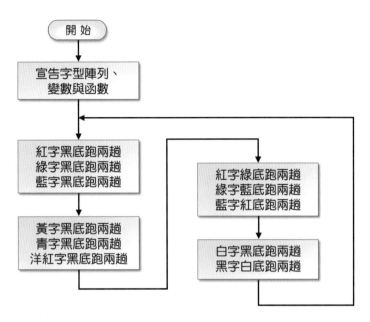

16×16 LED 陣列實驗(ch13-6-6.c)

```c
/*KT-RGB LED 接龍看板實驗(ch13-6-6.c)*/
#include    <reg51.h>
#define repeat       20        // 掃瞄 30 週，約 1m*16*20 =0.32 秒
#define SCANP       P0         // 掃瞄指標(P0^3=Di、P0^2=Ci、P0^1=Bi、P0^0=Ai)
#define dir     0              // 傳輸方向，0:LSB first, 1:MSB first
sbit Rin = P2^0;               // 宣告 Rin 接腳連接 P2^0
sbit Gin = P2^1;               // 宣告 Gin 接腳連接 P2^1
sbit Bin = P2^2;               // 宣告 Bin 接腳連接 P2^2
sbit LEi = P2^4;               // 宣告 LEi 接腳連接 P2^4
sbit OEi = P2^5;               // 宣告 OEi 接腳連接 P2^5
sbit SCKi = P2^6;              // 宣告 SCRi 接腳連接 P2^6
void DM13A_RGB(bit direction ,int R_data,int G_data,int B_data);
// 宣告 DM13A_RGB 函數
// direction:傳輸方向，R_data:紅色資料，G_data:綠色資料，B_data:藍色資料
void scanner(char color_R,char color_G,char color_B,char CNTs);
// 宣告 DM13A_RGB 函數，CNTs：跑幾趟
// color_R：紅色指標，color_G：綠色指標，color_B：藍色指標
// 顏色指標=0：不顯示，顏色指標=1：顯示前景，顏色指標=2：顯示背景
//================ 字  型 ====================
unsigned int code d[]=
{   0x0000, 0x0020, 0x4010, 0x6018, 0x600C, 0x6207, 0xEE03, 0xFC01, //大
    0x3003, 0x3006, 0x300C, 0x3018, 0x1030, 0x0030, 0x0020, 0x0020,
    0x0000, 0x0000, 0x4840, 0x302A, 0x102A, 0x1035,0x3A4A,0xAF7F, //家
    0xEE3F, 0x2804, 0x280A, 0x4811, 0x2C20, 0x1860, 0x0020, 0x0000,
    0x0000, 0x4020, 0x4012, 0xF80B, 0x2004, 0xE00B, 0x1010, 0x0000, //好
    0x0802, 0x0822, 0x0C63, 0xE431, 0x140F, 0x0801, 0x0001, 0x0000};
void delay1ms(int);                          // 宣告延遲函數
```

```
//============== 主 程 式 ==================
main()                              // 主程式開始
{ while (1)                         // 無窮盡迴圈
  {  // === 紅字黑底跑兩趟 ===
     scanner(1,0,0,2);              // 前景紅色，綠色、藍色不顯示
     // === 綠字黑底跑兩趟 ===
     scanner(0,1,0,2);             // 前景綠色，紅色、藍色不顯示
     // === 藍字黑底跑兩趟 ===
     scanner(0,0,1,2);             // 前景藍色，紅色、綠色不顯示
     // === 黃字黑底跑兩趟 ===
     scanner(1,1,0,2);             // 前景紅色+綠色，藍色不顯示
     // === 青字黑底跑兩趟 ===
     scanner(0,1,1,2);             // 前景綠色+藍色，紅色不顯示
     // === 洋紅字黑底跑兩趟 ===
     scanner(1,0,1,2);             // 前景紅色+藍色，綠色不顯示
     // === 紅字綠底跑兩趟 ===
     scanner(1,2,0,2);             // 前景紅色，背景綠色，藍色不顯示
     // === 綠字藍底跑兩趟 ===
     scanner(0,1,2,2);             // 前景綠色，背景藍色，紅色不顯示
     // === 藍字紅底跑兩趟 ===
     scanner(2,0,1,2);             // 前景藍色，背景紅色，綠色不顯示
     // === 白字黑底跑兩趟 ===
     scanner(1,1,1,2);             // 前景紅色、綠色、藍色
     // === 黑字白底跑兩趟 ===
     scanner(2,2,2,2);             // 前景不顯示，背景紅色、綠色、藍色
  }
}                                   // 主程式結束
// ===== scanner 掃瞄函數 =====
void    scanner(char Rdata, char Gdata, char Bdata, char counts)
{ int i,j,k,scan,R,G,B;             // 宣告變數
  for (i=0;i<counts;i++)            // 跑 counts 趟
     for (j=0;j<48;j++)             // 起始點
     {  // === 顏色配置 ===
         if (Rdata==0) R=0;         // 關閉紅色
         else if (Rdata==1) R=d[j%16];   // 前景紅色
         else if (Rdata==2) R=~d[j%16];  // 背景紅色
         if (Gdata==0) G=0;         // 關閉綠色
         else if (Gdata==1) G=d[j%16];   // 前景綠色
         else if (Gdata==2) G=~d[j%16];  // 背景綠色
         if (Bdata==0) B=0;         // 關閉藍色
         else if (Bdata==1) B=d[j%16];   // 前景藍色
         else if (Bdata==2) B=~d[j%16];  // 背景藍色
         // === 重複掃瞄 repeat 次 ===
         for (k=0;k<repeat;j++)
```

```
        { for (scan=0;scan<16;scan++) // 掃瞄迴圈
          {   DM13A_RGB(dir,R,G,B);// 輸出顯示信號
              SCANP=scan;          // 輸出掃瞄信號
              delay1ms(1);         // 延遲 1ms
          }                        // 完成掃瞄一個畫面
        }                          // 完成重複 repeat 次
    }
}
// ===== RGB 串列資料傳輸函數 =====
void   DM13A_RGB(bit DIR,int Rdata, int Gdata, int Bdata)
  // SCKi(升緣觸發),LEi(閃控),OEi(低態動作)
  // Ddata(紅色信號), Gdata(綠色信號), Bdata(藍色信號)
  // DIR(傳輸方向),0=LSB first, 1=MSB first(影響圖案上下顛倒)
{ char    i;
    SCKi=LEi=0;OEi=1;
    for(i=0;i<16;i++)
    {   if (DIR)                  // MSB first
        {   if (Rdata&0x8000)   Rin=1; else   Rin=0; // 傳輸紅色信號
            if (Gdata&0x8000)   Gin=1; else   Gin=0; // 傳輸綠色信號
            if (Bdata&0x8000)   Bin=1; else   Bin=0; // 傳輸藍色信號
            SCKi=1;
            // 下一位元
            Rdata<<=1;Gdata<<=1;Bdata<<=1;
            SCKi=0;
        }
        else                      // LSB first
        {   if (Rdata&1)   Rin=1; else   Rin=0;  // 傳輸紅色信號
            if (Gdata&1)   Gin=1; else   Gin=0;  // 傳輸綠色信號
            if (Bdata&1)   Bin=1; else   Bin=0;  // 傳輸藍色信號
            SCKi=1;
            // 下一位元
            Rdata>>=1;Gdata>>=1;Bdata>>=1;
            SCKi=0;
        }
    }
    LEi=1;LEi=0;OEi=0;
}
//=============== 延遲函數 ===================
void delay1ms(int x)
{ int i,j;                        // 宣告變數
  for (i=0;i<x;i++)               // 外迴圈
    for (j=0;j<120;j++);          // 內迴圈
}                                 // 延遲函數結束
```

1. 依功能需求與電路結構，在 Keil C 裡撰寫程式，並進行建構(按 ▣ 鈕)，以產生*.HEX 檔。

2. 按圖 28 連接線路，其中使用的 8×8 LED 陣列是共陽極的。再剛才產生的 ch13-6-6.hex 燒錄到 AT89S51 晶片。即可測試動作是否正常顯示？若不能正常顯示，首先檢視線路的連接狀況，看看哪裡出問題？並將它記錄在實驗報告裡。再看看程式是否有輸入錯誤？

3. 撰寫實驗報告。

思考一下

- 請改變本實驗裡所顯示的字型，以顯示自編的字型或圖案？
- 在本實驗裡程式的基礎下，請進行其他的顏色配置？

13-6-7　　　　PWM 控制 RGB LED

實驗要點

在此將直接使用 KT89S51 線上燒錄實驗板(V4.2)右上角的 RGB LED(如圖 19 所示，13-23 頁)，使用 3Pin 杜邦線，連接 P0^0~P0^2 連接到 JP6，以進行 3 位元(8 階)的 PWM 控制實驗。

程式設計

在此將循環掃瞄 512 個色階(8×8×8)，每個色階顯示約 0.2 秒，整個程式如下：

PWM 控制 RGB LED 實驗(ch13-6-7.c)

```
/*PWM 控制 RGB LED 實驗(ch13-6-7.c)*/
#include    <reg51.h>
sbit R_LED = P0^0;           // 宣告紅色 LED 連接到 P0^0
sbit G_LED = P0^1;           // 宣告綠色 LED 連接到 P0^1
sbit B_LED = P0^2;           // 宣告藍色 LED 連接到 P0^2
void delay1ms(int);          // 宣告延遲函數
//================ 主 程 式 ================
main()
{  unsigned char    Rvalue,Gvalue,Bvalue;  // 宣告變數
   unsigned char    Counter=0;             // 宣告計數器
   while(1)
```

```
{   for(Rvalue=0;Rvalue<8;Rvalue++)
        for(Gvalue=0;Gvalue<8;Gvalue++)
            for(Bvalue=0;Bvalue<8;Bvalue++)
            {   if (Counter>Rvalue)    R_LED=0;
                else    R_LED=1;
                if (Counter>Gvalue)    G_LED=0;
                else    G_LED=1;
                if (Counter>Bvalue)    B_LED=0;
                else    B_LED=1;
                if (++Counter==8)    Counter=0;
                delay1ms(200);
            }
    }
}
//================ 延遲函數 ====================
void delay1ms(int x)
{   int i,j;                        // 宣告變數
    for (i=0;i<x;i++)               // 外迴圈
        for (j=0;j<120;j++);        // 內迴圈
}                                   // 延遲函數結束
```

 操作

1. 依功能需求與電路結構，在 Keil C 裡撰寫程式，並進行建構(按 ▦ 鈕)，以產生 *.HEX 檔。

2. 在 KT89S51 線上燒錄實驗板(V4.2)裡，使用 3Pin 杜邦線一端連接 P0^0、P0^1、P0^2，另一端連接 JP6 的 R、G、B。再剛才產生的 ch13-6-7.hex 燒錄到 AT89S51 晶片，看看動作是否正常；若不能正常顯示，首先檢視線路的連接狀況，看看哪裡出問題？並將它記錄在實驗報告裡。再看看程式是否有輸入錯誤？

3. 撰寫實驗報告。

 **思考一下**

● 若要產生 16 階的 PWM 控制，應如何修改？

● 請改採用 Timer 中斷方式，以產生 PWM 信號？

13-7 即時練習 ＠
LED 陣列之應用

在本章裡探討 LED 陣列的結構與應用，包括如何應用 8x51 驅動 LED 陣列的顯示。在此請試著回答下列問題，以確認對於此部分的認識程度。

選擇題

( )1. 對於 8×8 LED 陣列而言，其中的 LED 個數及接腳數各為多少？
(A) 64、16　(B) 16、16　(C) 64、12 (D) 32、12 。

( )2. 在共陽極型 8×8 LED 陣列裡，其陽極如何連接？　(A) 各列陽極連接到列接腳　(B) 各行陽極連接到行接腳　(C) 各列陽極連接到行接腳 (D) 各行陽極連接到列接腳。

( )3. 同上題，其陰極如何連接？　(A) 各列陰極連接到列接腳　(B) 各行陰極連接到行接腳　(C) 各列陰極連接到行接腳　(D) 各行陰極連接到列接腳。

( )4. 雙色 8×8 LED 陣列之行接腳與列接腳各多少？　(A) 12、12　(B) 8、16　(C) 16、8　(D) 24、8 。

( )5. 「5×8 LED 陣列」指的是何種 LED 陣列？　(A) 5 行 8 列的 LED 陣列　(B) 5mm 的 8×8 LED 陣列 (C) 8 行 5 列的 LED 陣列　(D) 8mm 的 5×5 LED 陣列。

( )6. 通常 8×8 LED 陣列的驅動方式為何？　(A) 直接驅動　(B) 掃瞄驅動 (C) 雙向驅動　(D) 以上皆非 。

( )7. 對於 m 行 n 列的 LED 陣列而言，其掃瞄的工作週期為何，比較不會感覺閃爍？　(A) 16 毫秒/m　(B) 16 毫秒/n　(C) 64 毫秒/m　(D) 16 毫秒/n 。

( )8. 若要採用兩個 8 位元的輸出入埠，驅動 16×16 LED 陣列，必須使用何種輔助零件？　(A) 解碼器　(B) 多工器　(C) 解多工器　(D) 栓鎖器 。

( )9. 下列哪個零件可提供 1 對 16 的解碼功能？
(A) 74138　(B) 74139　(C) 74154　(D) 74373 。

( )10. 在 16×16 LED 陣列驅動電路裡，通常會使用 1 對 16 解碼器，以做為何種用途？　(A) 產生掃瞄信號　(B) 栓鎖掃瞄信號　(C) 栓鎖顯示信號　(D) 放大驅動電流 。

問 答 題

1. 共陽型 LED 陣列是指其每行 LED 的陽極都連接在一起，還是每列 LED 的陽極都連接在一起？

2. 5×7 LED 陣列是指該 LED 陣列是由多少行、多少列所組成？

3. LED 陣列的行接腳所負擔的電流比較多，還是列接腳所負擔的電流比較多？

4. 74LS373 之功能為何？其 I_{OL} 為約多少？

5. 74LS154 之功能為何？其 G_1、G_2 接腳之功能為何？

6. 試述 LED 陣列顯示的動作原理？

7. 若要 LED 陣列進行左移/右移顯示，應如何處理？

8. 若要 LED 陣列進行上移/下移顯示，應如何處理？

9. 多色 LED 陣列(如 MM12884AG)最多可以顯示多少個顏色？

10. 若要以四個 8×8 LED 陣列組成 16×16 的 LED 顯示幕，其電路應如何處理？

心得筆記

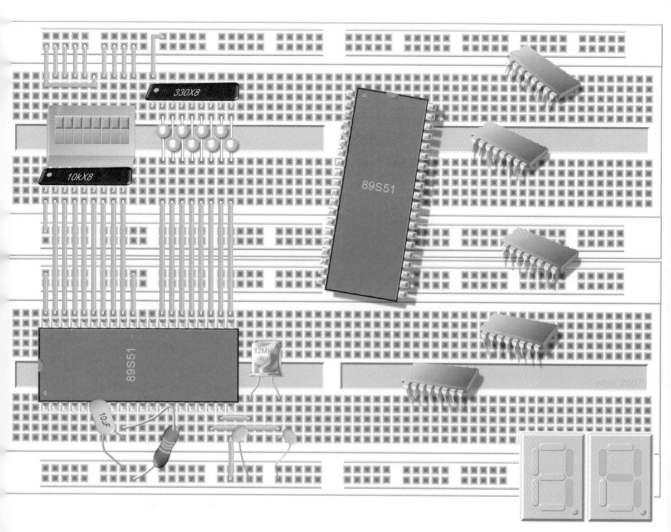

 LCD 模組之應用

本章內容豐富,主要包括兩部分:

硬體部分:

LCD 模組的結構,及其與 8x51 之介面。

LCD 模組的指令、編碼與其應用。

認識中文 LCD 模組與其應用。

程式與實作部分:

基本 LCD 模組的應用、自建字型等。

認識 LCD 模組

14-1

LCD 模組之應用

圖1 LCD 模組(左邊為正面圖、右邊為背面圖)

　　LCD(Liquid Crystal Display)為液晶顯示面板，由於 LCD 的控制須專用的驅動電路，且 LCD 面板的接線須特殊技巧，加上 LCD 面板結構較脆弱，通常不會單獨使用。而是將 LCD 面板、驅動與控制電路組合而成一個 LCD 模組(**Liquid Crystal Display Moulde, LCM**)。LCM 是一種很省電的顯示裝置，常被應用在數位或微電腦控制的系統，做為簡易的人機介面，如圖 1 所示為常用的 LCD 模組。

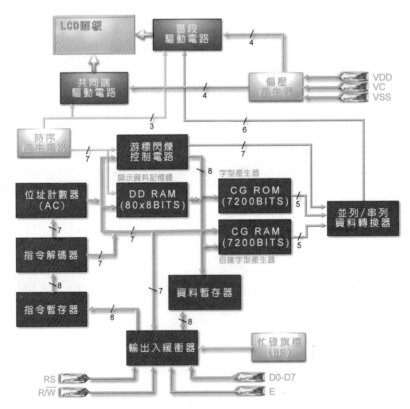

圖2　　HD44780 LCM 內部結構

LCM基本資料

LCM 的種類煩多,而在學校與訓練單位所採用的 LCM,大都是以日商日立公司的控制器(HD44780)所組成的 LCM,其內部結構如圖 2 所示,而其特性如下:

- 內建 80bytes 資料顯示記憶體(Data Display **RAM, DD RAM**),可顯示 16 字×1 列、20 字×1 列、16 字×2 列、20 字×2 列、40 字×2 列等模式。

- 內建字型產生器(Character Generate **ROM, CG ROM**),可產生 160 個 5×7 字型,如表 1 所示。

- 自建字型產生器(Character Generate **RAM, CG RAM**),可由使用者自建 8 個 5×7 字型。

表 1　LCD 字型編碼表

LCM內部結構

如圖 2 所示,LCM 內部結構,如下說明:

- 輸出入緩衝器為 LCM 的大門,所有資料與控制信號都須透過本單元才得以進出 LCM。

● 指令暫存器 (**Instruction Register, IR**)為一個 8 位元暫存器，其功能是存放微處理器所送入之 LCM 指令、DD RAM 或 CG RAM 之位址。當我們要將資料輸入到 DD RAM 或 CG RAM 時，首先將資料放入資料暫存器，再把指令與 DD RAM 或 CG RAM 之位址放入本暫存器，即可將該資料輸入到 DD RAM 或 CG RAM。同樣地，若要讀取 DD RAM 或 CG RAM 的資料，則將指令與 DD RAM 或 CG RAM 之位址放入本暫存器，即可於資料暫存器中，取得該位址的資料。

● 指令解碼器的功能是將指令暫存器裡的指令解碼，以獲得所要操作 DD RAM 或 CG RAM 的位址。

● 資料暫存器(**Data Register, DR**)連接 LCM 內部資料匯流排，DD RAM 或 CG RAM 的資料存取，都需透過本暫存器。當 CPU 讀取 DR 內容後，DR 將自動載入下一個位址的內容。因此，若要連續讀取 DD RAM 或 CG RAM 的資料，只要指定其起始的位址即可。

● 位址計數器(**Address Counter, AC**)連接 LCM 內部位址匯流排，DD RAM 或 CG RAM 的操作，都需透過本計數器所提供的位址來定址。當存取 DD RAM 或 CG RAM 時，AC 具有自動增加的功能，也就是自動指到下一個記憶位址。當 RS=0、R/W=1 時，進入讀取 AC 內容的狀態，AC 裡的資料將輸出到 D0 到 D7 資料匯流排上。

● 忙碌旗標(**Busy Flag, BF**)用以表示 LCM 當時的狀態，若 BF=1，則表示 LCM 處於忙碌狀態，無法接受外部指令或資料；若 BF=0，則可接受外部指令或資料。

● 顯示資料記憶體(**DD RAM**)映射所要顯示的資料，為 LCM 的主戰場。實際上，在本記憶體裡存放的是所要顯示資料的 ASCII 碼，再以該 ASCII 碼為地址，到 CG ROM 或 HCG ROM 裡找到該字型的顯示編碼。DD RAM 的記憶體位址，分為四列，第一列的位址為 0x80～0x8f、第二列的位址為 0x90～0x9f、第三列的位址為 0xa0～0xaf、第四列的位址為 0xb0～0xbf，其中第一列與第二列直接映對到 LCD 面板，如下：

第0列

0x80	0x81	0x82	0x83	0x84	0x85	0x86	0x87	0x88	0x89	0x8A	0x8B	0x8C	0x8D	0x8E	0x8F

第1列

0x90	0x91	0x92	0x93	0x94	0x95	0x96	0x97	0x98	0x99	0x9A	0x9B	0x9C	0x9D	0x9E	0x9F

0xA0	0xA1	0xA2	0xA3	0xA4	0xA5	0xA6	0xA7	0xA8	0xA9	0xAA	0xAB	0xAC	0xAD	0xAE	0xAF
0xB0	0xB1	0xB2	0xB3	0xB4	0xB5	0xB6	0xB7	0xB8	0xB9	0xBA	0xBB	0xBC	0xBD	0xBE	0xBF

圖3　DDRAM 記憶體位址

而第三列與第四列空有記憶體位置，在 LCD 面板上沒有實際映對的顯示區，就當它不存在。

- 字型產生器(**CG ROM**)為一個唯讀記憶體，其中包括所有預置的顯示資料的編碼(如表 1 為其編碼表)，而這個編碼表就是 ASCII 編碼。

- 自建字型產生器(**CG RAM**)為一個隨機存取記憶體，其功能是提供存放使用者所建立的字型樣板(pattern)，最多可自建 8 個字型(在中文 LCM 為 40 個 16×16 字型)。如圖 4 所示，分別為自建的「☺」及「±」：

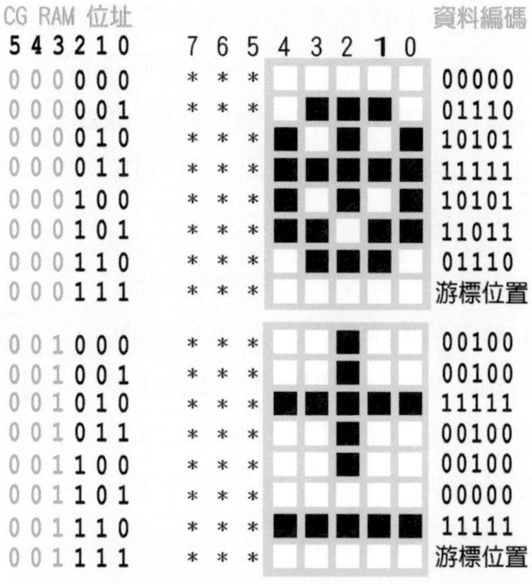

圖4　自建字型

每個字型由 8 組資料編碼所構成，每個資料編碼僅用到前 5 個位元(4-0)，若要顯示則於該位置標示「1」，不要顯示則於該位置標示「0」，最後一組編碼通常是空白，留給游標使用。而這八組資料編碼在 CG RAM 的位址是以其低三位元來編列，分別為 000 到 111。CG RAM 提供 8 個字型的位址，總共 8×8 個位元組記憶體空間，高三位元 000 代表第一個自建字型、001 代表第二個自建字型...，111 代表第八個自建字型。

- 串列/並列資料轉換器(parallel-serial converter)的功能是將從 CG RAM 或 CG ROM 所取出之並列顯示資料，轉換成串列資料，以提供驅動電路推動 LCD 面板。

- 游標閃爍控制電路(cursor/blink controller)的功能是用以控制游標，以及閃爍字型的產生。

- 時序產生電路(timing generator)的功能是產生 LCM 所須之時鐘脈波。

- 偏壓產生電路(bias voltage generator)的功能是提供推動 LCD 面板所須之偏壓。

- 共同端驅動電路(common driver)的功能是提供 LCD 面板共同端之掃瞄信號。

- 區段驅動電路(segment dirver)的功能是提供 LCD 面板之顯示信號。

- LCD 面板(LCD panel)為一點矩陣式液晶顯示面板。

LCM之接腳

如圖 1 所示，LCM 包括 14 隻接腳，如下說明：

- 電源接腳：第 2 腳 VDD 為電源接腳，連接+5V 即可，而第 1 腳 VSS 為接地接腳。第 3 腳 Vo 為面板明亮度調整接腳，當此接腳的電壓越低，則面板明亮度越高。我們可以利用一個 10kΩ可變電阻(或半固定電阻)，做為明亮度調整電路，如圖 5 所示。不同廠牌的 LCM，其明亮度調整方式不見得一樣。

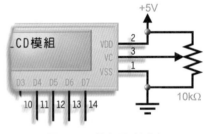

大部分英文 LCM，若將 Vo 電壓調低，面板將更明亮，甚至直接與 VSS 及 GND 連接。本章所採用的 WG14432B 中文 LCM，其明亮度調整方式剛好相反，若將 Vo 電壓調高，面板將更明亮，甚至直接與 VDD 及+5V 連接，但 Vo 不可空接。

圖5　明亮度控制

- 暫存器選擇接腳：RS 腳(第 4 腳)為 LCM 內部暫存器選擇接腳(即 **R**egister **S**elector, **RS**)，當 RS=0 時，匯流排將連接到 LCM 內部暫存器的指令暫存器 **IR**(即 **I**nstruction **R**egister)；當 RS=1 時，匯流排將連接到 LCM 內部暫存器的資料暫存器 DR。

- 讀寫控制接腳：R/$\overline{\text{W}}$ 腳(第 5 腳)為匯流排方向控制接腳，當 R/W=0 時，匯流排將由微處理器輸入到 LCM 內部，以進行資料/指令寫入 LCM；當 R/$\overline{\text{W}}$=1 時，匯流排將由 LCM 內部讀取資料。

- 致能接腳：E 腳(第 6 腳)為 LCM 的致能信號，此為負緣觸發式接腳。

- 資料匯流排接腳：第 7 腳到第 14 腳為資料匯流排接腳，即 D0 到 D7。

LCM之包裝

常見的 LCM 接腳包裝有兩種，如上圖所示，第一種採單排接腳包裝(SIP14)，第二種採雙排接腳包裝(IDC14)。至於接腳的實際位置，不同的廠牌、型號各有不同，使用之前必須詳閱其 data sheet。

14131211109 8 7 6 5 4 3 2 1

圖6　LCM 之包裝

14 12 10 8 6 4 2

14-2　中文 LCD 模組

LCD 模組之應用

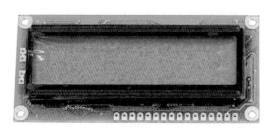
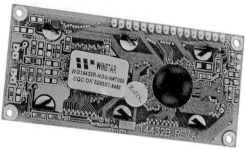

圖7　中文 LCM－**WG14432B-YYH-N**

　　一般的 LCM 都會預留 8×8 個位元組記憶體空間(CG RAM)，讓使用者自建圖形或字型，8×8 個位元組可建立 8 個 5×8 的圖案，若要勉強製作中文字型，則須要兩個 5×8 的圖案才能構成一個中文字，也就是最多可自建四個中文字。顯然這不是個好主意！而中文市場日漸增長，LCM 廠商絕不會坐視不管，所以，近年來中文 LCM 大行其道。儘管如此，中文 LCM 與一般非中文 LCM 之差別不大，只是中文 LCM 多出了中文編碼(big-5 碼)的 ROM，外表上很難分辨其差異，而驅動的指令、外部接腳等，並無不同！以下將介紹國產華凌光電股份有限公司(www.winstar.com.tw)型號 **WG14432B-NGG-N**#T000 之中文 LCM 模組：

編號方式

W G 1 4 4 3 2 B - N G G - N #T000
①　②　　③　　　④　⑤　⑥　⑦　　⑧　　⑨

項目	功 能	說 明
①	廠牌	W 代表 Winstar Display 公司所生產的產品。
②	顯示種類	H 代表文字形式 G 代表圖形形式
③	顯示字型	144×32 點陣
④	模組序號	零件編號
⑤	背光形式	N 代表沒有背光

項目	功　能	說　明	
		B 代表 EL，藍灰色	A 代表 LED，琥珀色
		D 代表 EL，綠色	R 代表 LED，紅色
		W 代表 EL，白色	O 代表 LED，橙色
		F 代表 CCFL，白色	G 代表 LED，綠色
		Y 代表 LED，黃綠色	
⑥	LCD 模式	B 代表 TN 正，灰色	F 代表 FSTN 正
		N 代表 TN 負	T 代表 FSTN 負
		G 代表 STN 正，灰色	
		Y 代表 STN 正，黃灰色	
		M 代表 STN 負，藍色	
⑦	LCD 偏光鏡 溫度範圍 展示方向	A 代表反射式，一般溫度範圍，6 點鐘方向 D 代表反射式，一般溫度範圍，12 點鐘方向 G 代表反射式，寬溫度範圍，6 點鐘方向 J 代表反射式，寬溫度範圍，12 點鐘方向 B 代表透射式，一般溫度範圍，6 點鐘方向 E 代表透射式，一般溫度範圍，12 點鐘方向 H 代表透射式，寬溫度範圍.，6 點鐘方向 K 代表透射式，寬溫度範圍，12 點鐘方向 C 代表透射式，一般溫度範圍，6 點鐘方向 F 代表透射式，一般溫度範圍，12 點鐘方向 I 代表透射式，寬溫度範圍，6 點鐘方向 L 代表透射式，寬溫度範圍，12 點鐘方向	
⑧	特殊碼	N 代表不需要負電壓	
⑨	地區碼	T000 代表台灣區的繁體文編碼。	

接腳

接腳號碼	接腳名稱	準位	說　明
1	VSS	0V	接地
2	VDD	5.0V	LCD 模組邏輯電路電源(+5V)
3	Vo	－	LCD 面板明亮度電源
4	RS	H/L	RS=1，處理資料 RS=0，處理指令
5	R/$\overline{\text{W}}$	H/L	R/W=1，讀取 LCM(MPU←LCM) R/W=0，寫入 LCM(MPU→LCM)
6	E	H/L	致能信號
7~14	DB0~DB7	H/L	匯流排
15	A	－	背光 LED 之正端
16	K	－	背光 LED 之負端

內部架構

如圖 8 所示，**WG14432B-NGG-N#T00** 系列採用 LCD 驅動晶片大廠矽創電子股份有限公司(www.sitronix.com.tw)的中文 LCD 驅動控制器　ST7920，

不是前面所介紹的 HD44780，但其指令與操作方式幾乎完全一樣，關於 ST7920 控制器，可參閱隨書光碟中的 data sheet。

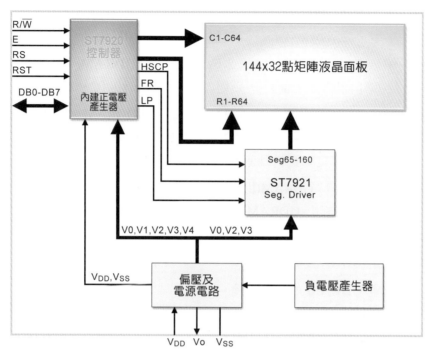

圖8　　中文 LCM－**WG14432B-YYH-N** 之內部結構

字型產生器

ST7920 控制器提供具有 8192 個 16×16 字型(可為中文字)及 126 個 8×16 字型(英文字母與數字)的記憶體(ROM)，如此將可支援多語文的應用，例如中文與英文並行。對於連續的兩個位元組，可用來指定一個 16×16 字型或兩個 8×16 字型，而 8×16 字型就是俗稱的半高字型(half-height characters)，所指定的字型碼將被寫入 DDRAM，同時從 CGROM 或 HCGROM 對應到其字型，即可顯示之。

- 自建字型產生器：ST7920 控制器提供四組使用者定義字型(16×16 字型)的記憶體(即 **CGRAM**)，而其顯示方式與前述應對到 CGROM 或 HCGROM 的方式一樣。

- 自建圖示產生器：ST7920 控制器提供 240 個圖示(Icon)，包括 15 組 IRAM(即 Icon RAM)的位址，每組 IRAM 位址是包含 16 位元資料，而其資料安排的順序是高 8 位元(D15~D8)先、低 8 位元 (D7~D0)後。

- 顯示資料記憶體：DDRAM(Display Data RAM)是指顯示資料計憶體，ST7920 控制器裡的 DDRAM，可以儲存 16 個 16×16 字型(4 列)或 32 個 8×16 字型(4 列)，當然，在 **WG14432B-YYH-N** 的 LCD 面板裡，最多只能顯示兩列。文字資料碼儲存在 DDRAM 裡，而對應到 CGROM、HCGROM 及 CGRAM。

ST7920 能夠顯示 HCGROM 的半高字型、CGRAM 裡使用者自行定義的字型，以及 CGROM 裡的 16×16 全高字型，如下說明：

■ 顯示 HCGROM 半高字型：寫入 2 bytes 資料到 DDRAM，則顯示 2 個 8×16 字型，每個 byte 代表一個字型；而其文字資料碼為 0x02～0x7f。

■ 顯示 CGRAM 字型：寫入 2 bytes 資料到 DDRAM，則顯示 1 個 16×16 字型；而其文字資料碼只能為 0x0000、0x0002、0x0004 及 0x0006。

■ 顯示 CGROM 字型：寫入 2 bytes 資料到 DDRAM，則顯示 1 個 16×16 字型。若採 big-5 碼，其文字資料碼為 0xa140～0xd75f；若採大陸的 GB 碼，其文字資料碼為 0xa1a0～0xf7ff。

● 顯示圖案記憶體：GDRAM(即 Graphic Display RAM)提供 64×256 位元、採位元對應記憶體空間。GDRAM 的位址是由連續的兩 bytes 所組成，分為垂直位址與水平位址，兩個 bytes 資料將寫入 GDRAM 的同一個位址，其步驟如下：

1. 設定 GDRAM 的垂直位址。

2. 設定 GDRAM 的水平位址。

3. 將 D15～D8 寫入 GDRAM(第一個位元組)。

4. 將 D7～D0 寫入 GDRAM(第二個位元組)。

除了**華凌**中文 LCM 外，還有其他廠商提供中文 LCM，如**雄鐸科技股份有限公司**(www.sdec.com.tw)的 S14B32 系列，與 **WG14432B–NGG- N#T000** 完全相容。

14-3　LCM 控制指令　@
LCD 模組之應用

LCM 控制指令只有 11 個控制指令，如表 2 所示(依據 ST7920 之 data sheet)，在本單元裡，將依序介紹這 11 個指令：

🔍 清除顯示幕

RS	R/$\overline{W}$		D7	D6	D5	D4	D3	D2	D1	D0
0	0		0	0	0	0	0	0	0	1

RS=0、R/$\overline{W}$=0 是執行指令寫入的操作，而資料匯流排上的指令為 00000001 (即 0x01)，其動作為：

1. 讓顯示幕變成空白，LCM 將會把 DD RAM 全部填入 0x20(即空白)。

2. 將游標移至左上角(HOME)。

3. 使位址計數器(AC)歸零。

4. 整個執行時間需要 1.6 毫秒。

表 2　LCM 指令速查表

功　能	控制線		匯　流　排								執行
	RS	R/W	D7	D6	D5	D4	D3	D2	D1	D0	時間
清除顯示幕	0	0	0	0	0	0	0	0	0	1	1.6ms
清除顯示幕，並把游標移至左上角											
游標歸位	0	0	0	0	0	0	0	0	1	x	72μs
游標移至左上角，顯示內容不變											
設定輸入模式	0	0	0	0	0	0	0	1	I/D	S	72μs
I/D=1：位址遞增、I/D=0：位址遞減 S=1：顯示幕移位、S=0：顯示幕不移位											
開關顯示幕	0	0	0	0	0	0	1	D	C	B	72μs
D=1 開啟顯示幕、D=0 關閉顯示幕 C=1 開啟游標、C=0 關閉游標 B=1 游標所在位置之字元反白、B=0 游標所在位置之字元不反白											
移位方式	0	0	0	0	0	1	S/C	R/L	x	x	72μs
S/C=1 顯示幕移位、S/C=0 游標移位 R/L=1 向右移、R/L=0 向左移											
功能設定	0	0	0	0	1	DL	x	RE	x	x	72μs
DL=1 資料長度為 8 位元、DL=0 資料長度為 4 位元 RE=1 採用延伸指令、RE=0 採用一般指令，請參閱隨書光碟裡的 ST7920 之 data sheet，在此不探討延伸指令											
CGRAM 定址	0	0	0	1	CG RAM 位址						72μs
將所要操作之 CG RAM 位址放入位址計數器											
DDRAM 定址	0	0	1	DD RAM 位址							72μs
將所要操作之 DD RAM 位址放入位址計數器，第 1 行 80~8F，第 2 行 90~9F											
讀取 BF 與 AC	0	1	BF	位址計數器內容							0μs
讀取位址計數器，並查詢 LCM 是否忙碌 BF=1 表示 LCM 忙碌、BF=0 表示 LCM 可接受指令或資料											
寫入資料	1	0	所要寫入之資料								72μs
將資料寫入內部記憶體(GDRAM、IRAM、CG RAM、DD RAM)											
讀取資料	1	1	所要讀取之資料								72μs
讀取內部記憶體(GDRAM、IRAM、CG RAM、DD RAM)之資料											

執行時間是依據 ST7920 在 540kHz 下的執行時間

游標歸位

RS	R/W	D7	D6	D5	D4	D3	D2	D1	D0
0	0	0	0	0	0	0	0	1	*

RS=0、R/$\overline{W}$=0 是執行指令寫入的操作，而資料匯流排上的指令為 0000001*(即 0x02 或 0x03)，其中的「*」代表可為 0 或 1，而其動作為：

1. 將游標移至左上角(HOME)，但 DD RAM 的內容不變。

2. 使位址計數器(AC)歸零。

3. 整個執行時間需要 72 微秒。

設定輸入模式

RS	R/W̄		D7	D6	D5	D4	D3	D2	D1	D0
0	0		0	0	0	0	0	1	I/D	S

RS=0、R/W̄=0 是執行指令寫入的操作,而資料匯流排上的指令為 000001 I/D S,其中的 I/D 與 S 位元如下:

I/D	S	功　能
0	0	顯示的字元不動,游標左移,AC-1
0	1	顯示的字元右移,游標不動,AC 不變
1	0	顯示的字元不動,游標右移,AC+1
1	1	顯示的字元左移,游標不動,AC 不變

設定顯示幕

RS	R/W̄		D7	D6	D5	D4	D3	D2	D1	D0
0	0		0	0	0	0	1	D	C	B

RS=0、R/W̄=0 是執行指令寫入的操作,而資料匯流排上的指令為 00001 D C B,其中的 D、C 與 B 位元如下:

1. D 位元顯示幕控制開關,D=1 時可開啟顯示幕、D=0 時則關閉顯示幕。

2. C 位元游標控制開關,C=1 時可顯示游標、C=0 時則不顯示游標。

3. B 位元字元反白控制開關,B=1 時則游標所在之字元將反白、B=0 時則游標所在之字元將不反白。

4. 整個執行時間需要 72 微秒。

設定移位方式

RS	R/W̄		D7	D6	D5	D4	D3	D2	D1	D0
0	0		0	0	0	1	S/C	R/L	*	*

RS=0、R/W̄=0 是執行指令寫入的操作,而資料匯流排上的指令為 0001* S/C R/L,其中的「*」代表可為 0 或 1,而 S/C 與 R/L 位元如下:

S/C	R/L	功　能
0	0	游標左移,AC-1
0	1	游標右移,AC+1
1	0	整個顯示幕左移
1	1	整個顯示幕右移

功能設定

RS	R/W̄		D7	D6	D5	D4	D3	D2	D1	D0
0	0		0	0	1	DL	*	RE	*	*

RS=0、R/W̄=0 是執行指令寫入的操作,而資料匯流排上的指令為 001 DL * RE

**，其中的「*」代表可為 0 或 1，而 DL 與 RE 位元如下：

1. DL 位元為傳送的資料長度設定，DL =1 則採 8 位元方式的資料傳送，DL =0 則採 4 位元方式的資料傳送，其中高四位元先傳送，再傳送低四位元。

2. RE 位元為延伸指令設定位元，RE =1 採延伸指令，RE=0 則採一般指令。

3. 整個執行時間需要 72 微秒。

CG RAM定址

RS	R/$\overline{W}$		D7	D6	D5	D4	D3	D2	D1	D0
0	0		0	1	A5	A4	A3	A2	A1	A0

RS=0、R/$\overline{W}$=0 是執行指令寫入的操作，而資料匯流排上的指令為 01A5 A4 A3 A2 A1 A0，其中的 A5 A4 A3 A2 A1 A0 代表所要操作的 CG RAM 位址。緊接於本指令之後，即可將所要輸入的資料，輸入到這個位址。而整個執行時間需要 72 微秒。

DD RAM定址

RS	R/$\overline{W}$		D7	D6	D5	D4	D3	D2	D1	D0
0	0		1	A6	A5	A4	A3	A2	A1	A0

RS=0、R/$\overline{W}$=0 是執行指令寫入的操作，而資料匯流排上的指令為 1 A6 A5 A4 A3 A2 A1 A0，其中的 A6 A5 A4 A3 A2 A1 A0 代表所要操作的 DD RAM 位址。緊接於本指令之後，即可將所要輸入的資料，輸入到這個位址。而整個執行時間需要 72 微秒。

讀取BF與AC

RS	R/$\overline{W}$		D7	D6	D5	D4	D3	D2	D1	D0
0	1		BF	A6	A5	A4	A3	A2	A1	A0

RS=0、 R/$\overline{W}$=1 是執行讀取的操作，這時候，LCM 的忙碌旗標 BF 將放置在資料匯流排上的 D7 位元，而 LCM 的位址計數器內容也將放置在資料匯流排上的 D6-D0 位元，分別為 A6 A5 A4 A3 A2 A1 A0。整個執行時間需要 0 微秒(依據 ST7920 之 data sheet)。

資料寫入

RS	R/$\overline{W}$		D7	D6	D5	D4	D3	D2	D1	D0
1	0		D7	D6	D5	D4	D3	D2	D1	D0

RS=1、 R/$\overline{W}$=0 是執行資料寫入的操作，這時候，在資料匯流排上的資料將寫入前一個指令所指定的 DD RAM 或 CG RAM 位址裡。整個執行時間需要 72 微秒。

🔍 讀取資料

RS	R/W̄	D7	D6	D5	D4	D3	D2	D1	D0
1	1	D7	D6	D5	D4	D3	D2	D1	D0

RS=1、R/W̄=1 是執行讀取資料的操作，這時候，前一個指令所指定的 DD RAM 或 CG RAM 位址中的資料，將被放置在資料匯流排上。而讀取資料之後，位址計數器將自動加 1，指向下一個位址。整個執行時間需要 72 微秒。

14-4　LCM 之初始設定與常用函數

LCD 模組之應用

基本上，LCM 是一個小系統，不管是 HD44780 或是 ST79202 都是微處理機。既然是微處理機，就有初始設定的問題，而 LCM 的資料模式有 8 位元與 4 位元(可利用 DL 位元來設定)，兩種模式的初始設定有些許差異，如下說明：

🔍 8位元模式之初始設定

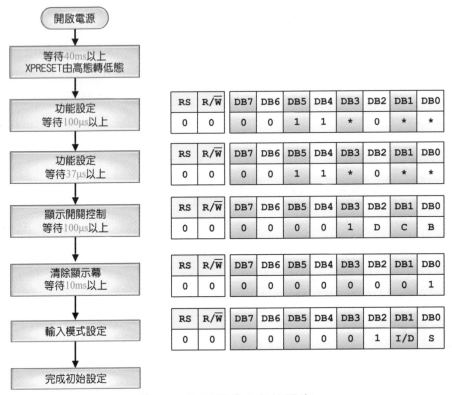

圖9　8 位元模式之初始設定

根據初始設定的流程，若採 8 位元的資料傳輸模式(LCM 與微處理機之間的資料匯流排為 8 位元)，而 8x51 的 Port 0 連接匯流排、P3^0 連接 E、P3^1 連接 RW、P3^2 連接 RS、則在送入電源後，我們可以下列指令進行初始設定：

```
#define LCD P0      // 定義 LCD 的連接埠
sbit   E = P3^0;    // 宣告 E 的連接埠
sbit   RW = P3^1;   // 宣告 RW 的連接埠
sbit   RS = P3^2;   // 宣告 RS 的連接埠
//==========================================
main()
{ RS = 0; RW=0;     // 寫入指令模式
  E = 1;            // 致能
  LCD = 0x30;       // 設定功能
  check_BF();       // 完成
//==========================================
  RS = 0; RW=0;     // 寫入指令模式
  E = 1;            // 致能
  LCD = 0x30;       // 設定功能
  check_BF();       // 完成
//==========================================
  RS = 0; RW=0;     // 寫入指令模式
  E = 1;            // 致能
  LCD = 0x08;       // 關閉顯示功能
  check_BF();       // 完成
//==========================================
  RS = 0; RW=0;     // 寫入指令模式
  E = 1;            // 致能
  LCD = 0x01;       // 清除顯示幕
  check_BF();       // 完成
//==========================================
  RS = 0; RW=0;     // 寫入指令模式
  E = 1;            // 致能
  LCD = 0x06;       // 設定輸入模式
  check_BF();       // 完成
//==========================================
```

4位元模式之初始設定

根據初始設定的流程，若採 4 位元的資料傳輸模式(LCM 與微處理機之間的資料匯流排為 4 位元)，很明顯地，每個指令分兩次送入 LCM，在送入電源後，我們可以下列指令進行初始設定：

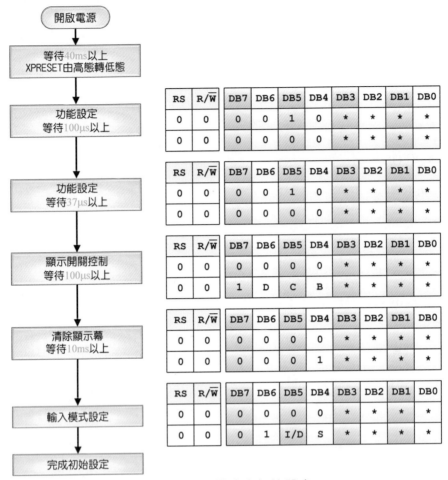

圖10　4 位元模式之初始設定

```
#define LCD P0    // 定義 LCD 的連接埠
sbit   E = P3^0;  // 宣告 E 的連接埠
sbit   RW = P3^1; // 宣告 RW 的連接埠
sbit   RS = P3^2; // 宣告 RS 的連接埠
//===============================
main()
{ RS = 0; RW=0;   // 寫入指令模式
  E = 1;          // 致能
  LCD = 0x20;     // 設定功能
  check_BF();     // 完成
//===============================
  RS = 0; RW=0;   // 寫入指令模式
  E = 1;          // 致能
  LCD = 0x00;     // 設定功能
  check_BF();     // 完成
//===============================
  RS = 0; RW=0;   // 寫入指令模式
  E = 1;          // 致能
  LCD = 0x20;     // 設定功能
  check_BF();     // 完成
```

```
//===========================================================
    RS = 0; RW=0;  // 寫入指令模式
    E = 1;         // 致能
    LCD = 0x00;    // 關閉顯示功能
    check_BF();    // 完成
//===========================================================
    RS = 0; RW=0;  // 寫入指令模式
    E = 1;         // 致能
    LCD = 0x80;    // 關閉顯示功能
    check_BF();    // 完成
//===========================================================
    RS = 0; RW=0;  // 寫入指令模式
    E = 1;         // 致能
    LCD = 0x00;    // 清除顯示幕
    check_BF();    // 完成
//===========================================================
    RS = 0; RW=0;  // 寫入指令模式
    E = 1;         // 致能
    LCD = 0x10;    // 清除顯示幕
    check_BF();    // 完成
//===========================================================
    RS = 0; RW=0;  // 寫入指令模式
    E = 1;         // 致能
    LCD = 0x00;    // 設定輸入模式
    check_BF();    // 完成
//===========================================================
    RS = 0; RW=0;  // 寫入指令模式
    E = 1;         // 致能
    LCD = 0x06;    // 設定輸入模式
    check_BF();    // 完成
//===========================================================
```

寫入指令函數

不管是 8 位元還是 4 位元的資料傳輸模式，都是一堆重複的動作，從上面的程式看起來，有點笨！我們可利用函數來執行寫入指令的動作，以簡化初始設定的程式，如下：

```
//=====寫入指令函數=======================================
void write_inst(char inst)
{ RS = 0; RW=0;                    // 寫入指令模式
  E = 1;                           // 致能
  LCD = inst;                      // 寫入指令
  check_BF();                      // 完成
}                                  // 函數結束
```

利用這個函數，則 8 位元資料傳輸模式的初始設定簡化，並寫成一個初始設定的函數，而在初始設定的最後，將開啟顯示功能，如下：

```
//====初始設定函數(8位元傳輸模式)====================
void init_LCM(void)
{ write_inst(0x30);                    // 設定功能
  write_inst(0x30);                    // 設定功能
  write_inst(0x08);                    // 關閉顯示功能
  write_inst(0x01);                    // 清除顯示幕
  write_inst(0x06);                    // 設定輸入模式
  write_inst(0x0c);                    // 開啟顯示功能
}                                       // 函數結束
```

利用這個函數，則 4 位元資料傳輸模式的初始設定函數，如下：

```
//====初始設定函數(4位元傳輸模式)====================
void init_LCM(void)
{ write_inst(0x20);                    // 設定功能
  write_inst(0x00);                    // 設定功能
  write_inst(0x20);                    // 設定功能
  write_inst(0x00);                    // 設定功能
  write_inst(0x00);                    // 關閉顯示功能
  write_inst(0x08);                    // 關閉顯示功能
  write_inst(0x00);                    // 清除顯示幕
  write_inst(0x01);                    // 清除顯示幕
  write_inst(0x00);                    // 設定輸入模式
  write_inst(0x06);                    // 設定輸入模式
  write_inst(0x00);                    // 開啟顯示功能
  write_inst(0x0c);                    // 開啟顯示功能
}                                       // 函數結束
```

🔍 相容的初始設定

上述的初始設定是依據 ST7920 控制器的 data sheet，主要是針對中文 LCM。我們可將它改成與 HD44780 控制還器相容的初始設定，讓它可同時用於 ST7920 控制器或 HD44780 控制器，如下：

```
//====初始設定函數(8位元傳輸模式)====================
void init_LCM(void)
{ write_inst(0x30);                    // 設定功能
  write_inst(0x30);                    // 設定功能
  write_inst(0x30);                    // 設定功能
  write_inst(0x38);                    // 設定兩列、5x7 字型(HD44780)
  write_inst(0x08);                    // 關閉顯示功能
  write_inst(0x01);                    // 清除顯示幕
  write_inst(0x06);                    // 設定輸入模式
  write_inst(0x0c);                    // 開啟顯示功能
}                                       // 函數結束
```

4 位元資料傳輸模式的初始設定函數，如下：

```
//====初始設定函數(4位元傳輸模式)====================
void init_LCM(void)
```

```
{ write_inst(0x20);              // 設定功能
  write_inst(0x00);              // 設定功能
  write_inst(0x20);              // 設定功能
  write_inst(0x00);              // 設定功能
  write_inst(0x20);              // 設定功能
  write_inst(0x00);              // 設定功能
  write_inst(0x20);              // 設定功能
  write_inst(0x80);              // 設定功能
  write_inst(0x00);              // 關閉顯示功能
  write_inst(0x08);              // 關閉顯示功能
  write_inst(0x00);              // 清除顯示幕
  write_inst(0x01);              // 清除顯示幕
  write_inst(0x00);              // 設定輸入模式
  write_inst(0x06);              // 設定輸入模式
  write_inst(0x00);              // 開啟顯示功能
  write_inst(0x0c);              // 開啟顯示功能
}                                // 函數結束
```

檢查忙碌函數

溝通是雙方面的事，當 8x51 對 LCM 下指令或丟資料，LCM 不見得有空處理，所以在前面的 write_inst 函數或 write_data 函數的最後，都會利用「check_BF();」指令，敲敲 LCM 的門，問它忙不忙？只要讀取 DB7，也就 BF 旗標，若 BF=1 表示 LCM 還沒處理完成，不要再繼續丟資料或指令給它。因此，在此就以一個簡單的檢查忙碌函數，以確認可繼續下一步的操作，如下：

```
//=====檢查忙碌函數============================
void check_BF(void)
{ E=0;                           // 禁止讀寫動作
  do{   BF = 1;                  // 設定 BF 為輸入
        RS = 0; RW = 1;          // 讀取指令
        E = 1;                   // 致能(讀取 BF 及 AC)
        } while(BF);             // 忙碌繼續等
}                                // 結束
```

寫入資料函數

8x51 對 LCM 之溝通，除了寫入指令外，寫入資料也是很常用的操作，將這項操作，寫成一個函數，其應用就能使程式更簡潔，如下：

```
//=====寫入資料函數============================
void write_char(char character)
{ check_BF();                    // 檢查忙碌
  RS=1; RW=0;  E=1;              // 寫入資料模式
  LCD = character;               // 寫入字元
  check_BF();                    // 完成
}                                // 函數結束
```

寫入指定位置函數

以 2 列每列 16 個字的 LCM 而言，我們可將寫入指令定義的更完善，讓所要顯示的字元能「**對號入座**」，如下所示，在函數的引數裡，增加 line 與 location 兩個引數，line 就是第幾列，0 代表第一列、1 代表第二列；location 則為第幾個位置，有效的位置為 0 到 15，整個函數如下：

```
//====寫入指定位置函數=======================
void display_char(char line,location,character)
{ check_BF();                      // 檢查忙碌
  RS = 0; RW= 0; E = 1;            // 寫入指令模式
  if (line=0)
        LCD=0x80+location;         // 寫入第一列
  if (line=1)
        LCD=0x90+location;         // 寫入第二列
        check_BF();                // 完成
  write_char(character);           // 寫入字元
}                                  // 函數結束
```

整列空白函數

若要將整列填入空白，可使用下列函數，其中的 line 引數為所要填入空白的列，0 代表第一列、1 代表第二列，整個函數如下：

```
//==== 整列空白函數 =======================
void blank_line(char line)
{ check_BF();                      // 檢查忙碌
  RS = 0; RW = 0; E = 1;          // 寫入指令模式
  if (line=0)
        LCD=0x80;                  // 寫入第一列
  If (line=1)
        LCD=0x90;                  // 寫入第二列
  check_BF();                      // 完成
  for (char i=0;i<16;i++)
        write_char(' ');           // 寫入空白字元
}                                  // 函數結束
```

14-5 LCM 與 8x51 之連接

LCD 模組之應用

如圖 11 所示，LCM 的資料匯流排 D0-D7，也可與 8x51 的 P1、P2 或 P3 連接，若要與 8x51 之 P0 連接，則需連接提升電阻器。而 LCM 的三條控制線 E、R/W 與 RS，可連接到其它沒被用到的輸出入埠。在 KT89S51 燒錄實驗板裡，P0 已連接到 LCM 插座(JP2)的資料匯流排(且已設置提升電阻)，但 **P0** 內接的指撥開關要切換到 **OFF**，再由 P3^0、P3^1 及 P3^2 連接至 LCM 插座的 E、R/W 與 RS，只要將 LCM 插到此插座

即可，如圖 12 所示。另外，LCM 的電源接腳 VCC 連接+5V、VSS 接腳接地(LCM
插座上已連接)；明亮度控制接腳 Vo 可藉由跳線插座(JP4)，選擇連接 VCC 或
GND，若使用中文 LCM，則跳接至 VCC、英文 LCM，則跳接至 GND。

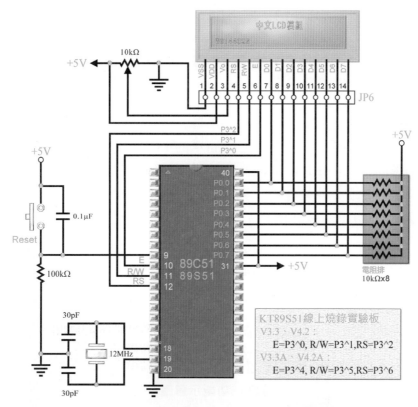

圖11　LCM 與 8x51 之連接(KT89S51 線上燒錄實驗板 V3.3)

圖12　KT89S51 線上燒錄實驗板連接 LCM

14-6 實例演練

LCD 模組之應用

在本單元裡提供兩個範例，如下所示：

14-6-1 LCD 文字顯示實例演練

實驗要點

如圖 13 所示，在本單元裡將進行簡單的 LCD 文字顯示的實驗，首先在第一列裡顯示「**LCM test program**」，2 秒後在第二列裡顯示「**Everything is OK**」；再經 2 秒後在第一列裡改為「中文 LCM 測試程式」，第二列裡改為「一切正常歡迎使用」，如圖 13 所示。

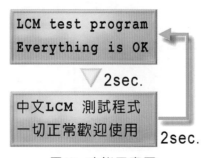

圖13　功能示意圖

流程圖與程式設計

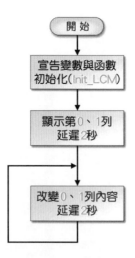

LCD 文字顯示實驗(ch14-6-1.c)

```
/*LCD 文字顯示實驗(ch14-6-1.c)適用於 KT89S51 線上燒錄實驗板(USB 版)*/
#include    <reg51.h>
#include    "LCM.h"
```

```
char line1[]="LCM test program";      // 第 1 次顯示字串(第 1 行)
char line2[]="Everything is OK";       // 第 1 次顯示字串(第 2 行)
char line3[]="中文 LCM 測試程式";      // 第 2 次顯示字串(第 1 行)
char line4[]="一切正常歡迎使用";       // 第 2 次顯示字串(第 2 行)
void delay1ms(int x);                  // 延遲函數
// ============ 主程式 ===============================
main()
{ char i;  // 宣告變數
  init_LCM();                          // 初始設定
  while(1)                             // 無盡迴圈
  //=====LCM test program ======
  { write_inst(0x80);                  // 指定第一列位置
    for (i=0;i<16;i++)                 // 迴圈
        write_char(line1[i]);          // 顯示 16 個字
    //=====Everything is OK ======
    write_inst(0x90);                  // 指定第二列位置
    for (i=0;i<16;i++)                 // 迴圈
        write_char(line2[i]);          // 顯示 16 個字
    delay1ms(2000);                    // 延遲 2 秒
    //===== 中文 LCM 測試程式 ======
    write_inst(0x80);                  // 指定第一列位置
    for (i=0;i<16;i++)                 // 迴圈
        write_char(line3[i]);          // 顯示 16 個字
    //===== 一切正常歡迎使用 ======
    write_inst(0x90);                  // 指定第二列位置
    for (i=0;i<16;i++)                 // 迴圈
        write_char(line4[i]);          // 顯示 16 個字
    delay1ms(2000);                    // 延遲 2 秒
  }           // while 結束
}             // 主程式 main()結束
//==== 延遲函數 ===================================
void delay1ms(int x)
{ int i,j;  // 宣告變數
  for (i=1;i<x;i++)                    // 執行 x 次,延遲 X*1ms
    for (j=1;j<120;j++);               // 執行 120 次,延遲 1ms
}           // delay1ms()函數結束
```

LCM 標頭檔(LCM.h)

```
#define   LCD   P0              // 定義 LCM 資料匯流排接至 P0
sbit   RS   =   P3^2;           // 暫存器選擇位元(0:指令,1:資料)
sbit   RW   =   P3^1;           // 設定讀寫位元 (0:寫入,1:讀取)
sbit   E    =   P3^0;           // 致能位元 (0:禁能,1:致能)
sbit   BF   =   P0^7;           // 忙碌檢查位元(0:不忙,1:忙碌)
void init_LCM(void);            // 初始設定函數
void write_inst(char);         // 寫入指令函數
void write_char(char);         // 寫入字元資料函數
void check_BF(void);           // 檢查忙碌函數
//====初始設定函數(8 位元傳輸模式)=====================
void init_LCM(void)
{ write_inst(0x30);            // 設定功能-8 位元-基本指令
  write_inst(0x30);            // 設定功能-8 位元-基本指令
```

```
    write_inst(0x30);              // 英文 LCM 相容設定，中交 LCM 可忽略
    write_inst(0x38);              // 英文 LCM 設定兩列，中交 LCM 可忽略
    write_inst(0x08);              // 顯示功能-關顯示幕-無游標-游標不閃
    write_inst(0x01);              // 清除顯示幕(填 0x20,I/D=1)
    write_inst(0x06);              // 輸入模式-位址遞增-關顯示幕
    write_inst(0x0c);              // 顯示功能-開顯示幕-無游標-游標不閃
} // init_LCM()函數結束
//==== 寫入指令函數 ======
void write_inst(char inst)
{ check_BF();                      // 檢查是否忙碌
  LCD = inst;                      // LCM 讀入 MPU 指令
  RS = 0; RW = 0; E = 1;           // 寫入指令至 LCM
  check_BF();                      // 檢查是否忙碌
} // write_inst()函數結束
//==== 寫入字元資料函數 ===========
void write_char(char chardata)
{ check_BF();                      // 檢查是否忙碌
  LCD = chardata;                  // LCM 讀入字元
  RS = 1; RW = 0 ;E = 1;           // 寫入資料至 LCM
  check_BF();                      // 檢查是否忙碌
}                // write_char()函數結束
//====檢查忙碌函數===============
void check_BF(void)
{ E=0;                             // 禁止讀寫動作
  do          // do-while 迴圈開始
  { BF=1;                          // 設定 BF 為輸入
    RS = 0; RW = 1;E = 1;          // 讀取 BF 及 AC
  }while(BF);                      // 忙碌繼續等
}                // check_BF()函數結束
```

 操作

1. 依功能需求與電路結構，在 Keil C 裡撰寫程式，並進行建構(按 ⌨ 鈕)，以產生*.HEX 檔。

2. 使用 KT89S51 線上燒錄實驗板，只要將 JP4 的中間與 VCC 腳短路(使用 Jumper)，再將中文 LCM 插入 JP2，如圖 12 所示即可。

3. 使用 s51_pgm 將剛才產生的 ch14-6-1.hex 燒錄到 AT89S51 晶片，即可觀察 LCM 上的顯示是否正常？

4. 撰寫實驗報告。

 **思考一下**

● 請增修本實驗的程式，讓 P1 的 LED 會隨音符閃動？

14-6-2　自編字型圖案實例演練

實驗要點

如圖 11 所示為本實驗所要採用的電路圖，在此將自建兩個字型，分別是「▲AM」及「▼PM」，其中的「▲AM」代表上午、「▼PM」代表下午，在 LCM 裡，第一列將顯示以「時:分:秒」的格式顯示時間，每秒鐘改變一次顯示，在其右邊將以自建字型「▲AM」、「▼PM」區別上下午，如圖 14 所示：

10:10:00 AMPM

圖14　功能示意圖

流程圖與程式設計

依功能需求，在此分成三部分來說明，**第一部分是自建字型，第二部分是時間的產生，第三部分是將計時數轉換成顯示資料**。而 **LCD.h** 沿用 14-6-1 節裡的 **LCD.h**，在此不贅述。

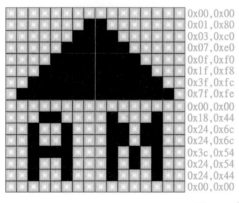
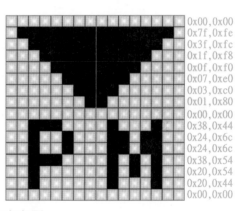

圖15　自建字型

- 在自建字型方面，如圖 15 所示為本次所要建的字型，其中的「▲AM」編碼為「0x00, 0x00, 0x01, 0x80, 0x03, 0xc0, 0x07, 0xe0, 0x0f, 0xf0, 0x1f, 0xf8, 0x3f, 0xfc, 0x7f, 0xfe, 0x00, 0x00, 0x18, 0x44, 0x24, 0x6c, 0x24, 0x6c, 0x3c, 0x54, 0x24, 0x54, 0x24, 0x44, 0x00, 0x00」；而「▼PM」編碼為「0x00, 0x00, 0x7f, 0xfe, 0x3f, 0xfc, 0x1f, 0xf8, 0x0f, 0xf0, 0x07, 0xe0, 0x03, 0xc0, 0x01, 0x80, 0x00, 0x00, 0x38, 0x44, 0x24, 0x6c, 0x24, 0x6c, 0x38, 0x54, 0x20, 0x54, 0x20, 0x44, 0x00, 0x00」，在此將它們存入 pat[16]陣列，如下所示：

```
char code am[32] = {        // 顯示上三角及 AM
```

```
                        0x00, 0x00, 0x01, 0x80, 0x03, 0xc0, 0x07, 0xe0,
                        0x0f, 0xf0, 0x1f, 0xf8, 0x3f, 0xfc, 0x7f, 0xfe,
                        0x00, 0x00, 0x18, 0x44, 0x24, 0x6c, 0x24, 0x6c,
                        0x3c, 0x54, 0x24, 0x54, 0x24, 0x44, 0x00, 0x00};
char code pm[32] = {            // 顯示下三角及 PM
                        0x00, 0x00, 0x7f, 0xfe, 0x3f, 0xfc, 0x1f, 0xf8,
                        0x0f, 0xf0, 0x07, 0xe0, 0x03, 0xc0, 0x01, 0x80,
                        0x00, 0x00, 0x38, 0x44, 0x24, 0x6c, 0x24, 0x6c,
                        0x38, 0x54, 0x20, 0x54, 0x20, 0x44, 0x00, 0x00};
```

CG RAM 的起始位址為 01000000B，即 0x40，每 8 個位址為一個自建字型。在程式裡，可以下列指令將這個陣列的內容填入 CG RAM：

```
char i;
write_inst(0x40);               // 設定 CGRAM 的位置
for (i=0;i<32;i++)
    write_char(am[i]);          // 寫入上午之自建字型
for (i=0;i<32;i++)
    write_char(pm[i]);          // 寫入下午之自建字型
```

● 時間的產生是利用 TIMER0 中斷，每次中斷為 50ms，每 20 次中斷就是 1 秒鐘，因此要調整時間的輸出。在此，hour 變數為「時」數、minute 變數為「分」數、second 變數為「秒」數。若秒數超過 60 秒，則秒數歸零，進而調整分數(即分+1)；若分數超過 60 分，則分數歸零，進而調整時數(即時+1)；若時數超過 12 時，則時數調整為 1，進而改變上/下午狀態，如下：

```
void clock(void)      interrupt 1    // T0 中斷副程式
{   TH0=(65636-50000)/256;           // 填入計時量
    TL0=(65636-50000)%256;           // 填入計時量
    if (--count==0)                  // 中斷次數是否達到 20 次
    {   count=20;                    // 重新計次
        if (++second>=60)            // 是否達到 60 秒
        {   second=0;                // 秒數歸零
            if (++minute>=60)        // 是否達到 60 分
            {   minute=0;            // 分數歸零
                hour++;              // 時數加 1
                if (hour == 13)      // 是否達到 13 小時
                    hour=1;          // 時數改為 1
                if (hour == 12)      // 是否達到 12 小時
                    ampm=~ampm;      // 切換上下午
            }
        }
    }
}
```

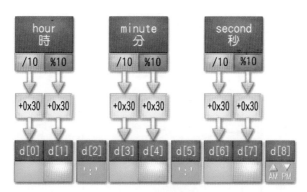

圖16　數字之時分秒轉換成 ASCII 碼

● 緊接著是將 hour、minute、sceond、ampm 轉換成在 LCM 顯示的 ASCII 碼及自建的圖案。hour、minute、sceond 變數是以 16 進位數字儲存時數、分數與秒數，我們可利用「/10」萃取其十位數、「%10」萃取其個位數；再加上 0x30，則數字就變成 ASCII，然後把它存入顯示區陣列 d[]，如圖 16 所示。

```
d[0]=hour/10+0x30;              // 時數之十位數顯示資料
d[1]=hour%10+0x30;             // 時數之個位數顯示資料
d[2]=':';                       // 顯示冒號
d[3]=minute/10+0x30;            // 分數之十位數顯示資料
d[4]=minute%10+0x30;           // 分數之個位數顯示資料
d[5]=':';                       // 顯示冒號
d[6]=second/10+0x30;            // 秒數之十位數顯示資料
d[7]=second%10+0x30;           // 秒數之個位數顯示資料
if (ampm==0)    d[9]=0x00;      // 上午
else d[9]=0x02;                 // 下午
```

流程圖與整個程式如下所示：

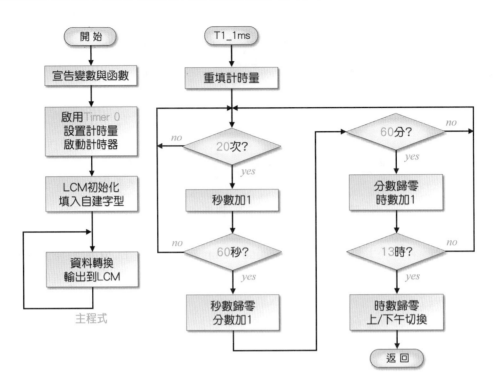

主程式

自編字型圖案實驗(ch14-6-2.c)

```
/*自編字型圖案實驗(ch14-6-2.c)適用於 89S51 線上燒錄實驗板(USB 版)*/
#include    <reg51.h>
#include    "LCM.h"
char   count=20;                        // 中斷次數計數，20 次*50ms=1 秒
char   time[10];       // 顯示時間陣列(第 1 行)
/* 宣告自建字型陣列變數 */
char code am[32] = {               // 顯示上三角及 AM
0x00, 0x00, 0x01, 0x80, 0x03, 0xC0, 0x07, 0xE0,
0x0F, 0xF0, 0x1F, 0xF8, 0x3F, 0xFC, 0x7F, 0xFE,
0x00, 0x00, 0x18, 0x44, 0x24, 0x6C, 0x24, 0x6C,
0x3C, 0x54, 0x24, 0x54, 0x24, 0x44, 0x00, 0x00};
char code pm[32] = {               // 顯示下三角及 PM
0x00, 0x00, 0x7F, 0xFE, 0x3F, 0xFC, 0x1F, 0xF8,
0x0F, 0xF0, 0x07, 0xE0, 0x03, 0xC0, 0x01, 0x80,
0x00, 0x00, 0x38, 0x44, 0x24, 0x6C, 0x24, 0x6C,
0x38, 0x54, 0x20, 0x54, 0x20, 0x44, 0x00, 0x00};
bit    ampm=1;                      // 0:上午(am),1:下午(pm),初值下午
char   hour=11;                     // 宣告時,初值為 11 點
char   minute=59;                   // 宣告分,初值為 59 分
char   second=50;                   // 宣告秒,初值為 50 秒
void transfer(void);                // 轉換時分秒至 time 陣列中
void write_inst(char);              // 寫入指令函數
void write_char(char);              // 寫入字元函數
void write_pat(void);               // 寫入自建字型函數
void check_BF(void);                // 檢查忙碌函數
void init_LCM(void);                // 宣告 LCM 初始設定函數
//===========主程式==========================
main()
```

```
{ char i;
  init_LCM();                         // 初始設定
  write_pat();                        // 寫入自建字型
  IE=0X82;                            // Timer 0 中斷致能
  TMOD=0x01;                          // T0 設為 MODE1
  TH0=(65636-50000) / 256;            // 填入計時量之高位元組
  TL0=(65636-50000) % 256;            // 填入計時量之低位元組
  TR0=1;                              // 啟動 Timer 0
  while(1)                            // 無窮迴圈
  { transfer();                       // 轉換時分秒至 time 陣列中
    write_inst(0x80);                 // 指定第 1 列位置
    for (i=0;i<10;i++)                // 迴圈
         write_char(time[i]);         // 顯示時間
  }            // while 結束
}            // main() 結束
//=====轉換函數====================
void transfer(void)
{ time[0]= hour/10 + 0x30;            // 時數之十位數顯示資料
  time[1]= hour%10 + 0x30;            // 時數之個位數顯示資料
  time[2]= ':';                       // 顯示冒號
  time[3]= minute/10 + 0x30;          // 分數之十位數顯示資料
  time[4]= minute%10 + 0x30;          // 分數之個位數顯示資料
  time[5]= ':';                       // 顯示冒號
  time[6]= second/10 + 0x30;          // 秒數之十位數顯示資料
  time[7]= second%10 + 0x30;          // 秒數之個位數顯示資料
  time[8]=0x00;                       // 自鍵字型之高位元組
  if (ampm==0)                        // 判定是否為上午
    time[9]=0x00;                     // 表示上午之自鍵字型
  else time[9]=0x02;                  // 表示下午之自鍵字型
}                                     // transfer()函數結束
//=====寫入自建字型函數====================
void write_pat(void)
{ char i;
  write_inst(0x40);                   // 設定 CGRAM 的位置
  for (i=0;i<32;i++)
    write_char(am[i]);                // 寫入上午之自鍵字型
  for (i=0;i<32;i++)
    write_char(pm[i]);                // 寫入下午之自鍵字型
}                                     // write_pat()函數結束
//===== Timer 0 中斷副程式 ====================
void clock(void) interrupt 1          // T0 中斷副程式
{ TH0=(65636-50000)/256;              // 填入計時量
  TL0=(65636-50000)%256;              // 填入計時量
  if (--count==0)                     // 中斷次數是否達到 20 次
  { count=20;                         // 重新計次
    if (++second>=60)                 // 是否達到 60 秒
    {    second=0;                    // 秒數歸零
        if (++minute>=60)             // 是否達到 60 分
        {minute=0;                    // 分數歸零
          hour++;                     // 時數加 1
          if (hour == 13)             // 是否達到 13 小時
             hour=1;                  // 時數改為 1
```

```
        if (hour == 12)        // 是否達到 12 小時
            ampm=~ampm;        // 切換上下午
        }
    }
  }
}
```

 操作

1. 依功能需求與電路結構，在 Keil C 裡撰寫程式，並進行建構(按 ▣ 鈕)，以產生 *.HEX 檔。

2. 接續 14-6-2 的實驗，使用 **KT89S51** 線上燒錄實驗板，只要將 JP4 的中間與 VCC 腳短路(使用 Jumper)，再將中文 LCM 插入 JP2 即可。

3. 使用 s51_pgm 將剛才產生的 ch14-6-2.hex 燒錄到 AT89S51 晶片，即可觀察 LCM 上的顯示是否正常？

4. 撰寫實驗報告。

 **思考一下**

● 如何結合本實驗裡的 LCM 及第 12 章所介紹的 ADC(12-36 頁)，製作一個 LCD 顯示的數位溫度表，溫度感測電路圖可參考圖 17 之左圖。其中在 LCD 顯示幕裡的「℃」字型，請自行編製，如圖 17 之右圖所示。

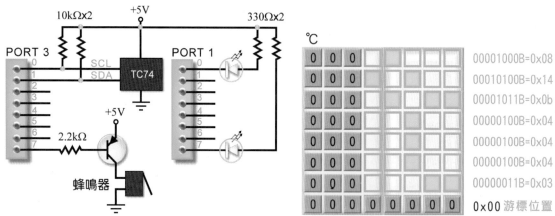

圖17　數位溫度表相關參考資料

14-7　即時練習

LCD 模組之應用

在本章裡探討 LCM 的結構、指令與應用方法。在此請試著回答下列問題，以確認對於此部分的認識程度。

選擇題

( )1. 若要 LCM 顯示某些字元，則需把所要顯示的字元，放入何處？
(A) CG RAM　(B) DDRAM　(C) IRAM (D) GDRAM 。

( )2. 若要讀取 LCM 的狀態，則應如何設定？　(A) RS=0、R/$\overline{W}$=0
(B) RS=1、R/$\overline{W}$=0　(C) RS=1、R/$\overline{W}$=1　(D) RS=0、R/$\overline{W}$=1。

( )3. 若要對 LCM 下指令，則應如何設定？　(A) RS=0、R/$\overline{W}$=0
(B) RS=1、R/$\overline{W}$=0　(C) RS=1、R/$\overline{W}$=1　(D) RS=0、R/$\overline{W}$=1。

( )4. 若要將資料寫入 LCM，則應如何設定？　(A) RS=0、R/$\overline{W}$=0
(B) RS=1、R/$\overline{W}$=0　(C) RS=1、R/$\overline{W}$=1　(D) RS=0、R/$\overline{W}$=1。

( )5. 若要檢查 LCM 是否忙碌，則應如何設定？　(A) RS=0、R/$\overline{W}$=0
(B) RS=1、R/$\overline{W}$=0　(C) RS=1、R/$\overline{W}$=1　(D) RS=0、R/$\overline{W}$=1。

( )6. 若 LCM 更明亮，應如何處理？　(A) Vo 接腳調往高電壓　(B) Vo 接腳調往低電壓　(C) 加大電源電壓　(D) 降低電源電壓 。

( )7. 若對 LCM 操作，應對 EN 接腳做何操作？　(A) 送入一個正脈波
(B) 送入一個負脈波　(C) EN 接腳接地即可　(D) EN 接腳不影響 。

( )8. 中文 LCM 的中文字型放置在哪裡？　(A) CG ROM　(B) HCG ROM
(C) DDRAM　(D) GD RAM 。

( )9. 中文 LCM-**WG14432J-NGG-N#T000** 的面板為？　(A) 彩色 LCD 面板
(B) 144×32 LCD 面板　(C) 128×64 LCD 面板　(D) 144×64 LCD 面板。

( )10. 中文 LCM-**WG14432J-NGG-N#T000** 採用哪個控制器？
(A) HD44780 (B) ST7920　(C) WG12864　(D) 以上皆非 。

問答題

1. 常用的以 HD44780 控制器所組成的 LCM，有哪幾種顯示模式？

2. 請寫出常用 LCM 的接腳？其中調整明亮度的是哪一支接腳？

3. 常用 LCM 共有 14 支接腳，有哪兩種包裝？

4. 試述 LCM 初始化的步驟？

5. 若要對 LCM 下指令，必須等它有空，如何偵測 LCM 是否有空？

6. 常用的 LCM 擁有多少 CG RAM？多少 CG ROM？可自建多少個字型？

7. 當我們建好字型後，如何送入 LCM？

8. 常用的中文 LCM-**WG14432J-YYH-N#T000**，使用哪個控制器？

9. 試簡述中文 LCM 裡，DD RAM、CG RAM、CG ROM、HCG ROM、IRAM、GD RAM 之功能？

國家圖書館出版品預行編目資料

例說 89S51-C 語言 / 張義和等編著.－六版.－
新北市：新文京開發, 2018.07
面；　公分

ISBN　978-986-430-426-4（平裝附光碟片）

1. 微電腦

471.516　　　　　　　　　　　　107011305

例說 89S51-C 語言（第六版）　　　　　（書號：C129e6）

編 著 者	張義和　王敏男　許宏昌　余春長
出 版 者	新文京開發出版股份有限公司
地　　址	新北市中和區中山路二段 362 號 9 樓
電　　話	(02) 2244-8188（代表號）
Ｆ　Ａ　Ｘ	(02) 2244-8189
郵　　撥	1958730-2
四　　版	西元 2013 年 09 月 15 日
五　　版	西元 2015 年 07 月 01 日
五版二刷	西元 2017 年 09 月 01 日
六　　版	西元 2018 年 07 月 20 日